现代建筑卫生陶瓷系列丛书

智能坐便器

张 帆 白 雪 王开放 蔡雨冬 著

U0169940

中国建材工业出版社

图书在版编目（CIP）数据

智能坐便器/张帆等著．--北京：中国建材工业
出版社，2023.2

ISBN 978-7-5160-3635-8

Ⅰ.①智…　Ⅱ.①张…　Ⅲ.①卫生间—智能装置
Ⅳ.①TU241.044

中国版本图书馆 CIP 数据核字（2022）第 244612 号

智能坐便器
Zhineng Zuobianqi
张　帆　白　雪　王开放　蔡雨冬　著

出版发行：中国建材工业出版社
地　　址：北京市海淀区三里河路 11 号
邮　　编：100831
经　　销：全国各地新华书店
印　　刷：北京雁林吉兆印刷有限公司
开　　本：787mm×1092mm　1/16
印　　张：22
字　　数：420 千字
版　　次：2023 年 2 月第 1 版
印　　次：2023 年 2 月第 1 次
定　　价：**98.00 元**

著书人员

顾　　问：同继锋　雷建斌　林　翎　段学超
主要著者：张　帆　白　雪　王开放　蔡雨冬
参与著者：翁晓伟　商　蓓　尹　君　朱瑞娟　李东原
　　　　　王　泽　刘　爽　田　涛　高殿美　刘　川
　　　　　朱雪丹　周　建　韩　乐　李广涛　朱一军
　　　　　邹　瑜　崔立明　丛　林　王　羽　张卫星
　　　　　常　豪　于　翔　王精精　王　琛　赖建清
　　　　　洪莉谜　刘晓通　雷　根　刘珊瑜　陈文彬
　　　　　王　远　毛鲜变　罗苁聪　权　锐　许文禹

前　言

　　本书是读者全面了解智能坐便器发展与质量的重要文献。本书共分 7 章，包括第 1 章智能坐便器发展史、第 2 章智能坐便器的生产工艺、第 3 章智能坐便器的标准化工作、第 4 章智能坐便器的检测方法与设备、第 5 章智能坐便器的质量控制、第 6 章国内外行业发展情况、第 7 章终端消费市场情况分析等，其中还包括产业发展变革过程及科技创新。

　　本书内容丰富翔实，对智能坐便器的发展与质量进行了系统的梳理，从实物的起源、工艺、标准、检测与设备、质量控制、国内外与消费市场现状等方面做了有益的探讨。从纵向看，早在 20 世纪 90 年代初期，我国商人就在国外的生活实践中发现智能坐便器的妙用，从中受到启发，从此开始了中国人自己的智能坐便器产品研发。1995 年，我国第一台智能坐便器诞生于浙江。但在改革开放之初，由于电子元件技术滞后，我国自有品牌的生产较大程度上依赖国外元器件的进口。经过二三十年的发展，特别是 2015 年以后，我国智能坐便器行业快速发展，新产品、新工艺、新技术、新装备层出不穷，行业欣欣向荣，开创了建筑陶瓷卫浴行业的新时代。从横向看，本书除涉及智能坐便器产业链上的各个节点，还包括为产业服务的科研设计、培训等。

　　本书的编写受到全行业的密切关注和期待，所以在编写的过程中，我们坚持客观公正，使其具有权威性、真实性、全面性、系统性，坚持高标准严要求，在简要、明晰的基础上尽量提供更多的信息。编写人员秉承崇高的信念和求真务实的理念，以饱满的热情完成了本书的编写，兢兢业业，付出了劳动和智慧。

　　由于时间和水平所限，书中不妥之处在所难免，请广大读者批评指正。

著　者

2022 年 11 月

目　录

1 智能坐便器发展史 ·· 001

  1.1 智能坐便器简介 ·· 001

  1.2 智能坐便器的发展 ·· 006

2 智能坐便器的生产工艺 ·· 014

  2.1 智能坐便器生产工艺概述 ···································· 014

  2.2 陶瓷底座生产技术 ·· 014

  2.3 智能盖板生产技术 ·· 048

3 智能坐便器的标准化工作 ·· 055

  3.1 中国标准情况 ·· 055

  3.2 国际标准情况 ·· 145

  3.3 澳洲地区标准情况 ·· 163

4 智能坐便器的检测方法与设备 ·· 171

  4.1 智能坐便器性能检测设备应用及发展简述 ······················ 171

  4.2 智能便器综合性能试验机 ···································· 172

  4.3 智能坐便器温升综合试验机 ·································· 195

  4.4 智能坐便器耐久性试验机 ···································· 208

  4.5 智能坐便器水效能效综合试验机 ······························ 215

  4.6 智能坐便器声学实验室 ······································ 222

  4.7 智能坐便器安规检测设备应用简述 ···························· 236

  4.8 智能坐便器电磁兼容性能检测设备应用简述 ···················· 243

  4.9 智能坐便器生产线简述 ······································ 261

5 智能坐便器的质量控制 ·· 279

  5.1 智能坐便器的质量要素 ······································ 279

    5.2 智能坐便器产品质量监督抽查情况 ·················· 283

    5.3 智能坐便器产品质量问题研究及建议 ·················· 301

6 国内外行业发展情况 ·· 307

    6.1 国外行业发展状况 ··· 307

    6.2 国内行业发展状况 ··· 313

7 终端消费市场情况分析 ·· 326

    7.1 智能坐便器在房地产行业的应用情况和前景分析 ········ 326

    7.2 智能坐便器的线下以及线上销售情况分析 ············· 328

    7.3 消费者的购买行为分析 ······································ 328

参考文献 ·· 338

1 智能坐便器发展史

1.1 智能坐便器简介

智能坐便器起源于美国，最早用于医疗和老年保健，最初仅设置冲洗和烘干两项功能。在美国本土经历半个世纪的惨淡经营之后，美国人将智能坐便器专利授权给日本卫浴公司，由此智能坐便器进入日本市场。在日本"厕神"文化和日本独特的洁净意识的双重影响下，加之日本卫浴公司对冲洗和烘干两项功能进行改造升级，同时加入坐便盖加热、自动除臭等功能，促使智能坐便器在日本国内得到普及。然而，在日本国内智能坐便器发展迅猛的势头下，日本智能坐便器厂商仍未打开欧美智能坐便器市场，进而把目光转向中国市场。20 世纪 90 年代初，日本卫浴企业正式将智能坐便器产品引进中国。几年之后，中国本土卫浴厂商创立了国产智能坐便器品牌，并成功生产出第一台国产智能坐便器。此后，台州、温州、宁波、佛山、潮州等地的卫浴厂商纷纷投入智能坐便器制造行业，开启了智能坐便器的中国制造序幕。时至今日，国内智能坐便器年产量几百万台，生产企业近百家，主要集中在广东、浙江、福建、江苏、上海五大智能卫浴产业聚集地。

智能坐便器是随着科技迅猛发展应运而生的。与传统的坐便器产品有所不同，智能坐便器产品融合了陶瓷生产、电控及自动化等多领域技术，提升了坐便器产品体验的舒适度、便捷性，它的出现给卫浴行业带来了一场重大的产品改革盛宴。通俗地讲，智能坐便器也被称为"电子坐便器"或"智能马桶"。从专业的角度讲，智能坐便器是指由机电系统或程序控制，完成一项以上的基本智能功能的坐便器，基本智能功能涵盖臀部清洗功能、女性专用清洗功能。除此以外，它还具有辅助智能功能、扩展智能功能，其中辅助智能功能主要用于提高产品的健康性能和卫生性能，常见辅助智能功能包括水温调节、坐圈温度调节、移动清洗、喷嘴自洁、坐圈和盖板缓降、热风烘干、风温调节、喷嘴调节及自动冲水等功能；而扩展智能功能主要指用于提高产品使用舒适性的附加功能，包括坐圈和盖板自动启闭、除臭、按摩清洗、冲洗力度调节、遥控、灯光照明、多媒体、消毒、记忆及 Wi-Fi 等功能。智能坐便器产品如图 1-1 所示。

下面就智能坐便器的冲洗、暖风烘干、坐圈加热等基本智能功能，喷头自洁、除菌除臭等辅助智能功能进行简要介绍。

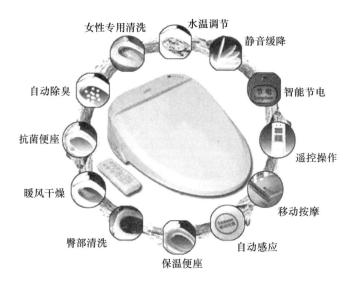

图 1-1　智能坐便器产品

（1）温水冲洗。每次如厕后，智能坐便器冲洗功能会代替卫生纸进行清洁，更易消灭引发传染性疾病的病毒、细菌、真菌或寄生虫。目前，大多数智能坐便器冲洗的温水温度可以调节（多为三挡调节），具有比较高的实用性，毕竟每个人对温度的接受程度不一样，而且冬季与夏季用水温度也不一样。在温水洗净功能中，有的智能坐便器有摇动洗净功能，就是可以根据位置自由调节喷嘴的位置，这个功能有一定的实用性，不用再去挪动身体去将就喷头的位置了。此外，臀部冲洗和女性清洗能够减少细菌的滋生，降低妇科病和肛肠类疾病的患病概率。水柱按摩有助于缓解便秘、痔疮带来的排便困难等。智能坐便器喷头如图 1-2 所示。

（2）暖风烘干。使用坐便器温水洗净后可以烘干，智能坐便器暖风烘干的温度、风量是可以调节的。但是，部分品牌产品不具备暖风烘干功能，因为这部分厂商认为消费者不太有耐心等几分钟的时间彻底烘干，而且会增加耗电量，同时他们强调如果长期烘干还会对皮肤造成损伤。智能坐便器暖风烘干功能如图 1-3 所示。

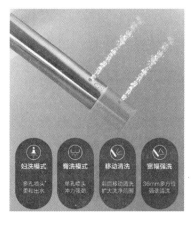

图 1-2　智能坐便器喷头

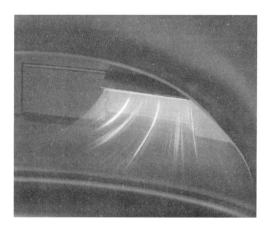

图 1-3　智能坐便器暖风烘干功能

（3）坐圈加热。智能坐便器坐圈加热最早使用过水加热技术，即向坐圈里注水加热。目前，大多数智能坐便器坐圈加热采用电加热技术，其加热原理是采用安全级别较高的电热丝发热，然后通过铝箔均匀导热，一般是五点加热，高端盖板采用七点加热，让整个坐圈无加热死角。坐圈温度可以调节，有单独的温度挡位，调节按键分别为高、中、低挡位，挡位旁边有指示灯，一般不同温度挡位伴随不同颜色的指示灯。夏天温度较高，一般不需要坐圈加热，可单独关闭坐圈加热功能，秋冬季节时根据不同温度需求设置好相关挡位，坐圈就会一直处于加热状态。小孩皮肤娇嫩，一般建议设置低挡就可以。智能坐便器坐圈加热功能如图 1-4 所示。

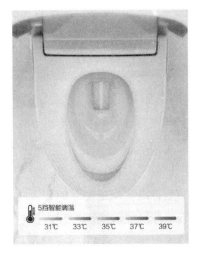

图 1-4　智能坐便器坐圈加热功能

（4）喷头自洁。喷头自洁是指喷头伸出或缩回时，自动喷出小股水流对喷头进行自我清洁，这个功能是为了让喷头喷出的水更加清洁（主要是防止男性小便飞溅到喷嘴）。而且利用喷头自身的功能，几乎没有增加额外的成本。自洁功能是否有效果关乎使用者的健康，因此相当重要。目前大品牌都有特殊的自洁功能，如科勒的紫外线杀菌、伊奈（INAX）和 TOTO 的电解水杀菌等。自洁功能一般是对喷头表面进行清洗，不过也有产品能对喷头的表面和内侧同时进行清洗。自洁功能一般会在使用前后各运行一次，而部分产品则能设定在不使用的时候也能进行自洁，保证喷头持久干净。智能坐便器喷头自洁功能如图 1-5 所示。

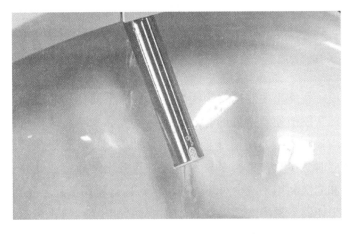

图 1-5　智能坐便器喷头自洁功能

（5）除菌除臭。在智能坐便器盖的内侧有除臭设置，在如厕的同时，除菌除臭功能也在运行，如利用除菌离子、活性炭等除臭系统，实时消除卫生间的异味，这个功能是有一定实用性的。但是需要注意：除菌除臭系统功能要持续有效，系统耗材要及时更换（比如活性炭）。智能坐便器除菌除臭功能如图 1-6 所示。

图 1-6　智能坐便器除菌除臭功能

智能坐便器可按照结构、材质、加热方式及水效等级等进行分类。

（1）按照结构分类最为常见，可分为分体式智能坐便器（智能马桶盖）和一体式智能坐便器。分体式智能坐便器在原有传统坐便器的基础上，采用集成了多种功能的智能坐便器盖替换传统坐便器盖，以实现坐便器的智能化，具有功能实用、安装简便、经济实惠的特点，适合普通家庭安装。一体式智能坐便器是指在坐便器生产的过程中就将电子元器件与坐便器进行一体化设计，重新布局内部组件，重整坐便器外观，使其具有功能完整、外观时尚以及整体安装的特点，适合有家装需求的家庭。一体式智能坐便器如图 1-7 所示，分体式智能坐便器如图 1-8 所示。

图 1-7　一体式智能坐便器

图 1-8　分体式智能坐便器

（2）按照材质，智能坐便器可分为陶瓷主体智能坐便器和非陶瓷主体智能坐便器两类。非陶瓷主体智能坐便器常见的有亚克力材质主体和有机玻璃材质主体。与传统坐便器所采用的陶瓷相比，非陶瓷（亚克力和有机玻璃）具备更强的可塑性，能够在实现精确塑形的同时减少生产所需的资源消耗，提升生产效率。此外，特殊有机玻璃还可以通过降解和二次利用来减少对环境的污染，拥有很高的社会及实用价值。但是，非陶瓷主体智能坐便器不易清洗。亚克力材质主体智能坐便器如图 1-9 所示，有机玻璃材质主体智能坐便器如图 1-10 所示。

（3）按照加热方式可分为即热式智能坐便器和储热式智能坐便器。储热式智能坐便器有一个储水箱用来储存清洗用的温水，而即热式智能坐便器无水箱，瞬时加热。通常来讲，即热式智能坐便器比储热式智能坐便器好。即热式智能坐便器水温恒定，储热式智能坐便器水箱容量有限，一旦用完，需要加热几分钟水才能变热。即热式智能坐便器更卫生，储热式智能坐便器通过水箱蓄水加热，存在因长期储水而滋生细菌、因反复加热而产生水垢等问题，而即热式智能坐便器不需要储水箱，对流动的活水进行加热，用多少水，加热多少，更健康卫生。即热式智能坐便器更节能，储热式智能坐便器要保持水箱内的水温就必须 24 小时持续加热，一旦水箱内水温低于特定温度，就会自动加热，比较耗电，即热式智能坐便器只有在使用时才会加热，即开即热，离座停止加热，更节能。即热式智能坐便器如图 1-11 所示，储热式智能坐便器如图 1-12 所示。

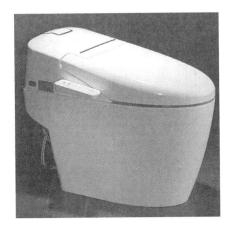

图 1-9　亚克力材质主体智能坐便器

图 1-10　有机玻璃材质主体智能坐便器

图 1-11　即热式智能坐便器

图 1-12　储热式智能坐便器

（4）按照水效等级可分为一级、二级、三级。目前，智能坐便器水效执行标准为《坐便器水效限定值及水效等级》（GB 25502—2017），按照该标准划分为三级，一级为节水先进值，是行业领跑水平；二级为节水评价值，是我国节水产品认证的起点水平；三级为水效限定值，是耗水产品的市场准入指标。智能坐便器水效标识如图 1-13 所示。

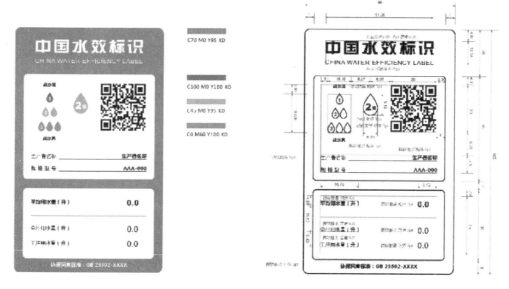

图 1-13　智能坐便器水效标识

1.2　智能坐便器的发展

提到智能坐便器，人们首先想到的是日本。我们身边的亲戚朋友或多或少都有过去日本买智能马桶盖的经历，因此，大多数人会认为智能坐便器起源于日本，是由日本人发明的。然而，事实并非如此，智能坐便器是由美国人发明的。1964 年，美国人阿诺德·科恩（Arnold Cohen）发明了集冲洗和烘干于一体的智能马桶盖并获得了专利。科恩花费两年时间研制出来这个由脚踏板控制的高级坐浴设备，主要是为了方便他患病的父亲。在拿到专利后，科恩认为这是一个商机，便成立了一家公司专门生产和销售这一产品，雄心勃勃地投广告，带着他的产品参加各类商贸展会。但是，智能马桶盖的销售在美国遇到了很大的瓶颈，据《纽约时报》报道，随后的几十年里，科恩的公司只卖出了 20 多万个智能马桶盖。很多人认为这个话题太粗俗了，拒绝登出智能马桶盖的广告，用科恩的话来说，"打广告是太困难的一件事了，没有人想听你说该如何清洗臀部。"世界上第一台智能坐便器的发明者科恩和它的产品如图 1-14 所示。

在北美市场经受打击后，科恩把他

图 1-14　世界上第一台智能坐便器的
发明者科恩和它的产品

的专利授权给了日本 TOTO 株式会社。TOTO 将智能坐便器引进日本，并面向大众市场发售。新型坐便器登陆日本之初，曾出现因水温调节技术不过关而导致用户烫伤的事故，使民众对电子卫浴产品抱有质疑，同时，智能坐便器高昂的价格也阻碍了其初期的发展。之后，TOTO 推出经过大幅改良的智能坐便器产品，名为"Washlet"（卫洗丽）。新产品加入人体感应、坐圈加热、女性清洗等功能，同时，受益于日本国民卫生意识的提高以及 TOTO 积极的广告宣传，智能坐便器开始走上快速普及的轨道。20世纪 80 年代中期，伊奈也推出全新的产品，而松下电工（现松下）也正式加入智能坐便器的开发行列。20 世纪 90 年代之后，智能坐便器销量在日本得到飞速发展，主要得益于新的销售渠道的开拓。20 世纪 90 年代之前，相关产品的发行渠道只有电器商店等零售市场，产品直接面向买家。进入 20 世纪 90 年代之后，厂家找到了全新的铺货渠道——新楼盘，当时的新建住宅大多使用智能坐便器。同时，在办公楼、商业场所、酒店等场所也大量采用智能坐便器。随着民众对智能坐便器产品的认知度越来越高，到 2000 年之后，不论公私场所，使用智能坐便器都已成为一种共识，甚至在火车站、列车车厢等特殊场所，也能见其身影。2013 年，和歌山县正式宣布全县的公厕将使用智能坐便器以代替传统的蹲便器，这在目前的中国是难以想象的。日本 TOTO 公司生产的智能坐便器盖板产品如图 1-15 所示。

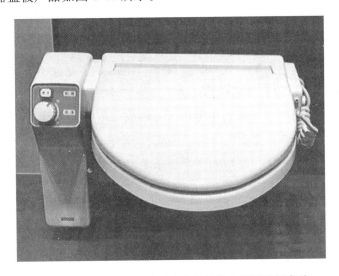

图 1-15　日本 TOTO 公司生产的智能坐便器盖板产品

在日本智能坐便器发展如此迅猛的同时，美国人民对新坐便器仍然提不起兴趣。美国一位智能坐便器行业的创业公司老总说，当我们试图告诉人们智能马桶盖的优点时，你想象不到有多少人说"好恶心"。与此同时，美国人也并不认为传统的坐便器以及使用纸巾有任何不卫生的地方，因此也不愿意费劲更新换代。究其原因，是欧美与日本存在较大文化差异。

（1）欧美文化：坐浴式马桶＝淫荡＋道德败坏。虽然美国人拥有对智能马桶盖的专利，但上厕所之后的清洗装置很早就在欧洲流行，只不过清洗的部分是独立的。18

世纪法国家具商家就发明了这一套装备，一个是普通的用来上厕所的马桶，一个是独立于马桶的坐浴器，带有喷水冲洗功能。这个发明被英国人抵制，原因是英国人认为，来自法国的进口物品也沾染上了该国的享乐主义和淫荡特色，这种抵制思想也传到美国。而在"二战"期间，倒霉的坐浴式马桶被美国大兵在欧洲的妓院里碰见，更加深了美国人对这种马桶的厌恶，认为这个东西与道德败坏有关联。

（2）日本文化："厕神"文化与日本独特的洁净意识。日本有很浓厚的厕所文化。日本人信奉的神道教中有大量神灵，其中重要的一位是"厕神"。一些地方民俗认为"厕神"主生育，是一位美丽的女神，如果女性把自家厕所打扫得干干净净的，生出的小孩会清秀、漂亮。小孩在出生后的第七天，产婆要抱着孩子进厕所里面进行"厕神"参拜。另外的版本是出生 21 天的小孩被抱去附近三家邻居串门，还要到每家的厕所里去造访一番，放上一枚 5 日元硬币，都是求孩子健康成长。有些地方一家人坐在厕所前的一张草席上，向"厕神"简短致意，每人吃一口饭，表示领受了"厕神"的恩赐。放一块切成长方形的年糕，端到厕所里面去，供奉在洋式马桶前面表示参拜。在这样的文化背景下，智能坐便器在日本迅猛发展起来。

20 世纪 90 年代初，TOTO 将智能坐便器引入中国，由此开启了智能坐便器在中国的篇章。1995 年，第一台由中国人自己生产的智能坐便器盖板在浙江台州成功下线出厂，标志着国内智能坐便器时代的开启。此后，国内的智能坐便器大致经历了三个阶段的发展。

国内智能坐便器发展的第一个阶段是 1990—1995 年，又称"中国智能坐便器诞生期"。在 1990 年 TOTO 将智能坐便器引进中国之后的第三个年头，1992 年台州的电子卫浴厂商就着手研制智能坐便器的相关技术，中国本土智能坐便器的生产制造由此起步。在经过 3 年的蹒跚学步创业期之后，到了 1995 年，国内首台自主生产制造的智能坐便器诞生在浙江台州。这一时期的产品属于第二代智能坐便器，主要仿制日本相关智能坐便器产品，相较于美国的第一代智能坐便器产品功能和性能有了很大的改进，主要功能有温水洗净、便盖加热、暖风加热、杀菌等。然而，这一时期的主要配件，尤其是电子元件依赖日本进口。这一时期为国内智能坐便器发展的初始阶段，因而涉足的厂商寥寥无几，未形成规模产区，产品产量也十分有限，市场份额几乎可以忽略不计。日本 TOTO 公司生产的智能坐便器产品如图 1-16 所示。

国内智能坐便器经历了第一阶段的摇篮期之后，开始进入发展期（1995—2015 年）。20 世纪 90 年代中后期，随着国内经济的快速发展，尤其是 1998 年之后，社会的资本环境和行业内的准备日渐成熟，国内智能坐便器行业得到了空前的机遇从而迅猛发展，社会资本，更准确地说是"游资"的逐渐充盈，使得很多民营企业家，尤其是台州商人们将投资目标瞄准智能坐便器这一新兴行业。同时，这一行业内的专业人才和技术也日渐成熟，造就了一批国内智能坐便器研发的先驱者，成为那一时期国内智能坐便器生产制造的中坚力量，他们在各自擅长的技术板块为中国的智能坐便器制造做出了突出贡献。1995—2014 年，据统计，国内智能坐便器产品达到年均销售 10 余万台，年营业额近 20 亿元，生产厂商也由此前的几家发展至几十家。这一时期为国内智能卫浴产品的进一步发展奠定了良好的基础。国内厂商生产的智能坐便器产品如图 1-17 所示。

图 1-16　日本 TOTO 公司生产的智能坐便器产品　　图 1-17　国内厂商生产的智能坐便器产品

　　这一时期产品的关注焦点不仅局限于产品的功能与性能提升，而且注重产品外观设计，增加了审美元素，智能坐便器的设计遵从浴室设计风格，产品每个细节都彰显卫浴空间整体的和谐自然美，如产品尺寸、抗菌恒温坐圈、无纸化水按摩清洗、自动冲洗及自动除臭等。这一时期的智能坐便器时尚大方、外观和实用性并重、与卫浴间较完美的结合，体现了使用者对舒适生活和健康生活的追求。

　　国内智能坐便器发展的第三个阶段是 2015—2019 年。2015 年是中国智能坐便器史上不寻常的一年。这一年，先有吴晓波的一篇题为《去日本买只马桶盖》的文章"沸腾"了卫浴行业，紧接着"去日本购买智能马桶盖事件"成为当年"两会"热门话题，总理甚至都对这一现象进行表态，强调"生产企业要升级，如果国内也有相同质量的产品，应该更有竞争力"。与此同时，政府相关机构、行业专家对这一现象先后发表了看法，使得该事件终成鼎沸之势。此事件之后，国内的智能坐便器生产制造得到飞速发展。从 2015 年的风起、2016 年的爆发、2017 年的沉淀，到 2018 年、2019 年的砥砺前行，经过 5 年的打磨，智能卫浴行业留下了一批实力强大的企业。风起前在行业内硬邦邦的企业，风落后绝大多数成了行业中响当当的引领者。那些缺乏实力的企业，虽然看到了风口，但最终还是没能"弯道超车"。这 5 年间，卫浴行业的整个产业链条，从产品研发到终端销售都发生了翻天覆地的变化，智能卫浴也是如此，已经走到了一个新的分水岭：马太效应开始变得明显，资本、人才、技术、渠道，甚至生态链都在加快向头部厂家靠拢——它们能研发生产出更好的产品，能为消费者提供更好的服务。2015—2019 年，智能坐便器行业主要经历了以下几个时期：

　　（1）从野蛮生长，到行业龙头初显。2015 年，智能马桶盖的春风在国内刮起来后，智能卫浴行业开始面临着重新发力和全面布局的新形势，卫浴行业内的大小企业、专业研发智能坐便器盖板的厂家、跨界的家电企业等，都抓住了风口，加速进入。严格来说，当时国内智能卫浴的领先品牌恒洁、九牧等，虽然此前已经涉足智能卫浴，但真正的爆发也是始于2015年。这一年，恒洁迅速将当时国内公认智能卫浴研发生产最好的企业（深圳市博电电子技术有限公司）收入麾下，九牧率先在市场推出"智能坐便器盖板，先用后买"活动并加大研发投入，惠达则加速和深圳麦格米特的合作，箭牌也在发力，国内品牌四分天下的局面在这时埋下了伏笔。另一端，以浙江企业为代表的智能制造企业也在抢占先机，2015—2016年，仅浙江台州市就有20多家企业从事智能坐便器整机生产，其中上规模企业9家，相关零配件生产企业300多家。到了2016年，国内新的智能坐便器品牌开始不断冒出，仿佛一夜之间，就多了数十个甚至上百个智能卫浴品牌。五金企业、淋浴房企业、配件企业、跨界企业等，通过自建团队组建工厂、原始设备制造商（OEM）合作等方式不断涌入，试图在巨大的市场中分一杯羹，一时间，百花齐放。中国家用电器协会智能卫浴电器专业委员会发布的数据显示：截至2015年底，国内智能坐便器行业生产经营企业近200家，总产量为340万台，比2014年的245万台上升35.5%，2016年智能卫浴的市场保有量更是达到了600万台。此后几年，国内智能坐便器的产量和销量都处于翻倍的增长状态。京东的数据显示，2016年京东商城的智能坐便器产品销量同比增长120%，2017年同比增幅达到80%。可惜，繁花不一定是春天。过去5年，特别是2015年和2016年，智能坐便器整个行业处于粗放式发展状态，产量和市场规模急速扩张，整个市场几乎没有规则和标准可言。但进入2017年，在消费升级和品质意识驱动下，行业标准、市场规则开始建立和完善，整个市场逐渐进入相对良性的发展阶段。出于自身发展的需要，加上市场倒逼发力，卫浴企业开始由重视增长转向注重产品的优化与品质的提升。5年过后，差距逐渐拉开，野蛮生长暂告段落，行业龙头浮出水面。国内品牌，形成了以恒洁、九牧、惠达和箭牌等为主的阵形；国外品牌，TOTO和松下是代表；专业类智能厂家，则以喜尔康、便洁宝和怡和等为代表；跨界进入者，目前海尔卫玺较为突出。而恒洁和九牧更是为数不多的，掌握了智能产品的设计、研发、生产、销售和服务等环节的企业，打通了智能产品的整个产业链条。风口正在退去，差距却在继续拉大。集合了产品、渠道、品牌和资金等优势的龙头企业正在智能坐便器上继续加码，投入巨资，扩大智能卫浴产品的生产规模。

（2）由务虚到务实，回归产品本质。雷军说："站在风口上，猪都能飞起来。"这句话用来描述早期的智能坐便器市场再合适不过。2015年，为了抢占市场，很多企业都在快速推出新品，功能上五花八门，音乐播放、新闻播报等，被集合到智能坐便器上，但智能坐便器基本的冲水、冲洗等功能在"推陈出新"中被忽视。风口退去，忽略产品本质的企业又回到了原点，甚至被淘汰出局。2015—2018年，智能坐便器行业实现了由弱到强的转变，产品是这个转变过程中最大的变量。得益于国内主流智能坐便器企业对产品品质和技术创新的坚守，国内智能坐便器产业的发展达到了一个新的高度，媲美国外一流智能坐便器品牌。复盘这 5 年，关于产品的总结有很多可以归纳，但以下几点不能忽略：

① 质量大幅提升。2015 年，智能坐便器国抽的合格率仅为 60％；2016 年，合格率上升到了 82.4％；2017 年，抽查的 91 批次智能坐便器中，合格率达到了 91.2％；2018 年、2019 年，国抽合格率达到了 90％以上。4 年间，智能坐便器的抽检合格率由 60％上升到了 90％以上，提升了 30 多个百分点。另一个佐证是，中央电视台财经频道《消费主张》栏目曾对消费者关注的智能坐便器的清洁性、安全性、舒适性等性能展开测评，深度对比了国内外 20 多个主流卫浴品牌的智能坐便器，测评结果显示，无论是清洁性、安全性还是舒适性，国内智能坐便器都不比国外品牌差，部分功能还要优于国外品牌。

② 标准逐步完善。长期以来，智能坐便器行业都缺乏一个整体的产品标准，导致市场上产品质量参差不齐，很大程度上制约了行业健康发展。2018 年 9 月，《卫生洁具 智能坐便器》（GB/T 34549—2017）国家标准正式实施，智能坐便器的发展有了更严格的规范。此外，《智能坐便器盖板与底座配套尺寸》（T/CHEAA 0005—2018）等协会及团体标准的发布，也推动了生产企业将研发焦点延伸到其他细分层面。

③ 产品形成系列。过去 5 年，每家企业都推出了多款智能坐便器产品，主流企业则形成了系列，迭代升级。对于技术创新，各大企业也有过多次探索，例如即热与储热之争，最终形成了共存的局面，但即热式冲洗由于更健康、更卫生的特点逐渐被更多的企业采用，即热产品占据了市场主流。在这个过程中，很多新的技术、新的功能被企业研发应用到智能坐便器上，甚至一些"看起来很好，用起来很鸡肋"的技术也出现在智能坐便器上。关于智能坐便器，消费者最关心的依然是加热、清洗、冲水三个最实用的基础功能，一些走了弯路的企业，又重新回到了产品的基本点上。

④ 设计更人性化。随着普及率的提升，消费者对智能坐便器的认知度越来越高，进而对人性化实用体验功能的要求也越来越高，这就促使智能坐便器行业越来越聚焦产品的人性化设计。这一点也被越来越多的企业所接受。

（3）由小众产品到品质生活的标配。2017 年末，艾瑞发布了一份《2017 年中国智能卫浴线上市场洞察报告》，它的数据显示，2017 年 1—9 月，智能坐便器销量占比 13.5％，智能坐便器盖板占比 19.7％，普通坐便器占比 66.9％。另外，第三方调查公司数据显示，中国中产家庭新房的智能坐便器安装率，也从 2014 年的 3％增加到 2017 年的 20％。卫浴行业的从业者这几年也会有一个很明显的感受：咨询智能坐便器的人越来越多，有身边的朋友，也有远在老家的亲戚。智能坐便器向消费者的渗透，比想象的更为广泛和深入。2018 年春节后，阿里巴巴发布了一份《2018 中国人新年俗报告》，里面提到智能坐便器开始出现在农村消费者的购物车中。普及率在提升，智能坐便器正在走向普通家庭。从需求端看，近几年随着中国经济增长迈入大幅调整期，越来越多的消费者开始注重生活品质，他们更愿意通过合理的价格来获得对等的产品和服务，这一点在智能坐便器市场同样体现得淋漓尽致。在消费升级和健康意识驱动下，智能坐便器逐渐成了卫生间的标配产品。在满足消费者日常使用需求的基础上，智能坐便器的即热恒温、一键旋钮、自动感应等人性化的功能设计，让消费者切实体验了科技带来的品质卫浴生活。有调查表明，家里有两个或者两个以上卫生间的家庭中，有1/3在各个卫生间都安装了智能坐便器。他们在对智能坐便器的选择上，也彻底地摆脱了单纯的比价逻辑，而更注重产品的性能、服务和口碑。另一方面，从供给端来看，2015年之前摆在消费者面前的担忧，产品品质、产品价格、售后服务等，已经有了质的变化。比如智能坐便器的价格，已经不再高高在上，3000～4000元的智能一体机在市场上随处可见，即使是主流卫浴品牌，也推出了价格更为亲民的智能产品。特别是小米的入局，智能坐便器盖板的价格更是被秒杀到了799元。售后服务的分水岭，也在2016年拉开。这一年，恒洁率先行动，宣布将智能坐便器产品的整机保修服务期限延长为6年，直接划出了智能坐便器提升售后服务品质的分水岭。随后，多个国内外品牌也宣布延长智能坐便器产品的保修期，多则6年，少则5年，而此前智能坐便器的保修期只有2～3年。至此，消费者对智能坐便器最大的担忧消失了。

（4）国内品牌引领，凸显中国自信。长期以来，在中国本土的智能坐便器市场上，TOTO、科勒、高仪和汉斯格雅等国外品牌一直处于品牌的第一梯队，时至今日，仍然如此。但智能坐便器的兴起，为中国智能坐便器品牌的超越提供了车道，边界正在被逐渐打破。这5年来，中国智能坐便器产业快速崛起，民族品牌在国内市场上逐步取得了压倒性优势，产品发展已从跟随型转向领跑型。2015年以前，购买智能坐便器，TOTO、科勒是大多数消费者的首选，但2015年之后，恒洁、九牧和惠达等国内品牌成了首选。在线下，目前国内主要的建材卖场中，国产智能坐便器产品已经占据主流位置，销量飙升；线上，2016年"双十一"，天猫销量排名前10的智能坐便器品牌中，国内品牌占了60％，2018年"双十一"更是达到了80％。中国家用电器协会智能卫浴电器专业委员会的调查数据显示：在2017年，用户对恒洁、箭牌、九牧、松下、海尔卫玺、便洁宝以及怡和等品牌的智能坐便器的满意度已达到89.4％。这一现象甚至引起了日本媒体的注意，《日本经济新闻》发文评论，中国智能坐便器产品的性能已经不输日本产品，越来越多的消费者更倾向于中国民族品牌。东京大学社科所教授丸川知雄在谈到"中国经济的新时代及对外经济战略"时，也将智能坐便器等列为中国制造的代表性产品。

（5）品质、创新、规模都是赢得未来的关键。2019年帷幕落下，智能坐便器也走到了一个新的分水岭，头部厂家正在形成。虽然就单个企业来看，庞大的中国市场上，每个品牌占据的份额非常有限，谁都有机会，但机会的背后需要强大的实力支撑，包括资金实力、创新能力、品牌影响力等。但正如前面所说，目前的智能坐便器市场，资源都在向头部倾斜，资本、渠道、技术，甚至生态链都在向头部厂商靠拢——它们能研发生产出更好的产品，能为消费者提供更好的服务，而且产品具有更高的性价比。随着中国进入品质时代，越来越多的消费者愿意为品质买单，而且正逐渐成为消费的主力军，智能坐便器市场需求将会得到更大的释放。但和所有的行业一样，不远的未来，智能坐便器也会面临着激烈的竞争，产品的品质、企业的规模实力都会成为竞争中的关键因素。当然，智能坐便器一路狂飙中所潜伏的问题，5 年之后也开始变得明显，比如产品同质化、产品的价格战等，但很显然，这都不会是未来市场走向的主流。一个行业要持续发展，唯有创新才是不竭动力。智能坐便器作为品质生活中的标配，除了实用的产品功能和美好的体验外，更先进的功能正在等待被开发。

2 智能坐便器的生产工艺

2.1 智能坐便器生产工艺概述

智能坐便器起源于美国，起初设置了温水洗净功能，主要用于医疗和老年保健，后经过韩国、日本改进和发展，逐渐形成了今天的具有坐圈加热、温水洗净、暖风烘干等多种功能。随着陶瓷产品智能技术的发展和普及率的不断提高，智能坐便器市场在 2015 年到 2019 年取得了快速的发展。

智能坐便器的生产工艺主要由两部分组成。一是卫生陶瓷（底座）的生产，作为坐便器的主体结构，决定着坐便器的防漏、防臭等性能。经过近百年的发展，我国已经形成了较为完整的现代卫生陶瓷工业体系，工艺技术、产品生产、装备制造和创新能力等均已进入世界先进行列，到 20 世纪末，我国卫生陶瓷产品的产量一直稳居世界第一，我国已经成为世界最大的卫生陶瓷生产和消费国。二是智能盖板的生产，经过 10 余年的发展，智能坐便器产业迎来爆发式增长，我国已成为智能盖板生产大国。

近年来，由于智能技术的不断发展，智能生产线、工艺设备的机械化、自动化水平逐渐增长，使生产效率成倍提高，极大地改善了工作环境，提高了工作强度，同时产品质量也随着工艺技术的改进得到不断提升。

2.2 陶瓷底座生产技术

现代卫生陶瓷的生产技术在我国出现以前，很长一段时间内我国一直采用着作坊式生产方式。地摊式注浆成型、倒焰窑烧成是其显著的特点。落后的工艺技术沿袭着口口相传的古老传承方式，基本上没有使用机械装备。直到 20 世纪初现代卫生陶瓷生产技术由欧美传入，1916 年在河北唐山开始生产，并于 20 世纪 60 年代传统生产模式开始持续发生转变。

经过近百年的发展，我国已经形成了较为完整的现代卫生陶瓷工业体系，工艺技术、产品生产、装备制造和创新能力等均已进入世界先进行列，到 20 世纪末，我国卫生陶瓷产品产量稳居世界第一，我国已经成为世界最大的卫生陶瓷生产和消费国。我国现代卫生陶瓷发展历程大致可分为四个阶段。

第一阶段为起始阶段（1916—1949年）。自1916年和1926年开始，我国分别在唐山、上海、温州、宜兴等地陆续建立现代卫生陶瓷工厂。第一批现代卫生陶瓷工厂在战争的创伤和洋货的冲击下发展艰难，到1949年，全国仅有三四家工厂、作坊，技术装备十分落后，卫生陶瓷总产量仅有6000件。

第二阶段为高速发展阶段（1950—1960年）。中华人民共和国成立后，国家经济建设的需求有力地推进了我国现代卫生陶瓷工业的高速发展。通过恢复、改建、扩建老厂和建设新厂，到1960年，我国拥有大、中型卫生陶瓷重点企业12家，年产卫生陶瓷141万件，平均年增速达到73%，产品品种迅速增加、质量明显提高，初步形成了我国现代卫生陶瓷工业体系。

第三阶段为曲折发展阶段（1961—1977年）。这个阶段经历了国民经济困难时期和"文革"时期，卫生陶瓷经历了产品滞销，产量严重下降、回升，产量明显下降、回升和持续增长的曲折过程，其中，1966—1972年全国卫生陶瓷产量平均每年递减9.8%。到1978年，全国卫生陶瓷企业增加到44家，国家重点企业13家，年产卫生陶瓷228万件，平均年增速为2.6%，卫生陶瓷和陶瓷墙地砖的产品品种分别达到58种和212种，产品质量提高，我国现代卫生陶瓷工业体系得到进一步完善。

第四阶段为持续快速发展阶段。1978年改革开放以来，随着国家经济建设速度的加快和人民群众生活水平的迅速提高，卫生陶瓷的需求量猛增，各种性质、不同规模的卫生陶瓷企业遍布全国迅速投产。到1993年，全国卫生陶瓷企业增加到近千家，年产卫生陶瓷3341万件，平均年增速为19.6%，我国卫生陶瓷产量首次名列世界第一，成为世界卫生陶瓷生产和消费大国。进入21世纪以来，我国卫生陶瓷的需求量仍处于上升阶段，一直保持着世界卫生陶瓷生产和消费大国的地位，与此同时，生产工艺、技术装备和产品质量不断提高，已达到世界先进水平。2008年，我国年产卫生陶瓷已有1.54亿件。

纵观近些年来我国卫生陶瓷生产规模的持续发展，1978年全国卫生陶瓷年产量为227.8万件，至2014年已达2.15亿件。36年来，总产量增加94倍。而且从1993年开始，中国卫生陶瓷年产量已连续稳居世界第一位。2010年中国卫生陶瓷出口1.78万件，中国不仅是世界卫生陶瓷的生产大国，而且是世界卫生陶瓷的消费大国和出口大国。在卫生陶瓷行业迅猛发展的过程中，相关工艺技术及装备的进步起到了重要作用。

目前，我国科技人员自主研发了多项关键技术，奠定了卫生陶瓷工业现代化的基础。由中国建筑材料科学研究院等单位开展的新型泥料配方研究，使我国的卫生陶瓷坯体原料呈现出多元化和本地化的特征。咸阳陶瓷研究设计院研发的立式浇注技术被视为成型技术的变革；西北建筑设计院设计的隧道窑是烧成设备的重大突破；另外，以唐山地区为代表的企业在卫生陶瓷的造型设计上改变了"老八件"延续多年一统天下的局面。我国正处在由世界卫生陶瓷大国发展成为世界卫生陶瓷强国的关键时期。通过引进及消化吸收国外的先进技术和装备，我国卫生陶瓷的生产基本进入了现代化阶段。我们有理由相信，在不远的将来，我国将成为世界卫生陶瓷的强国。

2.2.1　卫生陶瓷的类型及生产工艺流程

卫生陶瓷是由黏土或其他无机物质经混炼、成型、高温烧制而成的用作卫生设施的有釉陶瓷制品。

2.2.1.1　卫生陶瓷的类型

卫生陶瓷的分类方法有多种。按吸水率的大小可分为瓷质（$E \leqslant 0.5\%$）卫生陶瓷和非瓷质（$0.5\% < E \leqslant 15.0\%$）卫生陶瓷两大类。按照产品可分为坐便器、洗面器、小便器、蹲便器、净身器、洗涤槽、水箱、小件卫生陶瓷 8 类产品。还有其他的分类方式。常见卫生陶瓷产品的分类见表 2-1、表 2-2。

表 2-1　瓷质卫生陶瓷产品分类

种类	类型	结构	安装方式	排污方向	按用水量分	按用途分
坐便器（单冲式和双冲式）	挂箱式 坐箱式 连体式 冲洗阀式	冲落式 虹吸式 喷射虹吸式 旋涡虹吸式	落地式 壁挂式	下排式 后排式	普通型 节水型	成人型 幼儿型 残疾人/老年人专用型
洗面器	—	—	台式 立柱式 壁挂式 柜式	—	—	—
小便器	—	冲落式 虹吸式	落地式 壁挂式	—	普通型 节水型 无水型	—
蹲便器	挂箱式 冲洗阀式	—	—	—	普通型 节水型	成人型 幼儿型
净身器	—	—	落地式 壁挂式	—	—	—
洗涤槽	—	—	台式 壁挂式	—	—	住宅用 公共场所用
水箱	带盖水箱 无盖水箱	—	壁挂式 坐箱式 隐藏式	—	—	—
小件卫生陶瓷	皂盒、手纸盒等	—	—	—	—	—

表 2-2 非瓷质卫生陶瓷产品分类

种类	类型	安装方式
洗面器	—	台式、立柱式、壁挂式、柜式
不带存水弯小便器	—	落地式、壁挂式
净身器	—	落地式、壁挂式
洗涤槽	家庭用、公共场所用	立柱式、壁挂式
水箱	高水箱、低水箱	壁挂式、坐箱式
淋浴盆	—	—
小件卫生陶瓷	皂盒、手纸盒等	—

2.2.1.2 卫生陶瓷的生产工艺流程

卫生陶瓷生产的典型工艺流程为：原料粉碎→泥浆制备→注浆成型→素坯干燥→修坯→施釉→烧成→瓷件检验→修补→（重烧）→冷加工→成品检验→包装。

卫生陶瓷主要生产工艺基本相同，但工艺细节可能有较大的区别。在泥浆制备工艺方面，有两种主要工艺，其一是重量配料法：硬质料经粉碎后与软质料（黏土类原料）一起混入球磨机制备泥浆；其二是容积配料法：硬质料经粉碎后与少量软质料（黏土类原料）一起倒入球磨机制备泥浆，大部分软质料直接加水搅拌化浆，再将两种泥浆按配比要求混合成所需泥浆。在注浆成型方面，有普通石膏模注浆、低压快排水石膏模注浆、树脂模中压注浆、树脂模高压注浆等。在烧成设备方面，有隧道窑、辊道窑、梭式窑等。不同的生产工艺各有其优缺点，由工厂产品定位、资金实力、人员技术、生产场地等多方因素决定。

卫生陶瓷生产的主要设备包括球磨机、高低速搅拌池（罐）、成型设备（组合浇注、高中压注浆机）、干燥室、施釉设备（机械、人工施釉）、窑炉（隧道窑、辊道窑、梭式窑等）、冷加工设备（各种平面砂轮打磨）等。

2.2.2 卫生陶瓷坯、釉料的种类和基本性质

卫生陶瓷的原料分为坯料和釉料。坯料一般由黏土、石英和长石等矿物组成，釉料的基本组成除了上述三类原料，通常还加入氧化镁、氧化锌、碳酸钙、硼砂、氧化铅等。从矿物组成看，坯料与釉料两者均为硅酸盐体系。

2.2.2.1 坯料

1. 配方

自 1914 年在唐山出现卫生陶瓷以来，最早卫生陶瓷的原料是从德国进口的，第二次世界大战爆发后，因国外原料断绝，启新瓷厂开始改用国产原料进行生产。之后的数十年，唐山地区的原料配方基本没有改变，形成了特色鲜明的唐山配方体系。

进入 20 世纪 60 年代，由于苏州土原料价格上涨和供应问题，唐山陶瓷厂一直希望研发不含苏州土的卫生陶瓷坯体配方。因此，1966 年中国建材科学研究院和唐山陶

瓷厂共同完成了一个卫生陶瓷坯料配方的研究，当时命名为"7 号坯料配方"，随后的生产实践证明这是一个非常成功的坯料配方。在此项研究工作中，技术人员从 44 个坯料配方中优选出了 7 号配方，其主要原料为紫木节、碱干、大同土、章村土、彰武土、长石、石英、滑石、碳酸钠、水玻璃、钴兰料等，其中生大同土用量 15％，紫木节和彰武土各为 11％，取消了价格昂贵的苏州土，经小试、中试、小批量生产试验，烧制产品 288 件，取得了满意的效果。后经过唐山陶瓷厂的调试和生产性试验，7 号坯料配方成为唐山陶瓷厂的生产配方，1966 年底即扭转了产品严重崩裂的被动局面。7 号坯料配方，泥浆性能稳定、使用效果好、适应性强，符合当时的科研项目"洗面器注浆成型联动线"和唐山陶瓷厂的生产要求。1985 年唐山陶瓷厂引进国外的卫生瓷组合立式浇注生产线，也采用 7 号坯料配方。1990 年 10 月出版的《唐山陶瓷厂厂志》中记载"这个配方一直沿用至今"。7 号坯料配方是唐山陶瓷厂使用时间最长的配方，被誉为北方卫生瓷的经典配方，并获 1978 年全国科学大会奖（因院所重组，该奖项授予陕西陶瓷非金属矿研究所，河北省唐山陶瓷厂）。

7 号坯料配方的成功研发，在中国卫生陶瓷生产中有着重要意义，一方面解决了唐山陶瓷厂的需求，并惠及唐山市的其他卫生陶瓷企业；另一方面，也标志着我国的科技人员能够自主研发卫生陶瓷配方，破除了人们对外国技术的迷信。从此以后，各地的卫生陶瓷厂相继利用各自地方的原料研发出多种卫生陶瓷坯料配方，为我国卫生陶瓷工业的发展奠定了基础。

在卫生陶瓷坯料配方的研究过程中，咸阳陶瓷研究设计院、华南理工大学、中国建材科学研究院等单位的研究工作卓有成效。

20 世纪 80 年代，咸阳陶瓷研究设计院与河南信阳陶瓷厂共同开展了利用珍珠岩和外加剂降低坯体烧成温度的研究。

中国建材科学研究院陶瓷所与湖南省建筑陶瓷厂开展的"低温卫生瓷坯、釉料的研究（硅灰石锂云母配方）"1982 年通过地方级鉴定。此坯料配方中硅灰石占 15％～25％，黏土矿物占 42％～54％。生料乳白釉是以氧化锡和锆英石为乳浊剂，以锂云母为主要熔剂制成。烧成温度比原生产用的配方低 110～140℃，烧成时间缩短 10～20 小时，燃耗降低 25％～30％。

中国建材科学研究院陶瓷所利用珍珠岩和外加剂降低瓷坯烧成温度，主要优点是方法简单，无须变动原有的成型工艺就能保证质量，产品成本低。1984 年 11 月通过基层级技术鉴定。

主要技术经济指标：烧成温度为 1170～1180℃；瓷坯吸水率＜2％；釉面白度＞80％。

20 世纪 80 年代，咸阳陶瓷研究设计院对利用大青土类低质原料生产卫生瓷进行了研究，采用含 0.6％～1.5％氧化铁及含 1.4％氧化钛的邯郸大青土作为主要原料，配制卫生瓷的坯料配方，同时对河南鹤壁、山东博山以及山东安丘大青土的矿物组成、物化性能等进行了研究，得到了预期效果。

1963 年末，上海华东陶瓷厂利用上虞叶腊石取代优质高岭土作为主要原料，生产卫生陶瓷，达到了预期效果，为华东地区的卫生瓷配方开辟了一条新途径。配方中除了叶腊石，还采用了蔡坑黑泥、蔡坑白泥、仓后瓷沙、平江长石、贵溪石英等原料。

1985 年，唐山市建筑陶瓷厂、中国科学院与黑龙江省第一地质调查所合作，成功研究出利用透辉石的卫生瓷配方。该配方的特点是可以低温烧成，比通常配方的烧成温度降低 110℃。

1989 年，地处珠江三角洲的石湾建华陶瓷厂在改进原料配方时，利用当地低质原料替代外地原料取得了成功，使生产成本下降 38％。该配方采用了中山黑泥、清远白泥、瓷沙、南海黑土等原料，为广东地区的卫生陶瓷原料本地化打下了基础。

2005 年，FFC 泥浆在我国卫生陶瓷生产中开始出现。FFC 泥浆是预烧低收缩高强泥浆的简称，适用于高保型洗面器或大型洗面器的生产。这种泥浆的配方中使用了大量的煅烧莫来石或煅烧黏土以及经特殊处理的球土，其他的硬质料也事先经过粉碎处理成一定颗粒度的半成品，按配方比例分别投入泥浆池内，不用球磨，直接使用高速离心式搅拌器处理后陈腐储存待用。这种泥浆注成的坯体同样经过 1200℃ 烧成，吸水率较高，属于陶质卫生陶瓷，但抗折强度可以达到接近瓷质坯体的程度。这种产品最大的特点就是能够保持器形的平直度，特别符合直线型产品的设计特点，可以满足消费者追求高品质生活的需求，当时这在国内市场还属于小众产品，而在国外已流行多年。

总之，卫生陶瓷的配料技术随着生产工艺的变化而提高。为满足 24 小时连续注浆成型工艺的要求，坯料配方也由传统泥浆改进到快速吃浆成型的新型配方技术。

2. 泥浆

卫生陶瓷的生产主要采用注浆成型，利用模具材料的多孔性，通过"毛细作用"自吸水、"泥浆加压"强制排水，将泥浆中的水分排出（图 2-1），使附着模具表面的泥浆脱水形成一定厚度的坯体，经干燥、施釉后烧成陶瓷。

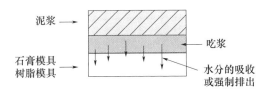

图 2-1　泥浆排水示意图

卫生陶瓷是劳动密集型生产行业，尤其是成型工序，工人劳动强度大、手工操作环节多、生产效率低，还要求作业人员有相当熟练的技术。为争夺人力资源，企业不断加大用工成本，人工成本持续上升。现代卫生陶瓷因为受到人工成本、生产效率等的影响，已经开始生产工艺的改革，如低压快排连续注浆成型技术、高压成型技术、快速干燥技术、悬挂链/倍速链、移动机器人（AGV）自动输送技术等新技术、新装备迅速应用推广。另外，进入 21 世纪后，新的年轻工人对长时间高强度作业、高温高湿作业环境不适应，造成工人短缺，制约着卫生陶瓷企业的发展。为摆脱作坊式生产，改善劳动环境，提高劳动生产率，卫生陶瓷企业积极采用低压快排连续注浆成型技术和高压注浆成型技术。

由于南北气候、工人习惯、技术偏好等因素的影响，各地对泥浆性能的评价是有区别的，特别是由传统石膏注浆逐步发展到低压快排水及高压成型，这种成型方式的变化对泥浆的性能要求就更加不同。

表征泥浆性能的项目如下：

基本性能：浓度、温度、粒度、屈服值；

成型性能：黏性、吃浆速度、可塑性、开裂时间、透水性；

干燥性能：干燥强度、内外水分差、干燥收缩；

烧成性能：烧成收缩、烧成弯曲、烧成强度、坯釉结合性。

其中，吃浆速度、可塑性、干燥强度是最重要的三大性能指标。

卫生陶瓷注浆对泥浆的要求是，尽快地形成坯体，具有优良的可塑性及较高的干燥强度。于是，传统石膏注浆更加偏重可塑性，希望脱模坯体不裂，一天就注一遍，有许多时间去处理坯体，久而久之，为追求可塑性，配方中大量使用黏土，吃浆速度偏慢。

低压快排水及高压成型新注浆工艺是连续生产，效率较高。为适应新的注浆工艺，技术人员经过长时间的努力，总结出了能够满足快速注浆工艺的坯料配方体系，较传统泥浆有很多改良，提高了泥浆密度，降低了泥浆的屈服值，加快了吃浆速度，调整了泥浆的快速脱水性能，进一步提高了我国卫生陶瓷的泥浆配方技术水平。

2.2.2.2　釉料及色料

1. 釉料

与坯料配方一样，早期的卫生陶瓷釉料配方也是由外国人提供的，多年没有改进。早期对卫生陶瓷外观要求不高，另外由于坯体原料含铁量较低，坯体色泽较白，因此瓷器表面一度采用透明釉。当坯体采用低质原料，铁、钛元素较高时，为了增加瓷器表面的白度，乳浊釉就应运而生了。

为了增加釉面的花色，釉料中必须加入相应的色料。在增加釉面白度方面，早期一般在釉料中添加氧化锡。中国建材科学研究院和唐山陶瓷厂开展锡乳白釉的研究。生产实践证明锡乳白釉的增白效果明显，工艺稳定性也不错，但是价格较高，增加了卫生陶瓷厂的成本。

为了降低成本，我国科研机构把增白添加剂的目光转向价格相对便宜的钛、锆、磷、钙、锌等金属氧化物。经过多家科研机构的研究，认为含锆的乳浊釉性价比较高，随后在生产中广泛应用。

为满足开发新产品的需要，行业内开始研发具有功能性的釉料。1999 年，山东美林陶瓷公司与山东正元纳米材料工程公司、中国建材科学研究院联合，成功研制了卫生陶瓷用抗菌釉。

2. 色料

20世纪80年代以前，卫生陶瓷的釉面颜色一直是灰白色、白色。改革开放后，随着大量高级宾馆、饭店的兴建，卫生陶瓷釉面的颜色开始改变白色一统天下的局面，骨色、蓝色、黑色甚至金黄色开始出现，这就要求色料生产企业能提供数量更多、质量更好、色彩更丰富的色料。

山东工业陶瓷研究院1988年研发了深棕、海军蓝、绛红三系列颜料，研发的以银着色的锆系颜料的锆银红颜料是当时国内首创，适用于各种陶瓷制品的装饰，它使制品表面呈现美丽明快的粉红色，比常用的铬铝红颜料着色的制品色泽鲜艳、明快，但价格高些，适用于高档卫生陶瓷、釉面砖，可满足出口产品的需要。该颜料能用于烧成温度低于1280℃的任何陶瓷制品的着色，性能稳定，可与多种颜料混合使用，对基础釉的适应能力强，不受釉成分、釉烧气氛的影响，在釉中加入3%～4%的颜料即可呈现鲜艳明快的粉红色。1983年10月该颜料通过国家建材局组织的技术鉴定，在唐山陶瓷厂、唐山市建筑陶瓷厂、博山建筑陶瓷厂等单位应用。

1988年，山东工业陶瓷研究设计院开始卫生间配套用标准色板的研制，于1989年11月通过国家建材局组织的技术鉴定。该成果制出了一套颜色比较齐全（60种）的陶瓷色度实物标样，赋予统一的名称和编号，要求卫生间内的各种瓷件、塑料件、搪瓷件的色彩都向标准色板靠拢，符合国家标准《卫生间配套设备》（GB/T 12956—2008）中关于色差范围的要求。该色板采用加单一或复合颜料及调整基础釉等方法，并严格控制制作工艺，制出色差较小的60套实物标样，并均用SC-1型便携式智能测色色差计进行测试，提供色度的数据。标准色板的制定对我国高档建筑卫生间配套能力的提高具有一定的推动作用。

卫生间配套用标准色板的主要特点是：

（1）卫生间配套用标准色板提供的60种颜色的陶瓷色度标样及色度测试数据，可以满足统一卫生间各种配件的颜色要求，制定该类标准色板在国内尚属首次；

（2）标准色板不仅提供了色度测试数据，还提供了制作标准色板的釉式及所用颜料名称和加入量，为各厂制备统一颜色的产品提供了方便，可起到一定的指导作用；

（3）选用国产的SC-1型便携式智能测色色差计，其准确度能满足统一颜色的要求，可作为卫生间配套颜色测量的仪器。

该标准色板主要适用于卫生陶瓷、搪瓷、塑料、釉面砖、墙地砖生产厂。卫生间配套用标准色板应用后，提高了卫生间配套颜色方面的一致性，使我国的卫生间配套水平得到了提高，满足了国内高级建筑及出口的需要。

自20世纪90年代早期，消费者对卫生陶瓷的色泽要求逐渐趋向统一，白色、骨色等浅色调成为主流。

2.2.3 卫生陶瓷成型

中华人民共和国成立前，我国卫生陶瓷采用原始的人工手抱泥浆桶的地摊式注浆工艺。中华人民共和国成立后，为了减轻工人劳动强度，提高机械化水平，通过工程技术人员的努力，在 20 世纪 60 年代卫生陶瓷厂开始采用地摊式管道注浆，在此基础上又出现了管道压力注浆-真空回浆工艺。20 世纪 80 年代，首先在结构简单的洗面器上开始采用组合立式注浆工艺。20 世纪 90 年代早期，唐山陶瓷厂与咸阳陶瓷研究设计院共同完成了"坐便器成型组合浇注生产新工艺"项目，使立式浇注可成型复杂的坐便器。"八五"期间（1991—1995 年），在国家建材局的组织下，咸阳陶瓷研究设计院和中国建筑西北设计院等单位承担了"卫生陶瓷中压注浆成型技术与宽断面节能隧道窑"项目；接着在"九五"期间（1996—2000 年），国家建材局组织咸阳陶瓷研究设计院等单位，完成了"卫生陶瓷高中压注浆成型及高压注浆模具"国家科技攻关项目的研究，为我国高档卫生陶瓷生产效率的提高、坯体质量的改善创造了非常有利的条件。尤其是高中压注浆成型所用的树脂模具全部采用国产化原料，具有自主知识产权的模具成套制造技术符合国情，属国内首创。20 世纪 90 年代中期，咸阳陶瓷研究设计院经过消化吸收推出了低压快排水注浆新技术，使我国的卫生陶瓷注浆技术体系更加完善和成熟。

2.2.3.1　地摊成型

所谓地摊成型（图 2-2），就是在卫生陶瓷成型时将工作模摊放在地面，合模、开模、注浆等操作均由人工完成，是一种原始的成型方法。其特点是工艺落后、劳动强度大。这种注浆方式从 20 世纪初卫生陶瓷生产进入中国时就开始采用，并且是唯一的注浆方式。20 世纪 80 年代后期随着组合浇注成型技术的出现，地摊成型工艺逐渐被淘汰。

图 2-2　地摊成型

2.2.3.2　早期管道注浆

这种注浆方法又称作台架式浇注，它是 20 世纪 60 年代后期在地摊摆模、人工端桶方法的基础上，经过改进形成的方法。这种注浆方式与人工抱桶的原始注浆方式相比，其本质区别是它采用了管道注浆，因而解决了泥浆加压、输送和回浆的管道化问题，在以后的成型工艺中，均保留了管道送浆、泥浆加压和管道回浆的技术。另外，它采用了台架摆模，减轻了工人劳动强度。

20 世纪 70 年代唐山陶瓷厂采用了压力罐式管道注浆（图 2-3）成型技术，该工艺是以压缩空气为输送动力，将储浆罐中的泥浆压入管道，然后注入模型。优点是减轻了劳动强度，操作方便，泥浆稳定性好，产品质量高。

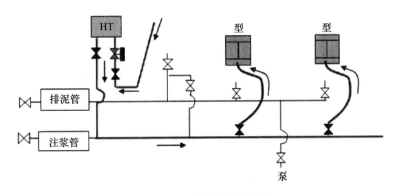

图 2-3 压力罐式管道注浆

2.2.3.3 闭合循环的注浆成型连续生产线

为了减轻地摊注浆的劳动强度，1966 年，由建材部立项，唐山陶瓷厂参照苏联、东欧的模式，设计建成了闭合循环的注浆成型连续生产线，1976 年，在此基础上又研制了蹲便器生产线。虽然这种连续生产线后来没有得到广泛应用，但在当时产生了很大的影响，为以后卫生陶瓷成型生产线的发展留下很多启示。

2.2.3.4 卫生陶瓷样板生产线

1964 年，在国家支持下，中国建材科学研究院、中国建筑西北设计院与唐山陶瓷厂合作，开展了"卫生陶瓷样板生产线"科研项目。其主要内容包括：坯釉料的改进，原料制备工艺线的改进，洗面器注浆成型联动线，吊篮输送-隧道式干燥器干燥工艺线，静电喷釉和釉烧隔焰隧道窑等整套生产工艺与设备的研究、设计、制造、安装、调试及投产。除洗面器注浆成型联动线和静电喷釉两项外，其他各项都取得圆满成功，大大推进了我国卫生陶瓷生产技术的进步。与这条联动线配套的卫生陶瓷用 7 号坯料配方和釉烧隔焰隧道窑得到推广，并获得 1978 年全国科学技术大会奖。

＜**国内某陶瓷工厂（图 2-4）**＞

规划产能：100 万件/年

成型模式：低压快排水石膏型、高压快排水树脂型

施　　釉：循环施釉线

烧　　成：宽断面天然气隧道窑，128m

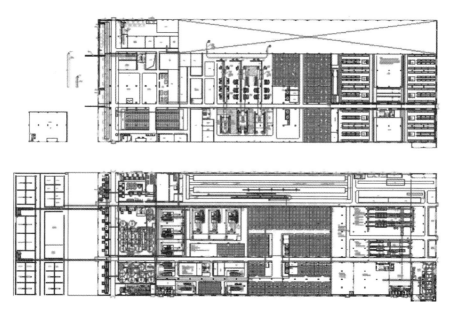

图 2-4　国内卫生陶瓷样板生产线

＜**国外某陶瓷工厂（图 2-5）**＞

规划产能：60 万件／年

成型模式：低压快排水石膏型、高压快排水树脂型全自动成型线

施　　釉：机器手、集中供釉

烧　　成：天然气隧道窑，90m

图 2-5　国外卫生陶瓷样板生产线

2.2.3.5 管道注浆成型

兴起于 20 世纪 60 年代的管道注浆成型技术，在 20 世纪 80 年代后期被立式浇注取代。管道注浆成型是将泥浆通过管道由压缩空气送到注浆点的石膏模具，石膏模具一般是放在架子上。可以将多个模具独立地安放在架子上，也可以将模具竖起来组合成一排，模具沿着可滑动的轨道开合，后者称为组合浇注。洗面器成型，是在组合浇注时将原来平放模具改为竖放，所以在我国卫生陶瓷行业又形象地称其为立式浇注。

空气压力管道注浆常见的工艺布置方式如图 2-6 所示。

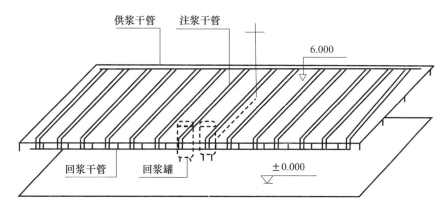

图 2-6　空气压力管道注浆的工艺布置方式

向不同标高楼层供浆时，泥浆罐内所需工作压力的控制，有的工厂在实际操作时，其供气压力值大致控制范围如表 2-3 所示。

表 2-3　不同楼层的供浆罐压力范围

层数	1 层	2 层
层高（m）	≤6	≤5.5
罐内压力（MPa）	0.1~0.15	0.2~0.25

目前工厂使用的空气压缩机，其出口压力均接近于 0.8MPa，可以满足要求。

高位槽重力管道注浆，是用泥浆泵将泥浆直接输送到一定安装高度的高位槽内，利用势能完成管道注浆的运作。为避免进浆时带入空气，进浆管布置于高位槽底部较好。为控制高位槽内的液位，可设置上、下液位探针，并与泥浆泵、电磁阀等组成自动控制系统。

当产量大或车间面积较大时，可设置几个高位槽分别供浆。高位槽的布置较为灵活，它可集中在顶层，也可在同一层面分散布置。在老厂技改中如场地狭窄、投资偏紧的条件下，可有效地利用空间，也可选用高位槽供浆。如在新疆建材陶瓷厂的技改中，就因地制宜地选用了高位槽，取得了较好的效果，见图 2-7。

管道注浆又分为空气压力管道注浆和重力管道注浆，如表 2-4 所示。

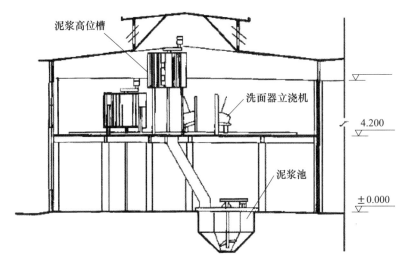

图 2-7　新疆建材陶瓷厂的高位槽供浆

表 2-4　两种管道注浆形式的对比

内容	供浆形式	
	空气压力管道注浆	重力管道注浆
主要设备组合	泥浆罐、泥浆泵、空气压缩机、真空泵	高位槽、泥浆泵
动力消耗	泥浆泵向泥浆罐送浆，再以压缩空气将泥浆压送到注浆工位。需二次消耗能源	泥浆泵向高位槽送浆，将电能转化为势能，一次消耗能源。槽内需连续搅拌，经常性耗电
注浆压力控制	通过调压阀调节压缩空气的压力，便于控制	用手工注浆，国内尚没有压力控制方案；组合浇注线小容量泥浆高位槽控制液位，使注浆压力保持在需要的范围内
设备及经常费用	泥浆罐属压力容器，制作要求高，费用大，总投资及经常费用较高	费用相对较低

20 世纪 70 年代唐山市建筑陶瓷厂采用高位槽式管道注浆。该工艺是利用泥浆在一定高度上形成的静压力来代替压缩空气完成管道压力注浆。由于省去空压机，投资少，工艺技术要求不高，适用于小型工厂采用。

同一时期沈阳陶瓷厂采用压力注浆系统真空回浆技术，解决了原来管道压力注浆时，由于泥浆水分蒸发造成的结块现象和需要定期处理大量泥块的问题，使管道压力注浆系统更趋完善。

2.2.3.6　微压注浆成型技术

根据国家建材局 1983 年下达的科研项目，由中国建材科学研究院陶瓷耐火材料研究所和唐山陶瓷厂共同研制成功微压注浆成型新方法，并通过了技术鉴定。这是对卫生瓷成型工艺的一个突破。该方法适用于封闭式模型的注浆成型，如洗面器、水槽、低水箱盖、坐便器坐圈等。该方法可缩短 50% 成型时间，每套模具可成型两次，作业面积减少 33% 左右，生产效率提高 10%～25%。唐山陶瓷厂用该方法成型 17 寸和 20

寸洗面器获得成功。

微压注浆的特点：①提高生产效率，缩短成型周期；②减少塌坯及成型开裂等缺陷；③减少坯体气泡，提高坯体的致密度和坯体质量；④设备简单，投资少，经济效益显著。该方法为卫生陶瓷成型的机械化改造创造了条件。

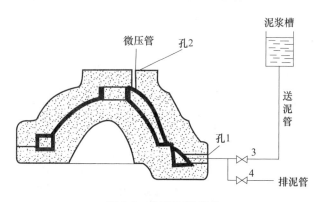

图 2-8　微压注浆成型

2.2.3.7　立式浇注成型

立式浇注成型是将多个模具排列组合在一起再向模具内注浆的成型方式，简称为立浇。在我国首先用于洗面器的成型。

1982 年 5 月，国家建材局下达了"洗面器立式浇注成型工艺中间试验"项目。参加单位有唐山陶瓷厂、唐山轻工机械厂、唐山市建筑陶瓷厂、中国建筑西北设计院。1984 年项目完成，并通过国家建材局的技术鉴定。立式浇注成型工艺和微压浇注成型工艺的成功研制，把卫生陶瓷生产技术推向一个新水平，可减轻工人劳动强度约 60%，节约场地 70%，生产效率提高 1.4 倍，产品合格率由 90% 提高到 95%，石膏模具的使用寿命由 75 次延长到 115 次，一次可以成型 20～40 个坯体。这项技术是我国卫生陶瓷注浆工艺的重大突破。之后，立式浇注成型逐步在北京、天津、江西、江苏、广东等地推广使用。传统的立式浇注成型如图 2-9 所示。

图 2-9　传统的立式浇注成型

1986 年由咸阳陶瓷研究设计院负责，唐山陶瓷厂、唐山市建筑陶瓷厂参与的"卫生瓷组合浇注工艺"项目顺利完成。该项目在对国外的微压组合浇注设备消化吸收的基础上有所改进，并实现国产化。包括坐便器、水箱、水箱盖等组合浇注成型所需的装备（成型机、供浆、供气等系统）的设计加工、成型工艺布置、模具设计制作、泥浆性能的测试、评价、配方调试及工艺控制等全套技术。在冲落式坐便器组合浇注成型时首次采用这套技术，在国内处于领先地位（图 2-10）。

图 2-10　改进后的立式浇筑成型

从工艺的角度看，组合浇注浆成型，它是把 50～100 套的石膏模具直立安置在有导向的轨道小车上，全部模具采用丝杆或液压装置夹紧，构成一个完整的成型作业线。泥浆从高位槽通过管路由模具的下角注入模具内。整个注浆台的模具向操作位置倾斜一定的角度，根据产品结构一般为 10°～15°，以使泥浆充分回浆。注浆过程中，泥浆液面始终保持一定的高度。在模具下方设有暖气片，模具上方设置通气管，以强化干燥过程。模具开合和翻转绝大部分靠机械完成。洗面器组合注浆成型流程如图 2-11 所示。

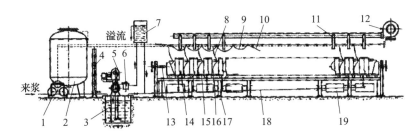

图 2-11　洗面器组合注浆成型流程

1—空压机；2—泥浆罐；3—泥浆搅拌池；4—微压罐调节器；5—泥浆泵；
6—泥浆过滤器；7—高位槽；8—微压气管；9—高压气管；10—喷枪；
11—气管；12—离心风机；13—顶紧丝杠；14—石膏模；15—小车；
16—轨道；17—机架；18—泥浆管；19—暖气片

根据注浆方式与巩固方式的不同，组合注浆成型工艺又分为流动注浆和微压注浆。

组合注浆成型工艺的优点在于设备简单，结构紧凑，没有复杂的循环传送系统，能耗少，投资小，操作方便，易于实现机械化和自动化，大大提高了劳动生产率。目前，组合浇注仍是卫生陶瓷成型的主流技术，低压快排水注浆、压力注浆都是在此基础上发展而来的。

20 世纪 90 年代组合浇注技术成功用于喷射虹吸式坐便器的成型，标志着组合浇注技术在卫生陶瓷所有产品中都可应用。广东彩洲卫浴实业有限公司、唐山卫生陶瓷厂、石湾建华陶瓷厂等是最早掌握这项技术的企业。

2.2.3.8　低压快排水注浆成型

低压快排水工艺的含义是通过特殊的石膏模具注浆，在石膏模具内通过预埋带有微孔的管网形成的孔洞在石膏内部增加空气管路，能够将石膏吃浆的水分利用压缩空气快速排出，使低压快排水石膏模具能够进行连续注浆作业，不再使用传统的夜间烘模间歇式生产方式。同时不用像高压成型那样，注浆所用的压力与传统微压注浆相同。

此工艺适用于所有的卫生陶瓷产品。尤其在浇注结构复杂的产品时，更能显示其优越性。该工艺可增加注浆频次，改善成型作业环境，降低成型车间的温度。

低压快排水成型技术严格讲有传统型与现代改进型两种。过去欧美国家应用的初级低压排水成型技术属于传统型，模型技术粗糙，只能略微地在注浆遍数和模型烘干上有一些进步，不能达到 24 小时连续注浆的目的。而在近年研究成功的新型低压快排水工艺技术，借鉴高压成型工艺的模型技术，研究出模型材料的升级换代、内部微孔优化、型内通气路、排水路的微细管分布等技术，并采用毫米级的精度，同时通过改进环境条件、严密控制卫生陶瓷泥浆工艺、合理剖析产品结构、使用机械成型设备等综合技术，达成高效生产卫生陶瓷的目标。与传统的卫生陶瓷注浆工艺对比，该项技术一是可以提高生产效率，普通石膏型一般情况下可以注浆 1～2 回，而低压快排水型由于增加了脱水的机能，可以 24 小时连续生产，简单产品注浆回数达到 7～9 回；二是节约场地，多回数的生产，使成型机可以相对集中，场地的利用率增强，同样场地可提高产量两倍以上；三是节约材料，由于模型使用次数的增加，由传统的 90 次左右可以增加到 130 次以上，降低成本的同时也减少了废石膏等固体废弃物；四是能够改善环境及降低能耗，连续注浆的模型不需要干燥，大量减少能源的消耗，同时解决了传统卫生陶瓷工厂成型车间高温、高粉尘的难题，由于该项技术的应用，卫生陶瓷成型车间可以使用集中空调系统，为工人创造良好的作业环境；五是改变了传统手工作业的方式，利用机械装备，减轻工人劳动强度，减少卫生陶瓷生产对熟练成型工人的依赖，便于培养卫生陶瓷产业工人队伍。低压快排水注浆成型如图 2-12 所示。

福建九牧集团在 2010 年建设的项目就整线应用了该项技术，配套采用了北京森兰特提供的机械化作业装备，首次实现国内一天 6 遍全包虹吸式连体坐便器的整线生产系统，在确保成型效率以及产品合格率的达成之外，几乎没有粉尘产生，成型车间可以使用集中空调，一改传统卫生陶瓷注浆车间高温、高湿、高粉尘的作业环境。

图 2-12　低压快排水注浆成型

2.2.3.9　高压注浆成型

高压注浆成型是用树脂模具代替石膏模具，在高压下注浆、巩固及排浆，并用压力排除模具吸收的水分。此方法成型速度快，节省能源。压力注浆生产线如图 2-13 所示。

咸阳陶瓷研究设计院在 20 世纪 90 年代初研究有关压力注浆机理、原料与泥浆、压力注浆成型工艺参数等，取得了可喜的成果，在石膏模具和树脂（塑料）模具材料、机理、制作、工艺技术、选型设计等方面取得了重大突破。该院继 1995 年研制出中压浇注成型用的石膏模之后，通过"九五"卫生陶瓷攻关项目于 1998 年利用自行研究的配方及制作技术，全部采用国产材料制作出高压注浆成型洗面器的树脂工作模，并在引进的高压注浆机上试用，生产出合格产品，填补了国内高压注浆树脂模的空白。国产坐便器高压注浆机组如图 2-14 所示。

图 2-13　压力注浆生产线　　　　　图 2-14　国产坐便器高压注浆机组

在我国，高压成型技术虽然已引入 30 多年，但许多引进的高压注浆设备始终不能长期稳定地使用，其原因是高压成型技术必须在设备研制技术、模型研制技术、泥浆技术、操作方法、现场管理等五个方面同时达到一定水平才能成功应用。这几个方面相辅相成，若一个方面的条件不具备，高压成型技术应用成功的可能性就不大，这也是卫生陶瓷行业的经验教训。高压成型机理及其控制系统如图 2-15 所示。

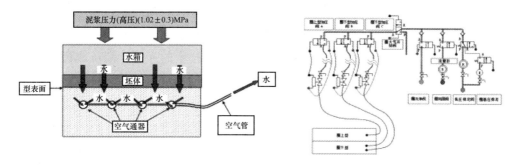

图 2-15　高压成型机理及其控制系统

高压成型设备（图 2-16）可应用于洗面器、水箱、分体坐便器、连体坐便器等。目前国内技术在洗面器、水箱、分体坐便器的高压生产上已经成熟，但量产化的全包虹吸式连体坐便器的高压成型设备还在研制或试生产中。生产全包虹吸式连体坐便器的高压设备在全世界是一个难题，欧洲的设备可以做冲落式坐便器，而日本的全包虹吸式连体坐便器的高压设备比较成熟。针对全包虹吸式连体坐便器的高压设备，国内近年来加大了研发力度，借鉴国外成功经验，在成功量产了管道分体坐便器的基础上，已研制出适用于国内全包虹吸式连体坐便器等主流产品的相关设备，可以完成制作、程序设计、安装、维护、试生产的一系列服务。

洗面器高压成型机　　　　　水箱高压成型机　　　　　分体高压成型机

图 2-16　高压成型设备

在过去的高压注浆设备引进中，模型制造技术未被充分重视，没有掌握树脂原料技术以及型内通气路、排水路的微细管分布技术，虽直接购进了树脂使用型，但不能自己生产，受制于人。作为生产厂，一定要掌握模型制造技术，根据高压设备的动作特点，突破传统成型作业的分模技术，利用排水连接件及圈体粘接技术，将复杂的全包虹吸式连体坐便器模型简单化，可以成功应用到高压成型设备上。

在泥浆技术上，与传统泥浆成型技术相比，快一倍以上的吃浆速度、快速挺型、低触变性、尽可能高的可塑性，是配合 24 小时连续注浆高压成型的泥浆技术的一个要求。另一个要求是泥浆的细颗粒不能阻塞树脂模的吸浆通路。经过几年的学习与实践，一些技术人员已经掌握了这项技术，用各地的原料都能做出合格的泥浆。

高压成型操作作业中包括操作设备、维护设备、维护树脂模、质量对策等。有的设备是比较复杂的，还要注意人员和设备安全。作业以小组的形式进行，要做到分工协作，做好交接班。与突出个人技巧的传统作业方式相比，高压成型技术摆脱了对作业技能过分依赖的束缚，突出了知识化、标准化、协作化，需要管理团队意识。要有掌握设备操作技术、维护技术、调试技术、软件设计技术的人才。高压成型技术必须使用计时为基础的工作制度，这是对卫生陶瓷行业传统的计件工作制的颠覆。

高压成型技术已经进入产业化生产阶段，行业的环保要求与职业健康要求越来越严格，未来的发展空间十分巨大，但基于上述几项较为综合的原因，以及成本、人才的限制，业内很多厂家还没有做好应用高压成型技术的准备，还需要一段实践与沉淀的时间，高压成型技术才会在行业得到广泛应用。

进入 21 世纪，随着压力注浆技术的不断发展和完善，唐山惠达陶瓷集团、福建九牧集团以及箭牌卫浴等企业，与国内掌握该项技术的北京森兰特、唐山贺祥等装备企业合作，较为成熟地应用高压成型技术，在生产中展示出显著的技术优势。

2.2.4 干燥

卫生陶瓷坯体通过干燥才能有一定的强度，才能满足修坯、粘接、施釉等后续工序的需要。因此，干燥是卫生陶瓷生产中必不可少的重要工序。

卫生陶瓷坯体干燥除了与其他陶瓷制品一样具有普遍性外，还有其特殊性。由于件大、器型复杂，一般工厂在采用石膏模注浆工艺时，同一坯体往往同时存在单面吃浆和双面吃浆两种方式，坯体各部位的厚度、致密性受模具、泥浆性能、石膏性能等诸多因素的影响，很难达成一致，且相差较大。因此在干燥过程中各阶段的受热、水分的内部迁移和外部扩散达到平衡的速度往往不能一致，容易产生各部分收缩率差异，这是卫生陶瓷坯体干燥难度大，容易产生开裂、变形等缺陷的主要原因。

多年来，国内卫生陶瓷坯体的干燥工艺一直处于十分落后的状态，为了减少刚脱模坯体的开裂和变形，大多数卫生陶瓷工厂没有专门的干燥设备，而在成型车间注浆工位上"原位"干燥，不仅占地面积大，而且干燥速度慢；由于白天要考虑操作工人的劳动条件，晚上要考虑石膏模的干燥，温度不宜太高；同时，由于车间内部空间大，保温性能差，门窗散热面积大，要做到整体升温难度很大。因此，一般"原位"干燥都处于温度低（一般为 30～45℃）、湿度无法控制的状态，很难实现既能合理干燥坯体又能合理干燥模具的目的；而且"原位"干燥要求成型车间在工人上班时也保持一定的温度和湿度，因此现场劳动条件差。

改革开放以来，我国的卫生陶瓷工业相继从国外引进了 20 多条先进生产线，加上合资、独资企业带来的先进生产设备，卫生陶瓷坯体干燥这一工序的工艺技术和设备都有了新的发展和根本性的变化。现在卫生陶瓷工厂一般对该工艺进行了完善和改进，在成型车间装有温、湿度调节和自控设备，特别在工人上班之时，既要满足刚脱模的坯体对温度和湿度的要求，同时也尽可能地满足工人劳动的需要。随着干燥工艺的进一步发展，干燥场所从传统的车间"原位"干燥，逐步向专用干燥器干燥模式方向发展，坯体按照特定的干燥制度烘干，最后达到下一工序加工的含水率要求。

2.2.4.1 干燥方式由"原位"逐步向专用干燥器发展

现在国内卫生陶瓷工厂的坯体干燥常用设备主要有以下几种类型。

1. 吊篮干燥

20 世纪 90 年代，唐山陶瓷厂在新建生产线时采用了吊篮干燥，随后一些机械化程度较高的企业也选择了这种干燥方式。

所谓吊篮干燥，就是将卫生陶瓷坯体放置在吊篮上，并按一定的速度在直形或回形隧道内运行，湿坯经 10～12h 完成干燥过程。吊篮干燥一般分中温高湿、中温中湿和高温低湿三个区段。这种干燥装置系统，也称快速干燥器。

吊篮干燥既保持了室式干燥的优点，又避免了其缺点，比较适合连续化生产。用吊篮运载线布置具有较大的柔性，还可充分利用空间，把成型、上釉、装窑工序，楼上楼下联系起来。吊篮干燥室有单通道、双通道和三通道等形式。

2. 隧道式干燥

隧道式干燥工艺在 20 世纪 80 年代由中国建筑西北设计院设计、湖南建筑陶瓷厂实施。隧道式干燥器是在隧道内安放轨道，将欲干燥的坯体码放在专用的干燥车上，干燥车沿轨道慢慢地由隧道的头部推入，从尾部推出，完成坯体的干燥过程。干燥介质（热风）则由隧道尾部的顶端鼓入，而由头部的下端排出，干燥介质的流动方向与坯体运行方向相反（图 2-17）。热空气的温度一般不超过 200℃，废气的温度应高于坯体露点温度，以保证坯体表面不结露。

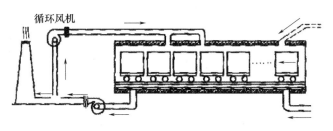

图 2-17　隧道式干燥器

隧道式干燥器的优点是可连续化生产，容易操作控制，干燥质量均匀，劳动强度小；缺点是对大小不一、干燥性能相差较大的坯体不太适应，调节性能较差。隧道式干燥器适用于批量大、干燥性能一致的产品，如卫生陶瓷、陶瓷砖坯体的干燥，但它仍是目前应用较广泛的一类干燥器。

3. 室式干燥器

20 世纪 80 年代末，业内开始探索新型高效的坯体干燥方式，当时广州建筑陶瓷厂与西北建筑设计院研发了旋转风机室式干燥器。20 世纪 90 年代，广州机电公司与鹰牌陶瓷公司推出了温湿度自控室式干燥器；同期，重庆四维陶瓷公司引进了少空气室式干燥设备。2003年，咸阳陶瓷研究设计院在消化吸收引进技术的基础上推出了少空气室式干燥器。

上述三种室式干燥器的区别在于对干燥参数的控制方式和精度不同，干燥效率也不同。其中，少空气室式干燥器的效果最好。

一般干燥室结构如图2-18所示。其核心是循环空气的旋转风筒装置。

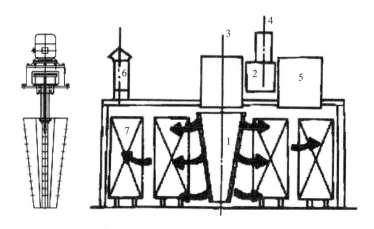

图 2-18　干燥室结构示意图

1—旋转风筒；2—风机；3—传动装置；4—热风送入；

5—循环吸风；6—室内气体排出

室式干燥器的优点：①配有温、湿度自动控制系统，具有科学的干燥制度；②对坯体形状、大小、水量等适应性强；③产量大、效率高。

这种干燥技术通过间歇强制给风旋转风筒装置以及自动控制设备及技术的应用，实现升温恒湿、恒温恒湿、升温降湿三个阶段的工艺控制，增加气体流速和传热面积，减薄边界层厚度，加快热传导和扩散，大大缩短坯体的干燥周期。并且可以采用窑炉余热提供热能，即每个干燥室干燥用的热空气由窑炉余热管道热交换后送入室内进行循环，因此热量得到充分的利用，大大降低了能耗。各个循环系统、排气系统、搅拌系统均采用变频控制，既保证工艺要求，又能够节约运行成本。

2.2.4.2　干燥速度由"慢速"逐步向"快速"发展

如前所述，由于受成型车间条件的限制，车间温度低，排湿和升温有矛盾，因此，干燥总是在缓慢地进行，有些大件甚至需在工位上存放3～4天。

由于采用了专门的青坯干燥室，湿度和温度都能根据干燥工艺的要求进行预先设定，使干燥速度大大加快，有些工厂干燥室的干燥周期已能缩短到12h以内。

2.2.4.3　干燥的作业方式由间歇式干燥室逐步向轮换式、连续式发展

间歇式干燥室比较典型的为带旋转风筒的通道式，该设备的工作完全满足手工注浆和组合注浆的要求，白天装坯，一般傍晚开始工作，到第二天白班上班时出坯，运输一般采用人工手推干燥车。

由于低压快排水和高压注浆工艺的出现，成型一天多次出坯甚至 24h 连续出坯。这就要求干燥室采用通道轮换式，甚至采用连续转动的干燥器。

2.2.4.4　干燥介质和热源从原来的热气流（烟气、热风）干燥逐步向多能源（例如红外线、微波）发展

在产生热气流的方式上，也逐步由高压蒸汽、过热水、电热等发展到充分地利用窑炉的余热。例如，德国的许多工厂就在大件产品注浆线的存坯架上装有远红外的干燥灯，以加速原坯体内部的水分向外迁移。

卫生陶瓷干燥临界点的认识是坯体干燥技术的一个重大进步。各生产厂根据自己的坯体配方和产品特点，设计出干燥曲线。采用由低温高湿逐步向高温低湿过渡的干燥曲线，能获得较为满意的干燥效果。

综上所述，随着人们对干燥机理的进一步理解和干燥设备的现代化，卫生陶瓷干燥制度更趋向于合理、完善和科学化。

2.2.5　施釉

在陶瓷坯体上施釉，烧制后可得到有光泽、透明、坚硬、不吸水的表面层，以提高陶瓷制品的装饰性与实用性。施釉方法多种多样，主要有浇釉、涂釉、浸釉、喷釉等。

20 世纪 50 年代以前，卫生陶瓷的生产采用人工浸釉，20 世纪 60 年代后出现了新的喷釉技术，但设备比较简陋，如人手施釉。20 世纪 80 年代少数企业曾使用过静电施釉等。

从 20 世纪 80 年代开始，一般的工厂都采用二流体（空气、釉浆）喷枪。采用这种二流体雾化喷嘴喷在坯体上的釉浆附着力大，釉面也比较平整。此外，也对施釉柜做了改进，大部分工厂采用水膜除尘的施釉柜，工人的劳动条件得到较大的改善。还有些工厂采用二工位的施釉柜，使两个坯体第一遍喷釉的过程中有一个干燥的时间间隔，对改善釉层的质量十分有好处。二工位施釉柜及二流体雾化喷釉如图 2-19 所示。

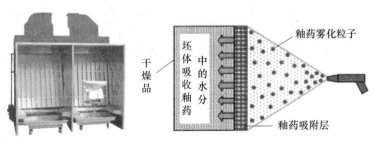

图 2-19　二工位施釉柜及二流体雾化喷釉

20 世纪 90 年代，由广州机电公司研发的现代喷釉设备使施釉技术更趋完善。另外，20 世纪 90 年代北京自动化研究所和唐山卫生陶瓷厂合作研发了喷釉机械手，这套系统包括一台 EP-501S 电动机器人、一台 10 工位转台、一套美国 GRWCO 公司生产的输供釉系统（包括喷具和控制计算机）。这是我国最早的喷釉机械手试验系统，为后来的机械手喷釉提供了借鉴经验。2000 年以后，经过引进消化吸收，喷釉机械手技术逐渐在我国推广使用。东鹏陶瓷总厂也曾使用过静电喷釉，但该技术没有成为卫生瓷喷釉技术的主流。

目前，除传统的人工喷釉外，机器人喷釉以及循环施釉技术得到广泛应用。

2.2.5.1 机器人喷釉

真正成熟的机器人喷釉（图 2-20）是 20 世纪 90 年代从国外引进的新工艺。国内好多工厂都已成功使用，是喷釉工艺的一大改革。其优点是以机器人代替人工，当喷釉程序正确设定后，釉面厚薄均匀，产品质量高，大大减轻了工人的劳动强度，并改善了工人的劳动条件。机器人喷釉工艺对釉浆的性能要求比较高，除了控制釉浆温度、流动性、触变性外，控制釉浆的屈服值也是十分必要的。

机器人喷釉属于自动喷釉，其全套设备主要包括喷釉机器人、坯体传输联动线、可控转动角度的承坯台、喷枪及其控制系统等，目前国内制造的机器人稳定性不够，业内使用较少，几个品牌企业使用的喷釉机器人基本都是从德国或日本进口的，虽然性能稳定，但由于成本及维护保养、釉浆调配水平不稳定，以及搬运辅助工、自洁二次人工喷釉等操作流程等问题，机器人喷釉的效率相对于人工来说，提高不多，所以在业内的应用还不是很广。喷釉机器人设备如图 2-21 所示。

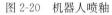

图 2-20　机器人喷釉　　　　　　　　图 2-21　喷釉机器人设备

2.2.5.2 循环施釉线

鉴于机器人施釉的技术管理、成本、效率等问题的限制，目前国内比较能被一般厂家接受的施釉设备是循环施釉线（图 2-22）。

图 2-22　循环施釉线

卫生陶瓷施釉作业通常需要喷三遍，在喷第二、三遍釉时需要等待上一遍釉层略干附着到坯体上才能进行，时间效率降低，近来较多应用的循环施釉线可以解决这个问题，利用输送线上分工施釉的多工位布置，每个工人只从事某一遍的单独施釉，每遍之间的晾干时间正好是产品在输送线上移动到下一工位的时间，这样，作业线上没有待工的闲置时间（图 2-23）。提升效率的同时，只进行单独一遍施釉的作业也降低了对工人技术的要求，这种采用了分工协作的循环施釉线在效率上比机器人喷釉还要高，而投入的成本是一般厂家都能接受的，可以得到更广泛的应用。

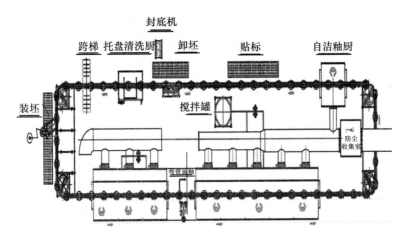

图 2-23　卫生陶瓷循环施釉线

目前，业内正在研究的纯机械施釉线、机器人循环施釉线等改进施釉工艺还存在不成熟的地方，相信不远的将来会有进一步的突破。

此外，坐便器弯管施釉工艺是在 20 世纪 90 年代从欧洲引进的。国家标准《卫生陶瓷》（GB/T 6952—1999）也对坐便器提出了弯管施釉的要求。国内唐山贺祥陶机厂设计生产了一种弯管施釉机，大大降低了翻坯时坯体的破损率，保证釉面质量，不产生缩釉、针孔等缺陷。

2.2.6 烧成

陶瓷工业又称窑业，可见窑炉在陶瓷工业中的重要性。

中华人民共和国成立前到 20 世纪 60 年代，国内卫生陶瓷厂使用的窑炉都很小，窑型一般都是带匣钵的间歇式倒焰窑，燃料以煤和木柴为主，如图 2-24 所示。产品的热耗高达 15000×4.18kJ/kg 瓷以上。生产效率低，劳动条件很差。到了 20 世纪 70 年代，随着国内石油工业的发展，有些卫生陶瓷厂开始使用重油、柴油作为燃料。窑型一般为隔焰式隧道窑，单位热耗在 6000×4.18kJ/kg 瓷以上。产品吸水率在 3%～6%。当时隔焰式隧道窑的隔焰板质量不过关，寿命一般不超过一年，甚至更短。到了 20 世纪 90 年代，随着石油工业进一步发展和煤制气技术的进步，卫生陶瓷企业开始使用气体燃料，加上高速喷嘴的研制成功和广泛使用，采用宽断面轻质耐火材料组装式明焰隧道烧制卫生陶瓷的工厂日益增多。一般工厂都采用明焰隧道窑一次烧成，再用梭式窑重烧。隧道窑的单位热耗降至（1000～1400）×4.18kJ/kg 瓷，梭式窑的单位热耗降至（1900～2600）×4.18kJ/kg 瓷。还有一些工厂采用明焰辊道窑，单位热耗仅为（800～1200）×4.18kJ/kg 瓷。

图 2-24　早期的倒焰窑

卫生陶瓷烧成工艺技术的进步除了从固体燃料到液体燃料、气体燃料的变化外，同时与耐火材料工业的发展密切相关，高强度轻质保温砖的问世，大大提高了窑体的保温性能，明显降低了单位热耗。特别是堇青石-莫来石质大规格棚板的研制成功，使国内发展宽断面隧道窑成为可能。

在烧成工艺的发展中不可忽视的是产品的码窑工艺、窑炉控制技术的改进和提高。特别是对裸装的明焰隧道窑，要保证窑内的压力曲线没有大的变化，从而保证稳定的烧成曲线。

在卫生陶瓷窑炉的技术发展过程中，隧道窑逐渐代替了隔焰窑。在 20 世纪 80 年代，根据窑炉的内部结构、燃料种类等划分，烧制卫生陶瓷的隧道窑种类竟有 60 多种，如唐山市建筑陶瓷厂、唐山陶瓷厂、沈阳陶瓷厂、北京陶瓷厂等 11 个大中型企业采用烧重油隔焰、半隔焰隧道窑；湖南、山东、浙江新建的生产线，采用了裸装明焰隧道窑，燃料为烟煤发生炉冷煤气；河南焦作某厂则用无烟煤冷煤气裸装明焰隧道窑；山西某厂采用热煤气隔焰隧道窑。到 20 世纪 90 年代中期以后，宽断面明焰的隧道窑逐渐成为卫生陶瓷行业的主流。

到了 21 世纪初，中国窑炉制造企业在引进消化吸收的基础上，设计生产了大规格宽断面隧道窑，已接近国外先进水平。

2.2.6.1 倒焰窑

倒焰窑的特点是火焰在烧成室从上往下流动烧成带匣钵制品。通常有圆形和方形两种，传统倒焰窑的有效容积一般在 $30\sim65m^3$。

倒焰窑由燃烧室、烧成室、吸火孔、烟道和烟囱等组成。烧成室的大小根据制品种类、产量、烧成时间、烧成温度、燃料种类等综合确定，燃料的优劣对窑的容积也有重要影响。

圆形窑与方形窑各有利弊。但在烧出的产品质量以及节省原料、保证窑内温度均匀性等方面，圆形窑比方形窑好。

中华人民共和国成立前到 20 世纪 60 年代，大部分卫生陶瓷企业使用倒焰窑。从 20 世纪 60 年代中期开始这种间歇式窑炉逐渐被可连续生产的隧道窑替代。

2.2.6.2 隧道窑

隧道窑一般是一条长的直线形隧道，其两侧及顶部有固定的墙壁及拱顶，底部铺设的轨道上运行着窑车。燃烧设备设在隧道窑的中部两侧，构成了固定的高温带——烧成带，燃烧产生的高温烟气在隧道窑前端烟囱或引风机的作用下，沿着隧道向窑头方向流动，同时逐步地预热进入窑内的制品，这一段构成了隧道窑的预热带。在隧道窑的窑尾鼓入冷风，冷却隧道窑内后一段的制品，鼓入的冷风流经制品而被加热后，再抽出送入干燥器作为干燥生坯的热源，这一段便构成了隧道窑的冷却带。在台车上放置陶瓷制品，连续地由预热带的入口慢慢地推入（常用机械推入），而载有烧成品的台车，就由冷却带的出口渐次被推出来。

隧道窑与间歇式窑相比较，具有一系列的优点：（1）生产连续化，周期短，产量大，质量高。（2）利用逆流原理工作，因此热利用率高，燃料经济，因为热量的保持和余热的利用都很好，所以燃料很节省，一般梭式窑吨耗是隧道窑的 2～3 倍。（3）烧成时间缩短，隧道窑有 12～20h 就可以完成。（4）节省劳动力。不但烧火时操作简便，而且装窑和出窑的操作都在窑外进行，也很便利，改善了操作人员的劳动条件，减轻了劳动强度。（5）提高质量。预热带、烧成带、冷却带三部分的温度，常常保持在一定的范围，容易掌握其烧成规律，因此质量也较好，破损率也少。（6）窑和窑具都耐久。因为窑内不受急冷急热的影响，所以窑体使用寿命长，一般 5～7 年才修理一次。但是，隧道窑建造所需材料和设备较多，因此一次性投资较大。因是连续烧成窑，所以烧成制度不宜随意变动，一般只适用大批量的生产和对烧成制度要求基本相同的制品，灵活性较差。

隧道窑作为卫生陶瓷的主要烧成设备，在其发展过程中经历了由低级向高级的过程。根据隧道窑的技术特点可分很多种类，见表2-5。

表2-5 隧道窑分类

分类	窑名	主要特点	备注
按热源分	火焰隧道窑	以煤、燃气或燃油为燃料	目前卫生陶瓷生产普遍用火焰窑，并且多以燃气为燃料
	电热隧道窑	利用电热组件加热	
按火焰是否进入隧道分	明焰隧道窑	火焰直接进入隧道，直接与匣钵、制品接触	电热窑炉也有隔焰式（马弗窑），用隔焰板将电热组件和制品分开 卫生陶瓷生产多采用明焰隧道窑
	隔焰隧道窑	火焰不进入隧道，仅在隔焰道（马弗道）内流动，火焰加热隔焰板（马弗板），隔焰板再将热辐射给制品	
	半隔焰隧道窑	隔焰板上开有孔口，让部分燃烧产物进入隧道与制品接触；或只有烧成带隔焰，预热带明焰	
按烧成带最高温度分	低温隧道窑	烧成带最高温度<1100℃	卫生陶瓷隧道窑属于此类
	中温隧道窑	烧成带最高温度为1100~1300℃	
	高温隧道窑	烧成带最高温度为1300~1800℃	
	超高温隧道窑	烧成带最高温度≥1800℃	
按装烧方式分	匣钵装烧		目前卫生陶瓷生产普遍采用棚板装烧
	棚板装烧		
按通道数分	单通道隧道窑		目前卫生陶瓷生产普遍采用单通道隧道窑
	多通道隧道窑		

20世纪50—80年代国内卫生陶瓷企业多采用煤烧明焰匣钵隧道窑，以煤做燃料，瓷件置于匣钵内烧成。此类窑炉结构简单，但操作较为原始，劳动强度大、能耗高。

1968年由中国西北建筑设计院设计的我国第一条隔焰隧道窑，于1971年5月在唐山陶瓷厂建成投产。

1975年由唐山陶瓷厂、西北建筑设计院、中国建筑材料科学研究院研制的油烧隔焰隧道窑通过部级鉴定，这是中国隧道窑技术现代化的起点。该窑以重油为燃料，采用隔焰板，实现了无匣钵烧成，窑温自动控制。窑的主要技术参数：（1）窑体总长100.4m，有效长度96m；（2）窑车车面长2m，宽1.07m，轨距0.45m，窑内容车48辆；（3）燃烧室8对，烧成温度1280℃，烧成周期21.6~22.4h；（4）每天燃油4.5t（烧残渣油，发热量为9800×4.18kJ/kg）；（5）生产能力16万件/年。

1972年沈阳陶瓷厂建造了烧残渣油的小型隧道窑。该窑可用于焙烧耐火材料、红地砖、卫生瓷、耐酸砖和泡沫玻璃。主要技术参数为：（1）窑长40.5m，其中预热带16.5m，烧成带9.0m，冷却带15.0m，窑内宽0.8m，窑内高1.1m，窑拱半径1.8m；

(2) 燃烧室 4 对。其优点：结构简单，投资少，适于小型企业采用；易于调节，灵活性高；温差小，产品质量好。

20 世纪 70 年代广州市建筑陶瓷厂建造了一座小型隧道窑，用于生产卫生陶瓷。该窑长 40m，窑宽（烧成带）4m，窑内宽 0.6m，烧成温度 1200～1230℃，烧成周期 16.6h，烧嘴数 4 对（实际用 2 对），油耗 1.3～1.4t/d，生产能力 100～140 套（平蹲式便器）/天。

20 世纪 80 年代唐山建筑陶瓷厂与天津计算机厂合作研发了"卫生瓷油烧隧道窑微机联控"项目。微机控制中心对四条卫生瓷隧道窑的烧成温度、压力、气氛进行自动联控，稳定了烧成制度，减少了温度波动，提高了产品质量，该技术达到国内同行业先进水平。

1982 年河南新安县陶瓷厂成功建设卫生陶瓷煤烧隔焰隧道窑，通过了地方鉴定。用隔焰隧道窑代替倒焰窑和明焰隧道窑，去掉了匣钵和泥条，降低了工人劳动强度，提高了产品质量，降低了成本。

为了适应油改燃气，节约投资、能源，增加产量，西北建筑设计院开发了烧热煤气的半隔焰隧道窑。其结构特点是：（1）窑内宽度比国内当时的隔焰窑宽；（2）加设了无焰烧嘴，以隔焰加热为主，辅助以热煤气无焰燃烧焙烧，加热均匀，温差小；（3）烧成时间短、产量大、质量好、燃耗低，达到国内同类窑型先进水平。大同云岗陶瓷厂首先使用该窑，取得了较好的经济效益。

主要技术经济指标：

窑型：半隔焰；

窑主要尺寸：总长 90m，内宽 11.4m，内高 0.8～0.9m；

烧成温度：1250～1280℃；

烧成时间：18～19h；

年产能：25 万～27 万件；

燃料种类：热煤气（$Q_{低}$＝5441kJ/Nm^3）

燃料消耗：4506×4.18kJ/kg 瓷。

"九五"（1996—2000 年）期间，国家在卫生陶瓷领域制定了技术攻关计划，其中宽断面隧道窑是重点项目之一，重要的技术指标热耗必须达到 1200×4.18kJ/kg 瓷。项目内容有：（1）窑炉总体结构及单元装配窑体模拟试验研究及设计。（2）工作系统模拟试验研究与设计。（3）燃烧装置的研制。（4）节能型窑车的设计。（5）节能通用型窑具的开发。（6）压力、温度气氛控制技术。（7）计算机控制系统设计。（8）余热回收利用系统的设计。项目承担单位有咸阳陶瓷研究设计院、中国建筑材料科学研究院、北京中伦陶瓷联合总公司以及华南理工大学等单位，项目进行了理论研究和中间试验。

在这一时期，湖北黄冈华夏窑炉公司在卫生陶瓷行业崭露头角。华夏窑炉创建于

1981年，是我国成立早、规模大、实力强，集科研设计、加工制造、施工安装与调试一体化服务的窑炉生产基地。经过多年的成长，到了20世纪90年代，由他们建造的卫生陶瓷宽断面隧道窑技术日益成熟，成为国外同类产品的强有力竞争对手。例如中亚窑炉有限公司开发的年产30万～90万件卫生瓷的宽断面HYZYSDY型隧道窑成功地在国内许多卫生陶器厂推广使用。该公司的80m长、2.6m宽的隧道窑还被列入2000年国家重点新产品计划和2002年国家级火炬计划。隧道窑如图2-25所示。

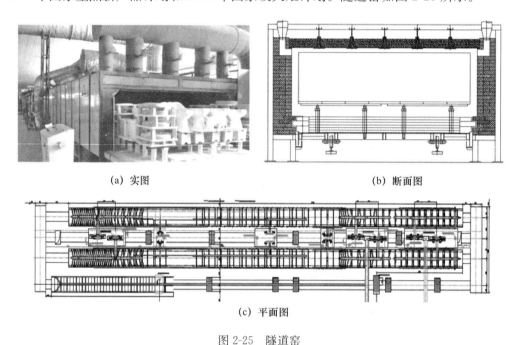

(a) 实图 (b) 断面图

(c) 平面图

图 2-25　隧道窑

国内卫生陶瓷窑炉的能耗，以及烧制产品的质量，在逐渐跟国际最先进的窑炉缩小差距。近年来，窑炉技术的进步体现在耐火材料与燃烧系统、自动控制技术的进步上，大量轻质的耐火材料如陶瓷棉、陶瓷纤维等低密度耐火材料，在燃烧系统、自动控制系统的应用方面，具有自主创新的燃烧器可以提供更充分的燃烧，提高了整体传热效率，燃烧器和制品直接快速地传热也极大带动了企业的发展，降低了能耗，特别是高强度轻质保温砖的问世，大大提高了窑墙的保温性能，明显降低了产品的单位热耗。堇青石-莫来石质大规格棚板的试制成功，使国内砌筑宽断面隧道窑成为可能。

目前国产的宽体隧道窑宽度已经达到3.5m，长度最长为140m，单窑的产量是原来窑炉的2～3倍，而热耗已能达到1000kJ/kg瓷以下。应该说国产的隧道窑在节能方面具备一定的先进性。

隧道窑的进一步节能采取两种方式：一是进一步加大窑的宽度；二是窑车的装载由单层变为双层。双层窑车在20世纪70—80年代国外曾经有过，后来因为装窑不便的问题而被淘汰。现在由于有了装窑机械，双层窑车有可能被再次使用。这些技术的广泛应用，标志着我国卫生陶瓷烧成窑炉技术走向成熟。

2.2.6.3　梭式窑

20 世纪 90 年代黄冈窑炉公司建造过梭式窑（图 2-26），当时人们对用梭式窑烧成卫生陶瓷还没有充分重视，重点关注隧道窑的改进。2000 年前后，潮州、汕头地区将梭式窑作为卫生陶瓷的主要烧成设备，引进了以液化气为燃料的梭式窑，窑炉结构简单、操作灵活方便，非常适合当地小型卫生陶瓷企业的状况。20 世纪 90 年代末期，国内主要卫生陶瓷企业对产品的质量控制愈加严格，出现了修补重烧工艺。而梭式窑非常适合用于重烧。但大规模生产不会将梭式窑作为生产的主导窑炉。

图 2-26　梭式窑

梭式窑俗称抽屉窑，是用可以移动的窑车代替固定窑底的间歇式倒焰窑。它又叫台车窑。吸火孔设在窑车下面或窑墙下部，窑壁内装填高温轻质耐火材料，采用高速等温烧嘴，窑内气体强烈流动，传热效果大大提高，窑内温差较小，一般在 5～10℃。梭式窑还可以配置适宜的操控仪表，实现自动化操作。制品的装卸同隧道窑一样，在窑外进行。装好坯体的窑车推入窑内关闭窑门，密封好后，即开始按烧成曲线烧窑，止火后冷却至出窑温度，再打开窑门将窑车拉出（或推出）窑外。梭式窑布局如图 2-27 所示。

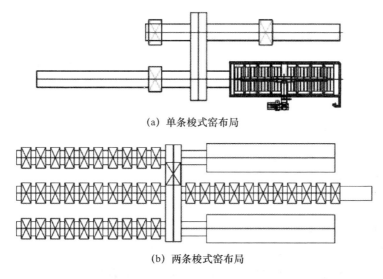

(a) 单条梭式窑布局

(b) 两条梭式窑布局

图 2-27　梭式窑布局

现以 110m³ 梭式窑为例，说明其主要经济技术指标，如表 2-6 所示。

表 2-6 110m³ 梭式窑主要经济技术指标

序号	名称	单位	指标	备注
1	产品类型		中高档卫生瓷	一次烧、重烧
2	窑总容积	m³	211.85	
3	装载容积	m³	112.00	
4	窑内腔长	m	19.40	
5	窑内腔宽	m	3.80	有效装载 3.60
6	窑内腔高	m	2.05	棚板上高度
7	窑有效装高	m	1.80	
8	窑车装载尺寸	m	1.64×3.6×1.9	$L×W×H$
9	烧成合格率	%	≥95	
10	烧成周期	h	18~30	
11	窑车总数	辆	20	其中窑内 10 辆
12	烧成温度	℃	1220	
13	最高烧成温度	℃	≤1240	
14	烧成气氛		氧化焰	
15	窑门结构		斜拉式/升降式	
16	燃料种类		天然气	
17	燃料热值	kcal/Nm³	≥8200	
18	能 耗	kcal/kg 瓷	1700±10%	
19	燃烧器数量	支	33	
20	断面温差	℃	≤5	高保温段
21	窑体外表温度	℃	≤60	环境温度为 20℃时
22	控制方式		单点脉冲控制	
23	排烟方式		机械侧底排烟	

2000 年以后，梭式窑广泛应用于卫生陶瓷企业，小型企业用来烧制卫生陶瓷和彩烤，大中型企业则多用于重烧。其优势有：（1）适应多品种小批量生产，可以将不同尺寸与形状的产品装在一起烧成；（2）产品装卸在窑外进行，操作方便，减轻了工人的劳动强度；（3）升温、降温速度快，烧成周期短；（4）与隧道窑相比，投资省、见效快，但热耗较高。

2.2.6.4 辊道窑

辊道窑又称辊底窑（图 2-28）。以转动的辊子作为坯体运载工具，是连续烧成的窑炉。陶瓷坯件放置在多条间隔相同的水平耐火辊子上，随着辊子的转动将坯件从窑头传送到窑尾。辊道窑的应用始于 20 世纪 20 年代。那时只用于冶金工业中的热处理。到了 20 世纪 30 年代辊道窑才应用于烧制建筑陶瓷。随着科技的进步，现代陶瓷辊道窑已成为最节能、自动化程度最高、烧成速度最快的窑炉。

图 2-28　辊道窑

较早利用辊道窑烧制卫生陶瓷的企业是佛山彩洲卫生陶瓷有限公司。1990 年该公司从意大利引进烧成卫生陶瓷辊道窑，1992 年初投入生产。辊道窑的窑室内只有辊棒和在辊上运动的陶瓷制品，因此，与其他窑炉相比节能效果尤为突出。1993 年国家建材局和中国建筑卫生陶瓷协会联合对彩洲公司引进的辊道窑和消化吸收项目进行了评审，产品合格率为 93％，烧成周期为 10h 以内，烧成温度 1255～1260℃，能耗为 1410×4.18kJ/kg 瓷。这些指标在当时是非常先进的。此后国内其他企业也采用过辊道窑，但由于辊道窑自身原因和卫生陶瓷企业产品结构的原因，到目前为止卫生陶瓷行业采用辊道窑的厂家并不多。

2.2.7　检验与包装

随着卫生陶瓷产品标准的不断完善和提高，与之相配套的检测仪器设备也在不断进步。不仅检测项目增加，而且检测水平也有很大的提高。

中国卫生陶瓷的成品质量检验在 20 世纪 60 年代以前只有外观和外形尺寸的检验。外观检验一般都采用人工目测，蹲便器、坐便器只有冲洗检验，尺寸、变形等均用简单的测量工具进行检测，检验仪器、设备几乎处于空白状态。

自改革开放以后，随着卫生陶瓷生产工艺、设备的引进，也引进了一些成品检测设备，例如专用坐便器冲洗功能试验台、漏气检验台、洗面器耐热试验台等。

目前，卫生陶瓷的工艺和质量检验仪器、设备都比较齐全。产品出厂，各企业都要按照国家标准的要求全部检验。国家标准《卫生陶瓷》（GB/T 6952—2015）中规定的质量要求和试验方法如下。

2.2.7.1　坐便器冲洗功能的检测项目

坐便器的冲洗功能是指用规定水量将坐便器内污物排出，通过管道输送并将坐便器冲洗干净以及污水更换和水封回复的能力，包括洗净功能、固体物排放功能、污水置换功能、水封回复功能、排水管道输送特性和卫生纸试验等六项。此外，必须控制和降低冲洗过程的噪声。因此，冲洗过程是一项综合性较强的功能。

洗净功能是冲洗水将坐便器内壁洗净的能力。

固体物排放功能是冲洗水将固体物（污物和纸等）排出坐便器的能力。

污水置换功能是一次冲洗过程将大便器中的污水排出并以净水取代的能力。

水封回复功能是经一次冲洗过程后，坐便器中的水封能否恢复到标准要求，以保证坐便器的隔臭能力。此项功能实际上是考核水箱配件的补水功能。

排水管道特性是用规定水量不仅将污物冲出便器，而且在排污横管中输出而不沉积的功能。

卫生纸试验是坐便器在冲洗时将卫生纸排放出坐便器的能力。

2.2.7.2　坐便器成品检验及设备

坐便器成品检验主要检验外观、裂纹、变形等主要产品缺陷部分；功能检验包括冲水功能、洗刷功能、水封高度、水封面积、防渗漏功能等；物理性能检测包括产品吸水率、抗龟裂性能等。每一件产品都要经过严格的检验，合格后才能包装出厂。

根据高档坐便器成品检验新的检验流程和成品检验项目的内容、要求，在借鉴国外相应检验设备的基础上，将高档坐便器成品检验设备设计成机组形式。该机组可进行流水检验，具有检验流程顺畅和占地面积小等特点。坐便器检验机组由外观检查台、漏水检验机、漏气检验机、冲洗检验机四部分组成。

产品外观：凭眼睛检查产品的外观；

  ——颜色（判断瓷釉面的颜色均匀度，发色是否在基准内）

  ——熔釉面（判断釉面针孔、光泽度、平整度等）

  ——开裂（对产品各部位的开裂情况进行检查）

  ——杂欠点（判断瓷表面的落脏、铁点等情况）

产品尺寸：利用尺寸规具检查产品的各部位尺寸；

  ——变形（判断产品的变形量是否在基准内）

  ——尺寸大小（判断产品各部位的尺寸是否超标）

漏　　水：利用专用设备检查产品的密封性；以一定时间内一定高度的水位变化情况来衡量（图 2-29）；

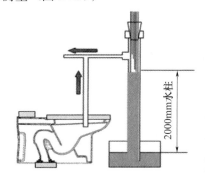

图 2-29　漏水检验

漏　　气：利用专用设备检查产品管道的密封性；以一定时间内压差计变化情况来衡量；

冲　　洗：利用专用设备检查坐便产品的冲洗性能；以一定量的水冲洗掉规定量的污物的能力来衡量（图2-30）。

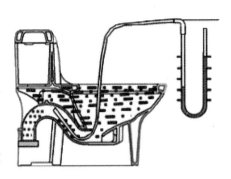

图2-30　冲洗检验

为了满足高档卫生陶瓷生产厂家的需求，1998年咸阳陶瓷研究设计院制造了首台坐便器检验机组。机组主要技术参数为：

外形尺寸：4400mm×1400mm×2700mm；

台班检测数量：100件/台·班；

该机组于1998年7月在某高档卫生洁具厂生产线试用，使用情况良好，各项性能指标均达到了设计要求，提高了检验质量和效率。

此外，还有产品外观与尺寸检测，以及与物理性能相关的吸水率、抗裂、耐荷重等项目的检测。这些项目的检测对保证坐便器的质量也是十分重要的。

卫生陶瓷产品制作过程中最后一个环节就是包装问题，由于陶瓷产品比较重，容易摔碎，包装环节的劳动强度较高，同时陶瓷产品在检测过程中的放置面积也比较大，基于这些方面的考虑，目前行业在产品检测方面较为先进的技术是将各检验工位通过输送线连接成自动线，把产品检测、试冲水、包装三个工序整合到自动的输送线上完成，整线的检验包装包括了外观检验、漏气检查机、漏水检查机、冲洗功能检查机、水件安装、自动包装机等一系列功能，可以实时检测产品是否漏气、内部管道是否破裂，提高检测效率，减小漏验率，提高卫生陶瓷产品的品质管理水平。随着业内厂家的品牌、品质意识逐步加强，功能完备的检验包装线应用将会越来越多（图2-31）。

图2-31　卫生陶瓷检验包装线

综合来看，二十世纪八九十年代，国外和中国台湾地区的品牌企业以独资或合资的方式开始进入我国大陆卫生陶瓷行业，先后有中国台湾的和成，美国美标、科勒，日本东陶、伊奈以及欧洲的乐家、杜拉维特等世界知名企业在我国大陆设厂投产，从而带动国内生产工艺技术与装备水平的提高，惠达、箭牌、九牧、恒洁等国内知名企业迅速发展。在 20 多年的时间里，卫生陶瓷行业不仅在产量上得到极大提高，而且在产品质量以及管理能力上提升极快，我国卫生陶瓷机械装备以及工艺技术也不断突破发展，不仅消化吸收国外最新设备，而且不断自主创新，促使我国卫生陶瓷机械装备以及工艺技术进入世界先进水平。

2.3　智能盖板生产技术

2.3.1　智能盖板类型及生产工艺流程

智能盖板是由机电系统或程序控制，完成一项以上基本智能功能的盖板。例如坐圈加热、臀部清洗功能、妇洗功能等。

2.3.1.1　智能盖板的类型

智能盖板的分类方法有多种，市场上常见的智能盖板主要分两大类，根据智能机电控制系统是否可以与陶瓷底座分开分为一体式和分体式。一体式是机电控制系统与陶瓷底座一起设计制造，零部件配合紧密，整体更为美观，功能较为全面，主要包括带水箱的和不带水箱的。分体式是加装在陶瓷底座上的智能盖板，能实现臀洗、妇洗、坐圈加热等一些基本的功能，但自动冲水、盖板感应自动开合、除臭等一些辅助功能则不能实现。

根据水的加热方式不同可分为即热式、储热式和混合式。即热式智能盖板，无水箱结构，是在启动清洗功能时，水通过一个小型的加热管，加热组件根据通过的水量大小和水的温度，实时调整加热功率，以保证满足预设的出水温度。储热式智能盖板，存在一个带有加热管的小型水箱，当水充满水箱时，启动加热，水箱内的水达到预设温度后，结束加热，然后进行正常清洗。混合式智能盖板，集中了即热式和储热式两种加热方式，其内部添加了一个超小型水箱，水箱内部装有加热组件，通过大功率加热，使水箱内水迅速达到预设温度，可以直接进行清洗功能，并在使用过程中，持续加热，保证出水温度的稳定。

根据翻盖方式分为自动翻盖和阻尼翻盖等。

常见智能盖板的分类方法如表 2-7 所示。

表 2-7　智能盖板的分类

智能机电控制系统是否可以与陶瓷底座分开	加热方式	翻盖方式
一体式	即热式	自动翻盖
分体式	储热式	阻尼翻盖
	混合式	

2.3.1.2 智能盖板生产工艺流程

随着智能卫浴技术的发展和消费市场需求的增长，智能盖板的功能越来越丰富，结构也越来越复杂，因智能盖板类型差异，对应的生产工艺制程会稍有差异。比如储热式智能盖板，若水箱为外协，则往往来料或者在线要进行水箱密封测试；若工厂内制则需在制程中增加焊接工艺等。

以即热、微波开盖智能一体式坐便器为例，其生产工艺流程如图2-32所示。

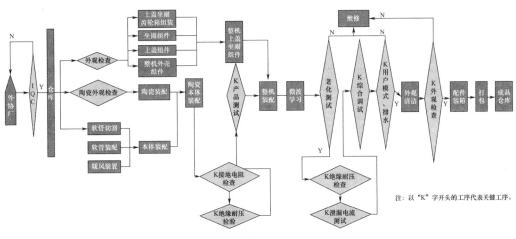

图2-32　工艺流程图

2.3.2　智能盖板的材料

智能盖板功能主要有臀洗功能、妇洗功能、坐圈加热功能、暖风烘干功能、自动除臭功能、位置调节功能、水压调节功能、水温风温调节功能等。这些功能决定了智能盖板有着复杂的内部结构。智能盖板材质主要分为外壳材质、主体内部零部件材质、底座材质等。智能盖板材质分类如表2-8所示。

表2-8　智能盖板的材料

序号	制程	主要物料	备注
1	本体组件	底座	
		控制电路板	
		大冲阀组件	主要是一体机用
		电源线（带漏保）	
		喷管组件	
		分配器组件	
		气泵组件	视需求选配
		即热组件或水箱加热器组件	
		暖风组件	
		除臭组件	

序号	制程	主要物料	备注
2	外壳组件	坐圈焊接组件（铝箔/落座/圈温传感器等）	
		上盖组件	
		外壳组件	
		侧键盘电路板组件	智能盖板较多采用侧键盘和坐圈一体
		阻尼或齿轮箱组件	
3	陶瓷组件	陶瓷	
		RIM/JET 组件	
		辅助机构（内置二次水箱/增压泵或压力包等）	不同设计需求选配
4	包装组件	遥控器组件	一般智能盖板采用侧键盘，较少采用遥控器
		水效标签	一体机需求
		密封环（黄油圈）	一体机需求
		角阀/软管	
		包装箱组件	内衬分 EPE/EPS 等

智能盖板外壳材质主要有脲醛、聚丙烯（PP）和丙烯腈-丁二烯-苯乙烯共聚物（ABS）材质等。ABS 材料的优点是硬度大不易变形，但是时间长容易变色，抗老化性较差，不耐高温，耐腐蚀性能比较差。PP 材料优点是不容易变色发黄，但是不耐磨，容易损伤表面。脲醛材料是一种新型塑料，优点是耐磨且不易发黄。

智能盖板主体内部零部件主要分为电路控制系统、冲水装置（重力式、压力式）、即热式和储热式加热装置、暖风部件、坐圈加热部件、除臭部件、臀洗妇洗部件等。喷杆系统是智能盖板的核心部件，主要由不锈钢、抗菌树脂等材料制成，不锈钢比较耐污染，使用寿命比较长，但是不锈钢具有一定的导电性，存在安全隐患，抗菌树脂相较不锈钢喷管更为安全卫生。

智能盖板底座一般采用陶瓷底座，使用寿命长且容易清洗。

2.3.3　智能盖板的组装

智能盖板拥有 200 多个部件，每个部件又包含了数十个小部件，目前智能盖板的制造行业内知名品牌大部分已经采用或正常升级改造采用智能制造方式提升效率和质量，但智能盖板的主要制程万变不离其宗。

因盖板类型差异，组装顺序会略有差异，此处以即热、微波开盖智能一体式坐便器（220V）为例展开其装配、检测、包装等顺序以及注意点。

主要步骤为：本体组件装配、外壳组件装配、陶瓷组件装配、整机装配等，顺序参考图 2-32 工艺流程图。

2.3.3.1　本体组件装配

智能盖板的本体组件作为智能盖板的核心，结构设计、装配方式、空间布局等决定了智能盖板要实现的功能和使用质量，起着至关重要的作用，本体组件装配主要包括电路控制组件、水路控制组件、机构组件等。

水路控制组件主要包含电磁阀组件、即热组件、空气泵组件和冲洗组件等，电磁阀组件主要控制进水管路水的流入；即热组件主要是对冷水进行加热，并保持水温的恒定；空气泵的作用主要是提供压缩空气，使水与空气结合在一起增加清洗的力度，提高清洁度；冲洗组件主要负责实现臀洗、妇洗功能和按摩功能。

电路控制组件主要包含电源板、主控板、即热控制板、按键板等，电源板主要功能是对加热器和电磁阀提供稳定的电压；主控板是本体组件的控制中心，主要控制电机的动作；即热控制板用于控制水的加热时间和功率；按键板主要实现开机、冲水功能、臀洗、妇洗功能。

机构组件主要由坐圈部分（加热器、温度传感器、坐圈感应等）、烘干部分、除臭部分等组成，坐圈部分主要是对坐圈进行加热，并保持人体舒适的温度；烘干部分主要通过热风对臀部进行烘干；除臭部分主要通过化学或物理原理对臭气进行吸附实现除臭功能。

本体组件装配时主要的注意事项为：

（1）按照从左至右，从下到上的顺序进行工艺排布组装。

（2）线路理线需遵守强弱电分开走线，外观整洁原则。

（3）所用螺丝刀扭力需根据工艺要求定期校验，确保扭力稳定。

（4）各装配岗位，特别是与印制电路板（PCB）接触岗位，操作人员需佩戴静电手环并确保有效。

（5）工艺制程上要确保不漏装，不错装。目前除人员培训提升其熟练度和后站检查外，主流方法有两种：提前逐套配料到工位和激光或影像导引指示。

2.3.3.2　外壳组件装配

外壳组件作为智能盖板裸露部分，决定了盖板的视觉效应和美观程度，主要包括上盖、坐圈焊接、侧按键、阻尼或齿轮等。

外壳组件装配主要的注意事项为：

（1）装配前物料来料外观检查，装配岗位周边需要做到防撞防护，避免装配过程中刮伤；

（2）微波组件装配完成后需要进行检测，避免整机装配后功能缺失返工。

2.3.3.3　陶瓷组件装配

陶瓷组件作为盖板的支撑部件，通过注浆烧制成型，主要实现智能盖板的冲水功能。

主要注意事项为：

（1）陶瓷外观检查并清洁陶瓷体；

（2）一般装配陶瓷的工作桌表面需做好防护以免刮伤陶瓷外观，同时工作桌周边亦需注意防护；

（3）装配完成后，最好进行陶瓷体密封测试，检测 RIM/JET 接头处以及陶瓷本体的密封性能；

（4）涉及陶瓷搬运，若为人工或人工辅助搬运，需注意人员安全防护和安全意识培训。

2.3.3.4　整机装配

主要注意事项：

（1）装配特别注意外观件的损伤；

（2）注意外观件与陶瓷/底座的间隙调节；

（3）特别需要检查本体内管路接头和陶瓷体内部是否有漏水现象，以免装配完成后返工耗时。

2.3.4　检测与包装

2.3.4.1　检测

智能卫浴的快速发展给传统卫浴行业注入了新的生机，智能卫浴巨大的市场潜力，让无数企业纷纷入局，据相关数据显示，截至 2019 年年底，智能盖板行业生产经营企业近 300 家，但随之而来的是让正处于增长期的智能卫浴频频被曝质量问题。不合格的项目小到标识缺失，大到产品接地不合格，存在漏电、起火隐患。显然，智能卫浴市场虽然很大，但并不是随便一家企业都能生产出质量合格的智能盖板，智能卫浴产品更不是简单地将零件、配件组装到一起就是智能产品，智能卫浴行业良莠不齐的质量现状曾引发了政府和业内的高度关注。质量问题频发的重要原因，一个是智能盖板的生产技术不过关，另一个是采购的配件不合格。例如智能盖板的进水阀是保证智能盖板不漏水的核心，阻尼器是坐圈缓降功能最重要的部件。目前随着智能盖板技术的不断成熟，一系列检测标准的实施和检测设备的研发为智能盖板的质量检测提供了良好的平台，智能盖板的检测主要分为组件检测、安规检测和性能检测。

1. 组件检测

组件检测主要是对生产或采购的零部件进行检测，目的是提前发现不良，避免返工，包括但不限于：

（1）喷管来料检测水型以及密封性；

（2）稳压阀的耐压性和密封性检测；

（3）即热的密封性和加热性能检测；

（4）分配器的串水/耐压功能检测；

（5）齿轮箱的扭力和防暴力打滑检测；

（6）微波学习以及功能检测；

（7）风机的来料转速和寿命/环境检测；

（8）控制板的上电各端口的设计标准检测；

（9）其他制程中组装的组件，可能存在质量风险的，需要进行组件测试。

2. 安规检测

为《家用和类似用途电器的安全　第1部分：通用要求》（GB 4706.1—2005）、《家用和类似用途电器的安全　坐便器的特殊要求》（GB 4706.53—2005）中安全需求，属必检项目，主要包括接地导通电阻测试、绝缘耐压测试以及泄漏电流测试等。

（1）制程一般分两站，合盖前：进行本体的接地导通电阻测试、绝缘耐压测试；合盖后：进行整机绝缘耐压测试以及泄漏电流测试；

（2）安规检测受环境/工装等因素影响较大，所以在搭建测试环境时需要注意温湿度控制和工装影响；

（3）检测设备选择依据各家需求进行。

3. 性能检测

参考《卫生洁具　智能坐便器》（GB/T 34549—2017）检测项目进行检测，主要测试项目包括但不限于4角测试、冲洗性能测试、冲水水效测试、用户模式测试等。

（1）4角测试一般在本体装配完成后进行，检测产品在不同水压/电压条件下是否具备功能；并确认管路处是否有漏水等；

（2）冲水性能测试主要是检测水温高挡情况下检测后冲水温、冲洗力、功率等指标；

（3）在线检测冲水水效，设备一般也是采用称重法较为准确，但设备较复杂，故大部分厂家目前通过在线检测即时流量判断大冲功能有无；

（4）用户模式测试，主要是人工模拟用户使用情况进行相关功能测试，判断有无功能以及无法通过自动进行采集判断的一些项目。

2.3.4.2　包装

制程主要分本体排水、陶瓷排水、外观清洁、配件包装、整机包装等工序。

1. 本体排水

主要目的是将本体管路内水排尽，以免长时间静置滋生细菌以及寒冷地区冻裂管路等，该工序主要注意事项：

（1）通空压气，前后冲均需分别启动，时间设定以排尽水为最小时间；

（2）注意产品前后冲功能启动时，需关闭水温加热功能，一般设备上可增加功率判断提示报警功能。

2. 陶瓷排水

主要目的是将陶瓷存水弯以及部分陶瓷RIM内水排尽，目的同本体排水，该工序主要注意事项：

（1）一般采用真空吸方式；

（2）部分陶瓷 RIM 位于陶瓷内部，一般需要侧倒辅助真空吸的方式排尽。

3. 外观清洁

主要是擦拭整机外观面，检查是否有划痕/脏污，同时外观间隙以及翻盖功能检测等也会安排在该工序进行复核等：

（1）可在该工序增加打磨工序，轻微刮伤可以在该工序完成修补；

（2）擦拭布要选择纯棉且吸水材料。

4. 配件包装

为防止配件错漏件，往往制程中会采用点数法控制错漏率，部分工厂采用防遗漏设备来解决此问题，不再赘述。

5. 整机包装

该工序主要是将整机和配件放入包装箱内进行封箱打包，并在外箱贴上产品标签。目前较多的工厂的封箱、捆扎、堆垛等工序采用机器人自动化完成，避免人工操作引起安全隐患以及提升效率。

以上为智能盖板主要生产制造工序以及主要注意事项，因各家产品差异以及要求差异，会有所不同，仅作为参考。

3 智能坐便器的标准化工作

3.1 中国标准情况

3.1.1 概述

我国目前涉及智能坐便器产品的相关标准共计 15 项，其中强制性国家标准 4 项，推荐性国家标准 6 项，行业标准 4 项，团体标准 1 项。

智能坐便器属于家电和卫浴的跨界产品，因此不同标准归口于不同的管理单位，其中国家标准有国家标准化技术委员会、质量监督检验检疫总局、住房和城乡建设部；团体标准有中国建筑材料联合会。

标准清单如表 3-1 所示。

表 3-1　国内智能坐便器相关标准

序号	标准号	标准名称
1	GB 4706.1—2005	《家用和类似用途电器的安全 第1部分：通用要求》
2	GB 4706.53—2008	《家用和类似用途电器的安全 坐便器的特殊要求》
3	GB 38448—2019	《智能坐便器能效水效限定值及等级》
4	GB 25502—2017	《坐便器水效限定值及水效等级》
5	GB/T 34549—2017	《卫生洁具 智能坐便器》
6	GB/T 23131—2019	《家用和类似用途电坐便器便座》
7	GB/T 6952—2015	《卫生陶瓷》
8	GB/T 31436—2015	《节水型卫生洁具》
9	GB/T 26730—2011	《卫生洁具 便器用重力式冲水装置及洁具机架》
10	GB/T 26750—2011	《卫生洁具 便器用压力冲水装置》
11	JC/T 2116—2012	《非陶瓷类卫生洁具》
12	JC/T 764—2008	《坐便器坐圈和盖》
13	JC/T 2425—2017	《坐便器安装规范》
14	JG/T 285—2010	《坐便洁身器》
15	T/CBMF 15—2019	《智能坐便器》

智能坐便器产品涉及的标准共分为三大类：电气安全类、产品性能类、冲水装置类，如表 3-2 所示。

表 3-2　国内智能坐便器相关标准分类

序号	类别	标准名称
1	电气安全类	《家用和类似用途电器的安全 第1部分：通用要求》（GB 4706.1—2005）
		《家用和类似用途电器的安全 坐便器的特殊要求》（GB 4706.53—2008）
2	产品性能类	《智能坐便器能效水效限定值及等级》（GB 38448—2019）
		《坐便器水效限定值及水效等级》（GB 25502—2017）
		《卫生洁具 智能坐便器》（GB/T 34549—2017）
		《家用和类似用途电坐便器便座》（GB/T 23131—2019）
		《卫生陶瓷》（GB/T 6952—2015）
		《节水型卫生洁具》（GB/T 31436—2015）
		《非陶瓷类卫生洁具》（JC/T 2116—2012）
		《坐便器坐圈和盖》（JC/T 764—2008）
		《坐便洁身器》（JG/T 285—2010）
		《坐便器安装规范》（JC/T 2425—2017）
		《智能坐便器》（T/CBMF 15—2019）
3	冲水装置类	《卫生洁具 便器用重力式冲水装置及洁具机架》（GB/T 26730—2011）
		《卫生洁具 便器用压力冲水装置》（GB/T 26750—2011）

3.1.2　术语和定义

智能坐便器产品涉及的产品标准众多，不同标准中给出的术语定义也略有差异。本章中智能坐便器相关术语定义取自最新的强制性国家标准《智能坐便器能效水效限定值及等级》（GB 38448—2019）。

智能坐便器常用名词术语及定义如表 3-3 所示。

表 3-3　中国智能坐便器相关术语和定义

术语名称	术语定义
智能坐便器 （smart water closets）	由机电系统和/或程序控制，完成至少包含温水清洗功能在内的一项及一项以上基本智能功能的坐便器，包括一体式智能坐便器和分体式智能坐便器。 注：温水清洗功能包含喷头自洁功能
一体式智能坐便器 （integral smart water closets）	智能机电控制系统和坐便器不可分开使用的智能坐便器

术语名称	术语定义
分体式智能坐便器 (split smart water closets)	智能机电控制系统和坐便器可以独立分开，经组合后可以使用的智能坐便器盖板部分
智能坐便器基本智能功能 (basic function of smart water closets)	坐便器智能化的最基本的动作或能力，包括温水清洗功能（如臀洗、妇洗）、坐圈加热功能
智能坐便器辅助智能功能 (auxiliary function of smart water closets)	为提高智能坐便器的健康性能和卫生性能所附加的功能，包括水温调节功能、坐圈温度调节功能、移动清洗功能、暖风烘干功能、风温调节功能、喷头调节功能、自动冲洗功能等
智能坐便器扩展智能功能 (extended function of smart water closets)	为提高智能坐便器使用舒适性所附加的功能，包括但不仅限于以下功能：坐圈和盖自动启闭功能、除臭功能、按摩清洗功能、冲洗力度调节功能、遥控功能、灯光照明功能、多媒体功能、记忆功能、APP功能、WIFI功能、消毒功能等
智能坐便器单位周期能耗 (energy consumption per unit cycle of smart water closets)	依据标准规定的试验方法和计算公式进行实测和计算得出的智能坐便器一个试验周期（1.5h）的耗电量
智能坐便器冲洗平均用水量 (average water consumption for flushing of smart water closets)	依据标准规定的试验方法和计算公式进行实测和计算得出的冲洗功能的平均用水量
智能坐便器清洗平均用水量 (average water consumption for cleaning of smart water closets)	依据标准规定的试验方法和计算公式进行实测和计算得出的臀洗、妇洗功能（含喷头自洁）的平均用水量
智能坐便器能效水效限定值 (minimum allowable values of the energy efficiency and water efficiency for smart water closets)	智能坐便器在标准规定试验条件下，所允许的最大单位周期能耗、最大冲洗平均用水量和清洗平均用水量

3.1.3 智能坐便器产品性能指标

3.1.3.1 检测项目总体情况

主要国家标准项目情况详见表3-4。

3.1.3.2 主要性能指标要求

本部分内容对智能坐便器主要标准进行了研究分析，对比了标准中的重要性能要求和试验方法，对产品从电气安全性能指标、舒适性能指标、节能性能指标三个部分进行了详尽的对比分析。

表3-4　智能坐便器中国标准中检测项目一览表

序号	标准号	标准项目						
1	GB 4706.1—2005 GB 4706.53—2008	1 分类	2 标志和说明	3 触及带电部件的防护	4 电动器具的启动	5 输入功率和电流	6 发热	7 工作温度下的泄漏电流和电气强度
		8 瞬态过电压	9 耐潮湿	10 泄漏电流和电气强度	11 变压器和相关电路的过载保护	12 耐久性	13 非正常工作	14 稳定性和机械危险
		15 机械强度	16 结构	17 内部布线	18 元件	19 电源连接和外部软线	20 外部导线用接线端子	21 接地措施
		22 螺钉和连接	23 电气间隙、爬电距离、固体绝缘	24 耐热和耐燃	25 防锈	26 辐射、毒性和类似危险		
2	GB 38448—2019	1 水效等级	2 水温特性	3 喷头自洁	4 洗净功能	5 水封回复	6 污水置换	7 球排放
		8 颗粒排放	9 混合介质排放	10 卫生纸排放	11 排水管道输送特性	12 坐圈加热功能	13 智能坐便器能效水效限定值	
3	GB/T 34549—2017	1 外观质量	2 变形	3 尺寸	4 厚度	5 排污口尺寸	6 水封	7 存水弯最小通径
		8 存水弯	9 抗裂性	10 耐荷重性	11 耐荷重性	12 耐用日化学药品试验	13 耐燃烧性	14 巴氏强度
		15 塑料耐热老化	16 整机防水等级	17 表面耐腐蚀	18 配套要求	19 便器用水量	20 冲洗功能	21 连接密封性
		22 疏通机试验	23 喷嘴伸出和回收时间	24 升温性能	25 水温稳定性	26 清洗水流量	27 清洗水量	28 清洗力
		29 清洗面积	30 喷头自洁性能	31 暖风温度	32 暖风出风量	33 坐圈加热功能	34 耐水压性能	35 防水击性能
		36 防虹吸功能	37 坐圈强度	38 盖板强度	39 安装强度	40 自动关闭	41 整机能耗	42 整机能耗
		43 额定功率	44 电气安全性能	45 电源	46 耐潮湿性能			

续表

序号	标准号	标准项目
4	GB 25502—2017	1 坐便器水效等级　2 坐便器水效限定值　3 坐便器节水评价值
5	GB/T 23131—2019	1 清洁率　2 清洗流量　3 出水温度的稳定性　4 出水温度响应时间　5 吹风性能　6 吹风风量　7 吹风噪声　8 坐圈表面温度　9 坐圈表面温度均匀性　10 用电量　11 用水量　12 耐大性　13 抗菌、防霉　14 结构及材料
6	GB/T 6952—2015	1 外观质量　2 变形　3 尺寸　4 厚度　5 吸水率　6 抗裂性　7 轻量化产品单件质量　8 耐荷重性要求　9 配套技术要求　10 便器尺寸要求　11 便器用水量　12 洗净功能　13 球排放试验　14 颗粒排放功能　15 混合介质排放试验　16 排水管道输送特性　17 水封回复性能　18 污水置换功能　19 卫生纸试验
7	JC/T 2116—2012	1 外观质量　2 溢流功能　3 最大允许变形　4 尺寸允许偏差　5 耐污染性　6 耐热热性　7 耐荷重性　8 耐日用化学药品性　9 耐日用化学药品性　10 耐冲击性　11 耐燃烧性　12 巴氏硬度　13 排水性能　14 满水变形　15 重要尺寸　16 用水量　17 洗净功能　18 球排放　19 颗粒排放　20 污水置换功能　21 水封回复功能　22 排水管道输送特性　23 防溅污性　24 坐便器冲洗噪声　25 冲水装置技术要求　26 防虹吸功能　27 安全水温要求
8	JC/T 764—2008	1 尺寸　2 表面质量　3 后仰　4 翘曲量　5 光滑度　6 不可恢复弯曲量　7 摇摆试验　8 螺栓、螺帽扭矩　9 撞击试验　10 开合试验　11 慢落功能寿命试验　12 强压试验　13 静态负载　14 材料理化性能　15 抗燃性　16 抗沾污性　17 金属附件耐腐蚀性　18 涂层硬度　19 涂层附着力　20 色牢度　21 抗湿性　22 冷热疲劳

续表

序号	标准号	标准项目						
9	JG/T 285—2010	1 外观质量	2 防水等级	3 暖风	4 冲水水温	5 暖风温度	6 坐圈温度	7 冲洗水量
		8 肛门冲洗力	9 工作噪声	10 耐水压性能	11 水冲击防止性能	12 防逆流性能	13 负压作用性能	14 便器盖和坐圈
		15 安全性能						
10	GB/T 31436—2015	1 用水量	2 洗净功能	3 球排放试验	4 颗粒排放试验	5 混合介质排放试验	6 排水管道输送特性	7 水封回复功能
		8 污水置换功能	9 卫生纸试验	10 人造试体及纸球排放试验	11 重要尺寸			
11	JC/T 2425—2017	1 坐便器排水系统安装	2 坐便器供水系统安装	3 水箱的供水系统安装	4 隐藏式水箱的安装	5 坐便器固定安装	6 坐圈安装	7 坐便器排水系统安装
12	T/CBMF 015—2019	1 一般要求	2 耐热和耐燃性	3 塑料耐热老化性能	4 表面耐腐蚀性能	5 待机功耗	6 配套要求	7 便器用水量
		8 洗净功能	9 球排放	10 颗粒排放	11 混合介质排放试验	12 排水管道输送特性	13 水封回复性能	14 污水置换功能
		15 连接密封性	16 疏通机试验	17 喷嘴伸出和回收时间	18 水温响应特性	19 水温稳定性	20 清洗水流量	21 清洗水量
		22 清洗力	23 清洗面积	24 喷头自洁性能	25 暖风温度	26 暖风出风量	27 坐圈温度	28 坐圈温度均匀度
		29 耐水压性能	30 防水击性能	31 防回流性能	32 防虹吸性能	33 坐垫强度	34 盖板强度	35 安装强度
		36 摇摆试验	37 冲击试验	38 整机湿润性能	39 整机能耗	40 额定功率	41 电气安全性能	42 电源
		43 电气系统	44 功能安全	45 功能安全	46 EMC符合性			
13	GB/T 26730—2011	1 通用技术要求	2 进水阀技术要求	3 排水阀技术要求	4 冲洗水箱技术要求	5 洁具机架技术要求		
14	GB/T 26750—2011	1 压力冲洗水箱	2 机械式压力冲洗阀	3 非接触式压力冲洗阀				

1. 电气安全性能

国内智能坐便器的安规测试需符合《家用和类似用途电器的安全 第1部分：通用要求》（GB 4706.1—2005）和《家用和类似用途电器的安全 坐便器的特殊要求》（GB 4706.53—2008）规定。《家用和类似用途电器的安全 第1部分：通用要求》（GB 4706.1—2005）规定的为家用电器的通用要求，而《家用和类似用途电器的安全 坐便器的特殊要求》（GB 4706.53—2008）描述的坐便器电气性能要求则在《家用和类似用途电器的安全 第1部分：通用要求》（GB 4706.1—2005）基础上进行拓展修改，相应的技术要求及测试方法如表3-5所述。

表3-5 智能坐便器电气安全基础性能技术要求

	电气安全基础性能技术要求
分类	1. 在电击防护方面，器具应属于下列各种类别之一：0类、0Ⅰ类、Ⅰ类、Ⅱ类、Ⅲ类
	2. 用裸露加热元件加热水的器具应为Ⅰ类或Ⅲ类（GB 4706.53—2008）
	3. 器具应具有适当的防水等级
	4. 坐便器及加热坐垫应至少为 IPX4（GB 4706.53—2008）
标志和说明	1. 器具应有含下述内容的标志： ① 额定电压或额定电压范围，单位为伏（V）； ② 电源性质的符号，标有额定频率的除外； ③ 额定输入功率，单位为瓦（W）或额定电流，单位为安（A）； ④ 制造商或责任承销商的名称、商标或识别标志； ⑤ 器具型号或系列号； ⑥ GB/T 5465.2（idt IEC 60417）的符号5172，仅在Ⅰ类器具上标出； ⑦ 防水等级的 IP 代码，IPX0 不标出
	2. 与连接器和水源的外部软管组合的电动控制水阀的外壳，如果它的工作电压大于特低电压，则其应按 GB/T 5465.2（idt IEC 60417—5036（DB：2002-10）标注符号
	3. 对于用多种电源的驻立式器具应有警告语（"警告：在接近接线端子前，必须切断所有的供电电路"），且警告语应位于接线端子罩盖的附近
	4. 具有一个额定值范围，而且不用调节就能在整个范围内进行工作的器具，应采用由一个连字符分开的范围的上限值和下限值来表示
	5. 具有不同的额定值并且必须由用户或安装者将其调到一个特定值时才能使用的器具，应标出这些不同的值，并且用斜线将它们分开
	6. 如果能调节器具适用于不同的额定电压，则该器具所调到的电压值的位置应清晰可辨
	7. 标有多个额定电压或多个额定电压范围的器具，应标出每个电压或电压范围对应的额定输入功率或额定电流。但是，如果一个额定电压范围的上下限值之间的差值不超过该范围平均值的10%，则可标出对应该范围平均值的额定输入功率或额定电流
	8. 额定输入功率或额定电流的上限值和下限值应标在器具上，以使得输入功率与电压之间的关系是明确的
	9. 电源性质的符号，应紧靠所标示的额定电压值；设置Ⅱ类器具符号所放置的位置，应使其明显地成为技术参数的一部分，且不可能与任何其他标示发生混淆
	10. 应使用国际单位制所规定的物理量的单位和对应的符号
	11. 连接到两根以上供电导线的器具和多电源器具，除非其正确的连接方式是很明确的，否则器具应有一个连接图，并将图固定到器具上

标志和说明	12. 除 Z 型连接以外，用于与电网连接的接线端子应按下述方法标示： ① 专门连接中线的端子，应该用字母 N 标示； ② 保护接地端子，应该用 GB/T 5465.2（idt IEC 60417）规定的符号 5019 标明
	13. 这些表示符号不应放在螺钉、可取下的垫圈或在连接导线时能被取下的其他部件上
	14. 除非明显的不需要，否则工作时可能会引起危险的开关，其标志或放置的位置应清楚地表明它控制器具的哪个部分。为此而用的标志方式，无论在哪里，不需要语言或国家标准的知识都应该能理解
	15. 驻立式器具上开关的不同挡位，以及所有器具上控制器的不同挡位，都应该用数字、字母或其他视觉方式标明
	16. 如果用数字来标示不同的挡位，则断开位置应该用数字"0"标示，对较大的输出、输入、速度和冷却效率等挡位，应该用一个较大的数字标示
	17. 数字"0"不应用作任何其他的标示，除非它所处的位置或与其他数字的组合不会与对断开位置的标志发生混淆
	18. 在安装或正常使用期间，打算调节的控制器应有调节方向的标示
	19. 使用说明应随器具一起提供，以保证器具能安全使用；如果在用户的维护保养期间有必要采取预防措施，则应给出相应的详细说明
	20. 使用说明应说明怎样安全地排空及清洁坐便器。如坐便器未连接到污水系统，还应有排泄物或其残留物最后处理的详细说明（GB 4706.53—2008）
	21. 说明书应包括身体、感知、智力能力缺陷或经验和常识缺乏的人（包括儿童）的使用说明，以及儿童不应玩耍器具（GB 4706.53—2008）
	22. 如果在用户的安装期间有必要采取预防措施，则应给出相应的详细说明
	23. Ⅰ类器具的安装说明书应注明其必须接地（GB 4706.53—2008）
	24. 用裸露加热元件加热水的器具安装说明应注明以下内容（GB 4706.53—2008）： ① 水的电阻系数不能少于 Ωcm（GB 4706.53—2008） ② 器具必须一直连接在固定布线上（GB 4706.53—2008）
	25. 安装说明书应注明要有点燃的香烟及其他燃烧物不能投入坐便器内的标志，要求固定在坐便器旁边的显著位置（抽水马桶除外）（GB 4706.53—2008）
	26. 驻立式器具未配备电源软线和插头，也没有断开电源（其触点开距提供在过电压等级Ⅲ条件下全断开）的其他装置，则使用说明中应指出，其连接的固定布线必须按布线规则配有这样的断开装置
	27. 打算永久连接到电源上的器具，如果其固定布线的绝缘，能与第 11 章的试验期间温升超过50K 的那些部件接触，则使用说明中应指出，此固定布线的绝缘须有防护，例如，使用具有适当耐温等级的绝缘护套
	28. 嵌装式器具，其使用说明（书）应包括下述方面的明确信息： ① 为器具安装所需的空间尺寸； ② 支撑和固定装置的尺寸和位置； ③ 器具各部分与周围结构之间的最小间距； ④ 通风孔的最小尺寸和正确布置； ⑤ 器具和电源的连接，和各分离元件的互连； ⑥ 除非器具所带开关符合 24.3 的规定，否则需要器具安装后能断开电源连接

标志和说明	29. 对于专门制备软线的 X 形连接的器具，使用说明书应包括下述内容： "如果电源软线损坏，必须用专用软线或从其制造商或维修部买到的专用组件来更换"
	30. 对于 Y 形连接器具，使用说明应包括下述内容： "如果电源软线损坏，为了避免危险，必须由制造商、其维修部或类似部门的专业人员更换"
	31. 对于 Z 形连接的器具，使用说明应包括下述内容： "电源软线不能更换，如果软线损坏，此器具应废弃"
	32. 带有非自复位热断路器（通过切断电源复位）的电热器具的使用说明，应包括下述内容： "注意：为避免由热断路器的误复位产生危险，器具不能通过外部开关装置供电，例如定时器或者连接到由通用部件定时进行通、断的电路"
	33. 固定式器具的使用说明中应阐明如何将器具固定在支撑物上
	34. 对于连接到水源的器具，说明中应指出： ① 最大进水压力（Pa）； ② 最小进水压力（Pa）；若对于器具的正确操作是必要的
	35. 如有必要对于由可拆除软管组件连接水源的器具，应声明使用器具附带的新软管，旧软管组件不能重复利用
	36. 使用说明（书）和本标准要求的其他文本，应使用销售地所在国的官方语言文字
	37. 本部分所要求的标志应清晰易读并持久耐用
	38. 经本部分的全部试验后，标志仍应清晰易读，标志牌应不易揭下并且不应卷边
	39. 7.1~7.5 中规定的标志，应标在器具的主体上
	40. 器具的标志，从器具外面应清晰可见，但如需要，可在取下罩盖后可见。对于便携式器具，不借助于工具应能取下或打开该罩盖
	41. 对驻立式器具，按正常就位时，至少制造商或责任承销商的名称、商标或识别标记和产品的型号或系列号是可见的。这些标记可以标在可拆卸的盖子下面。其他标记，只有在接线端子附近，才能标在盖子下面。对固定式器具，该要求适用于器具按制造商使用说明安装就位之后
	42. 开关和控制器的标志应标在该元件上或其附近；它们不应标在那些因重新拆装能使此标志造成误导的部件上
	43. 如果对本部分的符合取决于一个可更换的热熔体或熔断器的动作，则其牌号或识别熔断器用的其他标志应标在某一位置，当器具被拆卸到能更换熔断器时，该标志应清晰可见
	44. 此要求不适用于那些只能与器具的某一部分一起更换的熔断器
	45. 坐便器，除抽水马桶外，应有点燃的香烟及其他燃烧物不能投入坐便器内的标志，标志应固定在显著位置（GB 4706.53—2008）
对触及带电部件的防护	1. 器具的结构和外壳应使其对意外触及带电部件有足够防护
	2. 8.1 的要求适用于器具按正常使用进行工作时所有的位置，和取下可拆卸部件后的情况
	3. 只要器具能通过插头或全极开关与电源隔开，位于可拆卸盖罩后面的灯则不必取下，但是，在装取位于可拆卸盖罩后面的灯的操作中，应确保对触及灯头的带电部件的防护
	4. 器具按正常使用进行工作时所有的位置，和取下可拆卸部件后，B 型试验探棒应不能碰触到带电部件，或仅用清漆、釉漆、普通纸、棉花、氧化膜、绝缘珠或密封剂来防护的带电部件，但自硬化树脂除外
	5. GB/T 16842 中的 B 型试验指也适用（GB 4706.53—2008）

续表

对触及带电部件的防护	6. 用不明显的力施加给 IEC 61032 的 13 号试验探棒来穿过 0 类器具、Ⅱ类器具或Ⅱ类结构上的各开口，但通向灯头和插座中的带电部件的开口除外
	7. 试验探棒还需穿过在表面覆盖一层非导电涂层如瓷釉或清漆的接地金属外壳的开口，该试验探棒应不能触及到带电部件
	8. 对Ⅱ类器具以外的其他器具用 IEC 6103241 号试验探棒，而不用 B 型试验探棒和 13 号试验探棒，用不明显的力施加于一次开关动作而全断开的可见灼热电热元件的带电部件上。只要与这类元件接触的支撑件在不取下罩盖或类似部件情况下，从器具外面明显可见，则该试验探棒也施加于这类支撑件上，试验探棒应不能触及到这些带电部件
	9. 若易触及部件为下述情况可认为不带电： ① 由交流安全特低电压供电：电压峰值≤42.4V ② 由直流安全特低电压供电：电压≤42.4V ③ 或通过保护阻抗与带电部件隔开，直流电流≤2mA ④ 或通过保护阻抗与带电部件隔开，交流峰值电流≤0.7mA ⑤ 42.4V<峰值电压<450V，其电容量≤0.1μF ⑥ 450V<峰值电压≤15kV，其放电量≤45μF
	10. 应在各相关部件与电源的每一极之间分别测量电压值和电流值。在电源中断后立即测量放电量。使用标称阻值为 2000Ω 的无感电阻来测量放电量
	11. 嵌装式器具、固定式器具和以分离组件形式交付的器具在安装或组装之前，其带电部件至少由基本绝缘来防护
	12. Ⅱ类器具和Ⅱ类结构，应对基本绝缘以及仅由基本绝缘与带电部件隔开的金属部件有足够的防止意外接触的保护
	13. 只允许触及由双重绝缘或加强绝缘与带电部件隔开的部件
	14. GB/T 16842 中的 B 型试验也适用（GB 4706.53—2008）
输入功率和电流	1. 如果器具标有额定输入功率，器具在正常工作温度下，其输入功率对额定输入功率的偏离应不大于 GB 4706.1—2005 中表 1 所示的偏差
	2. 对于组合型器具，如果电动机的输入功率大于器具额定输入功率的 50%，则电动器具的偏差适用于该器具
	3. 如果输入功率在整个工作周期是变化的，则按一个具有代表性期间出现的输入功率的平均值决定输入功率
	4. 如果器具标有额定电流，器具在正常工作温度下的电流与额定电流的偏差，应不超过 GB 4706.1—2005 中表 2 中给出的相应偏差值
	5. 对于组合型器具，如果电动机的电流大于器具额定电流的 50%，则电动器具的偏差适用于该器具
	6. 如果电流在整个工作周期内变化，则按一个有代表性的期间中出现的电流平均值来决定该电流
发热	1. 在正常使用中，器具和周围环境不应达到过高温度，此项通过 11.2～11.7 判定是否合格
	2. 手持式器具，保持其在使用时的正常位置上
	3. 带有插入插座的插脚的器具，要插入适当的墙壁插座

	4. 嵌装式器具，按使用说明安装就位
	5. 其他的电热器具和其他组合型器具，按下述要求放在测试角上： ① 通常放置在地面上或桌面上使用的器具，放在底板上，并尽可能靠近测试角的两边壁； ② 通常固定在一面墙上使用的器具，参照使用说明，将其固定在测试角内一侧边壁上，并按可能出现的情况靠近另一边壁，并靠近底板或顶板； ③ 通常固定在天花板上的器具，参照使用说明，将其固定在测试角的顶板上，并按可能出现的情况靠近两边壁
	6. 其他电动器具按如下要求放置： ① 通常放置在地面或桌面上使用的器具，放置在一个水平支撑物上； ② 通常固定在墙上的器具，固定在一个垂直支撑物上； ③ 通常固定在天花板上的器具，固定在一个水平支撑物的下边
	7. 对于带有自动卷线盘的器具，将软线总长度的三分之一拉出。在尽量靠近卷线盘的毂盘，和卷线盘上的最外二层软线之间来确定软线护套外表面的温升
	8. 对于自动卷线盘以外的，打算在器具工作时用来存贮部分电源软线的贮线装置，其软线的50cm 不卷入。在最不利的位置上确定软线被贮部分的温升
	9. 除绕组温升外，温升都是由细丝热电偶（指线径≤0.3mm）确定的，其布置应使其对被检部件的温度影响最小
	10. 用来确定测试角边壁、顶板和底板表面温升的热电偶，要贴附在由铜或黄铜制成的涂黑的小圆片背面，小圆片的直径为 15mm，厚度为 1mm。小圆片的前表面应与胶合板的表面平齐
发热	11. 器具的放置尽可能使热电偶探测到最高温度
	12. 除绕组绝缘温升外，其他电气绝缘的温升是在其绝缘体的表面上来确定，其位置是可能引起下列故障的位置： ① 短路； ② 带电部件与易触及金属部件之间的接触； ③ 跨接绝缘； ④ 爬电距离或电气间隙减少到低于第 29 章的规定值
	13. 绕组的温升通过电阻法来确定，除非绕组是不均匀的，或是难以进行必要的连接，在此情况下，用热电偶法来确定温升 $$\Delta t=\frac{R_2-R_1}{R_1}(k+t_1)-(t_2-t_1)$$
	14. 试验开始时，绕组应处于室温。试验结束时的绕组电阻推荐用以下方法来确定：即在断开开关后和其后几个短的时间间隔，尽可能快地进行几次电阻测量，以便能绘制一条电阻对时间变化的曲线，用其确定开关断开瞬间的电阻值
	15. 附在涂黑小圆盘上的热电偶也用做测量热空气的温升（GB 4706.53—2008）
	16. 电热器具在正常工作状态下以 1.15 倍额定输入功率工作
	17. 电动器具以 0.94 倍和 1.06 倍额定电压之间的最不利电压供电，在正常状态下工作
	18. 联合型器具在正常工作状态下，于 0.94 倍和 1.06 倍额定电压间选对器具最不利的电压工作
	19. 器具工作的时间一直延续至正常使用时那些最不利条件产生所对应的时间
	20. 冲洗组件运行 2min，除非冲洗自动停止。其他坐便器运行至稳定状态为止（GB 4706.53—2008）

发热	21. 试验期间要连续监测温升，温升值不得超过表 3 中所示的值。然而，如果电动机绕组的温升超过表 3 中的规定值，或对有关电动机绝缘的温度分类有疑问，则进行附录 C 的试验。
	22. 保护装置不应动作；密封剂不应流出
	23. 如果通过 24.1.4 规定的循环周期的测试，则允许保护电子电路中的部件动作
	24. 温升不应超过表 1 所示的值（GB 4706.53—2008）
	25. 冲洗组件的出水温度≤45℃（GB 4706.53—2008）
工作温度下的泄漏电流和电气强度	1. 在工作温度下，器具的泄漏电流不应过大，而且其电气强度应满足规定要求
	2. 通过 13.2 和 13.3 的试验确定其是否合格
	3. 器具在正常工作状态下工作一直延续到 11.7 中规定的时间
	4. 电热器具以 1.15 倍额定输入功率供电
	5. 电动器具和组合型器具以 1.06 倍的额定电压供电
	6. 安装说明规定也可使用单相电源的三相器具，将三个电路并联后作为单相器具进行试验
	7. 在进行该试验前断开保护阻抗和无线电干扰滤波器
	8. 泄漏电流通过用 GB/T 12113（idt IEC 60990）中图 4 所描述的电路装置进行测量，测量在电源的任一极与连接金属箔的易触及金属部件之间进行。被连接的金属箔面积不得超过 20cm×10cm，并与绝缘材料的易触及表面相接触。 ① 对单相器具，其测量电路在下述图中给出： 如果是Ⅱ类器具 ，见图 1； 如果是非Ⅱ类器具，见图 2。 将选择开关分别拨到 a，b 的每个位置测量泄漏电流。 ② 对三相器具，其测量电路在下述图中给出： 如果是Ⅱ类器具，见图 3； 如果是非Ⅱ类器具，见图 4a。 对三相器具，将开关 a，b 和 c 拨到闭合位置来测量泄漏电流。然后，将开关 a，b 和 c 依次打开，而其他两个开关仍处于闭合位置再进行重复测量。对只打算进行星形连接的器具，不连接中性线
	9. 器具持续工作至 11.7 规定的时间长度之后，泄漏电流应不超过下述值： ① 对于Ⅱ类电器≤0.25mA ② 对 0 类、0Ⅰ类和Ⅲ类器具≤0.5mA ③ 对Ⅰ类便携式器具≤0.75mA ④ 对Ⅰ类驻立式电动器具，除固定式器具外≤3.5mA ⑤ 对Ⅰ类驻立式电热器具，≤0.75mA 或 0.75mA/kW，两者中选较大值，但是最大为 5mA
	10. 对组合型器具，其总泄漏电流可在对电热器具或电动器具规定的限值内，两者中取较大的，但不能将两个限值相加
	11. 如果器具装有电容器，并带有一个单极开关，则应在此开关处于断开位置的情况下重复测量
	12. 如果器具装有一个在第 11 章试验期间动作的热控制器，则要在控制器断开电路之前的瞬间测量泄漏电流。
	13. 用裸露加热元件加热的器具，使用说明书中规定的电阻值系数的水来进行试验（GB 4706.53—2008）
	14. 泄漏电流从距离冲洗组件喷淋头 10mm 的金属与接地端子之间测量，泄漏电流应不大于 0.25mA

工作温度下的泄漏电流和电气强度	15. 用于此试验的高压电源在其输出电压调整到相应试验电压后,应能在输出端子之间提供一个短电流 I_s。电路的过载释放器对低于跳闸电流 I_r 的任何电流均不动作。不同高压电源的 I_s 和 I_r 值见表 5(GB 4706.53—2008)
	16. 试验电压施加在带电部件和易触及部件之间,非金属部件用金属箔覆盖。对在带电部件和易触及部件之间有中间金属件的 Ⅱ 类结构,要分别跨越基本绝缘和附加绝缘来施加电压
	17. 绝缘的电气强度试验,试验期间不应出现击穿
瞬态过电压	1. 器具应能承受起可能经受的瞬态过电压
	2. 通过对每一个小于表 16 规定值的电气间隙进行脉冲电压试验,确定其是否合格
	3. 脉冲试验电压以不小于 1s 的间隔对每个极性施加 3 次;试验中,不应有闪络出现。但是,当电气间隙短路时,器具符合第 19 章要求,则允许出现功能性绝缘的闪络
耐潮湿	1. 器具外壳按器具分类提供相应的防水等级
	2. 按 15.1.1 和 15.1.2 的规定检查器具的符合性,随后立即经受 16.3 规定的电气强度试验
	3. 绝缘上没有使电气间隙和爬电距离低于 29 章规定值的液体痕迹
	4. 除分类为 IPX0 器具外,器具按下述规定经受 GB 4208(eqv IEC 60529)的试验: ① IPX1 器具,按 13.2.1 规定; ② IPX2 器具,按 13.2.2 规定; ③ IPX3 器具,按 13.2.3 规定; ④ IPX4 器具,按 13.2.4 规定; ⑤ IPX5 器具,按 13.2.5 规定; ⑥ IPX6 器具,按 13.2.6 规定; ⑦ IPX7 器具,按 13.2.7 规定。对该试验,器具浸没在约含 1% 氯化钠(NaCl)的水溶液中
	5. 含有带电部件并装在外部软管内用于将器具连至水源的水阀,要按照 IPX7 类器具经受防水试验
	6. 可能有必要使用 GB 4208—1993 中 14.2.4b 所描述的喷头对坐圈内侧进行试验(GB 4706.53—2008)
	7. 在试验期间要使手持式器具持续转动,并转过最不利位置
	8. 嵌装式器具按使用说明安装就位
	9. 通常在地面或桌面上使用的器具,要放置在一个无孔眼的水平支承台上,支撑台面的直径为二倍摆管减去 15cm
	10. 通常固定在墙壁上的器具和带有插入插座的插脚的器具,按正常使用安装在一块木板的中心。该木板的每边尺寸比器具在木板上的正交投影尺寸超出 15cm±5cm。该木板要放置在摆管的中心位置
	11. 对于 IPX3 类器具,墙壁安装的器具其地面应与摆管的转动轴线在同一水平面上
	12. 对于 IPX4 类器具,器具的水平中心线要与摆管的轴心线一致。但是,对通常在地面上或桌面上使用的器具,摆动范围限制在从垂直算起每侧各 90°,持续时间为 5min,支承物放在摆管摆动轴心线的高度上
	13. 对 IPX4 类器具,摆管沿垂线两边各摆动 90°,持续时间为 5min
	14. X 型连接器具应装有表 13 规定最小横截面积允许的最轻型柔性软线,除带有专门制备软线的器具外
	15. 取下器具上的可拆卸部件,如必要,将取下的可拆卸部件与器具主体一起经受有关的处理。但是,如果使用说明中说明一个部件在用户维护保养时必须取下且需要借助工具才能取下时,则该部件不必取下

耐潮湿	16. 在正常使用中能够承受液体溢出的器具，其结构要能使这种溢出的液体不会影响器具的电气绝缘
	17. 器具应能承受在正常使用中可能出现的潮湿条件
	18. 带有器具输入插口的器具，可将相配用的连接器插装到位，或不插装连接器进行试验，两者中取最不利者
	19. 器具应在原潮湿箱内，或在一个使器具达到规定温度的房间内，把已取下的部件重新组装完毕，随后经受第 16 章试验
泄漏电流和电气强度	1. 器具的泄漏电流不应过大，并且有足够的电气强度要求。通过 16.2 和 16.3 的试验确定其是否合格
	2. 试验前应断开保护阻抗
	3. 使器具处于室温，且不连接电源的情况下进行该试验
	4. 交流试验电压施加在带电部件和连接金属箔的易触及金属部件之间。被连接的金属箔面积不超过 20cm×10cm，它与绝缘材料的易触及表面相接触
	5. 如果所有的控制器在所有各极中有一个断开位置，则上面规定泄漏电流限定的值增加一倍。如果为下述情况，上面规定的泄漏电流限定值也应增加一倍： ① 器具上只有一个热断路器，没有任何其他控制器，或 ② 所有温控器、限温器和能量调节器都没有一个断开位置，或 ③ 器具带有无线电干扰滤波器。在这种情况下，断开滤波器时的泄漏电流应不超过规定的限值
	6. 对组合型器具，总泄漏电流可在对电热器具或对电动器具的限值之内，两者中取较大限值，但不能将二个限值相加
	7. 用裸露加热元件加热水的器具，使用说明书中规定的电阻系数的水来进行试验（GB 4706.53—2008）
	8. 对入口衬套处、软线保护装置处或软线固定装置处的电源软线用金属箔包裹后，在金属箔与易触及金属部件之间施加试验电压，将所有夹紧螺钉用表 14 中规定力矩的三分之二值夹紧。对 0 类和 I 类器具，试验电压为 1250V，对 II 类器具，试验电压为 1750V
	9. 按表 7 进行电气强度试验。试验初始，施加的电压不超过规定电压值的一半，然后平缓地升高到规定值；在试验期间不应出现击穿
变压器及相关电路的过载保护	1. 器具带有由变压器供电的电路时，其结构应使得在正常使用中可能出现短路时，该变压器内或与变压器相关的电路中，不会出现过高的温度
	2. 通过施以正常使用中可能出现的最不利的短路或过载状况，来确定其是否合格。器具供电电压为 1.06 倍或 0.94 倍的额定电压，取两者中较为不利的情况
	3. 安全特低电压电路的导线绝缘温升不应超过表 3 相关规定值 15K
	4. 绕组的温升不应超过表 8 有关规定值，规定值不适用于符合 IEC 61558-1 中 15.5 条规定的无危害式变压器
非正常操作	1. 器具的结构，应可消除非正常或误操作情况下应避免引起火灾危险、有损危险或电击防护的机械损坏
	2. 电子电路的设计和应用，应使其任何一个故障情况都不对器具在有关电击、火灾危险、机械危险或危险性功能失效方面产生不安全
	3. 带有电热元件的器具经受 19.2 和 19.3 的试验；另外，对于带有在第 11 章中起限温作用控制器的该类器具，还应经受 19.4 的试验；适用时要经受 19.5 的试验。带有 PTC 电热元件的器具还应经受 19.6 的试验
	4. 带有电动机的器具，按适用情况经受 19.7～19.10 的试验
	5. 带有电子电路的器具，按适用情况还应经受 19.11 和 19.12 的试验

非正常操作	6. 除非另有规定，否则试验一直持续到一个非自复位热断路器动作，或直到稳定状态建立。如果一个电热元件或一个预置的薄弱零件成为永久性开路，则要在第二个样品上重复有关试验。除非试验以其他方法满意地完成，否则应以同样的方式终止
	7. 除非另有规定，否则每次只允许模拟一种非正常状况进行试验
	8. 除非另有规定，否则按 19.13 的规定检查本章试验结果是否合格
	9. 带有自动控制器的器具，通过 19.101 的试验检验其是否合格（GB 4706.53—2008）
	10. 带电热元件的器具，在第 11 章规定条件下，但要限制其热散发来进行试验，在试验前已确定的电源电压为在正常工作状态下输入功率稳定后提供 0.85 倍额定输入功率所要求的电压。整个试验期间该电压保持不变
	11. 水加热装置时加水或不加水，两者取较不利条件（GB 4706.53—2008）
	12. 带电热元件的器具，在第 11 章规定的条件下，但要限制其热散发来进行试验，在试验前已确定的电源电压为在正常工作状态下输入功率稳定后提供 1.24 倍额定输入功率所要求的电压。整个试验期间该电压保持不变
	13. 器具在第 11 章规定的条件下进行试验，并且任何在第 11 章试验期间用来限制温度的控制器短路
	14. 带有管状外鞘的埋入式电热元件的 I 类和 0 I 类工具而言，要重复 19.4 的试验。但控制器不短路，而电热元件的一端要与其外鞘相连接
	15. 改变器具电源极性，电热元件另一端要与电热元件的外销相连，重复此试验
	16. 打算永久连接到固定布线上和在 19.4 试验期间出现全断开的器具不进行此试验
	17. 带 PTC 电热元件的器具，以额定电压供电，直到有关输出功率和温度的稳定状态建立。然后，将 PTC 电热元件的工作电压增加 5%，并让器具工作直到稳定状态再次建立。电压以类似的方法增加，直到达到 1.5 倍的工作电压，或直到 PTC 电热元件破裂，两者中取先发生的情况
	18. 通过下述手段让器具在停转状态下工作： ① 如果转子堵转转矩小于满载转矩，则锁住转子； ② 其他器具，则锁住运动部件
	19. 带有电动机、并在辅助绕组电路中有电容器的器具，让其在转子堵转，并在每一次断开其中一个电容器的条件下来工作。除非这些电容器符合 GB 3667（idt IEC 60252）中的 P2 级，否则器具在每一次短路其中一个电容器的条件下重复该试验
	20. 对每一次试验，带有定时器或程序控制器的器具都以额定电压供电，供电持续时间等于此定时器或程序控制器所允许的最长时间
	21. 其他器具也以额定电压供电，供电持续时间分别为： A. 对下述器具为 30s： ① 手持式器具； ② 必须用手或者脚保持开关接通的器具； ③ 由手连续施加负载的器具； B. 对在有人看管下工作的器具，为 5min； C. 对其他器具，为直至稳定状态建立所需的时间
	22. 试验期间，绕组的温度不应超过表 8 中所示的限值
	23. 装有三相电动机的器具，断开其中的一相，然后对器具施加额定电压，在正常工作状态下，工作持续到 19.7 中规定的时间

非正常操作	24. 装有串激电动机的器具，以 1.3 倍的额定电压供电，以可能达到的最低负载来工作，并持续 1min。试验期间，部件不应从器具上弹出
	25. 装有打算遥控、自动控制或有持续工作倾向的电动机的器具，进行过载运转试验。在该试验期间，绕组温升不应超过下述规定的值。 ① 对 A 级绕组绝缘：140℃； ② 对 E 级绕组绝缘：155℃； ③ 对 B 级绕组绝缘：165℃； ④ 对 F 级绕组绝缘：180℃； ⑤ 对 H 级绕组绝缘：200℃； ⑥ 对 200 级绕组绝缘：220℃； ⑦ 对 220 级绕组绝缘：240℃； ⑧ 对 250 级绕组绝缘：270℃
	26. 除非符合 19.11.1 规定的条件，否则通过对所有电路或电路上的某一部分进行 19.11.2 规定的故障情况评估来确定电子电路是否合格
	27. 带保护性电子电路的器具经受 19.11.3 和 19.11.4 的试验
	28. 带有一个通过电子断开获得断开位置的开关的器具或者带有处于待机状态开关的器具，经受 19.11.4 的试验
	29. 如果器具在任何故障条件下的安全取决于一个符合 GB 9364（idt IEC 60127）的微型熔断器的动作，则进行 19.12 的试验
	30. 在每一次试验期间和之后，绕组温度不应超过表 8 中的规定值。但是，这些限值不适用于符合 IEC 61558-1 中 15.5 规定的无危害式变压器。器具应符合 19.13 中规定的条件。任何流过保护阻抗的电流，都不应超过 8.1.4 中规定的限值
	31. 如果印刷电路板的导线变为开路，只要同时满足下述三个条件，该器具可被认为已经受住了该特殊试验： ① 印刷电路板的基材，经受住附录 E 的试验； ② 任何导线的松脱，都不使带电部件和易触及金属部件之间的爬电距离或电气间隙减小到低于第 29 章规定的值； ③ 器具在开路导线桥接的情况下，经受住 19.11.2 的试验
	32. 19.11.2 中规定的故障情况 a）～f）故障设置，不施加到同时满足下述两个条件的电路或电路中的零件上： ① 电子电路为下述的低功率电路，即按规定进行试验，在低功率点的最大功率不超过 15W； ② 在器具其他部分中，对电击、火灾危险、机械危险或危险性功能失常的保护，不依赖于此电子电路的正常工作
	33. 要考虑下列故障情况，而且如有必要，要每次施加一个故障，并考虑随之发生的间接故障。 a）如果电气间隙和爬电距离小于第 29 章中的规定值，则功能性绝缘短路； b）任何元件接线端处开路； c）电容器的短路，符合 GB/T14472 的电容器除外； d）非集成电子元件的任何两个接线端处短路。该故障情况不施加在光耦合器的两个电路之间； e）三端双向可控硅开关元件以二极管方式失效； f）集成电路失效。要考虑集成电路故障条件下所有可能的输出信号。如果能表明不可能产生一个特殊的信号，则其有关的故障可不考虑

非正常操作	34. 器具以额定电压供电，并且将一个已调到其最大电阻值的可变电阻器连接在被调查点和电源的异性极之间。然后减小电阻值，直到该电阻器消耗的功率达到最大值，在第 5s 终了时，供给该电阻器的最大功率不超过 15W 的最靠近电源的那些点，被称之为低功率点。距电源比低功率点远的那一部分电路被认为是一个低功率电路。 低功率电路的示例如图 6 所示。
	35. 如果电路不能用其他方法评估，故障情况 f) 施加到封装的和类似的元件
	36. 正温度系数电阻器如果在制造商规定范围内使用，则不短路。但是，PTC-S 热敏电阻要被短路，符合 GB/T 7153（idt IEC 60738-1）的除外。另外，通过连接低功率点与低功率测量的电源极，实现每个低功率电路的短路
	37. 为模拟故障情况，器具要在第 11 章规定的条件下工作，但以额定电压供电。 当模拟任何一个故障情况时，试验持续的时间为： ① 如果故障不能由使用者识别，例如温度的变化，则按 11.7 的规定，但仅持续一个工作循环。 ② 如果故障能被使用者识别，例如食品加工器具的电动机停转，则按 19.7 的规定。 ③ 对与电网持续连接的电路，例如待机电路，应直到稳定状态建立。 在每种情况下，如果器具内部发生非自复位断电，则结束试验
	38. 如果器具装有使器具符合第 19 章要求的保护电子电路，则按 19.11.2 中 a）～f）的要求，相关试验以模拟单一故障的方式重复进行。
	39. 带有一个通过电子断开获得断开位置的开关的器具或者带有处于待机状态开关的器具，要进行 19.11.4.1～19.11.4.7 的试验。该试验在器具的额定电压下进行，开关被设置在断开位置或待机状态
	40. 装有保护电子电路的器具进行 19.11.4.1～19.11.4.7 的试验。在第 19 章相关的试验中，保护电子电路动作后进行除 19.2、19.6 及 19.11.3 以外的试验。但是，在 19.7 的试验中运行了 30s 或 5min 的器具，则不进行有关电磁现象的试验。本试验在防浪涌装置断开的条件下进行，除非其内置电火花控制装置
	41. 器具依据 GB/T 17626.2 进行静电放电试验，4 级试验适用。对每个预先选定的点进行 10 次正极的放电和 10 次负极的放电试验
	42. 器具依据 GB/T 17626.3 在辐射区进行试验，3 级测试适用（注：每个频率的驻留时间要足够长，以观察保护电子电路可能的故障）
	43. 器具依据 GB/T 17626.4 进行瞬时脉冲试验。3 级测试适用于信号与控制线。4 级测试适用于电源线。脉冲应用于正极、负极各 2min
	44. 器具依据 GB/T 17626.5 进行电压浪涌试验。在选定点上进行 5 个正脉冲，5 个负脉冲试验。3 级测试适用于线对线的祸合方式，使用电源阻抗 2Ω 的发生器。4 级测试适用于线对地的耦合方式，使用电源阻抗 12Ω 的发生器。Ⅰ类器具中接地的电热元件在试验中断开。如果器具装有带电火花控制装置的防浪涌装置，试验在 95% 的闪络电压下重复
	45. 器具依据 GB/T 17626.（idt IEC 61000-4-6）注入电流，3 级测试适用。通过这项试验要覆盖到 0.15～80MHz 的所有频率
	46. 器具依据 GB/T 17626.11（idt IEC 61000-4-11）进行电压暂降与短时中断的试验。GB/T 17626.11（idt IEC 61000-4-11）表 1 的规定试验时间适用于不同试验级别，电压暂降与短时中断在电压过零点施加
	47. 器具应经受符合 IEC 61000-4-13 要求的电源信号试验，2 级测试水平适用

非正常 操作	48. 在出现 19.11.2 中规定的任何故障时，如果器具的安全依赖于一个符合 GB 9364.1 的微型熔断器的动作，则要用一个电流表替换微型熔断器后，重复进行试验；如果测得电流： ① 不超过熔断器额定电流的 2.1 倍，不认为此电路被充分保护的，然后要在熔断器短接的情况下进行该项试验； ② 至少为熔断器额定电流的 2.75 倍，则认为此电路是被充分保护的； ③ 在熔断器额定电流的 2.1 倍和 2.75 倍之间，则要将此熔断器短接并进行试验，试验持续时间：对速动熔断器：为一相应时间或 30min，两者中取时间较短者。对延时型熔断器：为一相应时间或 2min，两者中取时间较短者
	49. 在试验期间，器具不应喷射出火焰、熔融金属、达到危险量的有毒气体或可点燃的气体；且气温不应超过表 9 中的规定值。试验后，当器具冷却到大约为室温时，外壳变形应符合第 8 章的要求，而且如果器具还能工作，它应符合 20.2 的规定
	50. 温升不应超过表 2 中的值。冲洗组件的出水温度不应超过 65℃（GB 4706.53—2008）
	51. 除Ⅲ类器具外的绝缘冷却到大约为室温，应经受 16.3 的电气强度试验，但是，其试验电压按表 4 的规定进行设定：（注：在电气强度试验之前，不进行 15.3 规定的潮湿处理） ——对基本绝缘 1000V ——对附加绝缘 1750V ——对加强绝缘 3000V
	52. 如果器具仍然是可运行的，器具不应经历过危险性功能失效，并且保护电子电路应不得失效
	53. 对在正常使用中浸入或充灌可导电性液体的器具，在进行电气强度试验之前，器具浸入水中，或用水充灌，并保持 24h
	54. 被测器具处于电子开关"断开"位置或处于待机状态时，不应变得可运行
	55. 器具以额定电压供电并在正常工作状态下运行，能够预料的任何故障状态，每次试验只出现一种故障（GB 4706.53—2008）
稳定性和 机械危险	1. 除固定式器具和手持式器具以外，打算用在例如地面或桌面等一个表面上的器具，应具有足够的稳定性
	2. 带有门的器具，以门打开或关闭的状态进行该试验，两者取较为不利的情况
	3. 打算在正常使用中由用户充灌液体的器具，要在空的状态，或充灌最不利的水量，直到使用说明规定容量的状态，进行试验。器具不应翻倒
	4. 带电热元件的器具，要在倾斜角增大到 15°的状态下，重复该试验。如果器具在一个或多个方位上翻倒，则它要在每一个翻倒的状态经受第 11 章的试验。在该试验期间，温升不应超过表 9 所示的值
	5. 器具的运动部件的放置或封盖，应在正常使用中对人身伤害提供充分的防护，应尽可能兼顾器具的使用和工作
	6. 防护性外壳、防护罩和类似部件，应是不可拆卸部件，并且应有足够的机械强度
	7. 自复位热断路器和过流保护装置意外地再次接通，不应引起危险
	8. 通过视检，21.1 的试验以及用一个类似于 IEC 61032 中的 B 型试验探棒施加一个不超过 5N 的力，确定其是否合格。但该试验探棒具有一个直径为 50mm 的圆形限位板，以替代原来的非圆形限位板。 对带有那些诸如改变皮带张力那样的可移动装置的器具，要在将这些装置调到它们可调范围内最不利的位置上进行试验探棒试验。必要时，将皮带取下。试验探棒应不能触及危险的运动部件

机械强度	1. 器具应具有足够的机械强度，并且其结构应承受住在正常使用时可能会出现的粗鲁对待和处置。用弹簧冲击器依据 IEC 60068-2-75 的 Ehb 对器具进行冲击试验，确定其是否合格
	2. 器具被刚性支撑，在器具外壳每个可能的薄弱点上用 0.5J 的冲击能量冲击三次。有需要，对手柄、操作杆、旋钮和类似零件以及对信号灯和它的外罩可施加冲击试验，当这些灯或灯罩凸出器具壳外缘超过 10mm 或它们的表面积超过 4cm² 时，对其进行冲击试验。器具内的灯和它的罩盖在正常使用中可能被损坏时，才进行试验。试验后，器具应显示出没有本标准意义内的损坏，尤其是对 8.1、15.1 和第 29 章的符合程度不应受到损害。有疑问，附加绝缘或加强绝缘要经受 16.3 的电气强度试验
	3. 如果怀疑一个缺陷是由先前施加的冲击所造成的，则忽略该缺陷，接着在一个新样品的同一部位上施加三次为一组的冲击，新样品应能承受该试验
	4. 通过 21.101 和 21.102 中的试验确定是否合格（GB 4706.53—2008）
	5. 固体绝缘的易触及部件，应有足够的强度防止锋利工具的刺穿。如果附加绝缘厚度不少于 1mm，并且加强绝缘厚度不少于 2mm，不进行该试验。试验后，绝缘应经受住 16.3 的电气强度试验。
	6. 打开机体的坐盖，对用垂直坐垫的坐便器将 1500N 的力平稳地施加在坐便器的坐垫上 10min（GB 4706.53—2008）
	7. 盖上机体的坐垫，重复试验。然后将 250N 的力按照平行于铰链方向施加在机体的坐盖或坐垫的前边缘上，缓慢地抬起，放下机体的坐盖或者坐垫试验进行 5 次（GB 4706.53—2008）
	8. 抬起机体的坐盖或坐垫，将 250N 的力按照垂直其平面方向的前边缘施加 1min（GB 4706.53—2008）
	9. 器具不应出现不符合 8.1、15.1、16.3 及 27.5 要求的损坏（GB 4706.53—2008）
	10. 排泄物箱注满水后，把器具放置于室温约 −15.0℃ 的环境中，当水完全冻冰时，开始加热直至冰融化为止，试验进行 3 次。器具不应出现不符合 8.1、15.1、16.3 及 27.5 要求的损坏（GB 4706.53—2008）
结构	1. 如果器具标有 IP 代码的第一特征数字，应满足 GB4208（eqvIEC60529）的相关要求
	2. 对于驻立式器具，应提供确保与电源全极端开的手段。这类手段应是下述之一： ① 带插头的一条电源软线； ② 符合 24.3 的一个开关； ③ 一个器具输入插口； ④ 在使用说明书指出，提供一种在固定布线中断开的装置
	3. Ⅰ类器具应不带有输入插口（GB 4706.53—2008）
	4. 如果一个打算与固定布线做永久连接的单相Ⅰ类器具，装有一个打算用来将电热元件从电源上断开的单极开关或单极保护装置，则其应与相线相连
	5. 为直接插入输出插座而提供插脚的器具，不应对插座施加过量的应力。夹持插脚的装置应能够承受在正常使用中插脚可能受到的力的作用。通过将此器具插脚按正常使用插入到一个不带接地触点的插座来确定其是否合格
	6. 用于加热液体的器具和引起过度振动的器具不应提供直接插入输出插座用的插脚
	7. 打算通过一个插头来与电源连接的器具，其结构应能使其在正常使用中当触碰该插头的插脚时，不会因有充过电的电容器而引起的电击危险。各插脚间的电压不超过 34V

结构	8. 器具的结构，应使其电气绝缘不受到在冷表面上可能凝结的水或从容器、软管、接头和器具的类似部分可泄漏出的液体的影响。如果软管破裂，或密封泄漏，Ⅱ类器具和Ⅱ类结构的电气绝缘不应受影响。此试验之后，视检应显示出在绕组或绝缘处没有能导致其爬电距离降低到低于 29.2 中规定值的液体痕迹
	9. 在正常使用中装有液体或气体的器具或带有蒸汽发生器的器具，应对过高压力危险有足够的安全防护措施
	10. 对带有一个不借助于工具就可以触及到的而且在正常使用中要被清洗的隔间的器具，其电气连接的布置应使其连接在清洗过程中不受到拉力
	11. 器具的结构应使得诸如绝缘、内部布线、绕组、整流子或滑环之类的部件不会与油、油脂或类似的物质相接触，除非这些物质已具有足够的绝缘性能，以不损害符合本部分
	12. 应不可能通过器具内自动开关装置的动作来复位电压保持型非复位热断路器。非自复位电机热保护器应具有自动脱扣功能，除非它们是电压保持型的。非自复位控制器的复位钮，如果其以外复位能引起危险，则应放置或防护使得不可能发生意外复位
	13. 对防止接触带电部件，防水或防止接触运动部件的不可拆卸零件，应以可靠的方式固定，且应承受住在正常使用中出现的机械应力。用于固定这类零件的钩扣搭锁，应有一个明显的锁定位置。在安装或保养期间可能被取下的零件上使用的钩扣搭锁装置，其固定性能应不劣化
	14. 手柄、旋钮、把手、操纵杆和类似的部件，如果松动可引起危险的话，则应以可靠的方式固定，以使它们在正常使用中不出现工作松动。用来指示开关或类似元件挡位的手柄、旋钮和类似件，如果其位置的错误可能引起危险的话，则应不可能将其固定在错误位置上
	15. 手柄有这样的结构，以使其在正常使用中被抓握时，操作者的手不可能碰触到那些温升超过表 3 对在正常使用中仅短时握持手柄所规定的值的零件
	16. 除非是为了使器具具有某种功能而设置必不可少的粗糙或锐利的棱边，在器具上不应有会对用户正常使用和维护保养造成伤害的此类锐边
	17. 柔性软线的贮线钩或类似物应平整和圆滑
	18. 自动卷线器不应导致： ① 严重刮伤或损坏柔性软线护套； ② 多股导线断股； ③ 严重刮伤或损坏接触处。 试验后，视检软线和卷线盘，在有疑问时，软线要经受 16.3 的电气强度试验，试验电压为 1000V，试验电压施加在被事先连接为一体的软线导体和包裹在软线外表面上的金属箔之间
	19. 打算防止器具与过热墙壁距离过近而设置的限距部件应被固定，以使其不可能以徒手、螺丝刀或扳手从器具的外面将其拆除
	20. 如果锈蚀能够导致载流部件和其他金属零件发生危险的话，在正常使用情况下这些部件应能耐受腐蚀
	21. 除非在结构上能够防止不恰当地更换传送带，否则不应利用其提供所需要的绝缘等级
	22. 应有效防止带电部件与绝热材料的直接接触，除非这种材料是耐腐蚀、耐潮湿并且不可燃烧的
	23. 木材、棉花、丝、普通纸以及类似的纤维和吸湿材料，除非经过浸漆，否则不应作为绝缘材料使用

	24. 石棉不应在器具的结构中使用
	25. 含多氯联苯的油类（PCB），不应使用在器具之中
	26. 器具不应带有置于排泄物箱中的裸露加热元件（GB 4706.53—2008）
	27. 除了Ⅲ类器具以外，其他各类器具的结构应使下垂的电热导线不能与易触及的金属部件接触
	28. 带有Ⅲ类结构的器具，其结构应使在安全特低电压下工作的部件与其他带电部件之间的绝缘，符合双重绝缘或加强绝缘的要求
	29. 应采用双重绝缘或加强绝缘将由保护阻抗连接的各个部件隔开
	30. 正常使用时与燃气装置或水源装置相连接的Ⅱ类器具中，其与燃气管道或水接触的具有导电性的金属部件，都应采用双重绝缘或加强绝缘与带电部件隔开
	31. 打算永久性连接到固定布线的Ⅱ类器具，其结构应能在器具安装就位后仍能保持规定的防触及带电部分保护等级
	32. 起附加绝缘或加强绝缘作用，并且在维护保养后重新组装时可能被遗漏掉的Ⅱ类结构的部件应： ① 以使不严重地破坏就不能将它们取下的方式进行固定，或 ② 其结构应使它们不能被更换到一个错误的位置上，而且使得如果它们被遗漏，器具便无法工作，或是明显的不完整
结构	33. 在附加绝缘和加强绝缘材料表面上的爬电距离和电气间隙，不应由于材料的磨损而减少到低于第 29 章中规定的值。如果任何的电线、螺钉、螺母或弹簧变松或从原位置上脱落，带电部件和易触及金属部件之间的爬电距离和电气间隙都不应减小到低于第 29 章中对附加绝缘的规定值 （注：本要求的目的： ① 只考虑器具使用的正常位置； ② 不认为两个独立的固定装置将同时变松； ③ 由带锁紧垫圈的螺钉或螺母来固定部件，只要这些螺钉或螺母在更换电源软线或其他维护保养期间，不要求取下，则认为其部件是不容易变松动的； ④ 用钎焊法连接的电线不认为是被充分固定了的，除非电线用与钎焊无关的其他方法被夹持在接线端子附近； ⑤ 连接在接线端子上的电线，不认为其是充分可靠地固定的，除非在接线端子附近提供另外的夹紧固定装置，以便在多芯绞线的情况下，该装置同时夹紧绝缘层和导线； ⑥ 刚性短线，如果在接线端子螺钉松动时它们仍保持在位，则不被认为是易从接线端子上松脱的。）
	34. 附加绝缘和加强绝缘的结构或防护措施，应使器具内部各个部件磨损而产生的污染积聚，不会使其爬电距离或电气间隙减小到低于第 29 章中规定的值
	35. 作为附加绝缘来使用的各个天然或合成橡胶部件，应是耐老化的，或是其被放置的位置和设计的尺寸能够在即使出现裂纹的情况下，也不会使爬电距离减小到低于 29.2 规定的值
	36. 未紧密烧结的陶瓷材料、类似材料或单独的绝缘珠，不应作为附加绝缘或加强绝缘使用
	37. 在正常使用中易触及的或可能成为易触及的导电性液体，不应与带电部件直接接触。电极不应用于加热液体。对Ⅱ类结构，在正常使用中易触及的或可能成为易触及的导电性液体不应与基本绝缘或加强绝缘直接接触。对Ⅱ类结构，与带电部件接触的液体不应与加强绝缘直接接触
	38. 液体可以与裸露加热元件直接接触，电极可以用来加热液体（GB 4706.53—2008）
	39. 操作旋钮、手柄、操纵杆和类似零件的轴不应带电，除非将轴上的零件取下后，轴是不易触及的。通过视检，并通过取下轴上的零件，甚至借助于工具取下这些零件后，用 8.1 规定的试验探棒确定其是否合格

结构	40. 非Ⅲ类结构，在正常作用中握持或操作的手柄、操作杆和旋钮即使绝缘失效，也不应带电，如果这些手柄、操作杆和旋钮是金属制成的，并且它们的轴或固定装置在绝缘失效的情况下可能带电，则应该用绝缘材料充分覆盖这些部件，或用附件绝缘将易触及部分与它们的轴杆或固定装置隔开
	41. 非Ⅲ类器具，在正常使用中用手连续握持的手柄，其结构应使操作者的手在正常使用时，不可能与金属部件接触，除非这些金属部件是用双重绝缘或加强绝缘与带电部件隔开
	42. 对Ⅱ类工具，电容器不应与易触及的金属部件连接，如果其外壳是金属的话，则应采用附加绝缘与易触及金属部件隔开。对符合 22.42 中规定的保护阻抗要求的电容器，本要求不适用
	43. 电容器不应连接在一个热断路器的对应两触头之间
	44. 灯座应只用于灯头的连接
	45. 打算在工作时移动的电动器具和组合式器具，或带有易触及的运动部件的器具，应装有一个控制电动机的开关。开关的执行单位应清晰可见且易触及
	46. 除了灯以外，器具不应带有含汞的元件
	47. 保护阻抗应至少由两个单独的元件构成，这些元件的阻抗在器具的寿命期间内不可能有明显的改变。如果这些元件中的任何一个出现短路或开路，则 8.1.4 中规定的值不应被超过
	48. （注：符合 GB 8898（epv IEC 60065）的 14.1a）的电阻和符合 GB/T 14472（idt IEC 60384-14）的 Y 级电容器认为是足够稳定的阻抗元件）
	49. 能调节适用不同电压的器具，其结构应使调定位置不可能发生意外的变动
	50. 器具外壳的形状和装饰，不应使器具容易被孩子当作玩具
	51. 当空气用作加强绝缘时，器具的结构应保证外壳在受外力作用而变形时，电气间隙不应减小到低于 29.1.3 的规定值
	52. 在保护电子电路中使用的软件，应为 B 级或 C 级软件
	53. 打算连接到水源的器具，应能经受住正常使用中的水压。试验后任何部件都不应出现泄漏，包括任何进水软管（水箱负压形成虹服）
	54. 打算连接到水源的器具，其结构应能防止倒虹吸现象导致非饮用水进入水源
	55. 坐便器应为固定式器具（GB 4706.53—2008）
	56. 与皮肤接触且支持身体的金属部件在正常使用时不应接地（GB 4706.53—2008）
	57. 器具的结构应使用带电部件从暴露的排泄物中得到保护（GB 4706.53—2008）
	58. 真空坐便器的结构应使得其不能冲水，除非盖住坐便器坐盖时（GB 4706.53—2008）
内部布线	1. 布线通路应光滑，而且无锐利棱边。布线的保护应使它们不与那些可引起绝缘损坏的毛刺、冷却翅片或类似的棱缘接触。有绝缘导线穿过的金属孔洞，应有平整、圆滑的表面或带有绝缘套管。应有效地防止布线与运动部件接触
	2. 带电导线上的绝缘珠和类似的陶瓷绝缘子应被固定或支撑，以使它们不能改变位置或搁在锐利的角棱上。如果绝缘珠是在柔性的金属导管内，除非该导管在正常使用时不能移动，否则就应被装在一个绝缘套内
	3. 在正常使用或在用户维护保养中能彼此相互移动的器具不同零件，不应对电气连接和内部导线（包括提供接地连续性的导线）造成过分的应力。柔性金属管不应引起其内所容纳导线的绝缘损坏。开式盘簧不能用来保护导线。如果用一个簧圈相互接触的盘簧来保护导线，则在此导线的绝缘以外，还要另加上一个合适的绝缘衬层［注 1：符合 GB 5023.1（idt IEC 60227）或 GB 5013.1（idt IEC 60245）的柔性软线护套，被认为是具有足够的绝缘衬层］

内部布线	4. 器具不应出现本部分意义上的损坏，而且器具应能继续使用。特别是布线和它们的连接应经受16.3 的电气强度试验，但其试验电压要降到1000V，而且试验电压仅施加在带电部件和易触及金属部件之间
	5. 加热坐垫弯曲次数为 50000 次（GB 4706.53—2008）
	6. 裸露的内部布线应是刚性的而且应被固定，以使得在正常使用中，爬电距离和电气间隙不能减小到低于第 29 章的规定值
	7. 内部布线的绝缘应能经受住正常使用中可能出现的电气应力
	8. 当套管作为内部布线的附加绝缘来使用时，它应采用可靠的方式保持在位
	9. 黄/绿双色线只用于接地导线
	10. 铝线不能用作内部布线
	11. 多股绞线在其承受接触压力之处，不应使用铅-锡焊将其焊在一起，除非夹紧装置的结构使得此处不会出现由于焊剂的冷流变而产生不良接触的危险
	12. 与连接器和水源的外部软管组合的电动控制水阀的内部布线，其绝缘和护套至少应与轻型聚氯乙烯护套软线相当（GB 5023.3 的 52 号线）
	13. 工作在安全特低电压排泄物箱中内部的支持部件，应不轻于普通的聚氯乙烯护套软线（软线按照 GB 5023.1 中的 53 号线设计）（GB 4706.53—2008）
元件	1. 只要是在元件合理应用的条件下，应符合相关的国家标准或 IEC 标准中规定的安全要求
	2. 除非各个元件已经过预先的试验，并且已经确认它们符合相关的国家标准或 IEC 标准的循环次数要求，否则，这些元件应经受 24.1.1~24.1.6 的测试。没有被单独试验过，并未认定符合相关国家标准或 IEC 标准的元件，没有标识或没有按其标识使用的元件，均应在器具实际运行情况下进行试验，被试样品的数量按相关的标准要求。如果元件没有相应的 IEC 标准，则不要求进行附加的其他试验
	3. 可能永久的承受电源电压，并且用于无线电干扰抑制或分压的电容器的相关标准是 GB/T 14472，如要测试，则按附录 F 进行
	4. 安全隔离变压器的相关标准是 IEC 61558-2-6，如要测试，则按附录 G 进行
	5. 开关的相关标准是 IEC 61058-1，按 IEC 61058-1 的 7.1.1 规定的工作循环次数至少为 10000 次
	6. 自动控制器应符合 IEC 60730-1 和对应的特殊要求，工作循环次数为： ——温控器：10000 ——限温器：1000 ——自复位热断路器：300 ——电压保持型非自复位热断路器 1000 ——其他非自复位热断路器：30 ——定时器 3000 ——能量控制器 10000
	7. 如果必须要对自动控制器进行测试，其试验应按照 IEC 60730-1 中的 11.3.5~11.3.8 以及第 17 章中对 I 型控制器的要求进行试验
	8. 电动机热保护器与其电动机一起在附录 D 规定的条件下进行试验
	9. 含有带电部件、并与连接器和水源的外部软管组合的电动控制水阀，其外壳的防水等级应符合 IEC 60730-2-8 中 6.5.2 的 IPX7 的要求
	10. 器具耦合器应符合 GB 17465.1，但器具防水等级高于 IPX0 的器具耦合器应符合 IEC 60320-2-3。
	11. 类似 E10 灯座的小型灯座的相关标准是 GB 17935（idt IEC 60238），对 E10 灯座的要求适用。但是，如果灯头已经符合了 GB 1406（eqv IEC 60061-1）中现行有效的规格表 7004-22 的要求，则不要求灯座上必须装好带有这种灯头的灯

元件	12. 器具不应装有： ① 在柔性软线上开关或自动控制器； ② 如果器具出现故障，引起固定布线中保护装置动作的装置； ③ 通过钎焊操作能复位的热断路器
	13. 打算保证驻立式器具全极断开的开关，按22.2的要求，应直接连接到电源接线端子，并且所有极的触点开距在Ⅲ类过电压类别条件下提供全断开
	14. 用于特低电压回路的插头和插座以及作为电热元件端接装置的插头和插座，应不能与GB 1002，GB 1003，IEC 60083，IEC 60906-1中列出的插头和插座或符合GB 17465.1（epv IEC 60320-1）标准表列出的连接器和器具输入插口互换
	15. 在电动机辅助绕组中的电容器，应标出其额定电压和额定容量，并且应按其标识值使用。通过视检和相应的测量确定其是否合格。另外，需要确认的是：对于与电动机绕组串联的电容器，当器具在最小负载，以1.1倍的额定电压供电时，跨越电容器的电压不超过电容器额定电压的1.1倍
	16. 与电网电源直接连接并且具有的基本绝缘对器具的额定电压来说不够充分的电动机的工作电压不应超过42V。另外，这些电动机应符合附录Ⅰ的要求
	17. 用于连接器具到水源的软管装置，应符合IEC 61770，它们应与器具一同交付
	18. 符合19.4或19.101的要求，安装在器具上的热断路器应是非自复位的（GB 4706.53—2008）
电源线连接和外部软线	1. 不打算永久连接到固定布线的器具，应对其提供有下述的电源连接之一： ① 装有一个插头的电源软线； ② 至少与器具要求的防水等级相同的器具输入插口； ③ 用来插入到输出插座的插脚
	2. 适用于多种电源的非驻立式器具，不应装有多于一个的电源连接装置。适用于多种电源的驻立式器具，只要有关的电路之间具有足够的绝缘，可以装设多个电源连接装置
	3. 打算永久性连接到固定布线的器具，应允许将器具与支撑架固定在一起以后再进行电源线的连接，并且这类器具上应具有下述的电源连接装置之一： ① 连接标称截面积符合26.6规定的固定布线电缆的一组接线端子； ② 连接柔性软线的一组接线端子； ③ 容纳在适合的隔间内的一组电源引线； ④ 连接适当类型的软缆或导管的一组接线端子和软缆入口、导管入口、预留的现场成型孔或压盖
	4. 用裸露加热元件加热水的器具应只能是永久连接到固定布线上的（GB 4706.53—2008）
	5. 对于打算连接到固定布线且额定电流不超过16A的器具，其导管或软缆入口应能容纳总直径为表10中规定值的导管或软缆。导管或软缆的入口不会影响对电击的防护，或使电气间隙和爬电距离减小到低于29章的规定值
	6. 电源软线应通过下述方法之一连接到器具上： ① X型连接； ② Y型连接； ③ Z型连接（如果相应的特殊要求中允许的话）。 不用专门软线的X型连接，不应用于扁平双芯金属箔线
	7. 插头均不应装有多于一根的柔性软线
	8. 电源软线不应轻于以下规格： ① 编织的软线（IEC 60245的51号线） ② 普通硬橡胶护套的软线（IEC 60245的53号线） ③ 普通氯丁橡胶护套的软线（IEC 60245的57号线） ④ 扁平双芯金属箔软线（IEC 60227的41号线） ⑤ 质量不超过3kg的器具，轻型聚氯乙烯护套软线（IEC 60227的52号线） ⑥ 质量超过3kg的器具，普通聚氯乙烯护套软线（IEC 60227的53号线）

电源线连接和外部软线	9. 聚氯乙烯护套软线，不应使用于在第 11 章试验期间其外部金属部件的温升超过 75k 的器具。但如果为下述情况，则可以使用： ① 器具的结构使得电源软线在正常使用中不可能触及上述那些金属部件； ② 电源软线是适合于高温的，在这种情况下，应使用 Y 型连接或 Z 型连接方式
	10. 电源软线的导线，应具有不小于表 11 中所示的标称横截面积
	11. 电源软线不应与器具的尖点或锐边接触
	12. Ⅰ 类工具的电源线必须带有一根绿/黄芯线，它连接在器具的接地端子和插头的接地触点之间
	13. 电源软线的导线受到接触压力的部位，不应通过铅-焊锡将其合股加固，除非夹紧装置使其不因焊剂的冷流变而存在不良接触的危险
	14. 在将软线模压到外壳的局部时，该电源软线的绝缘不应被损坏
	15. 电源软线入口的结构应使电源软线护套能在没有损坏危险的情况下穿入。除非软线进入开口处的外壳是绝缘材料制成的，否则应提供符合 29.3 附加绝缘要求的不可拆卸衬套或不可拆卸套管。如果电源软线无护套，则要求在该部位设有类似的附加衬套或套管，除非为 0 类器具
	16. 工作时需要移动，带有一根电源软线工作时移动的器具，其结构应是软线在它进入器具时，具有防止过分弯曲的足够保护。 该试验不应导致： ① 导线之间的短路； ② 任何一根多股导线中的纹线丝断裂超过 10%； ③ 导线从它的接线端子上脱开； ④ 导线保护装置的松开； ⑤ 本部分要求所认定的软线或软线防护装置的损坏； ⑥ 断裂的绞线穿透绝缘层并且成为易触及的导电体
	17. 带有电源线的器具，以及打算用柔性软线永久连接到固定布线的器具，应有软线固定装置，软线固定装置应使导线在接线端处免受拉力和扭矩，并保护导线的绝缘免受磨损。应不可能将软线推入器具，以至于损坏软线或器具内部部件的情况。在此试验期间，软线不应损坏，并且在各个接线端子处不应有明显的张力。再次施加拉力时，软线的纵向位移不应超过 2mm
	18. 对 X 型联接而言，软线固定装置应设计成或设置得： ① 易于更换软线； ② 能够清晰地显示出是如何减轻软线承受的张力和防止扭曲的； ③ 除非电源软线是专门制备的，否则这些软线固定装置应适用于它们能够连接的各种不同类型的电源软线； ④ 如果软线固定装置的夹紧螺钉是易触及的，则软线不能触及到此螺钉，除非夹紧螺钉与易触及的金属部件是用附加绝缘隔开的； ⑤ 不允许使用金属螺钉直接将软线压紧； ⑥ 至少软线固定装置的一个零件被可靠地固定在器具上，除非它是专门制备软线的一部分； ⑦ 在更换软线时必须要被松开的螺钉，不能用来固定其他元件； ⑧ 如果迷宫式软线固定装置能够被放弃不用的话，则仍然要经受 25.15 的试验； ⑨ 对 0 类、0Ⅰ 类和 Ⅰ 类器具，除非软线绝缘的失效不会使易触及金属部件带电，否则他们均应由绝缘材料制造，或带有绝缘衬层； ⑩ 对 Ⅱ 类工具而言，它们应由绝缘材料制成，或者：如果是金属的，则要用附加绝缘将这些软线固定装置与易触及金属零件隔开
	19. 对 Y 型连接和 Z 型连接，其软线固定装置应是能胜任其功能的
	20. 软线固定装置的放置，应使它们只能借助于工具才能触及到，或者其结构只能借助于工具才能把软线装配上

电源线连接和外部软线	21. 对 X 型连接，压盖不应作为便携式器具的软线固定装置来使用。将软线打成一个结，或者是用绳子将软线拴住的方法都是不允许的
	22. 对 Y 型连接和 Z 型连接的 0 类、0 Ⅰ 类和 Ⅰ 类器具，其电源软线的绝缘导线应使用基本绝缘与易触及金属零件之间再次隔开。对 Ⅱ 类器具，则应使用附加绝缘隔开。这种绝缘可以用电源软线的护套，或其他方法来提供
	23. 为进行 X 型连接所提供电源软线的连接用空间，或为连接固定布线用的空间，其结构应： ① 在装盖章之前能够检查电源导线或他们的绝缘造成损坏； ② 使得任何盖罩的装配都不会对导线或它们的绝缘造成损坏； ③ 便携式器具，一根导线的无绝缘端头从接线端子内脱出，也不可能与易触及的金属零件接触
	24. 器具输入插口： ① 其所处的位置和封装应使带电部件在连接器插入或拔出期间，都是不易触及的； ② 其所处位置应使连接器能无困难的插入； ③ 其位置在插入连接器后，器具以正常使用的任何状态放在平面上，器具应不被此连接器支撑 ④ 如果器具外部金属部件的温升，在第 11 章试验期间超过了 75K，则不应使用适用于低温条件下的器具输入插口，除非电源线在正常使用中不可能与此类金属部件接触
	25. 互连软线应符合电源软线的要求，以下除外： ① 互连软线的导线截面积，根据第 11 章试验期间此导线流过的最大电流来确定，而不是根据器具的额定电流来确定。 ② 如果导线的电压小于额定电压，则此导线绝缘厚度可以减小
	26. 如果互连软线断开时，其对本部分的符合程度受到损害，则互联软线不借助于工具应无法拆下
	27. 插入输出插座的器具的插脚的尺寸应与输出插座的尺寸一致。插脚的尺寸和啮合面应与 GB 1002 或 GB 1003 或 IEC 60083 中列出的相应尺寸一致
外部导线用接线端子	1. 器具应提供接线端子或等效装置来进行外部导线的连接。该接线端子仅在取下一个不可拆卸的盖子后才可被触及。然而，如果接地端子需要工作进行连接，并且提供了独立于导线连接的夹紧装置，则它可以是已触及的
	2. 除了那些带有特殊制备软线的器具外，X 型连接的器具和连接到固定布线的器具应提供通过螺钉、螺母或类似装置的手段来连接的接线端子，除非这种连接是通过钎焊来完成的
	3. 如果使用了钎焊连接，导线的定位或固定的可靠性不得单一地依赖于钎焊。然而，如果有挡板，即使导线从焊接点脱开，也不会使带电部件和其他金属部件之间的爬电距离和电气间隙减少到小于附加绝缘的规定值，则也可单一使用钎焊
	4. 螺钉和螺母不应用于固定任何其他元件，但如果内部导线的设置使得其在装配电源导线时不可能移位，则也可以用来夹紧内部导线
	5. X 型连接的接线端子和连接固定布线用的接线端子，其结构应使其具有足够的接触压力把导线夹紧在金属表面之间，而不损伤导线。 接线端子应被固定以使其在夹紧装置被拧紧或松开时： ① 接线端子不松动； ② 内部布线不受到应力； ③ 爬电距离和电气间隙不减小到低于第 29 章中规定的值
	6. 除具有专门制备软线的 X 型连接的接线端子外，其余 X 型连接的接线端子和连接到固定布线的接线端子不应要求导线的专门制备。这些接线端子的结构或放置应使得导线在拧紧夹紧螺钉或螺母时，不能滑出

外部导线用接线端子	7. X型连接的接线端子，其位置和防护应使得：如果在装配导线时，有多股绞线的一根导线丝滑出，不应与其他部件存在导致伤害的意外连接的危险
	8. X型连接的接线端子和连接到固定布线的接线端子，应允许具有表13所示标称横截面积的导线连接。然而，如果使用了专门制备软线，则此接线端子只需适合于该种软线的连接
	9. X型连接的接线端子，在盖子或外壳的一个部分取下后，应是易触及的
	10. 用于连接固定布线的接线端子，包括接地端子，其位置应彼此靠近
	11. 柱形接线端子的结构和被装设的位置，应使引入到孔中的导线端头是可见的，或是导线端头穿过螺纹孔的距离等于螺钉标称直径的一半，但至少为 2.5mm
	12. 用螺钉夹紧的接线端子和无螺钉接线端子，不应用于扁形双芯箔线的连接，除非这种箔线的端头装有一个适合与螺钉接线端子一起使用的装置
	13. 带 Y 型连接或 Z 型连接的器具，可以使用钎焊、熔焊、压接或类似的连接方法来进行外部导线的连接。对 Ⅰ 类器具，导线定位或固定的可靠性不得单一地依赖于钎焊、压接或熔焊。然而，如果有挡板，即使导线从钎焊、熔解焊或熔焊的结合点上脱开，或是从压接的连接处滑出，也不能使带电部件与其他金属部件之间的爬电距离和电气间隙减小到低于附加绝缘的规定值，则也可以单一地使用钎焊、熔焊或压接的方法来连接
接地措施	1. 万一绝缘失效可能带电的0Ⅰ类和Ⅰ类器具的易触及金属部件，应永久可靠地连接到器具内的一个接地端子，或器具输入插口的接地触点。 2. 接地端子和接地触点不应连接到中性接线端子。 3. 0类、Ⅱ类和Ⅲ类器具，不应有接地措施。 4. 除非是保护特低电压电路，否则安全特低电压电路不应接地 （注1：如果易触及金属部件，用连接到接地端子或接地触点的金属部件，将其与带电部件屏蔽开，则不认为万一绝缘失效它们可能带电。）
	5. 用裸露加热元件加热水的Ⅰ类器具，水可以进出的金属管，或水流过的金属部件应永久可靠接地（GB 4706.53—2008）
	6. 接地端子的夹紧装置应充分牢靠，以防止意外松动
	7. 用于连接外部等电位导线的接线端子，应允许连接从 2.5～6mm² 的标称横截面面积的导线，并且不应用来提供器具不同部件的接地连续性。不借助工具的帮助不能松开这些导线
	8. 如果带有接地连接的可拆卸部件插入到器具的另一部分中，其接地连接应在载流连接之前完成，当拔出部件时，接地连接应在载流连接断开之后断开
	9. 带电源软线的器具，其接线端子或软线固定装置与接地端子之间导线长度的设置，应使得如果软线从软线固定装置中滑出，载流导线在接地导线之前先绷紧
	10. 打算连接外部导线的接地端子，所有零件不应与接地导线的铜接触，或与其他金属接触而引起腐蚀危险
	11. 用来提供接地连续性的部件，应是具有足够耐腐蚀的金属，但金属框架或外壳部件除外。如果这些部件是钢制的，则应在本体表面上提供厚度至少为 5μm 的电镀层
	12. 对仅打算用来提供或传递接触压力的带镀层或不带镀层的钢制件，应是充分防锈的
	13. 如果接地端子的主体是铝或铝合金制造的框架或外壳的一部分，应采取预防措施来避免由于铜和铝或铝合金的接触而引起的腐蚀危险
	14. 接地端子或接地触点与接地金属部件之间的连接，应具有低电阻值。如果在保护特低电压电路里，其基本绝缘的电气间隙是基于器具的额定电压而规定的，那么本要求不适用于在保护特低电压电路里提供接地连续性的连接装置

接地措施	15. 在器具的接地端子或器具输入插口的接地触点与易触及金属部件之间测量电压降。电阻不超过 0.1Ω
	16. 手持式器具中印刷电路板上的印刷线路不应用来提供接地连续性。如果符合以下条件，则可以在其他器具中提供接地连续性： ① 至少存在具有独立焊点的两条线路，并且对于每个电路器具应满足 27.5 的要求； ② 印刷电路板的材料符合 IEC 60249-2-4 或 IEC 60249-2-5 的规定
螺钉与连接	1. 失效可能会影响符合本部分的紧固装置、电气连接和提供接地连续性的连接，应能承受在正常使用中出现的机械应力。用于此目的的螺钉，不能由像锌或铝那些软的，或易于蠕变的金属制造。如果它们是用绝缘材料制成的，则应由至少为 3mm 的标称直径，而且不应用于任何电气连接和提供接地连续性的连接
	2. 如果这些螺钉用金属螺钉置换能损害附加绝缘或加强绝缘，则这些螺钉不能用绝缘材料制造。在更换具有 X 型连接的电源软线时或用户维护保养时可取下的螺钉，如果它们用金属螺钉置换能损害基本绝缘，则其应不用绝缘材料制造
	3. 如有下述情况，要对螺钉和螺母进行测试： ① 用于电气连接； ② 用于接地件连续连接，除非至少使用了两个螺钉或螺母； ③ 可能被紧固：在用户维护保养期间；在替换 X 型连接的电源软线期间；在器具安装期间。 不应出现影响此紧固装置或电气连接继续使用的损坏
	4. 电气连接和提供接地连续性的连接的结构，应使接触压力不通过那些易于收缩或变形的绝缘材料来传递，除非金属零件有足够的回弹力能补偿绝缘材料任何可能的收缩的变形。 本要求不适用于电路中载流不超过 0.5A 的电气连接装置
	5. 如果宽螺距（金属板）螺钉是将载流部件夹紧在一起的，则其仅用于电气连接。如果自攻螺钉能形成一个完全标准的机械螺纹，则其仅用于电气连接。这种螺钉如果可能由用户或安装者操作，除非其螺纹是挤压成型的，否则不应使用。只要在正常使用中不需要改变连接，并且在每个连接处至少使用两个螺钉，则自攻螺钉和宽螺距螺钉可以来用来提供接地连续性的连接
	6. 在器具的不同部件之间进行机械连接的螺钉和螺母，如果它们也进行电气连接，或提供接地连续性连接，则应可靠固定，防止松动。用于电气连接或提供接地连续性连接的铆钉，如果这些连接在正常使用中承受扭力，则应可靠固定以防止松动
电气间隙、爬电距离和固体绝缘	1. 器具的结构应使电气间隙、爬电距离和固体绝缘足够承受器具可能经受的电气应力
	2. 如果在印刷电路板上使用涂层保护微观环境（A 类涂层）或提供基本绝缘（B 类涂层），附录 J 适用。使用 A 类涂层的微观环境中，1 级污染沉积。使用 B 类涂层，则对电气间隙与爬电距离不做要求
	3. 考虑到表 15 中过电压类别的额定脉冲电压，电气间隙应不小于表 16 中的规定值，除非基本绝缘与功能绝缘的电气间隙满足第 14 章的脉冲电压试验。但如果结构中距离受磨损、变形、部件运动或装配影响时，则额定脉冲电压为 1500V 或更高时所对应的电气间隙要增加 0.5mm，并且脉冲电压试验不适用
	4. 在微观环境为 3 级污染沉积或在 0 类与 0 I 类器具的基本绝缘上，脉冲电压试验不适用
	5. 器具属于 II 类过电压类别
	6. 基本绝缘的电气间隙应足以承受正常使用期间出现的过电压，应考虑额定脉冲电压。表 16 的值是适用的
	7. 如果微环境为 1 级污染，管状外销电热元件端子的电气间隙可以减小到 1.0mm
	8. 绕组漆包线导线被假定位裸露导线

电气间隙、爬电距离和固体绝缘	9. 附加绝缘的电气间隙应不小于表 16 对基本绝缘的规定值
	10. 加强绝缘的电气间隙不应小于表 16 对基本绝缘的规定值，但用下一个更高级的额定脉冲电压值作为基准
	11. 对于功能性绝缘，表 16 的值是适用的。但如该功能性绝缘被短路时器具仍符合第 19 章要求，则不规定其电气间隙。绕组漆包线导体，作为裸露导体考虑，不需要测量在漆包线交叉点上的电气间隙
	12. PTC 电热元件表面之间的电气间隙可减少至 1mm
	13. 对于工作电压高于额定电压的器具，或存在谐振电压，用于确定表 16 电气间隙的电压应是额定脉冲电压与工作电压峰值和额定电压峰值之差的和
	14. 如果降压变压器的次级绕组接地，或在初级与次级绕组间有接地屏蔽层，次级端基本绝缘的电气间隙应不小于表 16 的规定值，但使用下一个更低的额定脉冲电压值作为基准
	15. 对于供电电压低于额定电压的电路，功能性绝缘的电气间隙基于其工作电压，该工作电压在表 15 中是作为额定电压使用的
	16. 器具的结构应使其爬电距离不小于与其工作电压相应的值，并考虑其材料组和污染等级
	17. 适用 2 级污染，除非： ① 采取了预防措施保护绝缘，此时适用 1 级污染； ② 绝缘经受导电性污染，此时适用 3 级污染
	18. 微观环境是 3 级污染，除非绝缘在封套内或位于器具正常使用时不可能被暴露在污染的环境中（GB 4706.53—2008）
	19. 基本绝缘的爬电距离不应小于表 17 的规定值
	20. 除了 1 级污染外，如果第 14 章的试验用来检查特殊的电气间隙，相应的爬电距离应不小于表 16 规定的电气间隙的最小尺寸
	21. 附加绝缘的爬电距离至少为表 17 对基本绝缘的规定值
	22. 加强绝缘的爬电距离至少为表 17 对基本绝缘的规定值的两倍
	23. 功能性绝缘的爬电距离应不小于表 18 的规定值。但如该功能性绝缘被短路时器具仍符合第 19 章要求，爬电距离可减小
	24. 附加绝缘与加强绝缘应有足够的厚度，或足够的层数，以经受器具在使用中可能出现的电气应力
	25. 绝缘应具备的最低厚度 ① 附加绝缘为 1mm； ② 加强绝缘为 2mm
	26. 每一层材料都应进行 16.3 针对附加绝缘的电气强度试验。附加绝缘至少应由两层材料组成，加强绝缘至少有 3 层
	27. 绝缘要依据 GB/T 2423.2（idt IEC 60068-2-2）的 Bb 试验进行 48h 的干热试验，温度为第 19 章所进行的试验中测量到的最大温升值加上 50K。在试验周期最后，在该试验温度下器具进行 16.3 的电气强度试验，并且冷却至室温后，也应进行 16.3 的电气强度试验。如果在第 19 章的试验中所测到的温升没有超过表 3 的规定值，则不进行 GB/T 2423.2（idt IEC 60068-2-2）的试验
耐热和耐燃	1. 对于非金属材料制成的外部零件，用来支撑带电部件（包括连接）的绝缘材料以及提供附加绝缘或加强绝缘的热塑材料零件，其恶化可导致器具不符合本标准，应充分耐热。本要求不适用于软线或内部布线的绝缘或护套
	2. 根据 IEC 60695-10-2 进行球压试验。该试验在烘箱内进行，烘箱温度为 40℃±2℃加上第 11 章试验期间确定的最大温升，但该温度应至少： ①对外部零件，75℃或 40℃加 11 章试验期间的最大温升两者中取大值，试验温度℃： ②对支撑带电部件的零件，125℃或 40℃加 11 章试验期间的最大温升两者中取大值，试验温度℃

耐热和耐燃	3. 对提供附加绝缘或加强绝缘的热塑材料零件，该试验在（25±2）℃加上第19章试验期间确定的最高温升的温度下进行（如果此值是较高的话）。只要19.4的试验是通过非自复位保护装置的动作而终止的，并且必须取下盖子或使用工具去复位它，则不考虑其19.4的温升
	4. 非金属材料零件，对点燃和火焰蔓延应是具有抵抗力的。本要求不适用于装饰物、旋钮以及不可能被点燃或不可能传播由器具内部产生火焰的其他零件
	5. 该试验在器具上取下的非金属材料部件上进行。当进行灼热丝试验时，它们按正常使用时的方位放置
	6. 非金属材料部件承受 GB/T 5169.11（idt IEC 60695-2-11）的灼热丝试验，在550℃的温度下进行
	7. 在试样不厚于相关部件的情况下，根据 GB/T 5169.16（idt IEC 60695-11-10），材料类别至少为 HB40 的部件不进行灼热丝试验
	8. 对于不能进行灼热丝试验的部件，例如由软材料或发泡材料做成的，应符合 ISO 9772 对 HBF 类材料的规定，该试样不厚于相关部件
	9. 对有人照管下工作的器具，支撑载流连接件的绝缘材料部件，以及这些连接件 3mm 距离内的绝缘材料部件，经受 GB/T 5169.11（idt IEC 60695-2-11）的灼热丝试验，在如下条件下进行： ① 对于正常工作期间其载流超过 0.5A 的连接件，750℃； ② 其他连接件，650℃
	10. 该试验不适用于： ① 支撑熔焊连接件的部件； ② 支撑 19.11.1 所述低功率电路中的连接件的部件； ③ 印刷电路板的焊接连接件； ④ 印刷电路板上小元件的连接件； ⑤ 距这些连接处 3mm 内的部件； ⑥ 手持式器具； ⑦ 必须用手或脚保持通电的器具； ⑧ 持续用手加载的器具
	11. 工作时无人照管的器具按 30.2.3.1 和 30.2.3.2 的规定进行试验。但该试验不适用于： ① 支撑熔焊连接件的部件； ② 支撑 19.11.1 所述低功率电路中的连接件的部件； ③ 印刷电路板的焊接连接件； ④ 印刷电路板上小元件的连接件； ⑤ 距这些连接处 3mm 内的部件
	12. 灼热丝燃烧指数不适用于加热水的裸露加热元件（GB 4706.53—2008）
	13. 支撑正常工作期间载流超过 0.2A 的连接件的绝缘材料部件，以及距这些连接处 3mm 范围内的绝缘材料，其灼热丝的燃烧指数［按 GB/T 5169.12（idt IEC 60695-2-12）］至少为 850℃，该试样厚于相关部件
	14. 支撑载流连接的绝缘材料部件，以及距这些连接处 3mm 范围内的绝缘材料部件，经受 GB/T 5169.11（idt IEC 60695-2-11）灼热丝试验。但是，按 GB/T 5169.13（idt IEC 60695-2-13）其材料类别的灼热丝至少达到下列起燃温度值的部件，不进行灼热丝试验： ① 对于正常工作期间载流超过 0.2A 的连接处，775℃； ② 按其他连接件，675℃

耐热和耐燃	15. 进行 GB/T5169.11 的灼热丝试验，温度如下： ① 对于正常工作期间载流超过 0.2A 的连接处，750℃； ② 加热水的裸露加热元件，按其他连接件，650℃。 试验期间产生的火焰持续时间不超过 2s
	16. 可经受 GB/T 5169.11 灼热丝试验，但在试验期间产生的火焰超过 2s 的部件，进行下述附件试验。该连接件上方 20mm 直径，50mm 高的圆柱范围内的部件，进行附录 E 的针焰试验。用符合针焰试验的隔离挡板屏蔽起来的部件不需进行试验。 在试样不厚于相关部件的情况下，材料类别按 GB/T 5169.16 为 V-0 或 V-1 的部件不进行针焰试验
	17. 加热水的裸露加热元件，灼热丝试验按其他连接件的要求进行（GB 4706.53—2008）
	18. 对于印刷电路板的基材，进行附录 E 的针焰试验。将印刷电路板按照正常使用时的方位进行放置，火焰施加于板上正常使用定位时散热效果最差的边缘
	19. 试验不进行于： ① 19.11.1 所述低功率电路的印刷电路板。 ② 下列情况内的印刷电路板： a. 防火或防火星的金属外壳； b. 手持式器具。 c. 必须用手或脚保持通电的器具； d. 连续用手加载的器具 ③ 在试样不厚于印刷电路板的情况下，按 GB/T 5169.16（idt IEC 60695-11-10）类别为 V-0 或 V-1 的材料
	20. 坐垫不应使用易燃材料（GB 4706.53—2008）
	21. 经受附录 E 非金属材料的针焰试验确定是否合格（GB 4706.53—2008）
	22. 材料属于 GB/T 5169.16 中 V-0 类，不用进行试验，提供的试验样不应厚于相应部件（GB 4706.53—2008）
防锈	1. 有关的铁制零件应有足够的防锈能力
	2. 通过 GB/T 2423.18 的烟雾试验确定是否合格。按严酷等级 2 进行（GB 4706.53—2008）
	3. 试验后，器具不应有不符合本部分要求的损坏，尤其是第 8 章和第 27 章应符合标准要求。涂层不应破裂，并且不应从金属表面脱落（GB 4706.53—2008）
辐射、毒性和类似危险	1. 器具不应放出有害的射线，或出现毒性或类似的危险

2. 舒适性能

舒适性能是智能坐便器区别于普通马桶的核心竞争力，直接关系到消费者的体验感。重点项目为喷嘴伸出和回收时间、水温响应特性、水温稳定性、清洗力、暖风、坐圈温度，其中中国内有关舒适性能的差异体现为：①《智能坐便器》（T/CBMF 15—2019）比《卫生洁具　智能坐便器》（GB/T 34549—2017）及《家用和类似用途电坐便器便座》（GB/T 23131—2019）的水温响应特性要求更高，升温更加迅速；②《智能坐便器》（T/CBMF 15—2019）要求的水温稳定性、暖风温度范围、坐圈温度范围比国标及其他团体标准要求的更高、温度波动更小。技术要求和检测方法对比如表 3-6 和表 3-7 所示。

表 3-6 舒适性能技术要求对比

检测项目名称	《卫生洁具 智能坐便器》(GB/T 34549—2017)	《家用和类似用途电坐便器座》(GB/T 23131—2019)	《智能坐便器》(T/CBMF 15—2019)	《坐便洁身器》(JG/T 285—2010)	《智能坐便器能效水效限定值及能效等级》(GB 38448—2019)
喷嘴伸出和回收时间	伸出时间≤8s 回收时间≤10s	—	伸出时间≤8s 回收时间≤10s	—	符合明示标准要求
水温响应特性	水温最高挡时，水接触到人体的温度≥30℃，水接触到人体后3s内≥35℃	清洗水温到达35℃≤3s	清洗水温到达35℃≤1s	—	符合明示标准要求
水温稳定性	最高挡水温：35~42℃ 储热式：30s内水温下降幅度≤5℃; 即热式：30s内偏差±2℃	整个清洗周期水温波动值在5K（开尔文）以内	清洗水的温度：35~42℃ 储热式：达到最高温度起，30s内水温下降≤3℃; 即热式：60s内水温波动均值偏差为±2℃	出水温度：30~45℃ 30s内的变化值≤5℃	最高挡水温：35~42℃
清洗力	臀部清洗受力>0.06N; 清洗面积>80mm²	清洁率≥90%	清洗力>0.06N; 清洗面积≥80mm²	冲水30s后，试验板上无污物残留	符合明示标准要求
喷头自洁	经自洁试验，喷头前端1/4墨线应被清洗干净，无任何墨线残留	—	经自洁试验，喷头前端1/4墨线应被清洗干净，无任何墨线残留	—	经试验，喷头前端1/4墨线应被清洗干净，无任何墨线残留
暖风	试验点温升15~40℃ 期间最高风温≤65℃ 出风量≥0.2m³/min	吹风出口最高风温≤65℃ 出风量≥0.2m³/min	测试点温升25~40℃ 最高风温≤65℃ 出风量≥0.2m³/min	风温≤65℃ 暖风口的风速≤4m/s	符合明示标准要求
吹风噪声	—	噪声≤68dB		工作噪声≤55dB	符合明示标准要求
坐圈温度	测试点的温度35~42℃	各测试点温度均≤45℃; 坐圈各测量值与平均温度值之差≤5K	所有测试点的各自温度平均值≤42℃ 且目最大值≤41℃	测试温度30~45℃ 各测试点的温度之差≤5℃	所有测试点的温度 30~42℃

表3-7　舒适性能技术测试方法对比

检测项目	《卫生洁具　智能坐便器》(GB/T 34549—2017)	《家用和类似用途电坐便器便座》(GB/T 23131—2019)	《智能坐便器》(T/CBMF 15—2019)	《坐便洁身器》(JG/T 285—2010)	《智能坐便器能效水效限定值及等级》(GB 38448—2019)
喷嘴伸出和回收时间	用计时器，分别测得臀洗和妇洗模式下，喷嘴伸出和回收的时间。臀洗和妇洗模式各测量3次，取6次平均值	—	与《卫生洁具　智能坐便器》(GB/T 34549—2017) 一致	—	符合明示标准要求
水温响应特性	温度和流量最大档，通电30min后，进水温度（5±1）℃，用多点温度测量记录仪，测量记录坐便器平面位置清洗水温度-时间曲线图，计算清洗水到达温度35℃的时间	将温度传感器沿喷嘴出水方向，距喷嘴出水口10mm处放置，记录清洗水流接触温度传感器发生温度突变至水温达到35℃的时间	进水温度（15±1）℃，选择臀部使用多点温度测量记录仪测试，其他与《卫生洁具　智能坐便器》(GB/T 34549—2017) 一致	—	符合明示标准要求
水温稳定性	温度设为最高档，通电30min后。 储热式： 进水温度为（5±1）℃，流量最大档，多点温度测量记录仪，从开始出水记录平面位置的清洗水温-时间曲线。 即热式： 分别在以下条件下，使用多点温度测量记录仪，从出水后的3s测量记录最大档的清洗水温-时间曲线： a) 流量最大档，进水温度（5±1）℃； b) 流量最大档，进水温度（25±1）℃； c) 流量最小档，进水温度（5±1）℃； d) 流量最小档，进水温度（25±1）℃。	在标准运行模式下，将温度传感器沿喷嘴出水方向，距喷嘴出水口10mm处放置，测量整个清洗周期温度值。清洗周期初始5s的清洗水温忽略不计	选择臀部清洗模式： 储热式： 进水温度为（15±1）℃； 即热式： 进入落座状态90s后测试，其他与《卫生洁具　智能坐便器》(GB/T 34549—2017) 一致	将温度调节装置定位在最高档，水势调节定位在最高档，洁身器在正常工作状态下通电运行稳定以后，启动冲洗程序喷水30s的时间，用热电偶温度计在距喷嘴出口50mm处测量冲洗水的温度。喷水开始时的5s内不测，在随后持续的时间内内平均完成3次测试	储热式： 进水温度为（15±1）℃； 即热式： 保持进水温度为（15±1）℃；智能坐便器与《卫生洁具》(GB/T 34549—2017) 一致

续表

检测项目	《卫生洁具 智能坐便器》(GB/T 34549—2017)	《家用和类似用途电坐便器便座》(GB/T 23131—2019)	《智能坐便器》(T/CBMF 15—2019)	《坐便洁身器》(JG/T 285—2010)	《智能坐便器能效水效限定值及等级》(GB 38448—2019)
清洗力	臀部和温度调节为最大清洗模式，吐水30s后，测得任意2s内清洗力的最大值。排除过高的情况的10个数据点，选择符合受力峰值情况的10个数据点，取其平均值作为清洗力最大值	—	用精确度不低于0.01N，取值频度每秒不低于100次的单点压力测试装置；其他与《卫生洁具 智能坐便器》(GB/T 34549—2017)一致	将洁身器的水势调节装置定位在最高档，把代用污物（如约5g新鲜土豆泥）均匀涂在试验板的水砂纸上，将试验板平放在坐便圈上，然后启动冲洗按钮，测冲洗水流对准污物冲洗30s的时间	符合明示标准要求
暖风	暖风温度试验步骤：a) 暖风设置最高温度模式，吹风3min后开始测定，试验点在离外罩前端的50mm处，用热电偶温度计试验30s；b) 热电温度计安装在直径为15mm，厚度为1mm的用铜或黄铜制成的被涂成黑色圆板上。圆板与吹风吹出方向垂直；c) 热点温度计圆板平面与暖风吹出方向垂直；d) 暖风出口如带有防止污水或杂物进入的挡板，应带有挡板进行试验	试验环境温度（23±2）℃。试验步骤：a) 将吹风量和温度设置到最大挡，热电偶安装在直径为15mm，厚度为1mm的用铜制成的圆板上。圆板被涂成黑色。圆板与吹风出口方向垂直；b) 测量平面定位在离外罩前端口、沿出风口向直方向50mm处的位置。测量时应确认测量最高点；c) 启动吹风模式30s后开始测量，在150s内持续测量各点温度，采样频率不低于1次/s，取温度最高值	测试环境温度：（23±2）℃；测试步骤：a) 将暖风设置在最高温度模式，吹风3min后测试距暖风出口50mm处的风温，去除前30s的数据；b) 热电温度计安装在直径为15mm，厚度为1mm的用铜或黄铜制成的被涂成黑色的圆板上；c) 装配热点温度计圆板平面与暖风吹出方向垂直；d) 暖风出口如带有防止污水或杂物进入的挡板时，应带有挡板进行试验	将温度调节装置定位在最高档，洁身器在正常工作状态下通电运行，暖风装置每启动一次持续3min。用热电偶温度计在距风口50mm处测量暖风温度。在吹风开始时5s内不测，随后持续的时间内均匀完成3次测试	符合明示标准要求

续表

检测项目	《卫生洁具 智能坐便器》（GB/T 34549—2017）	《家用和类似用途电坐便器便座》（GB/T 23131—2019）	《智能坐便器》（T/CBMF 15—2019）	《坐便洁身器》（JG/T 285—2010）	《智能坐便器能效水效限定值及等级》（GB 38448—2019）
坐圈温度	将智能坐便器坐圈加热干温度置最高模式，接通电源，15min后用热电温度计按标准图 8 所示的温度测定坐圈温度。每个点含电容接触感应区域测定坐圈温度（不包含电容接触感应区域）。每个点隔 2min 测量 1次，共测量 5 次，取 5 次算术平均值	坐圈表面温度（23±2）℃；着座感应装置不能导通。步骤：a) 在与人体接触的坐圈区域内，用热电偶测试坐圈区域表面的 10 个测点，如标准图 6 所示；b) 打开便盖，将电坐圈加热档位置于温度最高模式，启动坐圈加热功能，放置 30min 后，每隔 2min 测量一次，共测 5 次，测量10 个测点的温度	与《智能坐便器能效水效限定值及等级》（GB 38448—2019）一致	将温度调节装置定位在最高档，在正常工作状态下通电运行 30min 后，用热电偶温度计测量图 1 所示坐圈表面的 6 个温度测定点温度，测量在5min 内平均完成，测量时便器盖应为打开状态	测试环境温度：（23±2）℃，着座感应装置不能导通。步骤：a) 按坐圈示意图布置热电偶，点分布示意图布置热电偶，使用尺寸 10mm×10mm 的铝箔胶带覆盖热电偶；b) 铝箔胶带与热电偶应紧密贴合，中间不得有气泡，胶带中心为热电偶顶端点，且除铝箔胶带覆盖外的热电偶导线应立离开坐圈表面；c) 将智能坐便器加热装置干温度最高模式，接通电源，打开便盖，非坐座情况下，启动坐圈加热功能，保持无风环境，d) 15min 后测定图 A1 所示的温度感应区域（不包含电容接触感应区域）坐圈温度，每个点隔 2min 测量 1次，共测量 5 次，取 5 次算术平均值计为该测试点的坐圈温度

3. 节能性能

节能性能是衡量产品在具备洗净能力的同时消耗的能源多少，直接关系到消费者的使用成本，包括水、电两项能耗。重点项目为清洗水流量、清洗水量、整机能耗及坐便器用水量，其中国内标准有关节能性能的差异体现为：①《智能坐便器》（T/CBMF 15—2019）对比国标及其他团体标准，考虑到目前智能坐便器行业的发展情况，清洗水流量、整机能耗不再是仅一个限定值，而是以评级方式划分三个梯度，引导和激励了智能坐便器行业的技术改良发展，并有助于消费者评优选择；②在我国水效办法实施后，坐便器用水量以水效标准规定为准，目前最新执行的标准为《智能坐便器能效水效限定值及等级》（GB 38448—2019）。相关检测方法如表 3-8～表 3-10 所示。

表 3-8　节能性能技术技术要求对比

	节能性能（清洗水流量、清洗水量、整机能耗）技术要求对比				
标准条款	《卫生洁具　智能坐便器》（GB/T 34549—2017）	《家用和类似用途电坐便器便座》（GB/T 23131—2019）	《智能坐便器》（T/CBMF 15—2019）	《坐便洁身器》（JG/T 285—2010）	《智能坐便器能效水效限定值及等级》（GB 38448—2019）
清洗水流量	≥200mL/min	≥明示值的95%	a）一级：200mL/min≤Q<650mL/min； b）二级：650mL/min≤Q<850mL/min； c）三级：Q≥850mL/min	—	符合明示标准要求
清洗水量	≤500mL（节水型）	—	≤500mL（节水型）	≥350mL/min	1级≤0.30L； 2级≤0.50L； 3级≤0.70L
整机能耗	≤0.120kW·h	带吹风≤0.060kW·h 无吹风≤0.055kW·h	能耗一类：≤0.040 能耗二类：>0.040，≤0.050 能耗三类：>0.050，≤0.060 能耗四类：>0.060，≤0.070 能耗五类：>0.070 （单位：kW·h）		带坐圈加热： 1级≤0.030 2级≤0.040 3级≤0.060 不带坐圈加热： 1级≤0.010 2级≤0.020 3级≤0.030
	节能性能（便器用水量）技术要求对比				
标准条款	《卫生洁具　智能坐便器》（GB/T 34549—2017）	《智能坐便器能效水效限定值及等级》（GB 38448—2019）	《坐便器水效限定值及水效等级》（GB 25502—2017）	《卫生陶瓷》（GB/T 6952—2015）	
坐便器用水量（L）	普通型≤6.4；节水型≤5.0	平均用水量（L）： 1级：≤4.0 2级：≤5.0 3级：≤6.4 双冲全冲用水量（L）： 1级：≤4.0 2级：≤5.0 3级：≤6.4	平均用水量（L）： 1级：≤4.0 2级：≤5.0 3级：≤6.4 双冲全冲用水量（L）： 1级：≤4.0 2级：≤5.0 3级：≤6.4	普通型≤6.4；节水型≤5.0	
	普通型：全冲水用水量最大限定值（V_0）≤8.0L 节水型：全冲水用水量最大限定值（V_0）≤6.0L	双冲坐便器的半冲平均用水量≤其全冲用水量最大限定值的70%	双冲坐便器的半冲平均用水量≤其全冲用水量最大限定值的70%	双冲坐便器的半冲平均用水量≤其全冲用水量最大限定值的70%； 普通型：全冲水用水量最大限定值（V_0）≤8.0L； 节水型：全冲水用水量最大限定值（V_0）≤6.0L	

表3-9 节能性能（清洗水流量、清洗水量、整机能耗）测试方法对比

标准条款	《卫生洁具 智能坐便器》（GB/T 34549—2017）	《家用和类似用途电坐便器（便座）》（GB/T 23131—2019）	《智能坐便器》（T—CBMF 15—2019）	《坐便洁身器》（JG/T 285—2010）	《智能坐便器能效水效限定值及等级》（GB 38448—2019）
清洗水流量	选择臀部清洗和妇洗最大冲洗模式，用计时器和水量计量装置，分别测量 1min 的水量，臀部清洗和妇洗各测量 3 次，取 6 次的平均值	按使用说明规定：选择最大流量清洗模式，用容器（如图 1 所示）收集清洗用水 60s，称量并计算流量（水密度按 1g/mL）。取 3 次算术平均值，作为最大清洗流量 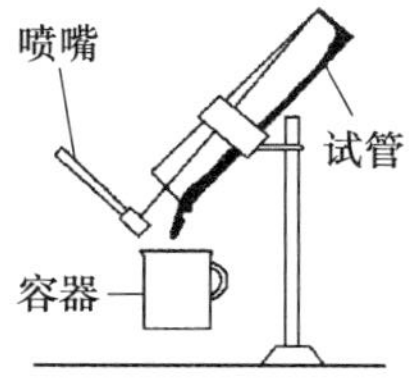 喷嘴　试管　容器 图1 水量收集示意图	与《卫生洁具 智能坐便器》（GB/T 34549—2017）一致 不足 1min 的折算成 1min 的水量	—	符合明示标准要求
清洗水量	开启正常清洗动作 1 次、选择臀部清洗和妇洗最大冲洗模式，测量包括清洗喷嘴及喷水杆在内全过程使用水量，臀部清洗和妇洗各测量 3 次，取 6 次的平均值	—	与《智能坐便器能效水效限定值及等级》（GB 38448—2019）一致	将水势调节装置定位在最高档，启动洁身器的冲洗程序，喷水 30s 的时间后，测定肛门冲洗和女性局部洗身的水量	调节臀洗和妇洗至最大冲洗模式，正常运行 1 次后，进行试验。测定用水量：清洗喷嘴及洗净水杆在内的用水量，记录从按压洗净按钮开始到清洗动作结束并复位全过程的用水量；全过程包括清洗前清洗、接触清洗、喷水后洗净以及其他方式在清洗阶段排出的水。其中接触清洗阶段的臀洗和妇洗测试同为 30s。臀洗和妇洗清洗测试时间 3 次，取 6 次的平均值 说明： 1—便器上面； 2—收集盘

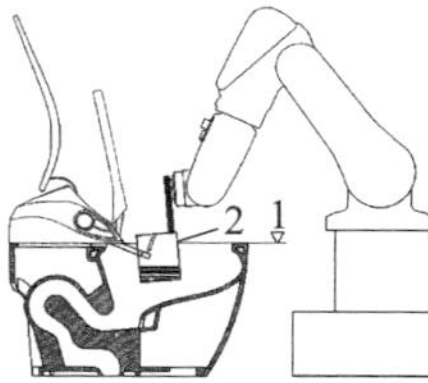

续表

标准条款	《卫生洁具 智能坐便器》(GB/T 34549—2017)	《家用和类似用途电坐便器便座》(GB/T 23131—2019)	《智能坐便器》(T—CBMF 15—2019)	《坐便洁身器》(JG/T 285—2010)	《智能坐便器能效能水效限定值及等级》(GB 38448—2019)
整机能耗	用电工仪表精确度等级为0.5级，测量时同用仪表精确度不低于0.5%，环境温度要求为(15±1)℃，进水温度为(15±1)℃，选择坐圈温度最高挡，冲洗水温度最高挡和臀部冲洗最大清洗模式	试验环境温度要求：(23±2)℃。电便座首次试验前在实验室环境中放置24h，每次试验环境温度下运行，电便座处于试验环境温度。电便座在标准运行模式下运行，测量整个过程的用电量	用于试验的电工仪表精确度等级为0.5级，测量时同用仪表精确度不低于0.5%，测量温度的仪器仪表精确度要求不低于(15±2)℃，实验室空气流速不大于0.25m/s，进水温度设定至至最高挡，便座圈温度设定至至最高挡，选择坐圈温度最高挡和臀部冲洗最大清洗模式。在要求环境温度下放置1h，达到稳定状态后按以下步骤： a) 60s时人室（人体检知器开，以无该项设计可忽略，以具体时间计）； b) 75s时着座（着座检知器开）； c) 165s时冲洗开始，如无该项设计可忽略，以具体时间计； d) 195s时冲洗结束，以具体时间计； e) 225s时离座（着座检知器关）； f) 250s时离室（人体检知器关）； g) 继续放置至1.5h，并记录1.5h期间间消耗电量，再次重复以上步骤，取2次平均值	—	将智能坐便器按照说明书安装至正常使用状态，并运行臀部洗模式2个周期，之后在要求的环境温度下放置1h，达到稳定状态后按以下步骤进行试验： a) 测定开始（着座感应器开）； b) 60s时着座（着座感应器开）； c) 150s时臀部洗开始； d) 180s时臀部洗结束； e) 210s时离座（着座感应器关，盖板关闭）； f) 继续放置1.5h，并记录1.5h期间同内的耗电量。 再次重复以上步骤，取2次平均值，带漏电保护装置的试验值乘以0.97

表 3-10 节能性能（便器用水量）测试方法对比

标准条款	《卫生洁具 智能坐便器》（GB/T 34549—2017）	《智能坐便器能效水效限定值及等级》（GB 38448—2019）	《坐便器水效限定值及水效等级》（GB 25502—2017）	《卫生陶瓷》（GB/T 6952—2015）
便器用水量	试验压力（MPa）水箱（重力）式：0.14；0.35；0.55；压力式：0.24；0.55	平均用水量（L）：1级：≤4.0 2级：≤5.0 3级：≤6.4 双冲全冲用水量（L）：1级：≤4.0 2级：≤5.0 3级：≤6.4	平均用水量（L）：1级：≤4.0 2级：≤5.0 3级：≤6.4 双冲全冲用水量（L）：1级：≤4.0 2级：≤5.0 3级：≤6.4	试验压力（MPa）水箱（重力）式：0.14；0.35；0.55；压力式：0.24；0.55
	正常方式（不超过 1s）启动冲水，记录一个冲水周期用水量；分别在各规定压力下连续测定 3 次。双冲式便器应同时在规定压力下测定 3 次的半冲用水量。记录每次冲水静压力、主水量、总水量、溢流水量（若有时）和冲水周期	测试方法与《卫生洁具 智能坐便器》（GB/T 34549—2017）一致。仅记录每次冲水静压力、总水量	测试方法与《智能坐便器能效水效限定值及等级》（GB 38448—2019）一致	测试方法与《卫生洁具 智能坐便器》（GB/T 34549—2017）一致
	单冲平均用水量计算：实际用水量 V＝单冲用水量算术平均值 V_1 双冲平均用水量计算：实际用水量 V＝（全冲用水量算术平均值 V_1＋2×单冲用水量算术平均值 V_2）/3	计算方法与《卫生洁具 智能坐便器》（GB/T 34549—2017）一致	计算方法与《卫生洁具 智能坐便器》（GB/T 34549—2017）一致	计算方法与《卫生洁具 智能坐便器》（GB/T 34549—2017）一致

3.1.4 智能坐便器常用标准中性能测试方法

3.1.4.1 《家用和类似用途电器的安全 第 1 部分：通用要求》（GB 4706.1—2005）和《家用和类似用途电器的安全 坐便器的特殊要求》（GB 4706.53—2008）

1. 输入功率

（1）试验装置

智能坐便器综合试验机、功率分析仪、变频电源。

（2）试验条件

试验应在室温条件下进行；试验用水温度为（15±5）℃，环境温度为（20±5）℃，无强制对流空气。

（3）试验步骤

A. 所有能同时工作的电路都处于工作状态；

—器具按额定电压供电；

—器具在正常工作状态下工作。

B. 如果输入功率在整个工作周期是变化的，则按一个具有代表性期间出现的输入功率的平均值决定输入功率。如果器具标有额定输入功率，器具在正常工作温度下，其输入功率对额定输入功率的偏离应不大于+5%、-10%。

2. 工作温度下的泄漏电流

（1）试验装置

泄漏电流测量仪。

（2）试验步骤

A. 在工作温度下，电动器具和组合型器具以1.06倍的额定电压供电。

B. 泄漏电流通过用《接触电流和保护导体电流的测量方法》（GB/T 12113—2003）（idt IEC 60990）中图3-1所述的电路装置进行测量，测量在电源的任一极与连接金属箔的易触及金属部件之间进行。被连接的金属箔面积不得超过20cm×10cm，并与绝缘材料的易触及表面相接触。

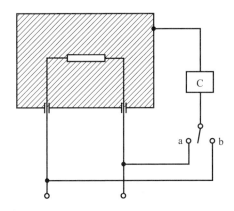

图3-1　单相连接的非Ⅱ类器具在工作温度下泄漏电流的测量电路图

C. 如果器具装有电容器，并带有一个单极开关，则应在此开关处于断开位置的情况下重复测量。

D. 如果器具装有一个在第11章试验期间动作的热控制器，则要在控制器断开电路之前的瞬间测量泄漏电流。

E. 用裸露加热元件加热水的器具，使用说明书中规定的电阻系数的水来进行试验。

F. 用裸露加热元件加热水的Ⅰ类器具，泄漏电流从距离冲洗组件喷淋头10mm的金属网与接地端子之间测量，加热元件连接的选择开关每一极轮流测量，如图3-2所示，泄漏电流不应大于0.25mA。

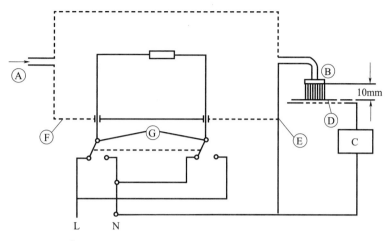

注：
A—进水管；B—喷淋头；C—GB/T 12113图4的电路；
D—金属网；E—接地端；F—水加热主体；G—选择开关。

图 3-2   用裸露加热元件加热水的器具泄漏电流的测量电路图

3. 工作温度下的电气强度

（1）试验装置

安规综合试验仪。

（2）试验条件

室温环境下进行。

（3）试验步骤

A. 按照《低压电器设备的高电压试验技术   定义、试验和程序要求、试验设备》（GB/T 17627.1）的规定，断开器具电源后，器具绝缘立即经受频率为 50Hz 或 60Hz 的电压，测试 1min。

B. 用于此试验的高压电源在其输出电压调整到相应试验电压后，应能在输出端子之间提供一个短路电流电路的过载释放器对低于跳闸电流 L 的任何电流均不动作。试验电压施加在带电部件和易触及部件之间，非金属部件用金属箔覆盖。对在带电部件和易触及部件之间有中间金属件的Ⅱ类结构，要分别跨越基本绝缘和附加绝缘来施加电压。试验电压值按表 3-11 电气强度试验电压的规定。试验期间，不应出现击穿现象。

表 3-11   电气强度试验电压

绝缘	试验电压（V）			
	额定电压[a]			工作电压（U）
	安全特低电压 SELV	≤150	>150 且≤250[b]	>250
基本绝缘	500	1000	1000	$1.2U+700$
附加绝缘	—	1250	1750	$1.2U+1450$
加强绝缘	—	2500	3000	$2.4U+2400$

4. 耐潮湿试验

（1）试验装置

潮湿实验室。

（2）试验条件

潮湿试验在空气相对湿度为93％±3％的潮湿箱内进行48h。

（3）试验方法

空气的温度保持在20～30℃任何一个方便值 t 的 1K 之内。在放入潮湿箱之前，使器具温度达到 t 到 $t+4$℃。

注：① 绝大多数情况下，在潮湿处理前，器具在规定温度下保持至少 4h，就可达到该温度。

② 在潮湿箱内放置硫酸钠（Na_2SO_4）或硝酸钾（KNO_3）饱和水溶液，其容器要使溶液与空气有充分的接触面积，即可获得93％±3％的相对湿度。

③ 在绝热箱内，确保恒定的空气循环，就可达到规定的条件。

5. 发热

（1）试验装置

智能坐便器综合试验机、数据温度采集器、变频电源、热电偶丝。

（2）试验条件

环境温度（23±2）℃，无强制对流空气，水温（15±1）℃。

（3）试验步骤

① 联合型器具在正常工作状态下，于 0.94 倍和 1.06 倍额定电压间选对器具最不利的电压工作，冲洗组件运行 2min，除非冲洗自动停止。其他坐便器运行至稳定状态为止。

② 除绕组温升外，温升都是由细丝热电偶（指线径≤0.3mm）确定的，其布置应使其对被检部件的温度影响最小。

③ 附在涂黑小圆盘上的热电偶也用做测量热空气的温升。

④ 试验期间要连续监测温升，温升值不得超过表 3 中所示的值。

⑤ 温升不应超过表 3-12 所示的值。（GB 4706.53—2008）

表 3-12　温升不应超过的值

部位	温升（K）
与皮肤相接触的部件表面	
——金属材料	15
——其他材料	25
烘干人体用热空气	40[a]
距离坐盖 250mm 的机体外表面	30

部位	温升（K）
模制式坐便器的排泄物箱内部	60
排泄管道	60

^a空气温度是指空气排气口 50mm 处测量值。

冲洗组件的出水温度不应超过 45℃。

6. 非正常工作

（1）试验装置

智能坐便器综合试验机、数据温度采集器、变频电源、热电偶丝。

（2）试验条件

环境温度（23±2）℃，无强制对流空气，水温（15±1）℃。

（3）试验步骤

① 带电热元件的器具，在第 11 章规定的条件下，要限制其热散发来进行试验。在试验前确定的电源电压为在正常工作状态下，输入功率稳定后提供 0.85 倍额定输入功率所要求的电压。整个试验期间该电压保持不变。

② 重复①的试验，但试验前确定的电源电压，为在正常工作状态下输入功率稳定后提供 1.24 倍额定输入功率所要求的电压。整个试验期间该电压保持不变。

③ 器具在第 11 章规定的条件下进行试验，并且任何在第 11 章试验期间用来限制温度的控制器短路。如果器具带有一个以上的控制器，则它们要依次被短路。

④ 通过下述手段让器具在停转状态下工作：

——如果转子堵转转矩小于满载转矩，则锁住转子；

——其他的器具，则锁住运动部件。

⑤ 如果器具有一个以上的电动机，该试验在每个电动机上分别进行。

⑥ 带有电动机并在辅助绕组电路中有电容器的器具，让其在转子堵转，并在每一次断开其中一个电容器的条件下来工作。除非这些电容器符合《交流电动机电容器》（GB/T 3667）（idt IEC 60252）中的 P2 级，否则器具在每一次短路其中一个电容器的条件下重复该试验。

⑦ 对每一次试验，带有定时器或程序控制器的器具都以额定电压供电，供电持续时间等于此定时器或程序控制器所允许的最长时间。

⑧ 器具以额定电压供电，供电持续时间为：直至稳定状态建立所需的时间。

7. 稳定性和机械危险

（1）试验装置

倾斜平面，角度仪。

（2）试验条件

在室温下进行。

（3）试验步骤

① 带有器具输入插口插座的器具，要装上一个适合的连接器和柔性软线。

② 器具以使用中的任一正常使用位置放在一个与水平面成 10°的倾斜平面上。电源软线以最不利的位置摆放在倾斜平面上。但是，当器具以 10°倾斜时，如果器具的某部分与水平支撑面接触，则将器具放在一个水平支撑物上，并以最不利的方向将其倾斜10°，器具不应翻倒。

③ 带电热元件的器具，要在倾斜角增大到 15°的状态下，重复该试验。如果器具在一个或多个方位上翻倒，则它要在每一个翻倒的状态经受第 4 部分的试验。

8. 接地电阻

（1）试验装置

接地电阻测量仪。

（2）试验条件

在室温下进行。

（3）试验步骤

① 从空载电压不超过 12V（交流或直流）的电源取得电流，并且该电流等于器具额定电流 1.5 倍或 25A（两者中取较大者，让该电流轮流在接地端子或接地触点与每个易触及金属部件之间通过。

② 在器具的接地端子或器具输入插口的接地触点与易触及金属部件之间测量电压降。由电流和该电压降计算出电阻，该电阻值不应超过 0.1Ω。

注：① 在有疑问情况下，试验要一直进行到稳定状态建立。

② 电源软线的电阻不包括在此测量之中。

③ 注意在试验时，要使测量探棒顶端与金属部件之间的接触电阻不影响试验结果。

9. 机械强度

（1）试验装置

弹簧冲击器、试验指甲、钢针、耐荷载试验机。

（2）试验条件

在室温下进行。

（3）试验步骤

① 用弹簧冲击器依据《垂直落锤冲击试验》（IEC 60068-2-75）的 Ehb 对器具进行冲击试验，确定其是否合格。

② 器具被刚性支撑，在器具外壳每一个可能的薄弱点上用 0.5J 的冲击能量冲击 3 次。

③ 如果需要，对手柄、操作杆、旋钮和类似零件以及信号灯和它的外罩也可施加冲击试验，但只有当这些灯或灯罩凸出器具壳体外缘超过 10mm 或它们的表面积超过4cm² 时，才对它们进行冲击试验。

④ 固体绝缘的易触及部件，应有足够的强度防止锋利工具的刺穿。

⑤ 对绝缘进行上述试验，以确定其是否合格。如果附加绝缘厚度不少于 1mm，并且加强绝缘厚度不少于 2mm，则不进行该试验。

⑥ 绝缘温度上升到在第 4 部分测得的温升。然后，使用坚硬的钢针对绝缘表面进行刮蹭，其针头端部为 40°的圆锥形，尖端圆周半径为 0.25mm＋0.02mm。针头保持在与水平面 80°~85°，施加 10N＋0.5N 的轴向力。针头沿绝缘表面以大约 20mm/s 的速度滑行，进行刮蹭。要求进行两行平行的刮蹭，其间要保证留有足够的空间不致互相影响。其覆盖长度约达到绝缘总长度的 25％。转 90°再进行两行与之相似的刮蹭，但它们与前两行刮蹭不可相交。

⑦ 用图 3-3 所示的试验指甲以大约 10N 的力于已被刮蹭的表面进行试验，不出现如材料分离之类的进一步损坏。试验后，绝缘应经受住 16.3 的电气强度试验。

⑧ 打开机体的坐盖，对用垂直坐垫的坐便器将 1500N 的力平稳地施加在坐便器的坐垫上 10min。盖上机体的坐垫，重复试验。

⑨ 将 250N 的力按照平行于铰链方向施加在机体的坐盖或者坐垫的前边缘上，缓慢地抬起、放下机体的坐盖或者坐垫试验进行 5 次。

⑩ 抬起机体的坐盖或者坐垫，将 250N 的力按照垂直于其平面方向的前边缘施加 1min 器具不应出现不符合 8.1、15.1、16.3 及 27.5 要求的损坏。

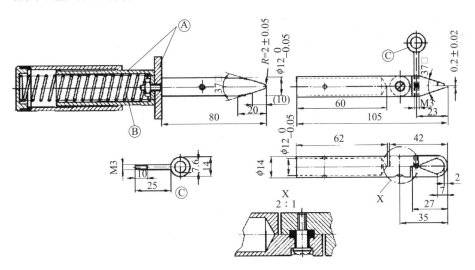

图 3-3 试验指甲

10. 耐热和耐燃

（1）试验装置

针焰试验机、灼热丝试验机。

（2）试验条件

在室温下进行。

（3）试验步骤

① 对于非金属材料制成的外部零件、用来支撑带电部件（包括连接）的绝缘材料

零件以及提供附加绝缘或加强绝缘的热塑材料零件，其恶化可导致器具不符合本标准，应充分耐热。

② 通过按 IEC 60695-10-2 对有关的部件进行球压试验确定其是否合格。

③ 该试验在烘箱内进行，烘箱温度为（40±2）℃加上第 11 章试验期间确定的最大温升，但该温度应至少：

——对外部零件为：（75±2）℃

——对支撑带电部件的零件为：（125±2）℃

④ 然而，对提供附加绝缘或加强绝缘的热塑材料零件，该试验在（25±2）℃加上第 19 部分试验期间确定的最高温升的温度下进行（如果此值是较高的话）。只要 19.4 的试验是通过非自复位保护装置的动作而终止的，并且必须取下盖子或使用工具去复位它，否则不考虑其 19.4 的温升。

⑤ 该试验在器具上取下的非金属材料部件上进行。当进行灼热丝试验时，它们按正常使用时的方位放置。

⑥ 这些试验不在电线绝缘上进行。

⑦ 非金属材料部件承受《电工电子产品着火危险试验 第 11 部分：灼热丝/热丝基本试验方法 成品的灼热丝可燃性试验方法（GWEPT）》（GB/T 5169.11—2017）（idt IEC 60695-2-11）的灼热丝试验，在 550℃的温度下进行。

⑧ 在试样不厚于相关部件的情况下，根据《电工电子产品着火危险试验 第 16 部分：试验火焰 50W 水平与垂直火焰试验方法》（GB/T 5169.16—2017）（idt IEC 60695-11-10），材料类别至少为 HB40 的部件不进行灼热丝试验。

⑨ 对于不能进行灼热丝试验的部件，例如由软材料或发泡材料做成的，应符合《泡沫塑料燃烧性能试验方法 水平燃烧法》（ISO 9772）对 HBF 类材料的规定，该试样不厚于相关部件。

⑩ 支撑正常工作期间载流超过 0.2A 的连接件的绝缘材料部件，以及距这些连接处 3mm 范围内的绝缘材料，其灼热丝的燃烧指数按《电工电子产品着火危险试验 第 12 部分：灼热丝/热丝基本试验方法 材料的灼热丝可燃性指数（GWFI）试验方法》（GB/T 5169.12—2017）（idt IEC 60695-2-12）至少为 850℃，该试样不厚于相关部件。

⑪ 当进行《电工电子产品着火危险试验 第 11 部分：灼热丝/热丝基本试验方法 成品的灼热丝可燃性试验方法（GWEPT）》（GB/T 5169.11—2017）（idt IEC 60695-2-11）灼热丝试验。按《电工电子产品着火危险试验 第 13 部分：灼热丝/热丝基本试验方法 材料的灼热丝起燃温度（GWIT）试验方法》（GB/T 5169.13—2017）（idt IEC 60695-2-13）其材料类别的灼热丝至少达到下列起燃温度值的部件，不进行灼热丝试验：

——对于正常工作期间其载流超过 0.2A 的连接件，775℃；

——其他连接件，675℃；

试验样品不应厚于相关部件。

⑫当进行《电工电子产品着火危险试验 第 11 部分：灼热丝/热丝基本试验方法 成品的灼热丝可燃性试验方法（GWEPT）》（GB/T 5169.11—2017）（idt IEC 60695-2-11）的灼热丝试验，温度如下：

——对于正常工作期间其载流超过 0.2A 的连接件，750℃；

——其他连接件，650℃；

⑬可经受《电工电子产品着火危险试验 第 11 部分：灼热丝/热丝基本试验方法 成品的灼热丝可燃性试验方法（GWEPT）》（GB/T 5169.11—2017）（idt IEC 60695-2-11）灼热丝试验，但在试验期间产生的火焰持续超过 2s 的部件，进行下述附加试验。对该连接件上方 20mm 直径，50mm 高的圆柱范围内的部件，进行针焰试验。

⑭在试样不厚于相关部件的情况下，材料类别按《电工电子产品着火危险试验 第 16 部分：试验火焰 50W 水平与垂直火焰试验方法》（GB/T 5169.16—2017）（idt IEC 60695-11-10）为 V-0 或 V-1 的部件不进行针焰试验。

⑮对于印刷电路板的基材，将印刷电路板按照正常使用时的方位进行放置，火焰施加于板上正常使用定位时散热效果最差的边缘。

3.1.4.2 《智能坐便器能效水效限定值及等级》（GB 38448—2019）

1. 单位周期能耗试验

（1）试验装置

用于单位周期能耗试验的电工仪表精确度等级为 0.5 级，测量时间用仪表精确度等级不低于 0.5%，测量温度的仪器仪表精确度不低于 0.5℃。

（2）试验条件

试验时平均环境温度应为（23±1）℃（试验周期内每分钟采集一次，取平均值），保持进水温度为（15±1）℃，试验环境无强制对流空气（风速＜1m/s）。调节坐圈温度至最高挡，清洗水温至最高挡，臀洗至最大清洗模式，并按说明书关闭其他所有能关闭的功能。

注：环境温度和风速测量点在坐便器上平面同一高度，距离坐圈外沿 200mm 处。

（3）试验步骤

将智能坐便器按照说明书安装至正常使用状态，并运行臀洗模式 2 个周期，之后在要求的环境温度下放置 1h，达到稳定状态后，按照以下步骤进行试验：

① 测定开始；

② 60s 时着坐（着坐感应器开）；

③ 150s 时臀洗开始；

④ 180s 时臀洗结束；

⑤ 210s 时离坐（着坐感应器关），盖板关闭；

⑥ 继续放置至 1.5h，并记录 1.5h 期间的耗电量。

再次重复以上步骤，取 2 次的平均值，带漏电保护装置的试验值乘以系数 0.97。

2. 冲洗用水量试验

（1）试验装置

智能坐便器冲洗用水量及冲洗功能标准化试验系统示意图如图3-4所示。

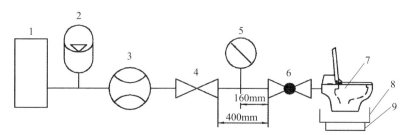

1——供水水源。试验应为生活饮用水，应能提供0.6MPa的静压。调压范围应不小于0～0.6MPa，在0.55MPa动压下，流量不小于38L/min。

2——气囊稳压罐。要求耐压值大于等于1MPa。

3——流量计。流量计的使用范围应不小于1.5～38L/min，精度为全量程的1%。

4——阀门。控制调节阀是市场上可买到的DN32对应的调节阀或类似便利阀。

5——压力计。压力计的使用范围不小于0～1MPa，分度值为10kPa或更优，精度不低于全量程的1%。

6——球阀或闸阀。用于控制通断的人工控制阀，阀门选择球阀或闸阀，与DN20对应的球阀或闸阀。

7——测试样品。智能坐便器。

8——集水槽。用于收集盛放待测水量的水槽，容积大于20L。

9——电子秤。测量范围0～30kg，分辨率0.01kg。

图3-4　智能坐便器冲洗用水量及冲洗功能标准化试验系统示意图

注：1. 整个供水系统的供水管，使用不小于DN20的刚性供水管。

2. 与智能坐便器连接的软管使用厂家提供配套的软管进行试验，若未提供，则选用内径不小于10mm，长度500mm的软管进行试验。

（2）试验前标准化调试

智能坐便器冲洗用水量及冲洗功能试验用供水系统应在试验前进行标准化调试，具体程序如下：

① 将供水水源1调节至静压为（0.24±0.007）MPa；

② 打开阀门6，调整阀门4，流量计3所测的水流量为（35.0±0.2）L/min；

③ 保持阀门6试验时为全开状态，调试完成后，关闭阀门6；

④ 调试完成，安装样品。

（3）试验压力

智能坐便器冲洗用水量的试验压力应符合表3-13的规定。

表3-13　智能坐便器冲洗用水量试验压力

单位：MPa

冲水装置	水箱式（重力式）	压力式
试验压力（静压）	0.14	0.24
	0.35	
	0.55	

（4）试验步骤

冲洗用水量应按如下步骤进行测试：

① 将被测智能坐便器按要求安装在标准供水系统上，连接后各接口应无渗漏，清洁清洗面和存水弯，并冲水使便器水封冲水至正常水位；

② 在规定的试验压力下，按产品说明调节冲水装置至规定用水量，其中水箱（重力式）冲水装置应调至水箱工作水位线标识；

③ 按正常方式（一般不超过 1s）启动冲水装置，记录一个冲水周期的用水量；保持装置此时的安装状态，按规定调节试验压力，分别在各规定压力下连续测定 3 次，双冲式智能坐便器应同时在规定压力下测定 3 次的半冲用水量，记录每次冲水的静压力、总水量。

（5）结果计算

智能坐便器冲洗平均用水量方法依据《卫生陶瓷》（GB/T 6952—2015）。

3.清洗用水量试验

（1）试验装置

智能坐便器清洗用水量及清洗功能试验应采用符合图 3-5 所示的标准化供水系统。

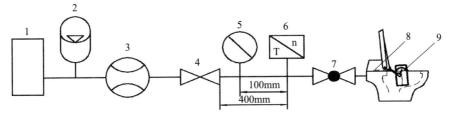

1——供水水源。试验应为生活饮用水，应能提供 0.6MPa 的静压。调压范围应不小于 0～0.6MPa，在 0.55MPa 动压下，流量不小于 38L/min。

2——气囊稳压罐。要求耐压值大于等于 1MPa。

3——流量计。流量计的使用范围应不小于 10～2500mL/min，精度为全量程的 1%，分辨率为 10mL。

4——阀门。控制调节是市场上可买到的 DN32 对应的调节阀或类似便利阀。

5——压力计。压力计的使用范围不小于 0～1MPa，分度值为 10kPa 或更优，精度不低于全量程的 1%。

6——温度传感器。测量范围：－20～120℃，测量精度±0.5℃。

7——球阀或闸阀。用于控制通断的人工控制阀，阀门选择球阀或闸阀，与 DN20 对应的球阀或闸阀。

8——试验样品。智能坐便器。

9——收集壶。用于收集清洗水量的收集壶，容积大于 1000mL。

图 3-5　智能坐便器清洗用水量及清洗功能标准化试验系统示意图

注：1. 整个供水系统的供水管，使用不小于 DN20 的刚性供水管。

2. 与智能坐便器连接的软管使用厂家提供配套的软管进行试验，若未提供，则选用内径不小于 10mm，长度 500mm 的软管进行试验。

（2）试验步骤

调节臀洗、妇洗至最大清洗模式，正常运行 1 次后，进行试验，测量包括清洗喷嘴及喷水杆在内的用水量。记录从按压清洗开始按钮到清洗动作结束并复位全过程的用水量，全过程包括喷水杆前清洗、接触清洗、喷水杆后洗净以及其他方式在清洗阶段排出的水，其中接触清洗阶段的臀洗和妇洗阶段清洗测试时间为 30s。臀洗和妇洗各测量 3 次，取 6 次的平均值。

4. 清洗功能试验

（1）试验压力

清洗功能试验供水压力为动压（0.20±0.02）MPa。

（2）试验装置

测量时间用仪表精确度等级不低于 0.5%，测量温度的仪器仪表精确度不低于 0.5℃。

（3）试验步骤

将智能坐便器的水温调节装置设定为最高挡，通电 30min 后开始试验。

储热式产品保持进水温度为（15±1）℃，调节喷水杆位置至最远端，臀洗、妇洗至最大清洗模式，使用多点温度测量记录仪，从水到达便器上平面位置 3s 时开始测量，并记录 30s 内的清洗水温-时间曲线。

即热式产品保持进水温度为（15±1）℃，调节喷水杆位置至最远端，臀洗、妇洗至最大清洗模式，使清洗管路充满试验进水温度的水，使用多点温度测量记录仪，从水到达坐便器上平面位置 3s 时开始测量，并记录 60s 内的清洗水温-时间曲线。

注：最大清洗模式为流量最大挡。

（5）喷头自洁试验

试验步骤如下：

① 排尽智能坐便器清洗系统内空气，在正常操作压力和温度下注入水；

② 将喷头拉伸出来，用纸巾或卫生纸将喷头擦干；

③ 喷头擦干后，使用可溶于水的、颜色鲜明的标记笔在喷头上画线；在喷水杆长度方向四等分的 3 条定位线处，围绕喷水杆画 3 个圆圈；然后自喷水杆前端沿长度方向在上面画第 4 条线至末端；

④ 画好线之后，放开喷头使其恢复到原始状态。以开/停的方式让喷头循环两次；让清洗喷头喷水持续工作 5s，然后关闭 5s，再重复一次；

⑤ 检查并记录是否有任何画线残留。

6. 冲洗功能试验

（1）试验装置

智能坐便器冲洗功能试验用标准化试验系统同冲洗用水量试验。

（2）试验介质

智能坐便器冲洗功能试验用介质要求如表 3-14 所示。

表 3-14 智能坐便器冲洗功能试验用介质要求

试验项目	试验介质要求
球排放试验	100 个直径为（19±0.1）mm，密度为（0.85±0.015）g/cm³ 的实心固体球
颗粒排放试验	颗粒：总质量为（65±1）g（2500～2550 个），直径为（4.2±0.4）mm，厚度为（2.7±0.3）mm，密度为（935±10）kg/m³ 的圆柱状聚乙烯（HDPE）颗粒；小球：100 个直径为（6.35±0.25）mm 的尼龙球，100 个尼龙球的质量应在 15～16g，密度为（1125±10）kg/m³

试验项目	试验介质要求
卫生纸试验	试验介质为定量（16.0±1.0）g/m²，宽度（114±2）mm，总长度（540±2）mm 的成联双层卫生纸。卫生纸应符合《卫生纸（含卫生纸原纸）》（GB/T 20810—22018）的要求，且应符合下列条件： a. 浸水时间不大于 3s，应满足以下试验：将试验介质紧紧缠绕在一个直径为 50mm 的 PVC 管上。将缠绕的纸从管子上滑离。将纸筒向内部折叠来得到一个直径大约 50mm 的纸球。将这个纸球垂直慢慢放入水中。记录纸球完全湿透所需时间。 b. 湿拉张强度应通过以下试验：用一个直径为 50mm 的 PVC 管来作为支撑试验用纸的支架。将一张卫生纸放于支架上，将支架倒转使纸浸入水中 5s 后，立即将支架从水中取出，放回到原始的垂直位置。将一个直径为 8mm，质量为（2±0.1）g 的钢球放在湿纸的中间。支撑钢球的纸不能有任何撕裂
排水管道输送特性试验	100 个直径为（19±0.1）mm，密度为（0.85±0.015）g/cm³ 的实心固体球

（3）试验压力

重力式智能坐便器供水压力为静压（0.14±0.02）MPa，压力式智能坐便器供水压力为静压（0.24±0.02）MPa。

（4）试验方法

洗净功能试验：按照《卫生陶瓷》（GB/T 6952—2015）中墨线试验规定的方法进行。

水封回复试验：按照《卫生陶瓷》（GB/T 6952—2015）中水封回复试验规定的方法进行。

污水置换试验：按照《卫生陶瓷》（GB/T 6952—2015）中污水置换试验规定的方法进行。

球排放试验：将 100 个固体球轻轻投入坐便器中，启动冲水装置，检查并记录冲出坐便器排污口外的球数，连续进行 3 次，报告 3 次的平均数。

颗粒排放试验：正常启动冲水装置一次，然后将试验介质放入坐便器存水弯中，启动冲水装置，记录冲洗后存水弯中的可见颗粒数和尼龙球数，进行 3 次试验，在每次试验之前，应将上次的颗粒冲净，报告 3 次测定的平均数。

混合介质排放试验：按照《卫生陶瓷》（GB/T 6952—2015）中坐便器混合介质试验规定的方法进行。

卫生纸试验：

将未使用过的试验介质制成直径约为 50～60mm 的松散纸球，每组 4 个纸球。

将 4 个纸球投入智能坐便器存水弯中，让其完全湿透，在湿透后的 5s 内启动半冲水开关进行冲水，冲水周期完成后，查看并记录坐便器内是否有纸残留，如有残留纸，则试验结束，报告试验结果。

如没有残留纸，再重复进行第二次试验；如有残留纸，则试验结束，报告试验结果。

如没有残留纸，再重复进行第三次试验；如有残留纸，则试验结束，报告试验结果。

排水管道输送特性试验：

将坐便器安装在符合附录 B 中规定的试验装置上，将 100 个固体球放入智能坐便器存水弯中，启动冲水装置冲水，观察并记录固体球排出的位置。测定 3 次。

将 18m 排水横管分为六组，由 0m～18m，每 3m 为一组，残留在坐便器中的球为一组，冲出排水横管的球为一组。球沿管道方向传送的位置分为 8 组进行记录，代表不同的传输距离。

按照公式（3-1）～公式（3-4）对 3 次测定后的试验数据进行计算。

计算每个分组中 3 次冲水残留球的总数：

$$B_{ti} = B_{1i} + B_{2i} + B_{3i} \tag{3-1}$$

计算每个分组的加权传输距离：

$$D_{wi} = B_{ti} \times D_{ai} \tag{3-2}$$

计算所有球的总传输距离：

$$D_t = \sum_{i=1}^{n} D_{wi} \tag{3-3}$$

计算球的平均传输距离：

$$D_a = D_t \div 300 \tag{3-4}$$

式中　i——为传输距离分组（1，2，3，4，5，6，7，8）；

B_{ti}——每组中 3 次冲水残留球的总数；

B_{1i}——每组中第 1 次冲水后残留球的数量；

B_{2i}——每组中第 2 次冲水后残留球的数量；

B_{3i}——每组中第 3 次冲水后残留球的数量；

D_{wi}——每组的加权传输距离；

D_{ai}——每组的平均传输距离；

D_t——所有组的加权传输距离之和；

D_a——球的平均传输距离。

具体示例如表 3-15 所示。

表 3-15　排水管道输送特性试验结果记录示例

传输距离分组	残留球数			每组 3 次冲水后残留总数	每组平均传输距离（m）	加权传输距离（m）
	第 1 次	第 2 次	第 3 次			
第 1 组（坐便器内）	1	0	7	8	0	0
第 2 组（0～3m）	2	0	6	8	1.5	12
第 3 组（3～6m）	3	1	5	9	4.5	40.5
第 4 组（6～9m）	4	2	4	10	7.5	75
第 5 组（9～12m）	5	3	3	11	10.5	115.5

传输距离分组	残留球数			每组3次冲水后残留总数	每组平均传输距离（m）	加权传输距离（m）
	第1次	第2次	第3次			
第6组（12～15m）	6	4	2	12	13.5	162
第7组（15～18m）	7	5	1	13	16.5	214.5
第8组（排出管道）	72	85	72	229	18	4122
总数	100	100	100	300		4741.5
球的平均传输距离＝4741.5÷300＝15.8m						

7. 坐圈加热功能试验

试验环境温度控制在（23±2）℃，测试坐圈温度时，着座感应装置不能导通，试验步骤如下：

按图3-6坐圈温度测定点所示布置热电偶，使用尺寸为10mm×10mm的铝箔胶带覆盖热电偶，铝箔胶带与热电偶应紧密贴合，中间不得有气泡，胶带中心为热电偶顶端点，且除铝箔胶带覆盖外的热电偶导线应竖立离开坐圈表面。将智能坐便器坐圈加热置于温度最高模式，接通电源，打开便盖，非落座情况下，启动坐圈加热功能，保持无风环境，15min后测定图3-6所示的温度测定点（不包含电容接触感应区域）坐圈温度。每个点隔2min测量1次，共测量5次，取5次算术平均值计为该测试点的坐圈温度。

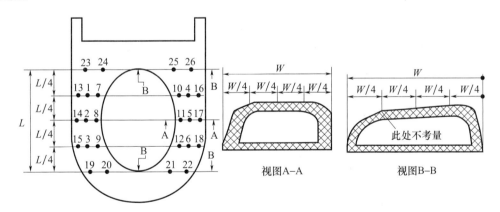

L——坐圈内空部的长度；W——坐圈中心线自外框缘部的宽度。

图3-6　坐圈温度测定点

注：非落座情况下无法启动坐圈加热的智能坐便器，按照其说明书要求启动坐圈加热功能。

3.1.4.3　《卫生洁具　智能坐便器》（GB/T 34549—2017）

1. 吸水率

智能坐便器按材质分为陶瓷便器和非陶瓷便器，二者吸水率测试方法如下：

（1）制样

由同一件产品的三个不同部位上敲取一面带釉或无釉的面积约为3200mm²、厚度不大于16mm的一组试样，每块试片的表面都应包含与窑具接触过的点，试样也可在相同品种的破损产品上敲取。

（2）试验步骤

将试样置于（110±5）℃的烘箱内烘干至恒重（m_0），即两次连续称量之差小于0.1%，称量精确至0.01g。将已恒重试样竖放在盛有蒸馏水的煮沸容器内，且使试样与加热容器底部及试样之间互不接触，试验过程中应保持水面高出试样50mm。加热至沸，并保持2h后停止加热，在原蒸馏水中浸泡20h，取出试样，用拧干的湿毛巾擦干试样表面的附着水后，立刻称量每块试样的质量（m_1）。

（3）计算

试样的吸水率按下式计算：

$$E = \frac{m_1 - m_0}{m_0} \times 100\%$$

式中 E——试样吸水率，%；

m_1——吸水饱和后的试样质量，g；

m_0——干燥试样的质量，g。

（4）试验结果

以所测三块试样吸水率的算术平均值作为试验结果，修约至小数点后一位。

2. 抗裂性

陶瓷便器部分抗裂性：

（1）制样

在一件产品的不同部位敲取面积不小于3200mm²、厚度不超过16mm且一面有釉的三块无裂试样。

（2）试验步骤

将试样浸入无水氯化钙和水质量相等的溶液中，且使试样与容器底部互不接触，在（110±5）℃的温度下煮沸90min后，迅速取出试样并放入2～3℃的冰水中急冷5min，然后将试样放入加2倍体积水的墨水溶液中浸泡2h后查裂并记录。

3. 耐荷重性

（1）试验一般要求

对壁挂式卫生陶瓷产品进行荷重试验时应按产品安装说明将产品安装在试验台上进行试验，如果生产厂随产品提供支撑装置，应用配套的支撑装置进行试验，支撑装置在试验中应可观察到。

落地式坐便器应水平安放在试验台上进行试验。

（2）试验方法

试验板表面面积为60mm×22mm的钢板，且在一面贴有厚度为13mm的橡胶垫。

将试验板平放在被测产品上且使橡胶面紧贴被测面。缓慢向试验板垂直施加荷重，使被测产品所承受的总荷重达到规定要求（陶瓷便器为3.0kN，非陶瓷便器为

2.2kN），保持10min，观察并记录有无变形或可见结构的破损。

受力部位示意图如图3-7（a）～（b）所示。

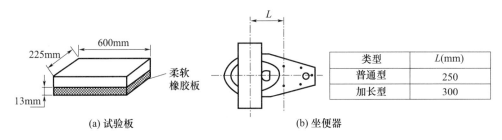

图3-7 坐便器受力部位示意图

类型	L(mm)
普通型	250
加长型	300

4. 耐日用化学药品试验

非陶瓷便器部分耐日用化学药品试验按照《非陶瓷类卫生洁具》（JC/T 2116—2012）的规定进行。

（1）方法原理

测试板材在与常用化学药品接触后，其表面损伤程度和可修复性，获取板材耐化学药品腐蚀的基本数据。

（2）仪器和化学药品

玻璃表面皿，化学药品如表3-16所示。

表3-16 化学药品

酒精	甲苯
醋酸正戊酯	醋酸乙酯
家用氨水溶液（10%，体积比）	洗涤剂
柠檬酸（10%，质量比）	磷酸钠（5%，质量比）
尿素（6%，质量比）	醋
家用过氧化氢溶液（3%）	松节油

（3）试样及条件

每组试样足以进行15种化学试剂各二项对比试验。试验应在（23±2）℃温度，（50±5）％相对湿度的环境下进行。

（4）步骤

由表3-16所列试剂中各取2滴施加在试样上，进行二项对比试验，一项加盖玻璃表面皿，一项未加盖。16h后，除去玻璃盖，擦去残余试剂。在室温下悬置24h，用肉眼观察表面损伤程度。

（5）试验结果

试样表面应未受到明显损伤，轻度损伤应可用600目号砂纸轻擦即能除去；损伤程度应不会影响板材的使用性，并易修复至原状；否则为不合格。

5. 耐燃烧性

非陶瓷坐便器部分——实体面材香烟燃烧试验:

从新开封的三种牌子的香烟中各取一支点燃,放置在样品上,点燃端向内,距样品边缘 50mm,香烟燃烧(120+2)s 后,拿开香烟。试样不得有明火式燃烧或阴燃。待灼烧区域冷却,用软布或软毛刷擦净燃烧区,检查燃烧区域。若有明显污迹残留,使用 400 目砂纸与水打磨至污迹消失,观察打磨后有无影响试样的外观。

6. 巴氏硬度

非陶瓷坐便器部分巴氏硬度测试:

(1)试验装置

巴柯尔硬度计。

(2)试样要求

① 试样表面应光滑平整,无缺陷及机械损伤;

② 试样的厚度不小于 1.5mm,其长宽应满足任一压点距试样边缘以及压点与压点之间的距离均不小于 3mm。

(3)试验步骤

① 试样放置在坚硬稳固的支撑面(如钢板、玻璃板、水泥平台等)上测试,制品可直接在其表面适当部位测试。曲面试样应支撑平稳,施加测试压力时,应注意避免造成试样的弯曲和变形;

② 将压头套筒垂直置于试样表面上,撑脚置于同一表面或者有相同高度的其他固体材料上,并保持压头和撑脚在同一平面;

③ 用手握住硬度计机壳,迅速向下均匀施加压力,直至刻度盘的读数达最大值,记录该最大读数(某些材料会出现从最大值飘回的读数,该读数与时间呈非线性关系)。此值即为巴柯尔硬度值,当压头和被测表面接触时应避免滑动和擦伤;

④ 压痕位置距试样边缘应大于 3mm,压痕间距也应大于 3mm;

⑤ 至少在试摔的 10 个不同位置测试硬度。

(4)试验结果

① 单个测试值:x_1、x_2、x_3···;

② 按《纤维增强塑料性能试验方法总则》(GB/T 1446—2005)的规定,计算算术平均值 $\bar{x}$,标准差 s、离散系数 C_v,结果取两位有效数字。

7. 塑料耐热老化性能

把坐圈和盖放入(70±3)℃的容器和(-20±3)℃的冷冻机中各保持 3h,5 次循环后,在环境温度(22±3)℃条件下干燥 24h 并按以下要求进行检查:

① 图 3-8 所示尺寸的允许偏差<±3mm;

轴向间隙 W 为 3mm;

与坐便器配套的专用坐圈和盖,其规格尺寸可按合同要求。

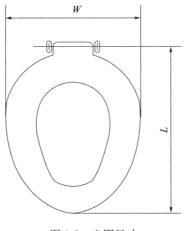

图 3-8 坐圈尺寸

② 带两个缓冲垫的坐圈或盖的翘曲量≤3.2mm，带四个缓冲垫的坐圈或盖的翘曲量≤4.8mm。

8. 整机防水等级

（1）试验装置

IPX4 喷淋装置。

（2）试验方法

使用图 3-9 和图 3-10 摆管实验装置，角度与垂直方向±180°范围淋水，水流量为每孔（0.07±0.0035）L/min 乘以孔数（10±0.5）L/min，试验持续时间 10min。IPX4 试验条件的总水流如表 3-17 所示。

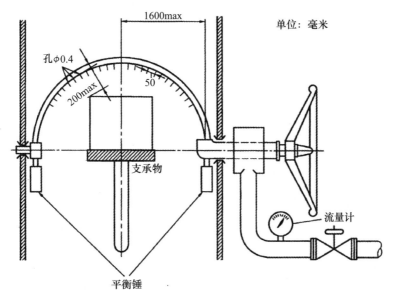

图 3-9　IPX4 防淋水和溅水试验装置（摆管）

注：孔的分布见第二位特征数字 3。

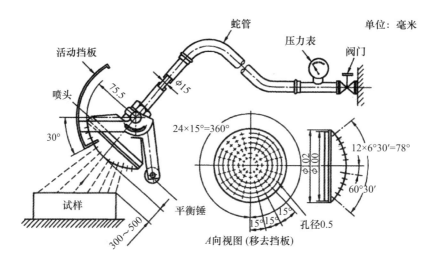

图 3-10 IPX4 防淋水和溅水手持式试验装置（喷头）

注：$\phi0.5$ 的孔 121 个，其中一个在中央；里面 2 圈共 12 个孔，间距 30°；外面 4 圈共 24 个孔，间距 15°；
活动挡板：铝，喷头：黄铜。

表 3-17 IPX4 试验条件的总水流（每孔平均水流速度＝0.07L/min）

管半径 R (mm)	IPX3		IPX4	
	开孔数 N^a	总水流量 q_v (L/min)	开孔数 N^a	总水流量 q_v (L/min)
200	8	0.56	12	0.84
400	16	1.1	25	1.8
600	25	1.8	37	2.6
800	33	2.3	50	3.5
1000	41	2.9	62	4.3
1200	50	3.5	75	5.3
1400	58	4.1	87	6.1
1600	67	4.7	100	7.0

[a] 根据规定距离布置开孔，实际开孔数 N 可增加一个。

如果有关产品标准未做规定，被试外壳的支承物应开孔，以避免成为挡水板，将摆管在每一方向摆动到最大限度，使外壳在各方向都受到溅水。

9. 表面耐腐蚀性能试验

（1）试验试剂

氯化钠溶液：在温度为（25＋2）℃，电导率不大于 $20\mu S/cm$ 的蒸馏水或去离子水中溶解氯化钠，配制浓度为（50＋5）g/L，密度为 1.029～1.036。

（2）试验步骤

① 在制备好的盐溶液（过滤后）中加入适量冰乙酸，保证盐雾箱内收集的 pH 为 3.1～3.3（可用冰乙酸或氢氧化钠进行调整）；

② 用 4～6 块板厚（1+0.2）mm，试样尺寸为 150mm×70mm，表面无缺陷、划痕及氧化色的冷轧碳钢板，在清洗后吹干称重，精确到+1mg，然后用可剥性塑料膜保护试样背面；

③ 将参比试样放入盐雾箱，下边缘与盐雾收集器的上部处于同一水平，放置 24h；

④ 试验结束后取出参比试样，除掉背面保护膜，在 23℃下于质量分数为 20% 的柠檬酸二胺水溶液中浸泡 10min，随后在室温下用水清洗，在用乙醇清洗，干燥后称重。

（3）试验结果

每块参比试样的质量损失在（40+10）g/m² 为正常状态。结果按《金属基体上金属和其它无机覆盖层　经腐蚀试验后的试样和试件的评级》（GB/T 6461—2002）进行评级。

10. 使用功能试验

（1）坐便器用水量、冲洗功能试验、连接密封性试验、疏通机试验均按照 GB/T 6952—2015《卫生陶瓷》中规定的方法进行。

（2）喷嘴伸出和回收时间

供水动压力为（0.18±0.02）MPa，用适当的计时器，分别测得臀部清洗和妇洗模式下，喷嘴伸出和回收的时间。臀部清洗和妇洗模式各测量 3 次，取 6 次平均值。

（3）升温性能

将智能坐便器的温度调节装置设定为最高挡，流量设定为最大挡，通电 30min 后，保持进水温度为（5±1）℃，使用多点温度测量记录仪，测量并记录坐便器上平面位置的清洗水温度-时间曲线图（图 3-11），计算清洗水到达温度测定装置时为开始点（初始温度）至结束点（水温到达 35℃）的时间。

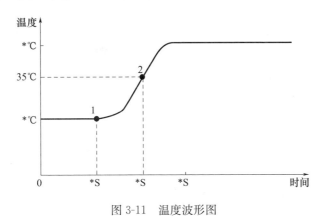

图 3-11　温度波形图

1—开始点；2—结束点

（4）水温稳定性试验

① 将智能坐便器的水温度调节装置设定为最高挡，通电 30min 后开始测试。

② 储热式产品保持进水温度为（5±1）℃，流量设定为最大挡，使用多点温度测量记录仪，测量并记录到达坐便器上平面位置的清洗水温度-时间曲线。

③ 即热式产品，分别在以下条件下，使用多点温度测量记录仪，从开始吐水的 3s

后测量并记录到达坐便器上平面位置的清洗水温度-时间曲线：

  a. 流量设定为最大挡，进水温度为（5±1）℃；

  b. 流量设定为最大挡，进水温度为（25±1）℃；

  c. 流量设定为最小挡，进水温度为（5±1）℃；

  d. 流量设定为最小挡，进水温度为（25±1）℃。

（5）清洗水流量

供水动压力为（0.18±0.02）MPa，选择臀部清洗和妇洗的最大冲洗模式，用适当的计时器和水量计量装置，分别测量臀部清洗和妇洗1min的水量。臀部清洗和妇洗各测量3次，取平均值。

（6）清洗水量

开启正常清洗动作1次，选择臀部清洗和妇洗的最大清洗模式，测定包括清洗喷嘴及喷水杆在内的全过程的使用水量。臀部清洗和妇洗各测量3次，取6次的平均值。

（7）清洗力

选择臀部最大清洗模式，温度调节装置设定为最高挡，吐水30s后，用如图3-12所示装置或可达到相同试验效果的装置，测得任意2s内清洗力的最大值。受压板为圆形，面积足以承接所有清洗水的冲击，方向应垂直于水冲击方向。图3-13为通过受力测试分析清洗力最大值的实例。排除过高的峰值点，选择符合受力峰值情况的10个数据点，取其平均值作为清洗力最大值。

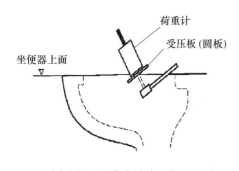

图3-12　洗净力试验示意图

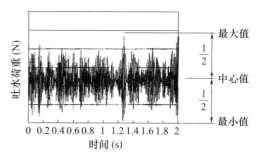

图3-13　清洗力测定法实例

（8）清洗面积

如图3-14所示，在智能坐便器坐圈上盖一块透明板，供水动压力为（0.18±0.02）MPa，选择臀部清洗和妇洗的最大冲洗模式，测定清洗水喷在透明板的面积。

（9）喷头自洁性能试验

喷头自洁性能试验按以下步骤进行：

① 要确保智能坐便器清洗系统循环次数足量，从而可以排尽空气并在正常操作压力和温度下注入水。

② 将喷头拉伸出来，用纸巾或卫生纸将喷头擦干。

③ 喷头擦干后，使用可溶于水的、颜色鲜明的标记笔在喷头上画线。

——围绕喷水杆画三个圆圈：一条线画在喷水杆上部三分之一处，一条线画在喷水杆中间的三分之一处，一条线画在喷水杆下部三分之一处。

——然后从喷水杆上部的一端朝着另一端，自上而下地水平画出第四条线。

④ 画好线以后，放开喷头让其恢复到断开（原始）状态。以开/停的方式让喷头循环两次：让清洗喷头持续工作 5s，然后关闭 5s，之后再同样操作一遍。

⑤ 检查并记录是否有任何画线残留。

（10）暖风烘干性能

① 暖风温度试验

暖风温度试验步骤如下：

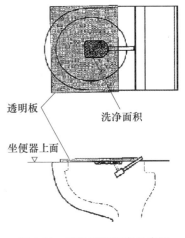

图 3-14 清洗面积测定示意图

——将暖风设置在最高温度模式，吹风 3min 开始测定。试验点在图 3-15 所示的离外罩前端的 50mm 处，用热电温度计试验 30s。

——热电温度计安装在直径为 15mm，厚度为 1mm 的用铜或黄铜制成的被涂成黑色的圆板上。

——热点温度计圆板平面与暖风吹出方向垂直。

——暖风出口如带有防止污水或杂物进入的挡板时，应带有挡板进行试验。

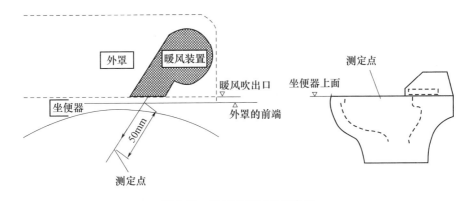

图 3-15 暖风温度试验示意图

② 暖风出风量试验

暖风出风量试验步骤如下：

——关断智能坐便器暖风温度调节装置，用毕托管和风速计按图 3-16 所示测定 3 个点的风速。

——暖风出口如带有防止污水或杂物进入的挡板时，应去掉挡板进行试验。

——吹风口的尺寸用 H 和 L 表示。

——风速计与暖风吹出方向垂直。

——测定如图 3-17 所示的 3 个点的风速。

——出风量按式（3-5）进行计算。

$$Q = V_F \times H \times L \times 60 \times 10^{-6} \tag{3-5}$$

式中　Q——风量，单位为立方米每分钟（m³/min）；

　　　V_F——暖风平均速度，单位为米每秒（m/s）；

　　　H——出风口高度，单位为毫米（mm）；

　　　L——出风口宽度，单位为毫米（mm）。

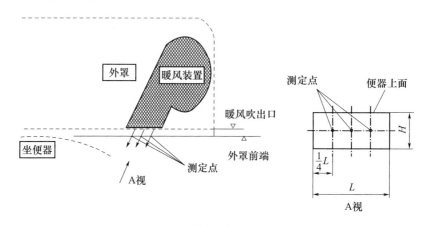

图 3-16　暖风风速试验示意图

（11）坐圈加热功能试验

将智能坐便器坐圈加热置于温度最高模式，接通电源，15min 后用热电温度计按图 3-17 所示的温度测定点测定坐圈温度。每个点隔 2min 测量 1 次，共测量 5 次，取 5 次算术平均值。

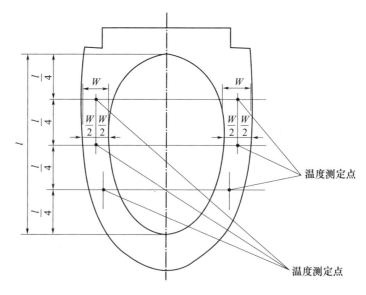

图 3-17　坐圈温度温度测定点

11. 耐水压性能

将智能坐便器安装成使用状态，进水口连接到试验增压装置，选择最大清洗模式，按以下步骤试验：

① 调整增压装置的水压至（0.60±0.02）MPa，清洗功能关闭；保持 5min，观察智能坐便器是否出现漏水、变形及其他异常现象；

② 开启清洗功能，保持一个清洗工作周期，观察清洗功能能否正常进行；

③ 关闭清洗功能，稳定水压在（0.60±0.02）MPa，并保持 5min，观察智能坐便器是否出现漏水、变形及其他异常现象。

12. 防水击性能

（1）试验仪器、装置和介质

① 压力范围为 0～2MPa，采样频率大于 200Hz 的压力传感器，传感器与智能坐便器进水口的距离为（1000±50）mm。

② 长 5000mm，外径为 15mm，壁厚为 1mm 的铜管。将铜管盘成直径为 270mm 的弹簧状（图 3-18）。

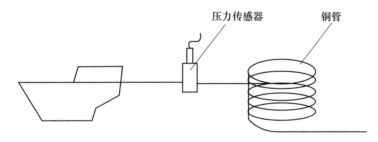

图 3-18　水击试验示意图

（2）试验步骤

① 将智能坐便器清洗系统进水口处用软管与铜管相接并接入供水管路中；

② 将静压力调整至 0.5MPa，然后向清洗装置供水，排空空气水流正常喷出后，关闭清洗装置；

③ 在此校正静压力至 0.5MPa，开启清洗系统，喷头喷水；

④ 持续供水 30s 后，快速关闭智能坐便器清洗装置，记录压力传感器的压力最大值（峰值）；

⑤ 计算与压力峰值与铜管进水初始静压力之差；

⑥ 连续测量 5 次，试验结果取最大值。

13. 防虹吸性能

重力式冲水装置：

（1）仪器设备

① 真空度不小于 0.08MPa 的系统；

② 直径为（0.8±0.05）mm 的金属丝；

③ 一个透明的用于观察的玻璃管。

（2）试验方法

① 用直径为（0.8±0.05）mm 的金属丝将进水阀的密封面垫起使之失效，金属丝应只有一处和膜片接触。

② 将进水阀进气孔关闭。按如图 3-19 所示安装进水阀，进水使水箱中的水位淹没阀体。1min 后逐渐抽真空从 0 至－0.08MPa，分别在－0.01MPa、－0.02MPa、－0.04MPa、－0.06MPa、－0.08MPa 下检查透明管中有无回流出现。如果透明管中没有回流出现则说明进水阀中有隐藏的止回阀存在，按步骤①将所有的止回阀垫起，重新抽真空直到透明管中有回流出现为止；若有回流出现，则继续进行以下试验。

③ 将进水阀进气孔打开，有补水功能的进水阀，应将补水比率调整到最大值，并将补水管插入水面至少 20mm 以下。

④ 向水箱进水至进气口或出水口高度以下 3mm 处。开始抽真空至－0.02MPa，通过透明管观察直到回流停止；再抽真空至－0.08MPa，观察透明管直到回流停止；然后分别在－0.02MPa、－0.04MPa、－0.06MPa、－0.08MPa 下进行间断真空试验，每个压力点下开启 5s，关闭 5s，观察透明管直到没有回流出现。将此时的水位高度标记"BB"线。

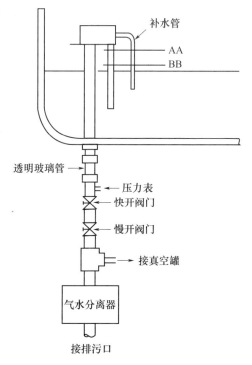

图 3-19　临界水位线的测定方法示意图

⑤ 向水箱进水至 BB 线以下 25mm 处，抽真空至－0.02MPa，若无回流，则分别在－0.02MPa、－0.04MPa、－0.06MPa、－0.08MPa 下进行间断真空试验，保持开启 5s，关闭 5s。观察透明管中是否有回流出现，若无回流，将水箱中的水位提高 3mm 继续试验，直到透明管中出现回流。将此时的水位高度标记"AA"线。

⑥ 若"AA"线和"BB"线不重合，则以其中较低的位置为实测 CL 线。

（3）试验结果

① 若标记的 CL 线下边沿与实测的 CL 线吻合或低于实测的 CL 线，则报告防虹吸功能符合要求；

② 若标记的 CL 线下边沿高于实测的 CL 线，则报告防虹吸功能不符合要求。

压力式冲水装置：

将压力冲洗水箱按使用状态安装在测试设备上，将压力冲洗水箱进水管路或部件上的单向阀或止回阀用直径不小于 0.8mm 的金属丝垫起使之失效，有补水功能的进水阀，应将补水率调整到最大值，将补水管插入水中不小于 20mm 以下。进水口与设备真空系统相连，逐渐抽真空至真空度为 0.08MPa，维持 30s。然后逐渐地将真空度在 120s 内降至 0。连续测试 3 次，观察是否有虹吸产生。

清洗水路防虹吸试验：

将智能坐便器安装成使用状态，用直径（0.8±0.05）mm 的金属丝将水路中的进水阀、单向阀、鸭嘴阀、流量调节阀等类似功能器件失效，无法失效的器件需直接去除，如图 3-21 所示，将智能坐便器进水口与真空装置连接，坐便器盖的喷管组件前的出水口接内径为 19～25.4mm，长度超过 152mm 的透明管，透明管插入水槽中，按以下步骤进行试验，测试整机的 CL 线和透明管中的水位上升最大高度。当测试样品中有多条独立工作水路的，需要在关闭其他水路的前提下，对每条水路单独进行防虹吸性能测试。

a. 测试安装：

1）先将测试样品内的防逆流装置及管路浸泡在水中至少 5min，使其内外表面充分湿润；

2）将测试样品按图 3-20 连接好；

3）将所有的单向阀或类似器件失效，打开进水阀。

b. 测试步骤：

1）将测试水箱的水面降低到防逆流装置进气口以下 3mm；

2）逐渐降低测试的水位，同时在产品进水口施加恒定的 85kPa 负压；

3）当回流现象停止时，标记下此时的水位位置，此位置即为 BB 线；

4）逐渐升高测试的水位，同时在产品进水口施加恒定的 85kPa 负压；

5）当回流现象开始发生时，标记下此时的水位位置，此位置即为 AA 线；

6）AA 和 BB 两个位置较低的那个记录为 CL 线；

7）记录各次测试过程中（出现回流现象时不计）透明管中水位的最高上升高度。

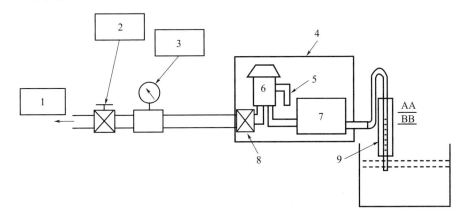

图 3-20　防虹吸试验装置示意图

1—真空罐；2—快速开关阀；3—压力表；4—智能坐便器；5—进气管；
6—真空破坏器；7—加热器、喷管；8—进水阀；9—透明观测管

14. 机械强度

（1）坐圈强度试验

设置坐圈温度到最高挡。在以下测试时没必要供水。试验步骤如下：

① 打开坐盖，放置一块直径 300mm、厚 5mm 的钢板和直径 300mm、厚 10mm 的橡胶板放置在坐圈上，如图 3-21 所示。给坐圈加热，向坐圈的中心部位的垂直方向施加 2000N 的力 10min。关闭和打开坐盖，并重复上述测试。

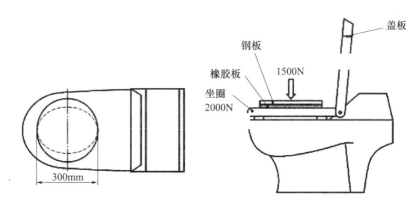

图 3-21　坐圈强度试验（垂直方向载荷）

② 在坐圈的前边缘的水平方向施加 150N 的力，如图 3-22 所示。施加外力的同时，缓慢将盖板坐圈上下开合一次，开合时间约是 5s。

③ 如图 3-23 所示，打开坐盖和坐圈，依坐圈的垂直方向向坐圈施加 150N 的力 60s。如果是可拆卸的便盖，当座盖和坐圈脱落时，视为测试完成。

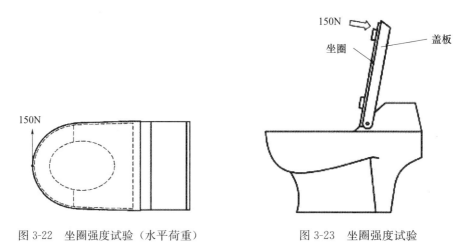

图 3-22　坐圈强度试验（水平荷重）　　　　图 3-23　坐圈强度试验

（2）盖板强度试验

如图 3-24 所示，由直径 300mm、厚度 5mm 的钢板和直径 300mm、厚度 10mm 的橡胶板组成的压板，对盖板的中心部位以垂直方向施加 1000N 的力持续 30s。在这个测试是没必要供水的。

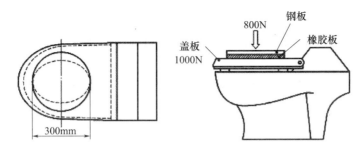

图 3-24　盖板强度试验

（3）安装强度

如图 3-25 所示，在产品的不同方向分别施加 150N 的力，先后分别持续 30s。施力方向改变顺序为：左、右、前、后。分体机对盖板施力，一体机对整体外壳施力。目视观察分体机外壳和坐便器的安装部位、一体机与地面之间的安装部位有无变化。测试时没必要供水。

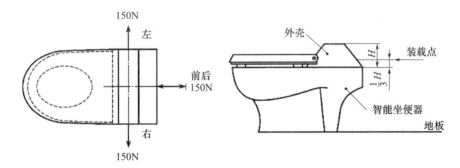

图 3-25　盖板强度试验

15. 整机寿命

① 将智能坐便器整机安装成使用状态，以动压 0.30MPa 向智能坐便器清洗系统进水。以臀部清洗 15s，妇洗 15s，若有暖风烘干功能，则吹暖风 30s 为一个循环。对于电动控制的坐圈、盖板自动开合 1 次计入一个循环；

② 共进行 25000 个循环，检查智能坐便器各部件是否有裂纹、开裂、破损、断裂、功能异常等现象；

③ 上述动作也可进行单项实验。

16. 自动关闭

在初始温度（40.5＋0/−5.5）℃下往清洗装置注水，设置进水压力为（345±34.5）kPa 动压力。启动清洗喷头并以平均每 5s 不超过 0.5℃的速度慢慢将水温升高到 48℃。

清洗装置应在温度达到 48℃后的 5s 内自动给关闭或切断水流。

17. 整机能耗

（1）试验条件

用于试验的电工仪表准确度等级为 0.5 级。测量时间用仪表准确度等级不低于

0.5％，测量温度的仪器仪表精确度不低于 0.5℃，环境温度要求为（15＋1）℃，进水温度为（15＋1）℃。选择坐圈高温、冲洗水高温和臀部冲洗最大冲洗模式。

（2）试验步骤

在要求的环境温度下放置 1h，达到稳定状态后，按以下述步骤进行试验：

① 测定开始；

② 60s 时入室（人体检知器开）；

③ 75s 时着座（着座检知器开）；

④ 165s 时冲洗开始；

⑤ 195s 时冲洗结束；

⑥ 225s 时离座（着座检知器关）；盖板关闭；

⑦ 250s 时离室（人体检知器关）；

⑧ 继续放置至 1.5h，并记录 1.5h 期间消耗电量。

再次重复以上步骤，取 2 次的平均值。

18. 额定功率

将坐圈温度设置为最高挡，清洗设置为最大流量，最高水温环境温度为（20＋5）℃，进水温度为（15＋1）℃。按照《家用和类似用途电器的安全　第 1 部分：通用要求》（GB 4706.1—2005）与《家用和类似用途电器的安全　坐便器的特殊要求》（GB 4706.53—2008）规定的方法进行测试。

19. 电气安全试验

（1）电气安全性能

按照《家用和类似用途电器的安全　第 1 部分：通用要求》（GB 4706.1—2005）与《家用和类似用途电器的安全　坐便器的特殊要求》（GB 4706.53—2008）规定的方法进行测试。

（2）电源试验

① 直流供电的智能坐便器，检查是否有警示提醒装置；用直流稳压电源调节至工作电压最低值，观察警示提醒装置是否正常工作；未明示最低工作电压时，将电源电压调节至 0，观察警示提醒装置是否正常工作。直流供电的智能坐便器防触电控制器按《家用和类似用途电自动控制器　第 1 部分：通用要求》（GB 14536.1—2008）中的规定进行试验。

② 交流供电智能坐便器，改变额定电压值的±10％，观察产品各项功能是否能正常工作。

③ 采用电池供电的智能坐便器，按照使用说明书要求，将电池更换 3 次。检查电池盒是否有损坏或电池脱落现象。

④ 漏电保护功能：调整电流，大于 10mA 时，检查交流供电插座是否自动断开。

（3）耐潮湿性能

按《环境试验　第 2 部分：试验方法　试验 Cab：恒定湿热试验》（GB/T

2423.3—2016）进行，将智能坐便器电子部件整机置于恒温恒湿试验箱内，温度达到（40±2）℃后，保持1h后开始加湿，使相对湿度达到（93+2）%，保持48h，再置于室温恢复2h后，检查智能坐便器各项功能是否正常运行。

3.1.4.4 《家用和类似用途电坐便器便座》（GB/T 23131—2019）

1. 使用条件

（1）试验装置

测量温度的仪器仪表精确度不低于0.5℃；压力计以千帕（kPa）计，相对不确定度不低于10。

（2）试验条件

除另有规定外，试验环境条件应满足：

① 环境温度：（20±5）℃；

② 相对湿度：40%～70%；

③ 无外界气流、无强烈阳光和其他热辐射作用。

（3）试验步骤

电便座使用时应符合如下要求：

① 电便座应在使用说明规定的使用环境条件下运行；

② 供水水源：符合《生活饮用水卫生标准》（GB 5749—2006）的城市饮用水，供水水压为0.1～0.8MPa，供水温度5～40℃。

试运转：电便座运转一个周期，应运行良好。

2. 清洗性能

（1）清洁率

① 试验条件

标准运行模式：电便座水温、水压、坐圈温度为最高挡位，关闭坐便器盖运行8min；打开坐便器盖，以臀部清洗功能运行1min。如有吹风功能，以最大挡位运行1min，如无吹风功能，电便座仍运行1min。

② 试验步骤

a. 按表3-18的成分配制模拟人体排泄物。

表 3-18　模拟人体排泄物成分表

成分	质量或体积
碳酸钙（$CaCO_3$）（分析纯）	100.0g
海藻酸钠（$C_5H_7O_4COONa$）（分析纯）	1.0g
甲基蓝（$C_{37}H_{27}N_3Na_2O_9S_3$）（分析纯）	0.2g
蒸馏水	76mL

按照如下方法进行配制：

（a）将称取的100g碳酸钙和1g海藻酸钠倒入同一个烧杯中，用玻璃棒按同一方向搅拌 10min；

（b）称取 0.2g 甲基蓝，放入烧杯中，向其中注入 76mL 的蒸馏水，用玻璃棒搅拌约 5min；

（c）将搅拌均匀的碳酸钙和海藻酸钠混合粉末放入一个玻璃容器中，甲基蓝溶液缓慢均匀地倒入玻璃容器中，边倒入边用玻璃棒搅拌，将液体完全倒入后，用玻璃棒搅拌至少 30min，直到模拟人体排泄物颜色均匀，表面光滑。

b. 按照《家用和类似用途电坐便器便座》（GB/T 23131—2019）附录 A 进行试验负载的准备、涂抹模拟人体排泄物、安装和调试。

试验负载载体采用透明有机玻璃板，厚度至少为 5mm，在其上加工（50±0.2）mm×（20±0.2）mm×（$3_{-0.2}^{0}$）mm 槽，载污槽表面粗糙度 Ra 为 100。如图 3-26 所示，并称取透明有机玻璃板质量 W_0。

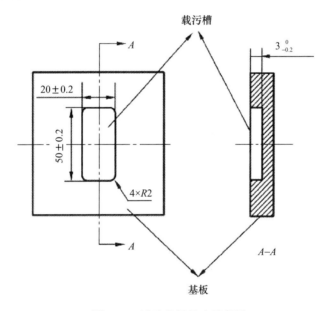

图 3-26　试验基板尺寸示意图

将模拟人体排泄物均匀地涂抹到载污槽内并涂满压实刮平，将涂有模拟人体排泄物的透明基板水平静置 1min 后，称量基板及模拟人体排泄物的总质量 W_1。

将基板平行于水平面放置，按下电便座的臀洗按钮，调整冲洗水压至最强。通过调整基板垂直方向高度使喷嘴出水口至基板载污槽中心 50mm，喷射水流方向与载污槽中心对齐（图 3-27）。

c. 调整电便座至水温最高挡、冲洗水压最强，按下电便座臀洗按钮（具有自动移动功能开启），运行 1min。运行结束，将残留的模拟人体排泄物和基板用吸水纸 1 吸取表面水分，再次称其质量，将其总质量的实测值记录为 W_2。

按上述试验方法试验 3 次，试验时间间隔以每次启动至将冲洗水温加热到最高温度的时长为准，取 3 次试验算术平均值。

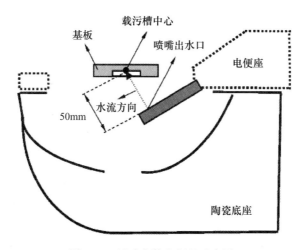

图 3-27　试验安装和调整示意图

③ 清洁率计算

清洁率按下式计算：

$$C = \frac{W_1 - W_2}{W_1 - W_0} \times 100\%$$

式中　C——清洁率；

　　W_0——透明基板质量，单位为克（g）；

　　W_1——冲洗前基板和模拟人体排泄物的总质量，单位为克（g）；

　　W_2——冲洗后基板和剩余模拟人体排泄物的总质量，单位为克（g）。

（2）最大清洗流量

① 试验装置

水量收集装置如图 3-28 所示。

② 试验步骤

按使用说明规定：选择最大流量清洗模式，用容器收集清洗用水 60s，称量并计算流量（水密度按 1g/mL 计）。取 3 次算术平均值，作为最大清洗流量。

（3）出水温度的稳定性

电便座在标准运行模式下，将温度传感器沿喷嘴出水方向，距喷嘴出水口 10mm 处放置，测量整个清洗周期温度值，清洗周期初始 5s 的清洗水流温度忽略不计。

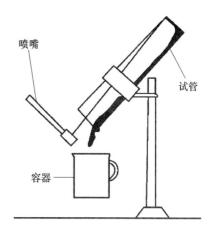

图 3-28　水量收集示意图

（4）出水温度的响应时间

电便座在标准运行模式下将温度传感器沿喷嘴出水方向，距喷嘴出水口 10mm 处放置，记录清洗水流接触温度传感器发生温度突变至水温达到 35℃的时间。

3. 吹风性能

（1）吹风温度

① 试验环境温度

试验环境温度要求：（23±2）℃。

② 试验步骤

a. 将吹风风量和吹风温度设置到最大挡，将热电偶安装在直径为 15mm，厚度为 1mm 的用铜或黄铜制成的被涂成黑色的圆板上，圆板与吹风吹出方向垂直；

b. 测量平面定位在离外罩前端口、沿出风口垂直方向 50mm 处的位置（图 3-29），测量时应确认测量处为温度最高点；

c. 启动吹风模式 30s 后开始测量，在 150s 内持续测量各点温度，采样频率不低于 1 次/s，取温度最高值。

注1：如吹风口有防污水挡板，挡板在安装状态下进行测定。

注2：每次试验前，需将电便座冷却至室温。

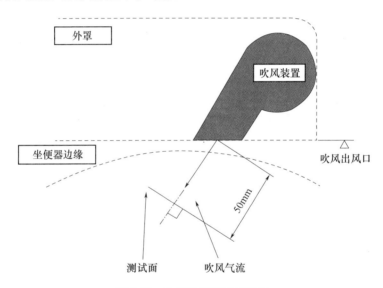

图 3-29　吹风温度测试示意图

（2）吹风风量

① 试验步骤

a. 关闭吹风温度调节装置。如果没有关闭挡，则将温度设置到最低挡位；

b. 出风口截面的高度和长度分别记为 H 和 L（$L > H$），出风口截面面积为 S，测量点为出风口截面高度中心线均布的 3 个点，如遇风口格栅，测量点应在格栅旁边无遮挡处，如图 3-30 所示；

c. 将尺寸为 $\phi 2 \times 300mm$ 的 L 形毕托管沿吹风方向，尽量靠近出风口测点位置放置；

d. 风速为 3 个风速测量点的算术平均值。

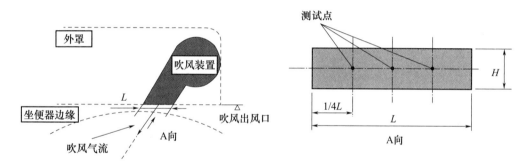

图 3-30 吹风风速和风量测试示意图

② 结果计算

风量按下式计算：

$$Q = V_F \times S \times 60 \times 10^{-6}$$

式中 Q——风量，单位为立方米每分（m^3/min）；

$\quad\quad V_F$——吹风平均速度，单位为米每秒（m/s）；

$\quad\quad S$——出风口截面积，单位为平方毫米（mm^2）。

（3）吹风噪声

① 试验步骤

按照《家用和类似用途电器噪声测试方法 通用要求》（GB/T 4214.1—2017）的相关规定，在半消声室内进行测试，以确定 A 计权声功率级噪声值。当电便座任意边长不超过 0.7m 时，按图 3-31 所示测试声压级噪声值 L_P；当电便座任意边长超过 0.7m 时，按图 3-32 所示测试声压级噪声值 L_P。

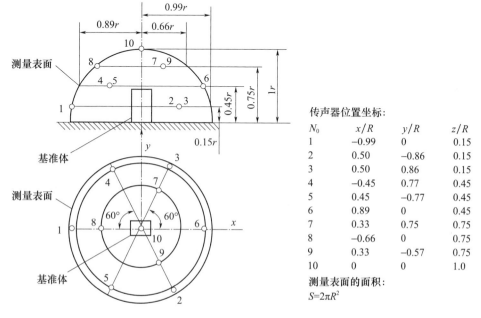

传声器位置坐标：

N_0	x/R	y/R	z/R
1	−0.99	0	0.15
2	0.50	−0.86	0.15
3	0.50	0.86	0.15
4	−0.45	0.77	0.45
5	0.45	−0.77	0.45
6	0.89	0	0.45
7	0.33	0.75	0.75
8	−0.66	0	0.75
9	0.33	−0.57	0.75
10	0	0	1.0

测量表面的面积：
$S = 2\pi R^2$

图 3-31 半球测量表面测试示意图

试验过程中电便座按正常使用状态安装在无水箱的陶瓷便座上，坐便器盖保持关闭状态，在标准运行模式下运行，测试吹风功能的声压级噪声值 L_P。

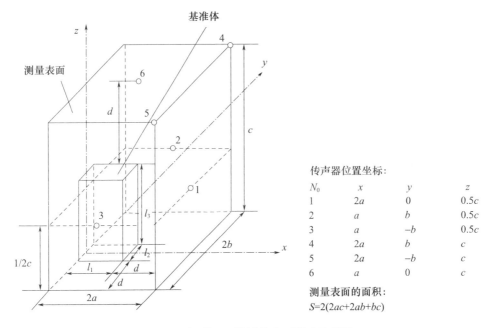

图 3-32　矩形六面体测量表面测试示意图

② 结果计算

按下式计算声功率级噪声：

$$L_W = L_P + \lg\left(\frac{S}{S_0}\right)$$

式中　L_W——声功率级噪声，单位为分贝（dB）；

　　　L_P——声压级噪声，单位为分贝（dB）；

　　　S——测量表面的面积，单位为平方米（m²）；

　　　S_0——标准面积，1m²。

4. 坐圈加热性能

（1）坐圈表面温度

① 环境条件

试验环境温度控制在（23±2）℃，测试坐圈温度时，着座感应装置不能导通。

② 试验步骤

a. 在与人体接触的坐圈区域内，使用热电偶测试坐圈区域表面的 10 个测点，如图 3-33 所示；

b. 打开便盖，将电便座坐圈加热挡位置于温度最高模式，启动坐圈加热功能，放置 30min 后，每隔 2min 测一次，共测 5 次，测量 10 个测点的温度。

注：用尺寸为 10mm×10mm 的高温胶带覆盖在热电偶，紧贴测量表面。

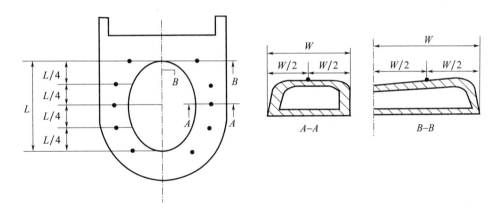

图 3-33　坐圈温度测量点分布示意图

（2）坐圈表面温度均匀性

测试布点与测试方法同上。

按下式计算坐圈表面温度均匀性：

$$\Delta t = t_i - \frac{1}{50}\sum_{i=1}^{50}t_i$$

式中　Δt——温差，单位为摄氏度（℃）；

　　　t_i——从第 i 个测点测得的温度，单位为摄氏度（℃）。

5. 用电量

（1）测试要求

试验的环境温度为（23±2）℃。

电便座首次试验前在实验室环境中放置 24h，每次试验前确保电便座处于试验环境温度。

电便座在标准运行模式下运行，测量整个过程的用电量。

清洁率、用电量在同等条件下检测，清洁率符合要求，用电量结果有效。

（2）用电量计算

记录整个周期用电量，用电量按下式计算：

$$E = E_1 + E_C$$

式中　E——用电量，单位为千瓦时（kW·h）；

　　　E_1——用电量实测值，单位为千瓦时（kW·h）；

　　　E_C——冷水能量修正值，单位为千瓦时（kW·h）。

冷水能量修正值按下式计算：

$$E_C = \frac{Q \times (t_C - 15)}{860 \times 1000}$$

式中　E_C——冷水能量修正值，单位为千瓦时（kW·h）；

　　　t_C——坐便器进水口试验用水的实测温度值，单位为摄氏度（℃）；

　　　Q——按耐久性的方法测得的用水量，单位为毫升（mL）。

进行 3 次试验，取 3 次的算术平均值作为该电便座的用电量。

6. 用水量

在标准运行模式下运行，测量整个过程的用水量。

清洁率、用水量在同等条件下检测，清洁率符合要求，用水量结果有效。

进行 3 次试验，取 3 次的算术平均值作为该电便座的用水量。

7. 耐久性

按使用说明要求，冲洗水温强度设定最高挡；吹风功能设定最高挡。臀部冲洗 30s，妇洗 30s（如无该功能，以臀部冲洗功能再冲洗 30s），若有吹风功能，则运行 30s，上述运行模式为一个试验周期，每个周期之间停歇 30s。

8. 抗菌、防霉

（1）材料抗菌率、防霉等级

① 物品灭菌：试验前应对对照样品和试验样品用消毒剂（70％乙醇溶液）擦拭样品表面，1min 后用无菌水冲洗，自然干燥。如不适于用消毒剂处理的样品，可直接用无菌水冲洗。对试验所用到的其他器具可采用高温湿热或干热方法灭菌。

② 将试验样品、对照样品分别铺在制备好的平板培养基上，喷孢子悬液，使其充分均匀地喷在培养基和样品上。每个样品做 3 个平行。将此样品在（28±1）℃、相对湿度（90±5）％以上的条件下培养 28d，若试验样品的长霉面积大于 10％，可提前结束试验。

③ 试验数据处理及效果评价

长霉等级取出样品需立即进行观察。

对照样品长霉面积应不小于 10％，否则不能作为该试验的对照样品。

样品长霉等级评定：

0 级不长，即显微镜（放大 50 倍）下观察未见生长；

1 级痕迹生长，即肉眼可见生长，但生长覆盖面积小于 10％；

2 级生长覆盖面积小于 30％，但不小于 10％（轻度生长）；

3 级生长覆盖面积小于 60％，但不小于 30％（中度生长）；

4 级生长覆盖面积大于 60％至全面覆盖（严重生长）。

长霉等级为 1 级或 0 级，评价为有抗霉菌作用。

（2）电便座水路中的水、喷嘴、坐便器内壁等位置的除菌试验

① 样机的预处理

试验前用无菌水冲洗试验管道和样机 30min，冲洗后在测试要求的取样口处取样检测，菌落总数应不高于 10CFU/mL，若冲洗 30min 后菌落总数达不到该要求，应延长冲洗时间，直至出水的菌落总数达到上述要求。

② 水路系统除菌

试验组：将样机进水口与装有加标菌液的容器连接，样机在使用说明规定的条件

下开启除菌程序，在出水口处取样，检测出水中残留的活菌数。

阳性对照：样机进水口端直接取样，培养计数，作为阳性对照。

③ 喷嘴除菌

通过水（或喷雾）对喷嘴进行除菌的电便座：

预处理：用75％的酒精对喷嘴表面擦拭2次，然后用无菌水擦拭2次，自然晾干。

试验组：菌液涂覆区域以喷嘴出水口上下限确定的距离为宽度，在保证涂覆面积为100mm²的条件下，在出水口周围外表面确定长度，在确定的区域内涂覆20μL加标菌液（菌悬液与2％的黄原胶等体积混合）。待表面微干后，开启除菌程序，程序结束后，用10mL浓度为0.85％的生理盐水回收，测定残留的活菌数。

通过照射对喷嘴进行除菌的电便座：

预处理：用75％的酒精对喷嘴表面擦拭2次，然后用无菌水擦拭2次，自然晾干。

试验组：菌液涂覆区域以喷嘴出水口上下限确定的距离为宽度，在保证涂覆面积为100mm²的条件下，在出水口周围外表面确定长度，在确定的区域内涂覆20μL加标菌液（菌悬液与2％的黄原胶等体积混合）。待表面微干后，开启除菌程序，程序结束后，用10mL浓度为0.85％的生理盐水回收，测定残留的活菌数。

④ 便器内壁除菌

预处理：用75％的酒精对喷嘴表面擦拭2次，然后用无菌水擦拭2次，自然晾干。

试验组：在便器内喷杆伸出方向正对的位置，以及左右两侧中心位置各画出50mm×50mm的区域，将500μL加标菌液（菌悬液与2％的黄原胶等体积混合）。待表面微干，开启除菌程序，程序结束后用10mL浓度为0.85％的生理盐水回收，测定残留的活菌数。三个位置分别回收。

阳性对照：将菌液涂覆微干后直接回收，测定活菌数。阳性对照回收的活菌数不应低于106CFU/mL。

除菌率按下式计算：

$$R = \frac{A-B}{A} \times 100\%$$

式中　R——除菌率；

　　　A——阳性对照回收的活菌数，单位为菌落形成单位每毫升（CFU/mL）；

　　　B——试验组残留的活菌数，单位为菌落形成单位每毫升（CFU/mL）。

试验进行3次，取3次的算术平均值作为最终除菌率，若有多处不同的取样位置，应分别取样计算。

（3）除异味试验

① 测试装置

除异味试验需要在风道系统中进行，风道设计参考《空气过滤器》（GB/T 14295—2019），同时要符合图3-34所示要求。

试验过程中，应确保异味物质能够持续稳定发生，风道系统上游取样截面异味物质浓度不均匀性不应大于15％，30min 内气态污染物浓度波动不应大于10％。

测试装置所处外环境应尽量洁净密闭，应符合《室内空气质量标准》（GB/T 18883—2020）要求，同时带净化排风系统，以防异味物质污染周边环境。

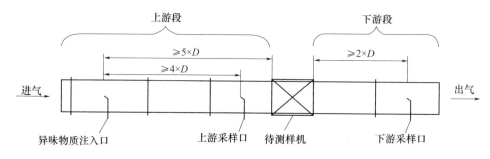

图 3-34　除异味性能测试装置

② 试验步骤

a. 将样机拆除包装，置于要求的环境中，静置至少 12h。

b. 将样机除异味装置的进风口接入测试装置的上游段，出风口接入下游段，连接方式应确保不漏风。

c. 启动异味物质发生器，向风道系统中持续注入，确保上游段浓度保持在（2.0±0.4）mg/m³。

d. 待风道中的异味物质浓度稳定后，开启待测样机的除异味程序，稳定运行 1min。

e. 上游采样口先采样 5min，然后下游采样口采样 5min，交替进行，每个采样口采样 3 次，共耗时 30min。

注：为保证精度，宜使用一台气体浓度分析仪。

f. 关闭异味物质发生器和待测样机，对测试环境进行整体排风，试验结束。

③ 结果计算

异味去除率按照下式计算：

$$E = \left(1 - \frac{C_{下}}{C_{上}}\right) \times 100\%$$

式中　E——异味去除率；

　　$C_{上}$——上游段浓度平均值，单位为毫克每立方米（mg/m³）；

　　$C_{下}$——下游段浓度平均值，单位为毫克每立方米（mg/m³）。

9. 结构及材料

（1）以下三个项目通过视检确定是否符合要求：

① 电便座与人体接触的表面应光滑，正常使用时，不应刮伤人体皮肤。

② 电便座在正常工作状态下，清洗系统运行正常无阻滞。

③ 供水组件和加温水箱不应渗漏。

（2）明示具有抗菌、防霉功能电便座的抗菌、防霉材料有害物质释放量按下列方法进行试验：

① 样品及试样准备

抗菌、除菌、防霉部件生产者进行卫生学试验时必须提供实际使用的抗菌、除菌、防霉部件，且制成品不超过 15d。

样品大小应能满足测试项目的需要。当抗菌、除菌、防霉部件体积过大时，可根据具体情况，适当取其一部分用作浸泡试验试样。

受检试样到达实验室后，用纯水将试样充分清洗干净。

抗菌、除菌、防霉部件生产者进行卫生学试验时还应提供产品应用条件、应用范围、理化性质等资料。

② 试样浸泡

a. 综合指标、单体

按检验项目所需的测定液体积，取一定量试样于玻璃试验容器内，按浸泡液容积与试样的表面积比 2mL/cm² 加纯水，在密闭和 60℃避光的条件下浸泡 2h。浸泡时，浸泡液应淹没试样。

b. 重金属

按检验项目所需的测定液体积，取一定量试样于玻璃试验容器内，按浸泡液容积与试样的表面积比 2mL/cm² 加 4％乙酸，在密闭和 60℃避光的条件下浸泡 1h。浸泡时，浸泡液应淹没试样。

c. 浸泡液收集和保存

浸泡完毕后，应将浸泡液转移至干净的样品瓶内，并立即用于化学或毒理学试验项目试验。

d. 浸泡液分析

有害物质释放限量试验方法按《生活饮用水检验规范》进行，具体见表 3-19。

表 3-19 抗菌、除菌、防霉部件有害物质释放限量

序号	项目		标准值（mg/L）	试验方法
1	综合指标（水浸泡液）	蒸发残渣	30	7.1[a]
2		高锰酸钾消耗量	10	106.1～106.2[a]
3	重金属（酸浸泡液）	铅	1	27.1～27.4[a]
4		镉	0.5	25.1～25.4[a]
5		砷	0.04	22.1～22.3[a]
6		汞	0.01	24.1～24.3[a]
7	单体	氯乙烯	1	64.1[a]
8		丙烯腈	11	42.1[a]

注：单体项目仅适用于高分子材料。
[a]《生活饮用水检验规范》条文。

综合指标（水浸泡液）：

（a）蒸发残渣：直接观察法；

（b）高锰酸钾消耗量：酸性高锰酸钾滴定法、碱性高锰酸钾滴定法。

重金属（酸浸泡液）：

（a）铅：火焰原子吸收分光光度法、无火焰原子吸收分光光度法、双硫腙分光光度法、催化示波极谱法；

（b）镉：火焰原子吸收分光光度法、无火焰原子吸收分光光度法、双硫腙分光光度法、催化示波极谱法；

（c）砷：二乙氨基二硫代甲酸银分光光度法、锌-硫酸系统新银盐分光光度法、砷斑法；

（d）汞：冷原子吸收法、双硫腙分光光度法、原子荧光法。

单体：

（a）氯乙烯：气相色谱法；

（b）丙烯腈：气相色谱法。

3.1.4.5 《卫生陶瓷》（GB/T 6952—2015）

1. 釉面和外观缺陷

在产品表面的漫射光线至少为1100lx的光照条件下，距产品约0.6m处目测检查釉面和外观缺陷，检查时应将产品翻转观察各检查面。

标准中对坐便器产品表面不同区域的要求是不同的，坐便器产品划分为四个表面区域：

① 洗净面：水冲洗面；

② 可见A面：由正面和俯视可见面；

③ 可见B面：侧面可见面；

④ 其他区域面：隐蔽面及安装面。

坐便器的洗净面、可见A面、可见B面及其他区域的划分示意图见图3-35。

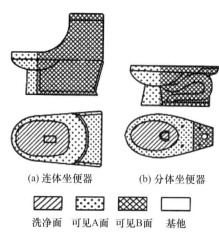

(a) 连体坐便器　　　(b) 分体坐便器

洗净面　可见A面　可见B面　基他

图3-35　坐便器表面区域划分示意图

2. 色差

在产品表面的漫射光线至少为 1100lx 的光照条件下，距产品约 2m 处，对水平放置的一件产品或集中水平放置的一套产品目测检查是否有明显色差。

为了保证使用装饰效果，标准要求一件产品或配套产品经目测无明显色差。

3. 变形的检验

（1）测量器具

精度为 1.0mm 的钢直尺、直角尺、高度尺；

精度为 0.1mm 的塞尺，或类似功能的量具；

具有水平平面的检测工作台。

（2）测量方法

测量方法见表 3-20。

表 3-20　坐便器变形检测测量方法

方法名称	测量方法
钢直尺法	用钢直尺的直边紧贴测量面，测量其最大缝隙
平台法	将产品的被测量面置于工作平台上，用塞尺测量上翘部分到平台垂直距离或用直角尺和钢直尺测量左右两边的高度差
对角线法	用钢直尺测量两对角线，求其尺寸差

（3）变形部位及测量方法

各类产品的变形部位及测量方法按表 3-21 规定进行。

表 3-21　产品变形部位及测量方法

产品名称	变形名称	变形部位	测量方法
坐便器	安装面弯曲变形	底座平面、安装水箱口平面	平台法
	表面变形	坐圈平面	平台法
	整体变形	整体歪扭不平、坐圈倾斜	平台法

4. 尺寸的检验

（1）试验仪器

① 检测工作台

由水平工作平面和垂直工作平面组合而成的检测工作台。

② 测量工具

分度值为 1mm 钢直尺、钢卷尺；

精度为 1°的直角尺；

分度值为 0.02mm 的游标卡尺；

分度值为 1mm 的水封尺；

分度值为 0.5mm 的塞尺；

带尺锥台及锥台；

以及类似功能的测量器具。

（2）外形尺寸的测量

坐便器外形尺寸的测试方法见表3-22。

表3-22　坐便器外形尺寸的测试方法

尺寸类型		测试方法
长度、宽度		将被测样品放置在检测台水平工作面上，使被测的一端紧靠在垂直工作面上，将直角尺直立于水平工作面上并紧靠被测的另一端，然后用钢直尺沿中心线测其垂直工作面与直角尺之间两测量点的距离，即为产品的长度或宽度值
高度		将样品的被测一端放置在水平工作面上，将钢直尺沿宽度方向紧靠另一被测端且使其平行于水平工作面，用直角尺测量水平工作面与钢直尺之间的距离，即为产品的高度值
孔眼尺寸	孔眼直径和孔眼圆度	用游标卡尺测量孔眼直径，对于特型孔眼可用内、外圆卡配合测量。每孔测量3个点，每次测量均在上次测量位置基础上将测点旋转约60°。取最小值为该孔眼直径值，其最大半径差值为孔眼圆度值
	孔眼中心距及中心线偏移	在样品水平放置的情况下，将一个带尺锥台和一个锥台分别放入两个被测孔眼中，由锥台直尺读出并记录孔眼中心距离。继续固定锥台直尺测量位置，用钢直尺和直角尺确定中心线偏移
	安装孔平面度	将一块面积大于安装孔平面的平板平行置于被测面上，用塞尺测定两平面间的最大垂直间距
	孔眼距边及排污口安装距	将被测样品放置于检测台上，用样品所测边缘靠紧直角尺，将带尺锥台放入孔眼中，读出并记录孔眼中心与直角尺之间的数值
水封		用水封尺或直尺测量
水封表面面积		用游标卡尺或类似功能的量具测量水封表面的最大长度和宽度，并记录
水道最小过球直径		将不同直径的固体球放入坐便器水道入口中，用冲水或摇摆的方式使固体球沿水道滚动，记录由排污口排出的球的直径
坯体厚度		取同类同期产品（或用破损产品），用游标卡尺或内卡配合钢直尺测量坯体厚度，取最小值
其他尺寸		按标准规定部位或图纸所示，用钢直尺、直角尺或游标卡尺进行测量。其中产品尺寸的长度值超过1m的情况下可用钢卷尺测量

5. 材质的检验

（1）吸水率

① 制样

由同一件产品的三个不同部位上敲取一面带釉或无釉的面积约为 $3200mm^2$、厚度不大于16mm的一组试样，每块试片的表面都应包含与窑具接触过的点，试样也可在相同品种的破损产品上敲取。

② 试验步骤

将试样置于 (110 ± 5)℃的烘箱内烘干至恒重（m_0），即两次连续称量之差小于0.1%，称量精确至0.01g。将已恒重试样竖放在盛有蒸馏水的煮沸容器内，且使试样与加热容器底部及试样之间互不接触，试验过程中应保持水面高出试样 50mm。加热至沸，并保持 2h 后停止加热，在原蒸馏水中浸泡 20h，取出试样，用拧干的湿毛巾擦干试样表面的附着水后，立刻称量每块试样的质量（m_1）。

③ 计算

试样的吸水率按下式计算：

$$E=\frac{m_1-m_0}{m_0}\times100\%$$

式中　E——试样吸水率，%；

　　　m_1——吸水饱和后的试样质量，单位为克（g）；

　　　m_0——干燥试样的质量，单位为克（g）。

④ 试验结果

以所测三块试样吸水率的算术平均值作为试验结果，修约至小数点后一位。

（2）抗裂性

① 制样

在一件产品的不同部位敲取面积不小于 3200mm^2、厚度不超过 16mm 且一面有釉的三块无裂试样。

② 试验步骤

将试样浸入无水氯化钙和水质量相等的溶液中，且使试样与容器底部互不接触，在（110±5）℃的温度下煮沸 90min 后，迅速取出试样并放入 2～3℃的冰水中急冷 5min，然后将试样放入加 2 倍体积水的墨水溶液中浸泡 2h 后查裂并记录。

6. 坐便器用水量测定

（1）试验装置

坐便器试验装置及参数如图 3-36、图 3-37 所示。

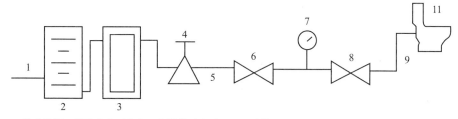

1—供水管道。试验应为干净水，应提供不小于860kPa的静压；
2—过滤器。使用过滤器除去水中的颗粒和污物，防止对供水系统的运行及便器测试的影响；
3—流量计。流量计的使用范围应为0～38L/min，精度为全量程的2%。可用变流涡轮流量计；
4—调压器。减压阀（稳压器）的适用范围应为140～550kPa，且压差不超过35kPa时，流量不小于38L/min；
5—供水管。应使用最小为NPS-3/4的供水管；
6—阀门。控制阀是市场上可买到的NPS-3/4球阀或类似便利阀；
7—压力表。压力表的使用范围为0～690kPa，刻度为10kPa，精度不低于全量程的2%；
8—球阀或闸阀。用于通断控制（最小为NPS-3/4）；
9—软管。用软管将标准化供水系统与便器联接。所用软管的内径不得小于NPS-5/8；
10—截止阀。模拟进水阀的截止阀是NPS-3/8，可用黄铜制R-15模拟阀门用于坐便器测试；
11—样品。已安装水箱及进水阀的待测样品

图 3-36 使用重力式（水箱式）冲水装置坐便器冲洗功能试验装置系统示意图

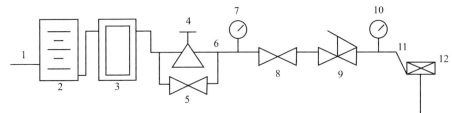

1—供水管道。试验应为干净水，应提供不小于860kPa的静压。
2—过滤器。使用过滤器除去水中的颗粒和污物，防止对供水系统的运行及坐便器测试的影响。
3—流量计。流量计的使用范围应为0～227L/min，精度为全量程的2%。可用变流涡轮流量计。
4—调压器。减压阀（稳压器）的适用范围应为140～550kPa，且压差不超过49kPa时，流量应
　不小于189L/min。可以用一个附加的调阀，用于调整进口压力。
5，8，9—阀门。控制阀是市场上可买到的NPS-3/4等径球阀或类似8的调节阀、9为快速通断阀、5为
　旁路阀门。
6—供水管。应使用最小管径为NPS-1-1/2的供水管。
7，10—压力表。压力表的使用范围为0～690kPa，刻度为10kPa。精度不低于全量程的2%。
11—软管。用软管将标准化供水系统与冲洗阀联接。所用软管的内径为NPS-1-1/4且不得长于3m。
12—冲洗阀。应提供与冲洗阀配套的截止阀，制造商或实验室应提供制造商所选择的用于试验的冲洗阀。
试验所用冲洗阀符合《卫生洁具　便器用压力冲水装置》（GB/T 26750—2011）的规定。

图 3-37　使用压力式冲水装置坐便器冲洗功能试验装置系统示意图

（2）试验前供水系统标准化调试

① 重力式坐便器冲洗用水量及冲洗功能试验供水系统标准化调试程序如下：

a. 调节压力调节器4至静压为（0.14±0.007）MPa；

b. 打开截止阀10，调整阀门6在（0.055±0.004）MPa动压下，流量计7所测的水流量为（11.4±1）L/min；

c. 保持阀门8试验时为全开状态，调试完成后，关闭阀门8；

d. 卸掉截止阀，安装样品。

② 压力式坐便器冲洗用水量及冲洗功能试验供水系统标准化调试程序如下：

a. 通过压力调节器4设定压力表7的静压力调节至0.24MPa；

b. 装上配套冲洗阀，供水开关全开使供水系统出水端和冲洗阀出水口可与大气相通；

c. 开启冲洗阀调节阀门8使流速峰值达到（95±4）L/min。如果厂商说明该冲洗阀达不到规定的最小流速，则将该冲洗阀调节至全开状态；

d. 将冲洗阀连接到测试便器；

e. 记录冲洗阀装在便器上的流量份峰值和计量器10的动压峰值，必要时调节阀门9使流速峰值保持在±4L/min，计算出0.55MPa下试验的用水量。

（3）试验压力

坐便器用水量应在表3-23的压力下进行检测，每个试验压力下测试3次。

（4）试验步骤

① 将被测坐便器安装在冲洗功能试验装置上，连接后各接口应无渗漏，清洁洗净面和存水弯，并冲水使坐便器水封充水至正常水位。

表 3-23　坐便器用水量试验压力

静压力（MPa）

便器类型	坐便器	
冲水装置	水箱（重力）式	压力式
试验压力	0.14	0.24
	0.35	
	0.55	

② 在试验水压（表 3-23）规定的任一试验压力下按产品说明调节冲水装置至规定用水量，其中水箱（重力）冲水装置应调至水箱工作水位标志线，若生产厂对产品有特殊要求，则按产品说明和包装上的明示压力进行测定。

③ 按正常方式（一般不超过 1s）启动冲水装置，记录一个冲水周期的用水量和水封回复；保持冲水装置此时的安装状态，调节试验压力，分别在各规定压力下连续测定三次。如果是双冲式应同时在规定压力下测定三次的半冲用水量，记录每次冲水的静压力、注水量、总水量、溢流水量（若有时）和冲水周期。

（5）结果计算

① 单冲式坐便器用水量按式（3-6）计算，测试结果精确至 0.1L：

$$V = V_1 \tag{3-6}$$

式中　V——实际用水量，单位为升（L）；

　　V_1——单冲式坐便器用水量算术平均值，单位为升（L）。

② 双冲式坐便器用水量按式（3-7）计算，测试结果精确至 0.1L：

$$V = \frac{V_1 + 2V_2}{3} \tag{3-7}$$

式中　V——实际用水量，单位为升（L）；

　　V_1——全冲水用水量算术平均值，单位为升（L）；

　　V_2——半冲水用水量算术平均值，单位为升（L）。

③ 半冲水占全冲水用水量最大限定值（V_0）的比率（ρ）按式（3-8）计算（保留小数后一位）：

$$\rho = \frac{V_2}{V_0} \times 100\% \tag{3-8}$$

式中　ρ——半冲水占全冲水用水量最达限定值的比率，%；

　　V_0——全冲水用水量最大限定值，单位为升（L）；

　　V_2——半冲水用水量算术平均值，单位为升（L）。

7. 冲洗功能试验方法

坐便器冲洗功能试验项目见表 3-24。

表 3-24　坐便器冲洗功能试验项目

试验项目		坐便器	
		大挡	小挡
洗净功能		★	★
固体物排放功能	球排放	★	
	颗粒排放	★	
污水置换试验		★	★
水封回复		★	★
排水管道输送特性		★	
防溅污性		★	
排放功能			

注：表中"★"为应检项目。

（1）试验装置

管道输送功能装置及详细参数如图 3-38 所示；其余功能装置同用水量试验装置。

与坐便器排污口连接的排水管道参数：

① 内径 100mm 透明管；

② 用 90°弯管连接横管；

③ 排水横管的长度：18m；

④ 顺流坡度：0.020；

⑤ 下排式排污口至横管中心的落差：200mm。

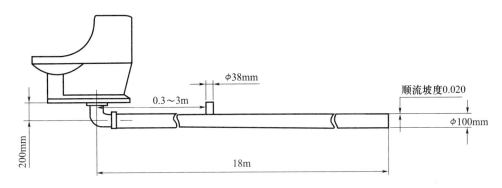

图 3-38　排水管道输送特性试验装置示意图

注：不带整体存水弯坐便器，应装配或采用生产商配套的水封深度不得小于 50mm 的存水弯进行功能试验。

（2）试验压力

坐便器及冲水装置应保持在用水量试验所调节的试验状态下进行下列试验。坐便器冲洗功能试验除防溅污性试验在表 3-23 规定的最高试验压力下进行，其他冲洗功能试验在表 3-23 规定的最低试验压力下进行。如厂家未对产品进行最低压力要求，则坐便器冲洗功能的试验压力为 140kPa，如厂家对其产品有最低压力要求，则冲洗功能试验在其最低压力下进行。

（3）各项功能试验方法

① 墨线试验

a. 清洁：将坐便器洗净面擦洗干净；

b. 划线：在坐便器水圈下方 25mm 处沿洗净面画一条细墨线；

c. 在规定水压和用水量下启动冲水装置；

d. 观察、测量、记录：残留在洗净面上墨线的各段长度，并记录各段长度和各段长度之和。连续进行三次试验，报告三次测试残留墨线的总长度平均值和单段长度最大值，精确至 1mm。

② 球排放试验

将 100 个直径为（19±0.4）mm、质量为（3.01±0.1）g 的实心固体球轻轻投入坐便器中，启动冲水装置，检查并记录冲出坐便器排污口外的球数，连续进行三次，报告三次冲出的平均数（图 3-39）。

图 3-39　实心固体球

③ 颗粒试验

a. 试验介质（图 3-40）

a）颗粒：（65±1）g（约 2500 个）直径为（4.2±0.4）mm，厚度为（2.7±0.3）mm、密度为（951±10）kg/m^3 的圆柱状聚乙烯（HDPE）颗粒。

b）100 个直径为（6.35±0.25）mm 的尼龙球。100 个尼龙球的质量应为 15～16g，密度为（1170±10）kg/m^3。

图 3-40　尼龙球与聚乙烯颗粒

b. 试验步骤

将试验介质放入坐便器存水弯中，启动冲水装置，记录首次冲洗后存水弯中的可见颗粒数和尼龙球数。进行三次试验，在每次试验之前，应将上次的颗粒冲净。报告三次测定的平均数。

④ 混合介质试验

a. 介质组成及要求（图 3-41）

a）海绵条：尺寸为（20±1）mm×（28±3）mm 的聚氨酯海绵条 20 个，新的干燥密度为（17.5±1.7）kg/m³。

b）打字纸：定量为 30.0g/m² 制成（190±6）mm×（150±5）mm 试验用纸。

图 3-41　海绵条与打字纸

b. 试验步骤

a）将 20 个新海绵条试验前至少在水中浸泡 10min；

b）将 20 个海绵条放在被测坐便器存水弯的水中，在水中用手挤压使其排出空气并浸吸水，幼儿型坐便器应采用 10 个海绵条进行试验；

c）向坐便器存水弯加水，确保水封为完全水封深度；

d）将单张纸弄皱，团成直径约 25mm 的纸球，每次试验前准备 4 组纸球，每组 8 个；

e）每次试验前将 8 个纸球分别放在盛水容器中直到水完全浸透；

f）将上一步的纸球一个接一个放入坐便器中并使其随机地分布在海绵条中，幼儿型坐便器试验用纸球一组 4 个；

g）启动冲水装置；

h）完成冲水周期后，记录海绵条和纸球冲出坐便器的数量再次冲水，记录留在坐便器内的绵条和纸球数量，重复进行四次试验舍去最差的一组数据，取其余 3 组第一次冲出数量的平均值并报告第二次冲水是否有残留介质。

⑤ 排水管道输送特性试验

a. 试验介质

100 个直径为（19±0.4）mm，质量为（3.01±0.15）g 的实心固体球。

b. 试验步骤

将坐便器安装在管道输送装置上，将 100 个固体球放入坐便器存水弯中，启动冲水装置冲水，观察并记录固体球排出的位置。测定三次。

c. 试验记录

球在沿管道方向传送的位置分为八组进行记录，代表不同的传输距离。将 18m 排水横管分为六组，由 0～18m 每 3m 为一组，残留在坐便器中的球为一组，冲出排水横管的球为一组。

d. 试验结果计算

加权传输距离＝每组的总球数×该组平均传输距离

所有球总传输距离＝加权传输距离之和

球的平均传输距离＝所有球总传输距离÷总球数

示例：为便于理解，在表 3-25 中列出一例排水管道输送特性试验结果。

表 3-25 排水管道输送特性试验结果记录表

组别	第一次	第二次	第三次	每组总球数	平均传输距离（m）	加权传输距离（m）
坐便器内	5	2	7	14	0	0
0～3m	14	22	15	51	1.5	76.5
3～6m	8	9	6	23	4.5	103.5
6～9m	5	2	4	11	7.5	82.5
9～12m	2	0	3	5	10.5	52.5
12～15m	5	8	2	15	13.5	202.5
15～18m	9	12	7	28	16.5	462
排出管道	52	45	56	153	18	2754
总球数	3×100＝300					

所有球总传输距离＝各加权传输距离之和：3733.5m

球的平均传输距离：12.4m

⑥ 水封回复试验

a. 本试验适用于带存水弯的各类坐便器；

b. 单冲式坐便器进行全冲水试验，双冲式则先进行半冲水试验；

c. 若一次冲水周期完成后排污口有溢流则水封回复值与水封深度值相同，记录试验结果；

若无溢流出现则应测量水封深度，再续完成 6 个冲水周期；若为双冲式坐便器则按一次全冲两次半冲的顺序继续完成 6 个冲水周期，记录每次所测的水封回复深度。

d. 在对虹吸式坐便器测试过程中，应观察每次冲水时是否产生虹吸，若有一次未发生虹吸，记录结果试验结束；

e. 报告水封回复的最小值，报告虹吸式坐便器是否有不虹吸发生。

⑦ 污水置换试验

a. 试验材料

染色液：约80℃的自来水配制浓度为5g/L的亚甲兰溶液。

标准液：试验条件下将坐便器冲洗干净，完成正常进水周期后，将30mL染色液倒入坐便器水封中，搅拌均匀，由水封水中取5mL溶液至容器中，测定坐便器大挡冲水时，加水稀释至500mL（标准稀释率为100），测定坐便器小挡冲水时，加水稀释至125mL（标准稀释率为25），混均后移入比色管中作为标准液待用。

b. 试验步骤

a）将坐便器冲洗数次，使坐便器中有色液全部排出，至水封中水为清水；

b）将30mL染色液倒入坐便器水封中，搅拌均匀；

c）启动冲水装置冲水，冲水周期完成后，将坐便器内的稀释液装入与装标准液同样规格的比色管中。

c. 试验结果比对（目测）

若比标准液颜色深，则记录稀释率小于标准稀释率；

若与标准液颜色相同，则记录稀释率等于标准稀释率；

若比标准液颜色浅，则记录稀释率大于标准稀释率。

⑧ 半冲卫生纸试验（图3-42）

a. 试验介质

准备6张定量为（16.0±1.0）g/m²，尺寸为（114±2）mm×（114±2）mm的成联单层卫生纸，卫生纸应符合《卫生纸（含卫生纸原纸）》（GB/T 20810—2018）的要求，且应符合下列条件：

a）浸水时间：将该6联卫生纸紧紧缠绕在一个直径为50mm PVC管上。将缠绕的纸从管子上滑离。将纸筒向内部折叠得到一个直径大约为50mm的纸球，将这个纸球垂直慢慢放入水中，记录纸球完全湿透所需的时间应不超过3s。

b）湿拉张强度：用一个直径为50mm的PVC管来作为支撑试验用纸的支架。将一张卫生用纸放于支架上，将支架倒转使纸浸入水中5s后，立即将支架从水中取出，放回到原始的垂直位置，将一个直径为8mm，质量为（2±0.1）g的钢球放在湿纸的中间，支撑钢球的纸不能有任何撕裂。

b. 试验步骤

a）将6联未用过的卫生纸制成直径大约为50～70mm的松散纸球，每组4个纸球；

b）将4个纸球投入坐便器存水弯水中，或将3个纸球投入幼儿型坐便器存水弯水中，让其完全湿透。在湿透后的5s内启动半冲水开关冲水，冲水周期完成后，查看并记录坐便器内是否有纸残留；如有残留纸，则试验结束，报告试验结果；

如没有残留纸，再重复进行第二次试验；如有残留纸，则试验结束，报告试验结果。

如没有残留纸，再重复进行第三次试验；报告试验结果。

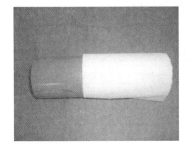

图 3-42　半冲卫生纸试验

3.2　国际标准情况

在电气安全方面，智能坐便器现行的国际标准为国际电工委员会（IEC）《家用和类似用途电器的安全电子坐便器的特殊要求》（IEC 60355-2-84：2013），该标准已被各个国家等同或等效采用，来规范该类产品的电气安全。我国的强制性国标《家用和类似用途电器的安全　第1部分：通用要求》（GB 4706.1—2005）等同采用 IEC 60335-1：2004（Ed4.1），《家用和类似用途电器的安全　坐便器的特殊要求》（GB 4706.53—2008）等同采用 IEC 60335-2-84：2005（Ed2.0）。

随着智能坐便器产品近些年消费需求的增大，IEC 于 2016 年针对智能坐便器产品性能制定了标准《家用和类似用途电子坐便器性能测试方法》（IEC 62947）。

《智能坐便器性能测试方法》（IEC 62947）主要对智能坐便器使用性能相关的各项指标，包括清洗面积、清洗效率、坐圈加热等，并规定了测试这些性能的试验条件及试验方法。该标准于 2014 年立项，由于产品的复杂性及特殊性，在关键性能测试方法及指标上一直未达成统一意见。

当前《智能坐便器性能测试方法》（IEC 62947）标准为第 3 版草案阶段，目前正在收集整理各工作组成员的意见和建议。工作组在 2020 年召开面对面会议，讨论并确定 CD 稿并进行意见征求，2020 年 9 月瑞典 Stockholm 会议上确定 CDV 稿。

图 3.43　IEC 智能坐便器产品相关安全标准

3.2.1　美国及北美地区智能坐便器相关政策

3.2.1.1　智能坐便器准入政策

产品测试、认证是对制造商、贸易商或品牌商按照美国国家标准以及加拿大国家标准（详见 3.3.2.2）对智能坐便器进行合格评定的过程，这是一个最基本的市场准入门槛。《检测和核准实验室能力的通用要求》（ISO 17025—2017）资质是测试实验室（TestLab）的基础要求，美国职业安全与卫生标准（OSHA）的美国国家认可实验室（NRTL）资质则是对此类产品测试认证的必要前提；认证机构（CB）必须要有北美相关认可机构（AB），比如加拿大标准委员会（SCC）、美国国家标准学会（ANSI）等的认可和监管（图 3-44）。

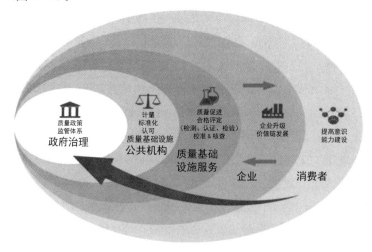

图 3-44　北美地区国家质量基础设施（NQI）

美国联邦政府对电气产品的安全没有推行强制性认证模式，但要求各州政府对产品安全性的合格评定做出具体规定。电子产品进入美国市场常见的认证有美国安全检测实验室实施的美利坚联盟国（CSA）认证、UL认证和IntertekKTLSEMKO公司实施的ETL认证（图3-45）。

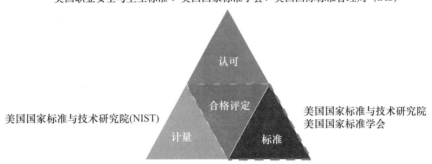

美国职业安全与卫生标准、美国国家标准学会、美国国际标准管理局（IAS）

图 3-45　美国国家质量基础设施

对于国内企业，选择例如CSA、UL、IAPMO这类拥有专业的标准制定、测试、认证的资深机构进行合作，可使企业快速了解地方政策，节约成本，避免不必要的麻烦。

3.2.1.2　北美地区智能坐便器认证流程

通常情况下，北美地区卫浴产品认证流程需要经历如下四个阶段：

申请阶段：制造商提交产品申请资料，认证机构对产品资料进行初次评估并制订初始测试方案，书面报价确认；

测试阶段：制造商提供智能坐便器测试样品，认证机构对样品进行结构审查并确定测试方案，测试结束后通知制造商测试结果；

签证阶段：认证机构首次工厂实地评估，制造商提交产品认证标贴方案，认证机构进行合格评定并签发证书；

厂检阶段：认证机构对制造工厂进行年度检查。

但是，在北美地区也存在一个特殊情况：有部分州政府不直接引用国家标准，而是采用制定符合当地特点的产品标准。最典型的例子是美国加利福尼亚州，加利福尼亚州CEC法规在保留其国家标准的绝大部分测试评估要求的前提下，对坐便器的用水量进行更为严格的修订，其规定的平均用水量从6L调整到4.8L。所以，智能坐便器制造商需提早了解出口目标市场的实际情况，杜绝持有认证证书却无法进入该市场的隐患。

3.2.2　北美地区智能坐便器标准

3.2.2.1　概况

北美地区对于产品的约束有法规和标准两种，见表3-26。

表 3-26 北美地区法规和标准的区别

名称	差异点	关注对象
法规	Codes address how the products or equipment need to be installed inaresidential，industrial or commercial building. 法规关注系统设计、产品安装	
标准	Standards address the construction，safety and performance of aproductor piece of equipment. 标准关注产品结构、安全、性能	

美国及北美地区现行的智能坐便器相关的标准见表 3-27。

表 3-27 美国及北美地区现行的智能坐便器相关标准

No.	标准编号	标准名称
1	ASMEA 112.19.2—2018/CASB45.1：18	瓷质卫生洁具
2	ASMEA 112.4.2—2015/CASB45.16：15	坐便器个人卫生装置
3	IAPMOZ124.5—2013	塑料便器座
4	UL1431—2019	个人卫生和保健设备安全标准
5	CASC22.2No. 64-10	House hold cooking and liquid heating appliances
6	CASC22.2No. 68-09（R2014）	Motor-operated appliances（house hold and commercial）
7	EPA Water Sense® Specification for Tank-TypeToilets	美国 WaterSense 节水标准（仅针对水箱式重力冲水或者水箱式压力冲水）
8	EPA Water Sense® Specification for Flush-ometer-Valve Water Closets	美国 WaterSense 节水标准（仅针对冲洗阀式冲水）

除了整机智能坐便器之外，北美市面也有一些盖板类产品带有简化的功能，根据其产品属性不同，这些盖板产品的执行标准见表 3-28。

表 3-28 盖板执行标准要求

产品属性	执行标准	产品图例
只带有坐圈 加热功能	IAPMOZ124.5-2013 CSAC22.2No.64-10 UL1431-2019	
带有臀洗/ 妇洗功能	ASMEA112.4.2-2015/CASB45.16-15 IAPMOZ124.5-2013 CSAC22.2No.64-10 UL1431-2019	
臀洗/妇洗功能 （不带电）	ASMEA112.4.2-2015/CASB45.16-15	

3.2.2.2 美国地区智能坐便器电气安全标准

1. 标准简介

美国及北美地区现行的智能坐便器执行的常见电器安全标准是《个人卫生和保健设备安全标准》（UL 1431—2019）、CASC22.2No.64-10《*House hold cooking and liquid heating appliances*》和 CASC22.2No.68-09（R2014）《*Motor-operated appliances（house hold and commercial）*》3 项（图 3-46）。标准涵盖了个人卫生或健康护理应用的家用电器产品，该标准对产品性能、电气安全、结构安全都有严格、全面的要求，涵盖的产品包括水压按摩器、隐形眼镜消毒器、电动牙刷及一些小于等于 250V 电压供电的家用电器产品。

图 3-46 电器安全标准

2. 中美标准差异分析

中国智能坐便器电气安全标准《家用和类似用途电器的安全 坐便器的特殊要求》（GB 4706.53—2008）（以下简称国标）和北美电气安全标准有较大的差异。这里对比了美国的《个人卫生和保健设备安全标准》（UL 1431—2019）（以下简称美标）和国标在电气安全方面的差异，具体如表 3-29 所示。

表 3-29　中美智能坐便器电气安全标准比对

比对项目	国标	美标	差异点
环境温度	(20±5)℃	10～40℃	—
防水等级	至少是 IPX4	—	—
额定功率	如果一个额定电压范围的上下限值之间的差值不超过该范围平均值的 10%，则应标出对应该范围平均值的额定输入功率。例：智能坐便器上标有额定电压：220～240V，则按照额定电压 230V 来检测额定功率值	按照标有的额定电压较大值来测得额定功率。例：智能坐便器上标有额定电压：110～120V，则按照额定电压 120V 来检测额定功率值	试验条件不同
对触及带电部件的防护	开孔不能被 B 型试验探棒，13 号试验探棒，41 号试验探棒接触带电部件	开孔不能被 UL 测试探棒接触带电部件	两种探棒尺寸及应用场合均不同
接地措施	用裸露加热元件加热水的器具必须是 I 类或 III 类	所有永久性连接到电源的器具应该接地	—
	从空载电压不超过 12V（交流或直流）的电源取得电流，智能坐便器测试电流为其额定电流 1.5 倍或 25A（两者中选较大值）。让该电流从接地端子或接地触点与每个易触及金属部件通过，测量出的接地电阻值不应超过 0.1Ω	从空载电压不超过 6V（交流 60Hz）的电源取得电流，智能坐便器测试电流为 25A。让该电流从接地端子或接地触点与每个易触及金属部件通过，测量出的接地电阻值不应超过 0.1Ω	空载电压、测试电流要求均不同
泄漏电流	智能坐便器限值为 3.5mA	智能坐便器限值为 0.5mA	限值不同
锐利边缘测试	视检	用满足 UL 1439 的锐利边缘测试仪器检测	美标中对试具要求有更详细的规定
发热	智能坐便器属于组合型器具，以 0.94 倍和 1.06 倍额定电压之间的最不利电压供电	按照产品的最大额定电压测定	试验条件不同
	试验期间要连续监测温升，温升值不得超过表 3 最大正常温升所示的值	试验期间要监测的是温度，最高温度不得超过表 50.1	温升（温度）限值要求不同
	智能坐便器便盖最大温升为 25K	与身体接触超过 1h 的部件，比如智能坐便器便盖温度最高不得超过 41℃	温升（温度）限值要求不同
耐潮湿	湿度：(93±3)%；温度：20～30℃	湿度：(88±2)%；温度：(32±2)℃	试验条件不同

比对项目	国标	美标	差异点
电气强度 耐压测试	基本绝缘 1000V（潮态后施加 1250V）； 附加绝缘 1750V 加强绝缘 3000V	在带电部件和非带电导电体之间施加： （1）1000V＋智能坐便器最大额定电压的两倍； （2）智能坐便器有可能工作在潮湿的环境中，施加 2500V 的耐压测试	试验条件不同
塑料外壳	—	符合 UL746C，所有带电外壳可燃性等级满足 5VA	外壳可燃性要求不同
	冲击测试：用 0.5J 的冲击能量在每一个可能的薄弱点上冲击 3 次	球冲击测试：直径 50.88mm，重量为 0.535kg 的钢球从一定高度落下，冲击能量为 1.02J，可在一个或最多三个样本上进行，但每个样本必须进行至少 3 次的冲击测试	试验条件不同
	距载流部件 3mm 内的部件或材料，球压试验，灼热丝试验，针焰试验	如果材料位于距非绝缘带电部件 0.8mm 内，或距起弧部件 12.7mm 内，材料应具有适合的相对漏电起痕指数值（CTI），热丝引燃值（HWI）和大电流起弧阻燃值（HAI）	试验条件不同
电源线拉扭测试	拉力测试：100N，每次时间 1s，进行 5 次； 扭力测试：0.35N·m，持续时间 1min	拉力测试：156N，持续时间 1min；烘箱 70℃测试，放置 7h 后回到常温，156N，时间 1min	试验条件不同

3.2.2.3 美国地区智能坐便器性能标准

1. 标准简介

美国及北美地区现行的智能坐便器性能相关标准主要如表 3-30 所示。

表 3-30　美国及北美地区现行的智能坐便器性能标准

对象	标准名称
坐便器	《瓷质卫生洁具》（ASMEA112.19.2—2018/CASB45.1：18）
	《带双挡冲水装置的六升水坐便器》（ASMEA112.19.14—2013）
智能盖板	《坐便器个人卫生装置》（ASMEA112.4.2—2015/CASB45.16：15）
塑料盖板	《塑料便器坐圈和盖》（IAPMOZ124.5—2013）
水箱式重力冲水或者水箱式压力冲水坐便器	《EPA Water Sense® 水箱式坐便器》（*EPA Water Sense® Specification for Tank-Type Toilets*）
针对冲洗阀式冲水坐便器	《EPA Water Sense® 冲洗阀式坐便器》（*EPA Water Sense® Specification for Flushometer-Valve Water Closets*）

2. 中美标准差异分析

中国地区的智能坐便器相关标准有部分在制定的时候参照了北美标准的技术要求和测试方法，但是和北美地区现行的智能坐便器性能标准还是有一定的差异。具体差异对比见表 3-31。

表3-31 美标与国标差异比对

检测项目	《坐便器个人卫生装置》(ASME A112.4.2-2015/CSAB45.16:15)	《卫生洁具 智能坐便器》(GB/T 34549-2017)	《家用和类似用途电坐便器便座》(GB/T 23131-2019)	《坐便洁身器》(JG/T 285-2010)	《智能坐便器能效水效限定值及等级》(GB 38848-2019)	《智能坐便器》(CBMF 15-2016)
耐水压试验	动压860kPa，持续工作5min，要求无渗漏，无结构损坏。静压1720kPa，保持压力5min要求无渗漏，无结构损坏	调整增压装置的水压至(0.6±0.02)MPa，清洗功能关闭并保持5min，观察是否漏水，变形以及其他异常现象；开启清洗功能，保持一个清洗工作周期，观察清洗功能能否正常运行；关闭清洗功能维持水压(0.6±0.02)MPa，并保持5min，观察是否漏水，变形以及其他异常水，现象	—	连接水源，关闭止水阀，缓慢增加水压至1.5MPa，保持30s无渗漏，无结构损坏。将水势调节装置设置为最高值，缓慢增加水压至0.6MPa，通水1min，无渗漏，无结构损坏		调整增压装置的水压至(0.07±0.02)MPa，清洗功能关闭，观察是否有漏水，变形以及其他异常现象；开启臀洗功能，保持一个臀洗工作周期，观察臀洗功能能否正常运行；慢慢增加水压至(0.75±0.02)MPa，开启臀洗功能，并保持一个清洗周期，观察臀洗功能能否正常运行；关闭清洗功能维持水压(0.75±0.02)MPa，并保持5min，观察是否有漏水，变形以及其他异常现象；逐渐逐渐增加水压至(1.6±0.02)MPa，并保持1min，观察是否有漏水，变形以及其他异常现象
水温试验 水温稳定性	动压(345±35)kPa，入水口温度(18±3)℃。循环5min，出水口温度不得超过43℃	35~42℃，即热式30s偏差±2℃；储热式30s下降不大于5℃	整个周期水温波动值在5K以内	30~45℃	35~42℃	35~42℃；即热式60s偏差±2℃；储热式30s下降不大于3℃
水温试验 升温性能	—	水接触人不低于30℃；3s内不低于35℃	清洁用水达到35℃不大于3s	30s的变化值不超过5℃	—	清洁用水达到35℃不大于1s

续表

检测项目		《坐便器个人卫生装置》(ASMEA112.4.2—2015/CSAB45.16：15)	《卫生洁具 智能坐便器》(GB/T 34549—2017)	《家用和类似用途电坐便器便座》(GB/T 23131—2019)	《坐便洁身器》(JG/T 285—2010)	《智能坐便器能效水效限定值及等级》(GB 38448—2019)	《智能坐便器》(CBMF 15—2016)
水温试验	自动关闭	初始水温 41+0/-6℃，水压设为 (345±35) kPa，缓慢将水温升高到 48℃，每 5s 增加水温不超过 0.5℃。当水温达到 48℃后关闭水流。当水温达到 48℃ 5s 自动关闭水流	进水压力为 (345±34.5) kPa 的动压，启动清洗喷头并以平均每 5s 不超过 0.5℃的速度慢慢将水温升高到 48℃。清洗装置应在温度达到 48℃后温度达到 48℃后 5s 内自动给关闭或切断水流	—	—	—	(35±2)℃的进水温度下向样品供水，水温度调节装置设定为最高挡，流量设定为最小挡，启动臀部清洗功能 10min 后，短路加热器的功率输出元件，使水加热回路持续将水温加热器输出，即热式水加热器 20s，储热水加热器 50s，或直至安全装置启动。观察是否有大于 48℃水触及坐便器上平面
喷头自洁试验		四条墨线清洗干净，无残留	喷头前端 1/4 处墨线应被清洗干净，无任何墨线残留	—	—	喷头前端 1/4 处墨线应被清洗干净，无任何墨线残留	喷头前端 1/4 处墨线，无任何墨线残留
坐温性能试验	坐温稳定性	—	35~42℃	所有测试点均不超过 45℃	30~45℃	所有测试点 30~42℃	所有测试点平均值 35~41℃
	坐温均匀度	—	—	各测试点的温度值与平均温度值之差不超过 5K	各测试点温度之差不超过 5℃	—	—
吹风性能试验	风温稳定性	—	温度上升 15~40℃；出风温度不大于 65℃	出风温度不大于 65℃	出风温度不大于 65℃	—	测试点的温升 25~40℃；出风温度不大于 65℃
	风量	—	不小于 0.2m³/min	不小于 0.2m³/min	风速不小于 4m/s	—	不小于 0.2m³/min
	吹风噪声	—	—	不大于 68dB（A）	—	—	—

智能坐便器

检测项目		《坐便器个人卫生装置》(ASME.A112.4.2—2015/CSAB45.16：15)	《卫生洁具 智能坐便器》(GB/T 34549—2017)	《家用和类似用途电坐便器便座》(GB/T 23131—2019)	《坐便洁身器》(JG/T 285—2010)	《智能坐便器能效水效限定值及等级》(GB 38448—2019)	《智能坐便器》(CBMF 15—2016)
清洗性能试验	喷嘴动作时间	—	伸出不大于 8s；收回不大于 10s			—	伸出不大于 8s；收回不大于 10s
	清洁率	—	清洗力不小于 0.06N；清洗面积不小于 80mm²	不低于 90%	冲洗 30s，试验板上无代用污物残留	—	—
	清洗流量	—	不小于 200mL/min	不小于明示值的 95%	不小于 350ml/min	—	不小于 200mL/min
	清洗水量	—	节水型不大于 500mL	不大于 1100mL	—	不大于 0.70L	节水型不大于 500mL
耐久性试验	寿命试验	水压（345±35）kPa，喷嘴进行 75000 次循环后，不应有泄漏仍能正常工作	动压 0.3MPa，清洗 15s，妇洗 15s，暖风 30s（有暖风烘干）有坐圈，盖板自动开合计入一次周期。25000 个循环无功能异常、损坏等现象	水温、水势设为最高挡，收风功能设为最高挡，臀洗 30s，妇洗 30s（若无妇洗功能，臀洗再次 30s）暖风 30s，为一个周期，间隔 30s，运行一个周期，不低于 25000 次	臀洗 15s，妇洗 15s，暖风 30s 为一个周期，整机 20000 周期寿命试验后，各部件运行应正常		动压 0.3MPa，清洗 15s，妇洗 15s，暖风 30s，盖板自坐圈，盖板开合计入合计一次周期。25000 个循环后无损坏
	坐圈强度	—	垂直方向施加 2000N 的力持续 10min；在坐圈的前边缘的水平方向施加 150N，并缓慢将盖板坐圈开合一次持续约 5s；打开坐圈和盖板以垂直方向施加 150N 的力持续 60s，不损坏、变形、功能缺失等异常		使用状态下 1500N 压力持续 10min，不出现损坏，坐圈 30000 次自由落下后，不损坏、变形、功能缺失等异常	—	处于工作状态下垂直方向施加 2000N 的力持续 10min；在坐圈的前边缘水平方向施加 150N 的力并缓慢将盖板坐圈开合一次持续约 5s；垂直打开的坐圈和盖板以 150N 的力持续 60s，不损坏、变形、功能缺失等异常

续表

检测项目		《坐便器个人卫生装置》(ASME A112.4.2—2015/CSA B45.16：15)	《卫生洁具　智能坐便器》(GB/T 34549—2017)	《家用和类似用途电坐便器座》(GB/T 23131—2019)	《坐便洁身器》(JG/T 285—2010)	《智能坐便器能效水效限定值及等级》(GB 38448—2019)	《智能坐便器》(CBMF 15—2016)
耐久性试验	盖板强度	—	垂直方向施加1000N的力持续30s,不损坏、变形、功能缺失等异常	—	垂直施加800N的压力,保持10min,不损坏、变形、功能缺失等异常	—	对盖板垂直方向施加1000N的力持续30s,不损坏、变形、功能缺失等异常
	安装强度	—	在不同的方向分别施加150N的力,先后分别持续30s,观察安装状况应无异常,不应有错位、缝隙扩大、明显松动等	—	在智能便座盖的不同方向分别施加150N的力,先后分别坚持30s,智能坐便器盖板的安装无异常	—	在智能便座盖的不同方向分别施加150N的力,先后分别持续30s,智能坐便器的安装应无异常,不应有错位、缝隙扩大、明显松动等
	摇摆试验	—	—	—	—	—	以负荷890N,周期5000次的摇摆试验无损坏、铰链正常
	冲击试验	—	—	—	—	—	坐圈1250N荷载20000次试验后,无破坏
防虹吸试验		水位上升不应超过13mm	水面高度不应超过13mm	—	水位不应上升	—	水位上升不超过13m
座套分配器试验		座套分配器应运行5000次。每个循环应包括分配一个座套	—	—	—	—	—
用电量试验		—	每个周期不大于0.12kW·h	带吹风功能不大于0.06kW·h; 不带吹风功能不大于0.055kW·h	—	带坐圈加热功能不大于0.06kW·h; 不带坐圈加热功能不大于0.03kW·h	待机功耗: 不带外部漏电保护≤1.0W; 带外部漏电保护≤2.0W 五级：>0.070 四级：>0.060且≤0.070 三级：>0.050且≤0.060 二级：>0.040且≤0.050 一级：≤0.040

（1）耐水压试验

ASMEA112.4.2—2015/CSAB45.16：15 标准要求在动压 860kPa 下持续工作 5min，要求无渗漏，无结构损坏；在静压 1720kPa 下关闭水路，保持压力 5min 要求无渗漏，无结构损坏；

GB 34549—2017 标准规定调整增压装置的水压至（0.6±0.02）MPa，清洗功能关闭并保持 5min，观察是否漏水、变形以及其他异常现象；开启清洗功能，保持一个清洗工作周期。观察清洗功能能否正常运行；关闭清洗功能维持水压（0.6±0.02）MPa，并保持 5min，观察是否漏水、变形以及其他异常现象；

JG/T 285—2010 的试验标准是连接水源，关闭止水阀，缓慢增加水压至 1.5MPa，保持 30s；无渗漏、无结构损坏；将水势调节装置设置为最高挡，缓慢增加水压至 0.6MPa，通水 1min，无渗漏，无结构损坏。

CBMF 15—2016 标准有四个步骤：

① 调整增压装置的水压至（0.07±0.02）MPa，清洗功能关闭，观察是否有漏水、变形以及其他异常现象；

② 开启臀洗功能，保持一个臀洗工作周期，观察臀洗功能能否正常运行；

③ 慢慢增加水压至（0.75±0.02）MPa，开启臀洗功能，并保持一个清洗周期，观察臀洗功能能否正常运行；

④ 关闭清洗功能维持水压（0.75±0.02）MPa，并保持 5min，观察是否有漏水、变形以及其他异常现象；

⑤ 逐渐增加水压至（1.6±0.02）MPa，并保持 1min，观察是否有漏水、变形以及其他异常现象。

（2）水温试验

水温试验标准主要包括水温稳定性、升温性能和自动关闭三个部分：

① 水温稳定性

ASMEA112.4.2—2015/CSAB45.16：15 中规定动压（345±35）kPa，入水口温度（18±3）℃，循环 5min。出水口温度不得超过 43℃；

GB 34549—2017 要求 35～42℃，即热式 30s 偏差±2℃；储热式 30s 下降不大于 5℃；

GB/T 23131—2019 则要求整个周期水温波动值在 5K 以内；

JG/T 285—2010 标准的要求温度是 30～45℃；

GB/T 38448—2019 标准的要求温度比 JG/T 285—2010 标准略高，要求是 35～42℃；

不同于 GB 34549—2017 的标准，CBMF 15—2016 要求 35～42℃；即热式 60s 偏差±2℃；储热式 30s 下降不大于 3℃。

② 升温性能

GB 34549—2017 标准规定水接触人不低于 30℃；3s 内不低于 35℃；

GB/T 23131—2019 标准则要求清洁用水达到 35℃不大于 3s；

JG/T 285—2010 标准要求 30s 变化值不超过 5℃；

相比于前三者 CBMF 15—2016 标准的要求更加严格，此标准要求清洁用水达到 35℃不大于 1s。

③ 自动关闭

在自动关闭试验中，ASMEA112.4.2-2015/CSAB45.16：15 标准要求初始水温 41＋0/－6℃，水压设为（345±35）kPa，缓慢将水温升高到 48℃，每 5s 增加水温不超过 0.5℃。当水温达到 48℃后 5s 自动关闭水流。

GB 34549—2017 标准需要进水压力为（345±34.5）kPa 的动压，启动清洗喷头并以平均每 5s 不超过 0.5℃的速度慢慢将水温升高到 48℃。清洗装置应在温度达到 48℃后 5s 内自动给关闭或切断水流。

CBMF 15—2016 标准规定在（35±2）℃的进水温度下向样品供水，水温度调节装置设定为最高挡，流量设定为最小挡，启动臀部清洗功能 10min 后，短路加热器的功率输出元件，使水加热回路持续满功率输出，储热式水加热器 20s，即热式水加热器 50s，或直至安全装置启动。观察是否有大于 48℃水触及坐便器上平面。

（3）喷头自洁试验

共有四项标准涉及喷头自洁试验标准：

ASMEA112.4.2-2015/CSAB45.16：15 标准要求四条墨线清洗干净，无残留。

GB 34549—2017 标准规定喷头前端 1/4 处墨线应被清洗干净，无任何墨线残留。

GB/T 38448—2019 标准要求与 CBMF 15—2016 的标准要求和 GB 34549—2017 标准的规定相同。

（4）坐温性能试验标准

坐温性能试验标准共包括两项试验标准：

① 坐温稳定性

GB 34549—2017 标准要求是温度为 35～42℃；

GB/T 23131—2019 标准则规定所有测试点均不超过 45℃；

JG/T 285—2010 标准、GB/T 38448—2019 标准和 CBMF 15—2016 的标准要求类似，分别为：30～45℃、所有测试点为 30～42℃和 6 所有测试点平均值在 35～41℃之间。

② 坐温均匀度

GB/T 23131—2019 标准要求各测试点的温度与平均温度值之差不超过 5K；

而 JG/T 285—2010 标准则规定各测试点温度之差不超过 5℃。

（5）吹风性能试验

吹风性能试验标准部分共有三项标准：

① 风温稳定性

GB 34549—2017 标准规定温度上升 15～40℃；出风温度不大于 65℃；

GB/T 23131—2019 标准和 JG/T 285—2010 标准的规定一致，均规定出风温度不大于 65℃；

CBMF 15—2016 标准除规定出风温度不大于 65℃外，还要求测试点的温升为 25～40℃之间。

② 风量

GB 34549—2017、GB/T 23131—2019、CBMF 15—2016 三项标准均规定不小于 0.2m³/min；JG/T 285—2010 标准则要求风速不小于 4m/s。

③ 吹风噪声

只有 GB/T 23131—2019 一项标准规定了吹风噪声标准：不大于 68dB（A）。

（6）清洗性能试验

清洗性能试验方面共有喷嘴动作时间、清洁率、清洗流量和清洗水量四项试验标准：

① 喷嘴动作时间

共有 GB 34549—2017 标准和 CBMF 15—2016 标准两项标准规定了喷嘴动作时间，二者均规定伸出不大于 8s，收回不大于 10s。

② 清洁率

GB 34549—2017 标准规定清洗力不小于 0.06N，清洗面积不小于 80mm²；

GB/T 23131—2019 标准要求不低于 90%；

JG/T 285—2010 标准中则需要冲洗 30s，试验板上无代用污物残留。

③ 清洗流量

GB 34549—2017 标准和 CBMF 15—2016 标准均规定不小于 200mL/min；

GB/T 23131—2019 标准要求不小于明示值的 95%。

④ 清洗水量

共有五项标准规定了清洗水量标准，其中 GB 34549—2017 标准和 CBMF 15—2016 标准规定节水型不大于 500mL；

JG/T 285—2010 标准规定的清洗水量标准为不小于 350mL/min；

GB/T 23131—2019 标准和 GB/T 38448—2019 标准规定的清洗水量标准较高，分别为不大于 1100mL 和不大于 0.70L。

（7）耐久性试验

耐久性试验标准共包括寿命试验、坐圈强度、盖板强度、安装强度、摇摆试验和冲击试验几项标准：

① 寿命试验

ASMEA112.4.2—2015/CSAB45.16：15 标准要求水压（345±35）kPa，喷嘴进行 75000 次循环后，不应有泄漏仍能正常工作；

GB 34549—2017 标准规定动压 0.3MPa，清洗 15s，妇洗 15s，暖风 30s（有暖风烘干）为一个周期。有坐圈、盖板自动开合计入一次周期。25000 个循环无功能异常、损坏等现象；

GB/T 23131—2019 标准需要将水温、水势设为最高挡，吹风功能设为最高挡。臀洗 30s，妇洗 30s（若无妇洗功能，臀洗再次 30s）暖风 30s，为一个周期，间隙 30s。运行不低于 25000 次；

JG/T 285—2010 标准要求臀洗 15s，妇洗 15s，暖风 30s 为一个周期。运行整机 20000 周期寿命试验后，各部件运行应正常；

CBMF 15—2016 标准要求动压 0.3MPa，清洗 15s，妇洗 15s，暖风 30s（有暖风烘干）为一个周期。有坐圈、盖板自动开合计入一次周期。25000 个循环后无损坏。

② 坐圈强度

GB 34549—2017 垂直方向施加 2000N 的力持续 10min；在坐圈的前边缘的水平方向施加 150N，并缓慢盖板坐圈开合一次持续约 5s；打开坐圈和盖板以垂直方向施加 150N 的力持续 60s，不损坏、变形、功能缺失等异常；

JG/T 285—2010 使用状态下 1500N 压力持续 10min，不出现损坏；坐圈 30000 次自由落下后，不损坏、变形、功能缺失等异常；

CBMF 15—2016 处于工作状态下垂直方向施加 2000N 的力持续 10min；在坐圈的前边缘水平方向施加 150N 的力并缓慢将盖板坐圈开合一次持续约 5s；垂直打开的坐圈和盖板方向施加 150N 的力持续 60s，不损坏、变形、功能缺失等异常。

③ 盖板强度

GB 34549—2017 标准要求垂直方向施加 1000N 的力持续 30s，不损坏、变形、功能缺失等异常；

JG/T 285—2010 标准轨道垂直施加 800N 的压力，保持 10min，不损坏、变形、功能缺失等异常；

CBMF 15—2016 比则需要对盖板垂直方向施加 1000N 的力持续 30s，不损坏、变形、功能缺失等异常。

④ 安装强度

GB 34549—2017 标准要求与 CBMF 15—2016 标准的要求一致，要求在不同的方向分别施加 150N 的力，先后分别持续 30s，观察安装状况应无异常，不应有错位、缝隙扩大、明显松动等；

JG/T 285—2010 标准也要求在智能便座盖的不同方向分别施加 150N 的力，先后分别坚持 30s，智能坐便器盖板的安装无异常。

⑤ 摇摆试验

CBMF 15—2016 标准规定以负荷 890N、周期 5000 次的摇摆试验后无损坏，铰链正常；其余标准无此项标准规定。

⑥ 冲击试验

CBMF 15—2016 标准要求坐圈 1250N 荷载 20000 次试验后，无破坏；其余标准无此项标准规定。

（8）防虹吸试验

共有四项标准规定了防虹吸试验标准：

ASMEA112.4.2—2015/CSAB45.16：1 标准规定 5 水位上升不应超过 13mm；

类似于 ASMEA112.4.2—2015/CSAB45.16：1 标准，GB 34549—2017 标准规定水面高度不应超过 13mm；

JG/T 285—2010 标准要求比较严格，此标准要求水位不应上升；

CBMF 15—2016 标准要求水位上升不应超过 13m。

（9）座套分配器试验

只有 ASMEA112.4.2—2015/CSAB45.16：15 一项标准规定了座套分配器试验标准：座套分配器应运行 5000 次。每个循环应包括分配一个座套。

（10）用电量试验

在用电量试验标准方面，GB 34549—2017 标准要求每个周期不大于 0.12kW·h；

GB/T 23131—2019 标准则规定带吹风功能的不大于 0.06kW·h，不带吹风功能的不大于 0.055kW·h；

GB/T 38448—2019 标准规定带坐圈加热功能不大于 0.06kW·h，不带坐圈加热功能不大于 0.03kW·h；

不同于前三项标准，CBMF 15—2016 标准规定了待机功耗：不带外部漏电保护≤1.0W；带外部漏电保护≤2.0W；

五级：>0.070；四级：>0.060 且≤0.070；三级：>0.050 且≤0.060；二级：>0.040 且≤0.050；一级：≤0.040。

3. ASMEA112.19.2、ASMEA112.19.14 标准内容（智能坐便器）

（1）检验名称

ASMEA112.19.2—2018/CSAB45.1—18《陶瓷卫生洁具》

ASMEA112.19.14—2013 带双挡冲水装置的六升水坐便器

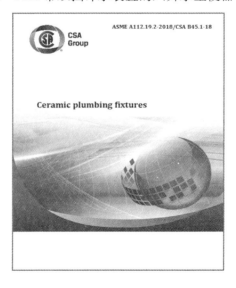

（2）检验项目及技术要求

智能坐便器作为坐便器的一种，除了要符合智能盖板部分的标准要求外，还要符合坐便器对应的标准。ASMEA112.19.2 和 ASMEA112.19.14 是陶瓷材质坐便器适用的产品标准。这两项标准中对于智能坐便器产品，适用的检测项目及对应的技术要求见表 3-32 和表 3-33。

表 3-32　智能坐便器便器部分检测项目及技术要求

序号	检测项目	技术要求	
1	尺寸	排污孔尺寸、螺栓孔安装空间、坐便器盖板孔、坐便器水圈边缘轮廓的尺寸在标准中以图示的形式给出了规定，具体请查阅原版标准。 坐便器陶瓷材料的坯体厚度应≥6mm（不含釉）。 如无特别规定，尺寸偏差应符合： 当尺寸≥8in.（200mm）偏差范围为±3%。 当尺寸＜8in.（200mm）偏差范围为±5%	
2	水封面积尺寸	最小尺寸 125×100mm	
3	存水弯尺寸	能通过 ϕ38mm 固体小球	
4	釉面	釉面应该与洁具坯体完全熔合。除了以下所述外，所有裸露的表面均应有釉覆盖： （1）与墙或地面接触的表面；以及 （2）下列表面： ——坐便器水箱内部、背部和底部； ——水箱盖底部； ——水圈底部； ——水圈下不超过 6mm 的洗净面； ——安装后不可见的水道部分； ——基架背部和底部	
5	离地式卫生洁具支架	对于挂墙式产品，其洁具支架应符合 ASMEA112.6.1、ASMEA112.6.2 或 ASMEA112.19.12	
6	排污口安装距	坐便器排污口安装距应为 254mm、305mm 或 356mm，或者按制造商安装说明书上的指定	
7	便池高度	坐便器便池应有如下的水圈边缘高度： （a）成人用坐便器 343mm； （b）青少年用坐便器 267～343mm； （c）儿童用坐便器 241～267mm。	
8	洁具用冲水装置	一般要求	冲水装置应能够以足够的水量来输送水并且能使坐便器符合本标准中水力性能要求。空气间隙、真空破坏器（断路阀）或其他防回流装置应当被安装在洁具溢流或漫流水位之上
		重力冲洗水箱	① 坐便器和小便器用重力冲洗水箱应包括一个符合 CSA-B125.3 或 ASSE1002/ASMEA112.1002/CSAB125.12 的防虹吸进水阀，和一个符合 CSA-B125.3 或 ASMEA112.19.5/CSAB45.15 的排水阀。重力式冲洗水箱应满足溢流要求。 ② 进水阀上的临界水位（C/L）标志应高于冲洗水箱溢流位置至少 25mm。 ③ 当低水箱坐便器进水阀上的临界水位低于坐便器水圈边缘漫流水位时，应提供起防止溢流孔或水道被堵，水箱中的水可以溢排至地面（作用）的辅助溢流孔。开孔的尺寸和位置应使得进水阀完全打开，并且水压为最大值的状态下，水位不会上升至进水阀临界水位

序号	检测项目		技术要求
8	洁具用冲水装置	重力冲洗水箱	④ 坐便器进水阀应为浮筒式阀，或者是符合标准中附加要求的进水阀测试的性能要求的进水阀。 ⑤ 为影响冲洗水量而使用于水箱内的任何障碍物，筒状物，堰堤状物，置换装置或类似的装置都应该是防破坏的并且永久地固定在水箱内。
		压力冲洗装置	① 压力式冲水装置应符合 CSAB125.3 或 ASSE1037/ASMEA112.1037/CS-AB 125.37。冲洗阀阀式驱动型坐便器内的最低防虹吸装置上的临界水位应至少高于坐便器便池边缘漫流水位 25mm（1.0in）。 ② 当低水箱坐便器内加压冲水装置的临界水位（C/L）低于便池水圈边缘漫流水位时，应提供起防止溢流孔或水道至堵，水箱中的水溢出（作用）的辅助溢流孔。这些开孔的尺寸和位置应该这样确定，即加压冲水装置的进水阀完全打开，水压为最大值，水位不会达到加压冲水装置上的临界水位
		电动液压坐便器的电气部件	① 液压电机和叶轮 电动液压坐便器的液压电机和叶轮应该是非机械及无缝合线的。当液压电机和它的电子部分位于坐便器溢流水位下时，应该被安装在不采用密封条或 O 型圈的完全密闭的腔室内。 喷射管 如果提供，电机的喷射管应能经得住（172±7）kPa［（25±1）psi］的压力 60min。 ② 电源线 供电电缆应 （a）0.9～1.8m 长； （b）被永久的连接；并且 （c）拥有一个供电支路的连接插头。 坐便器的供电电缆出口开孔应为圆形并且平滑。或者开孔应有一个索环。 ③ 线束和电控制器 未封闭在泵里的线束及电控制器应位于坐便器水箱漫流水位之上。 ④ 双冲水坐便器应符合 ASMEA112.19.14
9	吸水率		陶瓷坐便器应为瓷质材质，吸水率应≤0.5%
10	抗龟裂		试验后不允许出现龟裂纹
11	表面质量		应符合表 3-33 中允许缺陷的要求。 同时所有洁具，不应出现影响使用和适用性的缺陷，如：尖锐和锯齿的边缘、毛刺和裂缝、龟裂、开裂、污点、缺釉或少釉、无釉、烧裂、大水泡、突起
12	变形		应符合表 3-33 中允许缺陷的要求
13	壁挂式坐便器结构整体性测试		坐便器经 2.2kN 压力 10min，产品无故障或可见的结构损坏
14	连接密封性试验		连接件应按照制造商说明书制造，并且能经得住水静压（34.5±3.4）kPa［（5±0.5）psi］15min。连接处应无渗漏现象
15	疏通器试验		当坐便器便池存水弯材料不是瓷质或非瓷质陶瓷时，使用常规手摇坐便器螺丝钻插入便池并穿过存水弯。 完成总数 100 次试验循环后，将坐便器便池和存水弯注水至满水封，取出螺旋钻后，除了存水弯出口溢出外应无水渗漏
16	存水弯水封深度		满水封深度≥51mm

序号	检测项目	技术要求
17	水封回复	水封回复≥51mm
18	用水量试验	总冲洗水量平均值应符合： (a) 单冲高效节水型坐便器不超过 4.8Lpf（1.28gpf）； (b) 双冲高效节水型坐便器全冲不超过 6.0Lpf（1.6gpf）； (c) 低耗水型坐便器不超过 6.0Lpf（1.6gpf）
19	颗粒和小球测试	每次冲水后坐便器内可见的颗粒数量不超过 125 个，可见的尼龙球数量不超过 5 个
20	表面洗刷测试	平均 3 次试验数据，冲刷后残留在冲刷表面的墨水线段的总长度不得大于 51mm，任何一条单线段不得大于 13mm
21	混合介质试验	首次冲洗冲出≥22 个。如有残留，第二次冲洗全冲出
22	排水管道输送特性	100 个直径 19mm 的聚丙烯球的平均冲刷距离至少为 12.2m
23	重力式水箱溢流	静态供水压力 550kPa 时，进水阀调至全开位置，并保持进水 5min，不得出现渗漏或有水溢流出冲洗水箱
24	污物排放试验	7 个豆瓣酱试体和 4 个松散卷成球状的厕纸团作为试验介质，供水静压为 350kPa±14kPa，五次冲洗中至少有四次将所有介质全部冲出，同时水封回复应能达到 50mm 及以上。 该要求适用于单冲式坐便器和双挡式坐便器的全冲挡位

表 3-33　智能坐便器便器部分的允许缺陷

位置	缺陷		最大允许值
坐便器便池	变形量	（靠）底部/墙弯曲	3mm
		摇摆	1.5mm
		坐圈平面（前后左右）、一边和另一边方向方位	21mm/m
	表面质量	波纹	≤4.0in²
		棕眼、气泡、针孔	总数≤5
		釉泡、斑点*、杂质	一个标准面≤5；总数≤10
坐便器水箱、坐便器水箱盖或小便器	变形量		无显著变形
	表面质量	波纹	不超过 4.0in²
		棕眼、气泡、针孔	总数≤5
		釉泡、斑点、杂质	一个标准面≤5；总数≤10

*除非数量过多到足以变色外，最大尺寸小于 0.3mm（0.01in）的斑点不被计算。

3.3　澳洲地区标准情况

3.3.1　标准简介

澳洲地区与智能坐便器相关的标准主要有 4 项（表 3-34）。

表 3-34 澳洲地区与智能坐便器相关的标准

序号	标准名称及编号	检测对象
1	AS1172.1—2014（A1—2018） 《卫生洁具产品　第1部分：坐便器便池》	坐便器便池
2	AS1172.2—2014（A1—2018） 《卫生洁具产品　第2部分：冲洗装置和水箱进排水阀》	坐便器冲洗装置、水箱进水阀、排水阀
3	AS1976—1992 《瓷质陶瓷卫生洁具》	瓷质陶瓷卫生洁具材质
4	ATS5200.051—2005 《给排水产品技术规范　第51部分：妇洗洁身盖板》	妇洗盖板
5	ASNZS4020—2019 《与饮用水接触产品的测试方法》	与饮用水接触的产品

3.3.2　AS 1172.1、AS 1172.1 和 AS 1976

3.3.2.1　标准名称

《冲洗装置和水箱进、排水阀（AS 1172.1—2014）》

《卫生洁具产品　第2部分：冲洗装置和水箱进排水阀》（AS 1172.2—2014）

《瓷质陶瓷卫生洁具》（AS 1976—1992）

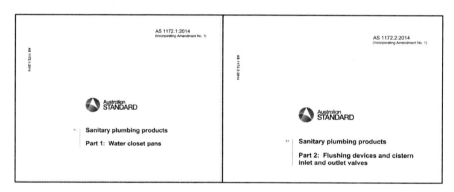

3.3.2.2　检测项目（表 3-35）

表 3-35 澳洲坐便器便池主要检测项目

序号	检测项目	技术要求
1	水封要求	坐便器应有整体存水弯，水封深度不小于45mm
2	安装要求	1. 落地式坐便器应有措施保证坐便器可被牢固地固定在地面上。 2. 壁挂式坐便器应有整体构造（或分离式部件）和墙体中预埋的支架相连，分离式部件和预埋的支架应当用耐腐蚀的材料制成。安装好后应当通过负载试验的要求。 3. 排污口安装 对于水平管排污口的坐便器，排污口外径为95～120mm。接头插入深度至少为32mm，连接好后，应通过漏水试验

序号	检测项目	技术要求
3	大挡水冲纸团试验	使用标准中规定的团纸装置，将（140±5）mm×（115±5）mm 的打字纸制成纸团，每次试验使用 6 个纸团。 三次中必须至少有两次全部冲出 6 个纸团
4	小挡水冲卫生纸试验	把 6 张规格为（115±5）mm×（100±5）mm 单层卫生纸叠在一起纸放入坐便器便池，用小挡水冲洗，要求三次中至少有两次卫生纸全部冲出
5	固体排放试验	试验介质为 4 根人造肠衣试体。试验共进行 10 次冲洗，其中至少有 8 次后续水量大于 2.5L，则判为合格。否则应再进行 10 次试验，一共 20 次试验中，至少有 16 次后续水量大于 2.5L，则判为合格。否则为不合格
6	密封性和容量试验	（仅适用于重力冲洗水箱式智能坐便器）在冲洗水箱中加水至其大挡的额定工作水位，封住排污口，水封中加满水。关闭进水阀，用大挡水冲水，不得有漏水或溢流发生
7	溅水试验	按照使用说明书安装好水箱和坐便器，进水阀与供水水路相连，在水箱中加水至其大挡的额定工作水位，水封中加满水，把坐圈和盖抬起。 关闭进水阀，用大挡水冲水，观察是否有水溅到地面上，并进行记录。 要求：冲洗过程中不得有水溅到地面上，若有水溅到地面上则判该项为不合格。 重复 5 次试验（共 6 次）
8	洗刷试验	使用 10～20g 过 2mm 筛的干锯末作为试验介质。把干锯末在冲水圈到水封水之间的内表面上完全而均匀地洒一层，大挡水冲洗，要求冲洗后将坐便器水圈下 50mm 到水封水表面的便池内表面全部冲洗干净
9	负载试验	用 400kg（含 40～45mm 厚木板的质量）的负载在便池上均匀加压 60min。试验后不应出现裂纹，分离和其他破坏现象
10	小挡水污水置换试验	试验介质： 溶液 A：0.5g/L 高锰酸钾溶液； 溶液 B（参比溶液）：用水配制含 7% 溶液 A 的稀释液作为参比溶液。 用小挡水，将冲水后水封中水（溶液 C）与比色管 B 中溶液进行目视比色。 若溶液 C 比溶液 B 色浅或相同，则合格
11	釉面质量	釉面应当与坯体熔结为一体； 除对地面或墙壁安装的隐蔽的区域外，便池外表面应有釉层覆盖； 内表面，目视位置在坐便器上方 600mmm，直径为 1250mm 的区域内的可见区域内，应有釉层覆盖
12	表面质量	在距产品 500～600mm 距离，光照度不超过 300lx 的强度下进行观察，表面缺陷应符合以下要求： 波纹：不允许； 翘曲：无可见翘曲变形； 变色：无； 色斑、釉泡和针孔：总数不超过 3 个，不能成群； 气泡和斑点：总数量不超过 5 个，一个标准平面不超过 3 个； 抛痕：允许一处，有色的产品不允许； 无光或桔釉：不允许； 烧成裂纹：不允许

序号	检测项目	技术要求
13	吸水率	瓷质陶瓷卫生洁具吸水率≤0.5%
14	抗龟裂试验	把 3 片试样（至少有一个主要表面被釉层覆盖，另外一面无釉，每片表面积不小于（25000±150）mm²，放入蒸压釜中，在 330～360kPa 的蒸汽压力下保持至少 10h（可以不连续，累计 10h），然后自然冷却至室温，再把样品放入染色溶液中，至少保持 7h，溶液中应加入少量润湿剂。取出样品查裂。要求样品不得出现釉裂
15	耐化学腐蚀性	将 6 片试片分别放入醋酸、柠檬酸、盐酸、氢氧化钠、硬脂酸钠和硫酸 6 种溶液中，并按照 AS1976 中规定的浓度、保存时间和保存温度进行保存。试验完成后，与参比样品进行比较，试片应无变色或表面性状改变的现象
16	前推力试验（仅适用于水箱式坐便器）	试验后水箱应无开裂、故障或不可恢复的永久变形，水箱盖应能继续使用，水箱的变形量应不超过 6mm
17	水箱部分要求：一般要求	冲洗水箱内部的部件应满足标准对水箱的要求；用于所有类型坐便器的冲洗水箱应为单挡或双挡，并有水量标识
18	水箱部分要求：材料	冲洗水箱所使用的材料应具有耐腐蚀性
19	水箱部分要求：设计和制造	1）空间 水箱在设计时必须留有足够的空间以便于对内部的构件进行调整和维修。可移动的水箱盖要盖稳，不能滑动。 2）防虹吸 水箱内进水阀应有防虹吸的能力。 3）溢流 水箱应有充足的溢流能力；化粪池水箱应采用外部溢流，隐藏式水箱应采用内部溢流。 4）进水阀 进水阀应包含可调设备以保证水箱水位能设置到工作水位线；进水阀应在 2.0MPa 压力下能有效关闭；柔性接头的进水阀应至少有 2 个水密封件在水面以下或盈溢水位以下；同一压力下连续按 3 次，水位线高度变化不应超过±2mm。 5）进水连接 进水阀下部和供水管路的联接应可靠密封。 6）排水阀 打开时应一直保持开启状态直到冲洗过程完成。冲洗过程完成时应能自动关闭。 7）排水连接 排水阀末端和排水管的接头处应无渗漏。 8）空气间隙距离 进水阀关闭时，空气间隙距离至少要在 20mm 以上
20	冲洗水箱性能要求：前推力试验	施加（110＋100）N 的力，保持（10＋100）min；试验后水箱应无开裂、故障或不可恢复的永久变形，水箱盖应能继续使用，水箱的变形量应不超过 6mm 砝码 圆盘

序号	检测项目	技术要求
21	耐化学腐蚀试验	把排水阀放置在（20±2）℃的试验溶液中进行试验，浸泡（1000＋200）h；耐化学复试试验后，尺寸变化不超过 1mm 或 5%；质量变化不超过 1g 或 5%；无可见影响性能的物理损坏
22	水箱防虹吸试验	逐渐抽真空从−50kPa 到−55kPa，维持 30^{+10}_{-5}s。保持进水阀处于完全开启状态，重复 3 次真空试验，真空度分别为 0kPa，−50kPa，−55kPa。试验中进水阀应无虹吸现象产生
23	非瓷质水箱的变形和渗漏试验	从空水箱开始，随着进水直至水通过溢流管，水箱上某一点的变形量不能超过 6mm。水箱不能有渗漏，水箱盖不能移位
24	溢流能力	排水阀溢流速度至少为 20L/min
25	水箱排水阀寿命试验	单挡排水阀做（200000＋1000）次循环。对双挡排水阀，全冲和半冲各做（100000＋1000）次循环。试验完成后向水箱中进水至工作水位并保持（10±2）min，排水阀应渗漏。并且能正常工作
26	水箱进水阀寿命试验	（50000±100）次寿命循环试验后，通过试验，进水阀无损坏，且能在（$2^{+0.1}_{0}$）MPa 下，（10^{+15}_{0}）s 能有效关闭
27	排水试验（用水量试验）	用水量平均值应符合表 3-35 的要求

智能坐便器排水量应符合表 3-35。

表 3-35 智能坐便器排水量

水量（L）				
明示		全冲	半冲	平均
双挡	9/4.5	最小 8.0，最大 9.5	最小 4.0，最大 4.5	4.5～5.5
	6/3	最小 5.5，最大 6.5	最小 3.0，最大 3.5	3.5～4.1
	4.5/3	最小 4.3，最大 4.7	最小 2.8，最大 3.2	3.1～3.5
单挡	6	最大 6	—	—
	4	最大 4		

3.3.4 ATS 5200.051—2005

3.3.4.1 标准名称

《给排水产品技术规范 第 51 部分：妇洗洁身盖板》（ATS 5200.051—2005）。

3.3.4.2 检验项目及技术要求

澳大利亚智能盖板相应产品的主要检验项目和技术要求见表3-36。

表 3-36 ATS 5200.051—2005 主要检验项目和要求

序号	检验项目	要求		
1	标志和标识	每个智能盖板应永久清晰地标记： （a）制造商的名称、品牌或商标。 （b）标签如下："该智能盖板配备了符合 AS/NZS3500.1 要求的回流保护装置。连接到供水系统时不需要进一步防止回流。" （c）水印。 （d）许可证编号。 （e）本澳大利亚技术规范的编号，即 ATS5200.051。		
2	整体管道组件、配件或附件	如果产品包括需要按照澳大利亚管道规范规定进行认证的整体管道组件、配件或配件，这些要求应符合 AS5200.000 中列出的该产品规范的适用要求		
3	防回流装置	智能盖板应配备符合 AS/NZS2845.1 要求的低危险机械防回流装置		
4	与饮用水接触的产品	包括防回流装置，应符合 AS/NZS4020 的规定。产品应作为生产线终端装置进行测试		
5	耐水压强度试验	承受永久静水压力的部件在最高工作温度下进行两倍最大工作压力试验时，不得泄漏或出现变形、分裂、裂纹、破裂或其他故障的迹象		
6	安装和维护使用说明	安装说明设备应提供完整的安装说明，包括：	（a）AS/NZS3500 中规定的要求	
			（b）详细的逐步说明	
			（c）安装产品可能所需的任何特殊工具或培训的细节	
			（d）需要的调试程序和调整	
			（e）故障诊断与排除指南	
			（f）售后服务的联系方式	
		应提供操作和维护说明操作和维护说明，其中应包括：	（a）任何定期维护要求	
			（b）备件信息	
			（c）故障排除指南	
			（d）售后服务的联系方式	
		生产批次可清晰识别的装置收集，在相同的条件下，使用材料或复合材料连续制造		

3.3.5 AS 4020 与饮用水接触产品卫生性能要求

3.3.5.1 标准名称

《与饮用水接触的产品测试》（ASNZS 4020—2018）。

3.3.5.2 检验项目及技术要求

澳大利亚智能盖板 AS/NZS 4020—2018 标准中的主要检验项目和技术要求见表 3-37。

表 3-37 AS/NZS 4020-2018 性能要求检验项目及要求

序号	检验项目	技术要求
1	味道	提取物应无味道
2	外观	当产品进行测试时，第一次提取物中水的真实颜色和浊度的增加应分别小于 5Hazen 单位（HU）和 0.5Nephelometric 浊度单位（NTU）。如果在第七次提取后单个样品不符合此要求，则该产品应被视为不适合与饮用水接触，除非检查另外三个样品并且最终（即第七个）提取物的平均颜色和浊度不会增加超过 5HU 或 0.5NTU
3	水生微生物的生长	当产品进行测试时，MDOD 应小于或等于 2.4mg/L
4	细胞毒活性	当产品进行测试时，提取物不应引起细胞毒性反应。如果单个样品产生细胞毒性反应，则应使用新鲜试剂检查另外两个样品

序号	检验项目	技术要求
5	诱变活性	当产品进行测试时，含有橡胶材料的与饮用水接触的产品不应产生积极的诱变反应。如果单个样品给出统计学上显著的结果，则应使用新鲜试剂提取另外两个样品，并用相同的细菌菌株重复进行试验。通过使用替代的微生物测试系统测试提取物的致突变性，检验结果也能认可
6	金属	当产品进行测试时，第一次和/或最终提取物中指定金属的含量不得超过表3-38规定的限值
7	有机化合物	检测到的有机化合物含量不得超过澳大利亚饮用水指南和/或新西兰饮用水标准（如适用）中列出的健康准则值
8	热水试验	通过标准中附录I，J或K要求的测试的产品被视为符合达到测试温度的热水暴露要求。通过这些测试的产品也应被视为符合作为热水测试计划一部分进行的所有冷水测试的要求

提取物中指定金属的最大允许浓度见表3-38。

表3-38 最大允许的金属浓度

金属	最大允许浓度（mg/L）
铝**	0.2
锑（Sb）*	0.003
砷（As）*	0.01
钡（Ba）*	0.7
硼（B）*	1.4
镉（Cd）*	0.002
铬（Cr）*	0.05
铜（Cu）*	2
铁（Fe）**	0.3
铅（Pb）*	0.01
锰（Mn）**	0.1
汞（Hg）*	0.001
钼（Mo）*	0.05
镍（Ni）*	0.02
硒（Se）*	0.01
银（Ag）*	0.1

* 这些值是澳大利亚饮用水指南和新西兰饮用水标准的较低值。

** 这些值来自澳大利亚饮用水指南。

4 智能坐便器的检测方法与设备

4.1 智能坐便器性能检测设备应用及发展简述

随着国家标准《卫生洁具　智能坐便器》(GB/T 34549—2017)、协会标准《智能坐便器》(CBMF 15—2016) 以及日标《温水洗净式便座》(JISA 4422—2011) 等标准的相继发布，以及科技水平的不断发展和人们生活品质的提高，电子坐便器（或称智能坐便器）在人们日常生活中已经变得越来越平常了，普通家庭现已越来越广泛地使用起来。目前市场上出现的各种电子坐便器质量参差不齐，功能也因厂家不同略有区别，但主要的几项功能基本都有，如坐圈加热、臀洗、妇洗等。然而人们使用过程中总会遇到一些问题，比如电子坐便器的节水性、安全性、舒适性等，本章着重讨论电子坐便器检测设备的发展历程、相关测试的试验方法以及分类等事项。

4.1.1　背景

目前，我国电子坐便器行业已进入高速发展期，行业从仿制、引进技术，进入了自主创新的阶段，国家相继出台了相关标准《卫生洁具　智能坐便器》(GB/T 34549—2017)，恰好为企业创造了展示自己产品设计与制造能力的平台。此外，随着消费升级的推进，消费者对智能坐便器产品的需求与日俱增，对产品的功能和体验等也提升了档次。新国标的实施将提高企业的门槛，同时提高产品整体质量水平，符合消费者对品质生活的新需求。

由国家标准化管理委员会、国家市场监督管理总局、国家质检总局联合颁布的《卫生洁具　智能坐便器》(GB/T 34549—2017) 结合目前我国产品现状提出检验项目、技术要求和试验方法，进一步提高试验方法的重复性和可操作性。技术要求是标准的主体，是对产品的主要性能质量提出的具体量化要求。此次所讨论的话题也是对标准的进一步解析。目前各个测试单位由于对标准理解的不同，所使用的测试方法也是各有区别，而且从企业到各个质检单位对智能坐便器清洗力测试的方法以及取值等均不统一，大都没有一个统一的认识。以上原因使得各个质检机构以及企业对智能坐便器清洗力测试的具体方法头疼不已。本章将详细剖析这道难题。

4.1.2　分类

根据测试项目可将智能坐便器检测设备分为 4 类，常用的检测项目在下面 4 类检测设备中基本是全项涵盖：

第一，智能坐便器综合性能试验机，测试项目主要是智能坐便器水力学性能相关测试项目：喷嘴伸出和回收时间、清洗水流量、清洗水量、清洗力、清洗面积、耐水压性能、防虹吸功能、整机能耗、额定功率、10m 水击、防逆流、虹吸、清洁率等；

第二，智能坐便器温升综合试验机，测试项目主要是智能坐便器温度性能相关测试项目：升温性能、水温稳定性、暖风温度、坐圈加热功能（坐圈温度及其温度均匀性）等温度测试项目；

第三，智能坐便器耐久性试验机，测试项目主要是智能便器圈盖机械强度、耐久性、整机寿命、可靠性、静压负载等综合机械性能测试项目；

第四，智能坐便器水效能效综合试验机，测试项目主要是智能坐便器水效等级测试：清洗功能（水温特性、喷头自洁）、冲洗功能（洗净功能、水封回复、污水置换、排放功能、卫生纸排放）、坐圈加热功能、智能坐便器能效水效限定值的测定等测试项目。

关于以上四类设备的发展历程以及相关测试项目的实现，下面将分别详细介绍。

4.2　智能便器综合性能试验机

1. 概述

智能坐便器起源于美国，用于医疗和老年保健，最初设置有温水洗净功能。后经韩国、日本的卫浴公司逐渐引进技术开始制造，加入了座便盖加热、温水洗净、暖风干燥、杀菌等多种功能。于 2000 年逐渐引入我国，2012 年后国内智能坐便器产业逐步开始发展，2015 年开始进入快速发展阶段，直到今天智能坐便器已经开始逐步进入普通家庭成为普通老百姓生活的必需品。

目前，我国电子坐便器行业发展已进入高速发展期，行业从仿制、引进技术进入了自主创新的阶段，国家相继出台了相关标准，对于坐便器的冲洗力、耐压、水击、虹吸、防逆流、清洁率、清洗水量等都有了相关的规定。

2. 智能坐便器的综合性能试验设备发展历程

自 2010 年，国内逐步出现智能坐便器以后，短短几年特别是 2012 年以后，智能坐便器在国内直接是以逐年翻倍的速度在增长，但是随着智能坐便器在国内市场的飞速发展，国内对智能坐便器的检测业务也随之飞跃式地发展起来。这里对智能坐便器测试设备做简单介绍。对于智能坐便器，国内主要依据标准以及标准包含的常规检测项目如下：

《家用和类似用途电坐便器便座》（GB/T 23131—2019）：清洗流量、吹风风量、用电量、用水量。

《坐便洁身器》（JG/T 285—2010）：冲洗水量试验、肛门冲洗力、耐水压性能、防逆流、负压作用性能及暖风风量试验。

《卫生洁具　智能坐便器》（GB/T 34549—2017）：喷嘴伸出和回收时间、清洗水流量、清洗水量、清洗力、清洗面积、耐水压性能、防水击性能、防虹吸功能、整机能耗、额定功率。

　　《智能坐便器》(CBMF 15—2019)：待机功耗、喷嘴伸出和回收时间、清洗水流量、清洗水量、清洗力、清洗面积、耐水压性能试验、防水击性能试验、防回流性能试验、防虹吸性能试验、整机能耗、额定功率测试。

　　以上项目的检测国内早期基本都是生产企业内部自检，当然检测项目也不齐全，而且大都是通过手工检测，检测的数据各家差异较大，仅仅作为企业内部参考使用。随着智能坐便器行业的产业发展，国家对智能坐便器检测行业加大管控力度，先后出台了智能坐便器相关的检测标准，国内质检院才开始按照早期的标准进行相关检测业务的开展，早期有了标准却没有相关检测设备，除了企业质检院也是人工分项进行检测，误差比较大，数据准确性不高，全国的数据一致性也不理想。

　　面对国内智能坐便器检测设备的空白局面，国检集团陕西公司于2013年投入人力物力开始研发智能便器的检测设备，经过两年艰苦研发，于2014年攻克了智能坐便器检测设备在国内市场的空白局面，研发出了第一台国内智能坐便器综合性能试验机，实现了对智能坐便器的喷嘴伸出和回收时间、清洗水流量、清洗水量、清洗力、清洗面积、耐水压性能、防水击性能、防虹吸功能、整机能耗、额定功率等项目的检测。后来国检集团陕西公司继续在智能坐便器检测设备上加大研发力度，针对智能坐便器的检测项目一共开发出了4台检测设备，根据检测项目分为智能坐便器冲洗力、耐压虹吸综合试验机，智能坐便器风温水温温升综合试验机，智能坐便器耐久性试验机以及智能坐便器水箱试验机。检测项目涵盖智能便器98％的检测项目，完全填补了国内对智能坐便器检测设备全项覆盖的空白。这里主要以智能便器冲洗力、耐压虹吸综合试验机为例做一简单说明，后续文中将智能坐便器冲洗力、耐压虹吸综合试验机简称为智能坐便器综合性能试验机。国检集团陕西公司研发的智能坐便器综合性能试验机到现在为止一共经历了四代，以下分别做简单介绍。2014年研发的第一代产品结构如图4-1所示。设备配有工控机、功率计、量杯收集器、秒表等。测试工位1个，测试产品为智能坐便器盖板测试，无法进行整机测试。首个应用项目在上海东陶卫浴。

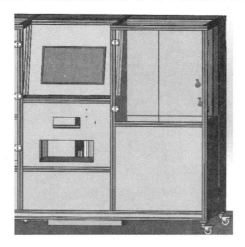

图 4-1　第一代智能坐便器综合性能试验机

测试项目有：喷嘴伸出和回收时间、清洗水流量、清洗水量、清洗力、耐水压性能、整机能耗、额定功率共计7项。初代产品测试项目相对较少，大部分测试主要是人机结合完成，能够显示力值曲线以及进行简单的数据存储等。有些测试项目操作不便，需要继续升级完善。

2017年研发的第二代产品结构如图4-2所示。设备配有工控机、功率计、变频电源、逆流水箱、10m水击管路供水装置、真空泵以及负压罐等。测试工位2个，测试产品为智能坐便器盖板测试，无法进行整机测试。首个应用项目在厦门倍杰特厨卫。

测试项目有：喷嘴伸出和回收时间、清洗水流量、清洗水量、清洗力、耐水压性能、防虹吸功能、整机能耗、额定功率、防逆流、虹吸，共计10项。较之前测试项目增加了3项，设备外观上面做了不少改进。方便操作。能够显示力值曲线以及进行数据存储等。同时在操作软件以及界面上面做了较大升级改动。

图4-2　第二代智能坐便器综合性能试验机

2018年研发的第三代产品结构如图4-3所示。设备配有工控机、功率计、逆流水箱、10m水击管路供水装置、真空泵以及负压罐、5m水击供水装置、变频电源等。测试工位3个（2个盖板测试工位、1个整机测试工位），测试产品为智能坐便器盖板测试和智能坐便器整机测试。应用企业有台州西马、广东樱井等。

图4-3　第三代智能坐便器综合性能试验机

测试项目有：喷嘴伸出和回收时间、清洗水流量、清洗水量、清洗力、清洗面积、耐水压性能、防虹吸功能、整机能耗、额定功率、10m 水击、防逆流、虹吸，共计 12 项。较之前测试项目增加了 2 项，设备外观上面做了不少改进，方便操作。能够显示力值曲线以及数据存储等功能。同时在操作软件以及界面上面做了较大升级改动。

2019 年研发的第四代产品结构如图 4-4 所示。设备配有工控机、功率计、逆流水箱、10m 水击管路供水装置、真空泵以及负压罐、5m 水击供水装置、变频电源等。测试工位 3 个（2 个盖板测试工位、1 个整机测试工位），测试产品为智能坐便器盖板测试和智能坐便器整机测试。应用企业有台州西马、广东樱井等。

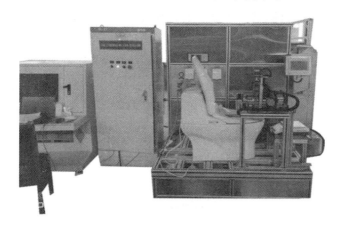

图 4-4　第四代智能坐便器综合性能试验机

测试项目：喷嘴伸出和回收时间、清洗水流量、清洗水量、清洗力、清洗面积、耐水压性能、防虹吸功能、整机能耗、额定功率、10m 水击、防逆流、虹吸、清洁率、风速、风温、风量、坐圈加热性能、出水温度稳定性，共计 18 项。较之前测试项目增加了 6 项，设备外观上面做了不少改进，方便操作。能够显示力值曲线以及进行数据存储等。同时在操作软件以及界面上面做了较大升级改动。其中有关清洁率的测试是针对国家出台的最新标准《家用和类似用途电坐便器便座》（GB/T 23131—2019）中规定的清洁率测试方法进行测试的。

3. 智能坐便器冲洗力测试方法以及发展历程

电子坐便器在人们日常生活中已经变得越来越平常了，普通家庭现已越来越广泛地逐步使用起来。人们使用过程中遇到不少问题，比如电子坐便器的节水性能、安全性、舒适性等。本章讨论的就是有关电子坐便器舒适性能中重要的一项：电子坐便器清洗力测试的相关讨论。清洗水柱直接对准人体比较敏感的私密部位进行清洗，水压力若太大，则会对人体造成损伤，若太小则达不到清洗效果，脏污未必能清洗干净，对人体卫生造成严重影响，所以此性能的好坏直接关系到电子坐便器使用的舒适性以及清洁性能的关键性指标。这一性能对电子坐便器整机性能的影响尤为关键，在此就着重讨论电子坐便器清洗力测试方法的相关事项。

4. 标准解析

目前市场上有关电子坐便器清洗力测试相关标准以及相关标准中所要求的具体要求以及测试方法，从国标开始，逐个进行分析。

（1）国标《卫生洁具　智能坐便器》（GB/T 34549—2017）中测试项目、测试方法以及相关图示如下所述：

6.2.6　清洗力——臀部清洗力最大值达到 0.06N 以上。

9.3.10　清洗力——选择臀部最大清洗模式，温度调节装置设定为最高挡，吐水 30s 后，用如图 4-5 所示装置或可达到相同试验效果的装置，测得任意 2s 内清洗力的最大值。受压板为圆形，面积足以承接所有清洗水的冲击，方向应垂直于水冲击方向。图 4-6 所示为通过受力测试分析清洗力最大值的实例。排除过高的峰值点，选择符合受力峰值情况的 10 个数据点，取其平均值作为清洗力最大值。

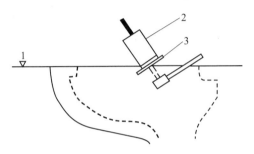

图 4-5　清洗力试验示意图

1—坐便器上面；2—荷重计；3—受压板（面板）

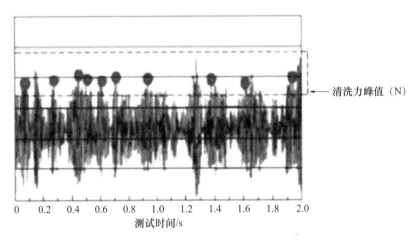

图 4-6　清洗力测定法实例

标准分析：国标《卫生洁具　智能坐便器》（GB/T 34549—2017）中仅仅只是规定清洗力必须大于 0.06N，具体测试方法如 9.3.10 中所述：

a. 选择最大清洗模式；

b. 温度调节装置设置为最高挡；

c. 吐水 30s 后；

d. 用图 3 所示装置测得任意 2s 内清洗力的最大值（注意这里要求测试的是任意 2s 内清洗力的最大值）；

e. 受压板为圆形且面积足以承接所有清洗水的冲击（说明：清洗水柱的界面积通常不会大于 5mm，试验中的受压板直径通常大于 26mm 就足够试验要求了）；

f. 受压片的方向垂直于水柱方向；

g. 图 4 为通过受力测试（图 5 中的测试装置）分析清洗力最大值的实例（图 4 为距离说明，注意这一句中又一次提到清洗力最大值的实例，意思是说测试的是清洗力的最大值）；

h. 排除过高的峰值点（此处也是有争议的，这句话意思应该是把个别值过高的异常点去掉）；

i. 选择符合受力峰值的情况的 10 个数据点（目前大多数机构在此处争议最大，标准上没有说明什么情况才算是符合受力峰值的点，所以此处争议较多，我理解的符合受力峰值的点应该是在完成上一步去除最大异常点之后，再挑取 10 个较高的受力峰值点）；

j. 取其平均值最为清洗力最大值（以上 10 个值确定后，只需要求取平均值即可得出测试结果）。

（2）协会标准《智能坐便器》（CBMF 15—2019）中测试项目、内容原文以及相关图示如下所述：

6.2.6　清洗力——按照文件 9.3.8 进行测试，臀部清洗受力最大值应达到 0.06N 以上。

9.3.8　清洗力试验——选择臀部清洗最大清洗模式，温度调节装置设定为最高挡，喷嘴处于最远位置，吐水 30s 后，用如图 5 所示精确度不低于 0.01N、取值频度每秒不低于 100 次的单点压力测试装置，或可达到相同试验效果的装置，测得任意 2s 内清洗力的最大值。受压板为圆形，面积足以承接所有清洗水的冲击，方向应垂直于水冲击方向。图 6 为通过受力测试分析清洗力最大值的实例。排除过高的峰值点，选择符合受力峰值情况的 10 个数据点，以其均值计为清洗力最大值。

标准分析：协会标准《智能坐便器》（CBMF 15—2019）同国标《卫生洁具　智能坐便器》（GB/T 34549—2017）中所阐述的测试要求以及测试方法均相同，这里不再赘述。

（3）日标《温水洗净式便座》（JIS A 4422—2011）翻译版中测试项目以及内容原文以及相关图示如下所述：

6.1.3　臀洗力度——臀洗力度根据 9.3.3 试验，冲洗水全部受压荷重的中心值在 0.06N 以上（此项与国标基本相同）。

9.3.3　臀洗力度试验——臀洗力度试验如下所示。

将冲洗水温度调节装置设定为最高温度，水势调节装置设定为最大位置，吐水30s。使用图5所示的装置对吐水过程中任意2s的坐便器上面位置所受冲洗水的全受压荷重进行测量，再如图6所示读取荷重的最大值和最小值。受压板选取圆板，且具备能承受所有冲洗水的面积。

以上内容为日标《温水洗净式便座》（JISA 4422—2011）中有关电子坐便器清洗力测试的相关规定。另外在这个标准后面还有一段解释说明，有关本文内容的部分如下：

5.3.1.3　臀部冲洗力度（本体6.1.3）及臀部冲洗力度试验（本体9.3.3）

臀部冲洗力度由冲洗水荷重及冲洗面积规定。

荷重0.06N以上这个基准是根据被市场接纳的市贩产品的实力值来规定的。此规格值及测量方法还没有完全确立，期待今后的更多研究。（这说明日本对电子坐便器冲洗力的测试方法依然处在研究探索阶段。）

标准分析：日标《温水洗净式便座》（JISA 4422—2011）中也是规定清洗力必须大于0.06N，具体测试方法如9.3.3所述：

a. 将冲洗水温度调节装置设定为最高温度（与国标意思相同）；

b. 水势调节装置设定为最大位置（与国标意思相同）；

c. 吐水30s后（与国标要求相同）；

d. 使用图1所示的装置对吐水过程中任意2s的坐便器上面位置所受冲洗水的全受压荷重进行测量（此处要求意思与国标基本相同）；

e. 如图2所示读取荷重的最大值和最小值（此处与国标要求不同，国标要求测量的是最大值，这里要求最大值与最小值一同测量）；

f. 受压板选取圆板，且具备能承受所有冲洗水的面积（与国标意思相同）；

日标《温水洗净式便座》（JISA 4422—2011）有关电子坐便器清洗力测试相关说明就这么多，到此也没有说清楚如何取值，关于到底怎样才算是清洗力的测试值始终没有给出明确说明。但是日标中有关清洗力测试示例中的图所表达的意思应该是求取最大值与最小值的中值，但这也不足以说明什么，我们还需要做进一步分析研究。

5. 目前测试现状

目前国内行业各家企业以及检测单位对标准的理解不同导致各家的测试方法也各不相同。本节就目前国内主流的两种测试方法进行如下分析与阐述。首先说明测试清洗力的夹具结构，目前国内外各个标准上的测试结构原理基本都是相同的，都是在坐便器工作状态下选择最大挡最高温度模式进行冲水，采用荷重计测试力值大小，采用受压板承受坐便器清洗水喷吐进行测试。结构原理图中的测试元件比较简单，主要问题还是在实操上面。所以在此基础上国内主流的测试方法分为两种。

第一种使用平端面圆柱形压力传感器进行测量，这种方法使用压力传感器代替荷重计，将采集到的压力值转换为力值，并且使用压力传感器的下端面代替受压板使用，详细结构如图 4-7 所示。这种测量方法所采用的计算结果大多都是在任意 2s 内测量出 10 个数据，而这 10 个数据中的每一个数据都是先测量一个最大值和一个最小值，然后再将最大值与最小值相加求取其平均值而获得的。这样便找到了标准中要求的"符合受力峰值"的 10 个数据点，然后再求得这 10 个数据点的平均值，以此来作为清洗力的最大值也就是测试结果。这种测试方法由于算法明确，取值均为自动采集，直接显示测试结果，在应用中这点比较直观方便。但是这种测试方法在结构上与国标要求有所不同，其计算方法、力值取值点也与国标存在明显差异，不过这个方法倒是与日标中的测试曲线的表达比较接近，而且这个测量方法获得的力值曲线（图 4-8）以及测试的力值结果看起来都是容易让大多数人接受的，因为这个方法其实是在求取清洗力的平均值而不是清洗力的最大值，所以测试结果往往都会大于 0.06N，而与实际的较大值比起来要小一半左右。所测试的产品也是几乎全部合格，几乎没有不良品，所以大家都比较容易接受这个测试结果，测试方法以及测试用元器件也是相对简单。

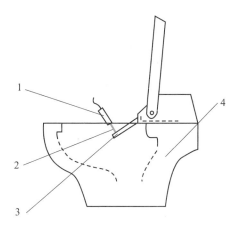

图 4-7　结构图

1—压力传感器；2—喷头喷出的清洗水柱；

3—智能便器喷管；4—被测样品（智能便器/电子坐便器）

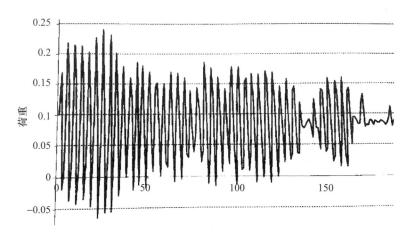

图 4-8　力值曲线

不过我们首先得明白标准中要求测试喷头清洗力的目的是什么。标准要测量的是智能坐便器喷头清洗水的最大值，其实就是为了测量喷头喷水后与人体敏感部位接触后水柱冲击力给人体带来的最大冲击力是多大，因为这个是人体感应舒适度的一个重要指标，若力度不够则无法达到清洗要求，脏污可能无法清洗干净，若力度太大则人体敏感部位会因冲击力过大而失去舒适感，甚至造成损伤。所以标准测试的目的是测量其最大力值而不是平均值。

第二种方法测试结构原理以及实物测试照片如图 4-9 所示，是由力传感器直接进行测量清洗力值大小，而不是通过水压转换过来的力值，力值传感器下面直接连接着受压板，这种测试装置与国标中要求的测试装置相同，结构理论上是符合国标要求的。

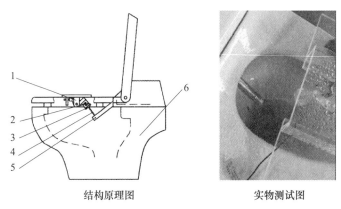

结构原理图　　　　　　实物测试图

图 4-9　结构原理及实物测试图

1—测试夹具；2—力值传感器；3—受压圆板；4—喷头喷出的清洗水柱；
5—智能便器喷管；6—被测样品（智能坐便器）

此种测试方法结构原理上虽然比较符合国标要求，但是此种测试方法在实际应用中依然不太理想，这种测试方法仅仅只是将测试曲线（图 4-10）显示出来，判断异常点需要人为进行判断，国标要求的 10 个最大数据点也是由人工挑选的，目前国标在这些点的选取上没有明确说明具体选取依据，导致人为主观判断因素比较多，同时还增加了人工劳动力，导致这个测试方法不太被人们接受。

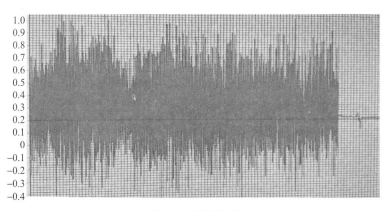

图 4-10　测试曲线

我们通过以上两种测试方法获得的力值曲线的对比可以看出，第二种方法的曲线采集频率明显要远远大于第一种测试方法。采集越大越能反映出测试样品测试值的真实性。通过以上对比分析，目前第二种测试方法的合理性虽然比较好，也最符合国标要求，但是还需要在异常点的自动判断以及10个数据点的自动选取以及测试结果的自动计算上继续完善才能走出一条属于我们自己的测试方法。

6. 清洗力测试方法的探究

结合以上分析我们的研究方向就逐步明晰了，目前第二种测试方法主要存在的问题是异常点的判断方法以及最大数据点的采集方法不明确导致的缺陷，那么我们在第二种测试方法的基础上进行相应的完善改进便可逐步解决问题，首先我们在测试曲线界面要做出一条横向的基准轴线，这条轴线的大小（轴线的高低）由我们设置，这条基准轴就叫作异常点基准线，这个基准线以上的点均为异常点，不予采集，异常点基准线的取值可根据各个产品性能的不同进行相应的设置，用户可根据自己产品曲线特性来设置，也可按照测量曲线中最大点的百分比来进行取值，例如异常点基准轴线的数值大小可以选取整个曲线中最大点的90%、80%、75%等，整个可根据产品曲线整体特性进行输入设定。

异常点基准线下面再建立第二个基准线，这个基准线我们叫作最大值基准线，关于我们所需要的任意2s以内的10个最大数据点，我们将在异常点基准线与最大值基准线之间进行选择，选择依据则为排在前10的最大数据点，然后再求取平均值，这样智能便器的清洗力测试结果便可得出。这个结果将比较符合实际测量值，也比较符合国标要求对坐便器清洗力值测试的目的。另外再说明一点，最大值基准线的设置可以设置为异常点基准线数值的60%，当然用户也可根据自己需求另行设置。

最后在整个曲线中再增加最后一个基准轴线，那就是标准要求的0.06N基准线，便于观察整个力值曲线的整体状态。曲线举例说明如图4-11所示。

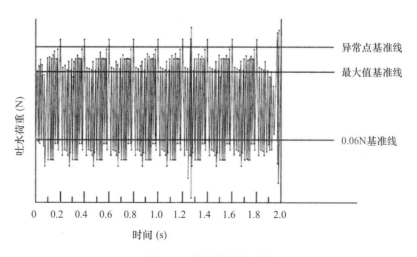

图 4-11　曲线举例说明图

7. 智能坐便器综合性能试验机系统操作实践

目前国内对智能坐便器用冲洗水量的测试主要依据国标《卫生洁具　智能坐便器》(GB/T 34549—2017)进行检测，另外对于智能便器能耗的测试则是参考《卫生洁具　智能坐便器》(GB/T 34549—2017)以及行业标准《智能坐便器》(CBMF 15—2019)这两个标准进行测试的，主要是针对智能便器的坐圈温度能耗以及清洗烘干能耗的测试，对测试环境没有详细要求，但是相对来说，能耗的测试比用水量测试好点，起码有了相关的依据标准，而《智能坐便器能效水效限定值及等级》(GB 38448—2019)中则对智能坐便器测试用的供水管路以及能耗测试的测试环境均做出了详细明确的规定，这在我国智能坐便器水效能效发展道路上起到了至关重要的作用，使得我国智能坐便器测试的发展向前迈出了一大步，与国际领先行业的差距进一步减小甚至是超越，同时也走出了我国自己的发展道路。

目前国内特别是各质检院对于测试设备的关键性元器件都是需要进行第三方校准计量的，以保证测试数据的真实可靠性，而中国国检测试集团陕西有限公司（以下简称国检集团陕西公司）针对《卫生洁具　智能坐便器》(GB/T 34549—2017)以及《智能坐便器能效水效限定值及等级》(GB 38448—2019)研发的智能坐便器综合性能试验机则填补了国内对智能坐便器能效水效测试的空白。国检集团陕西公司研发的这台设备元器件在选型上则针对标准要求对关键测试元件流量计、压力传感器、功率计以及温度传感器均做到了极致，满足标准要求。表 4-1～表 4-3 中仅展示了部分元器件参数，进行举例比较。

国检集团陕西公司针对《智能坐便器能效水效限定值及等级》(GB 38448—2019)开发的智能坐便器综合测试机配有冲洗水路以及清洗水路，分别对应标准附录中 B1 和 B2 管路要求，满足标准供水要求。供水水箱配带智能控温系统，让设备能在任何地理位置下够满足标准中对检测试验的 15℃ 供水要求。

根据试验要求，国检集团开发的智能坐便器综合性能试验机测定设备可完成相应试验项目为：喷嘴伸出和回收时间、清洗水流量、清洗水量、清洗力、清洗面积、耐水压性能、防水击性能、防虹吸功能、整机能耗、额定功率；同时兼顾了《智能坐便器》(CBMF 15—2016)中的防水击性能试验、防回流性能试验。

根据以上试验项目试验设备测试功能分为以下 6 项：

1) 温度控制系统以及可调节水温的保温水箱。

2) 按照标准中要求的附录 B1 和 B2 提供的两个不同的测试管路及恒压供水系统。

3) 测试智能坐便器用的测试台。

4) 冲洗水量的测量系统。

5) 能效测定系统。

6) 试验用水循环系统。

表 4-1　设备元器件部分参数

项目名称	测量范围			测量精度			分辨率		
元器件名称	《智能坐便器能效水效限定值及等级》(GB 38448—2019)	《卫生洁具智能坐便器》(GB/T 34549—2017)	实际采用元器件	《智能坐便器能效水效限定值及等级》(GB 38448—2019)	《卫生洁具智能坐便器》(GB/T 34549—2017)	实际采用元器件	《智能坐便器能效水效限定值及等级》(GB 38448—2019)	《卫生洁具智能坐便器》(GB/T 34549—2017)	实际采用元器件
流量计	1.5～38L/min	—	0.2～50L/min	全量程的 1%	—	全量程的 0.8%	—	—	0.1L/min
压力传感器	0～1MPa	0.1～0.6MPa	0～1.6MPa	全量程的 1%	—	全量程的 0.2%	0.01MPa	0.02MPa	0.005MPa
负压传感器	−85～0kPa	−85～0kPa	−100～0kPa	全量程的 1%	—	全量程的 0.2%	0.01MPa	0.02MPa	0.005MPa
功率计	—	—	15～1000V	—	—	全量程的 0.1%	—	—	—
电源电压	220V/50Hz	220V/50Hz	1～300V	2%	2%	0.10%	—	—	0.1V
温度传感器	0～60℃	0～60℃	−50～150℃	—	—	全量程的 0.2%	0.5℃	0.5℃	0.04℃

表 4-2　功率计部分参数

输入通道	单通道	电压量程	15V、30V、60V、150V、300V、600V
基本功率精度	0.10%	直接输入 电流量程	5mA、10mA、20mA、50mA、100mA、 200mA、0.5A、1A、2A、5A、10A、20A
输入宽带	DC，0.1Hz～300kHz	外部传感器 输入量程	50mV、100mV、200mV、500mV、 1V、2V、2.5V、5V、10V
采样率	500KS/s	最大连续 共模电压	600Vrms，CAT Ⅱ
数据更新周期	100ms、250ms、500ms、1s、 2s、5s、10s、20s、自动	积分测量及积分 模式下的自动 量程	支持
谐波测量	标配、《电磁兼容性　第4-7章：测试与测量技术——电源系统及其相连设备的谐波、间谐波测量方法和测量仪器技术标准》（IEC61000-4-7—2002）	A/D 转换器	电压与电流同时转换，分辨率： 16 位，最大转换率：2μs
THD 运算的 分析次数	1～50 次	通信接口	标配 GPIB（符合 IEEE488.2）、 LAN、RS-232. USB-Host

表 4-3　变频电源部分参数

输出容量		500VA	1kVA	2kVA	3kVA	5kVA	6kVA	8kVA	10kVA	10kVA
工作方式		VFD 显示，正弦波输出，远程操作								
输出频率		45～65Hz，100Hz，120Hz，200Hz，240Hz，400Hz								
频率稳定度		≤0.1%								
输出 电流	110V	4.6A	9.2A	18.2A	27.4A	45.6A	54.5A	72.8A	91A	91A
	220V	2.3A	4.6A	9.1A	13.7A	22.8A	27.3A	36.4A	45.5A	45.5A
输出电压		常规状态下：（低挡）1～150V，（高挡）151～300V 高档锁定状态下：（高挡）1～300V								
输出相数		单相								
负载效应		≤1%								
输出电压 失真度		≤2%（阻性负载）								
电源输入		单相								三相四线
过载报警		＞100%报警								
保护装置		短路保护，过载保护，功率器件过热保护								
抗冲击功能		可承受功率不大于电源额定功率50%的感性负载或波峰因数不大于3.0 整流性负载的启动冲击，并正常运行								
记忆功能		上次启动参数								
快捷组		可设六组参数，快速切换								
效率		2kW（含 2kW）以下：≥70%；3kW（含 3kW）以上：≥80%								

输出容量	500VA	1kVA	2kVA	3kVA	5kVA	6kVA	8kVA	10kVA	10kVA
预置功能	在待机状态时，可预置输出电压，输出电压频率，输出电压上下浮动值								
在线可调整功能	在运行状态时，按"切换"键变换状态，再按"增"或"减"键，可在线调整输出电压、输出频率，输出电压上下浮动值								
高挡锁定功能	在待机状态时，可以按"系统"键，将电源设置为高挡锁定状态								
通信接口	RS232 通信（可选配 RS485 通讯），选配遥控								
输入电源	AC：220V±10％，50/60Hz±5％/380V±10％，50/60Hz±5％								
外形尺寸 W×H×D （mm³）	480×200×500		480×550×400		480×740×400			480×840×600	
工作环境	温度：0~40℃；相对湿度：≤90％RH								

各个功能板块具体如下：

1）温度控制系统以及可调节水温的保温水箱。

标准中规定智能坐便器能耗测试进水温度为 15±1℃，为此设备配有智能保温水箱，水箱内部安装有加热装置，同时水箱内部配有制冷系统，我们只需要在设备面板上面设置好温度参数，系统会根据设置的温度参数对水箱中的水温进行自动调节，当温度超过设定温度，智能系统会启动（加热自动关闭），当水温低于设定温度时，加热装置会自动启动（制冷自动关闭），当温度达到设定水温后，系统会一直保持水温，温控精度为±1℃。水箱内部安装有高精度温度传感器，测量精度为±0.3℃，会实时采集水温，并将采集的水温传给设备的"控制中心"（PLC），然后设备的控制系统会对反馈温度进行实时调整，以达到精确控温效果，满足试验过程中的水温要求。

2）按照标准中要求的附录 B1 和 B2 提供的两个不同的测试管路及恒压供水系统。

本设备按照标准中附录 B1 和 B2 管路要求提供标准管路，分别为冲洗水路测试管路和清洗水路测试管路。

3）测试智能坐便器用的测试台。

测试台上面开有排水口，侧面配有防水插座以及操作面板和温度测量装置功率测量装置，有效地将人机结合起来。将被测样品放置于工作台面上面，将样品排污口与台面排污口对准放置，在操作界面上面选择试验项目并进行参数设置等操作。试验项目均可在操作台完成。

4）能效测定系统。

采用国内知名品牌的变频电源作为样品的供电设施，其供电范围为 1~300V，极大地满足了各种电压需求，精度为全量程的 0.1％，同时配备国内知名品牌的功率计，其最高采样率高达 5000ks/s，测量带宽 300kHz，其最小测量电流低至 50μA，能够测量低至 0.01W 的功耗，符合国际标准《家用电器待机功耗的测量》（IEC 62301—2016）的测试。

5）试验用水循环系统。

试验用水循环系统主要由管路、主水箱、回水槽等组成。试验用水通过标准管路供给被测样品，完成试验后，从称重水箱流经回水槽，到达指定液位后，与回水槽连接的回水泵将自动开启将试验收集水重新打回主水箱，已到达再试验使用，整个设备实现循环用水的目的。

8. 设备测试项目操作介绍及标准应用

依据相关标准，对智能坐便器进行如图 4-12 所示的检测。

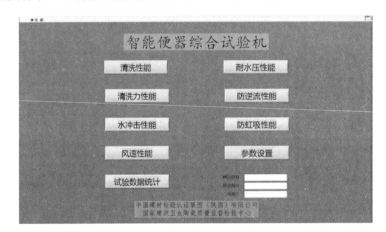

图 4-12 初始界面

（1）清洗性能试验

在图 4-12 初始界面中点击"清洗性能"对系统清洗性能进行测试。如图 4-13 所示清洗性能试验，左侧一栏为参数设置栏，中间一栏为水系统压力控制，右侧一栏为清洗水量试验项目内容，依据不同的标准，均可进行试验。

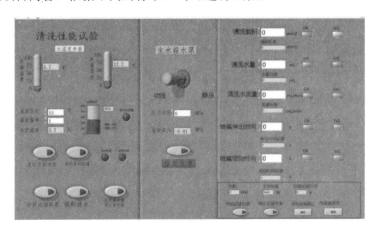

图 4-13 清洗性能试验

《卫生洁具　智能坐便器》（GB/T 34549—2017）中测试项目、内容原文以及相关图示如下所述：

① 手动测量清洗面积

6.2.7　清洗面积

清洗面积应不大于 80mm^2。

② 清洗水量采用对应的接水装置，接 30s，同时计算出清洗水流量。

9.3.8　清洗水流量

选择臀部清洗和妇洗的最大冲洗模式，用适当的计时器和水量计量装置，分别测量臀部清洗和妇洗 1min 的水量。臀部清洗和妇洗各测量 3 次，取 6 次的平均值。

9.3.9　清洗水量

开启正常清洗动作 1 次，选择臀部清洗和妇洗的最大清洗模式，测定包括清洗喷嘴及喷水杆在内的全过程的使用水量。臀部清洗和妇洗各测量 3 次，取 6 次的平均值。

③ 喷嘴伸出时间和喷嘴缩回时间，用秒表计时，人工观察。

6.2.1　喷嘴伸出和回收时间

喷嘴伸出时间不应大于 8s；喷嘴回收时间不应大于 10s。

9.3.5　喷嘴伸出和回收时间

用适当的计时器分别测得臀部清洗和妇洗模式下，喷嘴伸出和回收的时间。臀部清洗和妇洗模式各测量 3 次，取 6 次平均值。

④ 把测量好的清洗面积、清洗水量、清洗水流量、喷嘴伸出时间、喷嘴缩回时间输入相应的输入框会自动判定是否合格。

⑤ 点击"功率值清零"打开样品功率测试的相应功能，取消"停止记录功率"。

⑥ 点击"开始记录功率"，当有效功率阶段结束时点击"停止记录功率"；点击"开始记录功率"，计算功率。保持"平均功率确认"打开，计算平均功率，关闭界面。

9.4.7　整机能耗

整机能用于试验的电工仪表精确度等级为 0.5 级。测量时间用仪表精确度等级不低于 0.5%，测量温度的仪器仪表精确度不低 0.5℃，环境温度要求为（15±1）℃，进水温度为（15±1）℃。选择坐圈温度最高挡、冲洗水温度最高挡和臀部冲洗最大清洗模式。

9.4.7.2　试验步骤

在要求的环境温度下放置 1h，达到稳定状态后，按以下述步骤进行能耗测试：

a）测定开始；

b）60s 时入室（人体感应器开），如没有该项设计可以忽略，以具体时间为计；

c）75s 时着座（着座感应器开）；

d）165s 时清洗开始，如没有该项设计可以忽略，以具体时间为计；

e）195s 时清洗结束；

f）225s 时离座（着座感应器关），盖板关闭；

g）250s 时离室（人体感应器关）；

h）继续放置至 1.5h，并记录 1.5h 期间消耗电量；

i) 再次重复以上步骤，取 2 次的平均值。

（2）耐水压性能

在图 4-12 初始界面中点击"耐水压性能"对系统进行耐水压测量。如图 4-14 耐水压性能，左侧一栏可以设置具体的耐水压力及时间；当耐水压性能界面参数设置完成后打开"step1 开始计时""step2 开始计时""step3 开始计时""step4 开始计时"，试验开始，当试验各个阶段计时完成后水泵自动关闭，试验完成。该试验因标准的要求不同，此处按照《智能坐便器》（CBMF 15—2019）设计 4 个挡位，对应的压力和耐压时间已经填入，若是用该标准的话，直接依次点击 4 个挡位的开始计时便可。若使用其他标准，直接在 step1 处设定压力和时间，step2，step3，step4 的时间设定为 0。

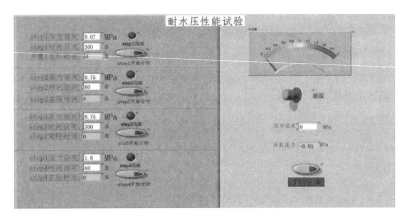

图 4-14　耐水压性能

《卫生洁具　智能坐便器》（GB/T 34549—2017）、《智能坐便器》（CBMF 15—2019）中测试项目、内容原文以及相关图示如下所述。

《卫生洁具　智能坐便器》（GB/T 34549—2017）所述：

9.4.1　耐水压性能

将智能坐便器安装成使用状态，进水口连接到试验增压装置，选择最大清洗模式，按以下步骤试验：

a）调整增压装置的水压至（0.60±0.02）MPa，清洗功能关闭；保持 5min，观察智能坐便器是否出现漏水、变形及其他异常现象；

b）开启清洗功能，保持一个清洗工作周期，观察清洗功能能否正常进行；

c）关闭清洗功能，稳定水压在（0.60±0.02）MPa，并保持 5min，观察智能坐便器是否出现漏水、变形及其他异常现象。

《智能坐便器》（CBMF 15—2019）所述：

9.4.1　耐水压性能试验

智能坐便器安装成使用状态，进水口连接到试验增压装置，选择臀部最大清洗模式，按以下步骤试验：

a）调整增压装置的水压至（0.07±0.02）MPa，清洗功能关闭；保持 5min，观察智能坐便器是否出现漏水、变形及其他异常现象；

b）开启臀洗功能，保持一个臀洗工作周期，观察臀洗功能是否正常进行；

c）慢慢增加水压至（0.75±0.02）MPa，开启臀洗功能，并保持一个冲洗周期，观察臀洗功能否正常进行；

d）关闭清洗功能，稳定水压在（0.75±0.02）MPa，并保持5min，观察智能坐便器是否出现漏水、变形及其他异常现象；

e）逐渐增加水压至（1.6±0.02）MPa，并保持1min，观察智能坐便器是否出现漏水、变形及其他异常现象。产品使用水泵供水时，水压控制在水泵最大输出压力的2倍。

（3）清洗力性能

在图4-12初始界面中点击"清洗力性能"对系统清洗力进行测试。如图4-15、图4-16清洗力性能所示，点击"参数设置"对清洗力参数环境进行设置；点击"清洗力曲线"调试冲洗力夹具到合适位置（冲洗力正对夹具圆盘中心）；点击"试验开始"→点击"清零"→打开样品冲洗性能→停止试验→选择30s后的任意2s（坐标轴左下角）→选择10个有效的峰值点（通过坐标轴下侧游标选取）→点击"最大值计算"→试验结束关闭面板。

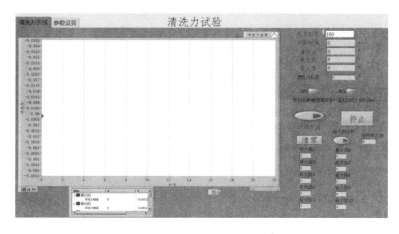

图 4-15　清洗力性能（1）

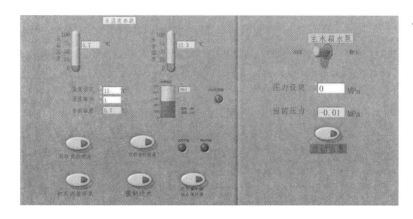

图 4-16　清洗力性能（2）

《卫生洁具　智能坐便器》（GB/T 34549—2017）所述：

9.3.10　清洗力

选择臀部最大清洗模式，温度调节装置设定为最高挡，吐水 30s 后，用如图 4-17 所示装置或可达到相同试验效果的装置，测得任意 2s 清洗力的最大值。受压板为圆形，面积足以承受所有清洗水的冲击，方向应垂直于水冲击的方向。图 4-18 为通过受力测试分析清洗力最大值的实例。排除过高的峰值点，获得符合受力峰值情况的 10 个数据点，取其平均值作为清洗力最大值。

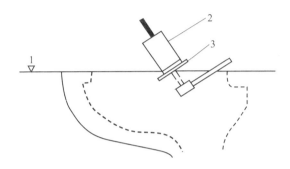

图 4-17　清洗力试验示意图

1—便器上面；2—荷重计；3—受压板（面板）

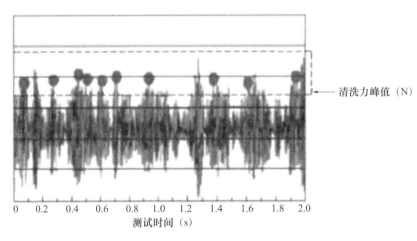

图 4-18　清洗力测定法实例

（4）防逆流性能

在图 4-12 初始界面中点击"防逆流性能"对系统防逆流进行测试。如图 4-19 防逆流性能所示，当水泵未在运行状态下时，设置压力设定为 0.1MPa，点击"启动主泵"；点击"手动打开供水阀"，当防逆流水箱进水满足 20kPa 后，防逆流供水阀门自动关闭；对防逆流性能"时间设定"进行设定，设定完成后，安装样品，点击"试验开始"开始试验。

《智能坐便器》（CBMF 15—2019）中测试项目、内容原文以及相关图示如下所述。

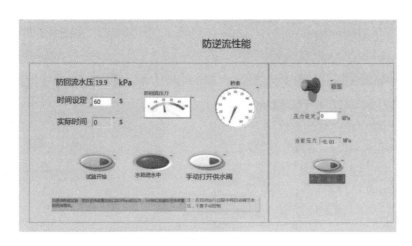

图 4-19　防逆流性能

9.4.3　防回流性能试验

如图 4-20 所示，施加 0.02MPa 静压力，保持 60s，观察防回流装置是否发生回流现象并记录。

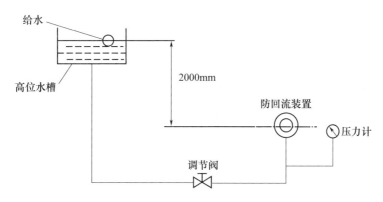

图 4-20　防回流试验装置示意图

（5）水冲击性能

在图 4-12 初始界面中点击"水冲击性能"对系统进行水击测量。如图 4-21 水冲击性能所示，智能坐便器进水口接入水击工位进水口；系统压力"压力设定"为 0.5MPa，选择动压，点击"启动水泵"，当压力稳定在 0.5MPa 时系统切换为静压。通过水击球阀切换开关打开"5M 水击"，点击"试验开始"—"停止"采集到峰值后进行"峰值确认"（一次试验开始—停止只能采集一次峰值，第一次的试验数据不能作为峰值确认的数据）。

若要做 10m 水击试验，通过水击球阀切换开关打开"10m 水击"，点击"试验开始"—"停止"采集到峰值后进行"峰值确认"（一次试验开始—停止只能采集一次峰值，第一次的试验数据不能作为峰值确认的数据）。对应标准为《坐便洁身器》（JG/T 285—2010）。

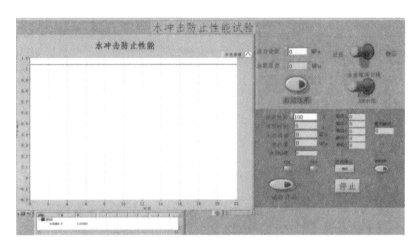

图 4-21　水冲击性能

《卫生洁具　智能坐便器》(GB/T 34549—2017) 中测试项目、内容原文以及相关图示如下所述:

9.4.2　防水击性能

9.4.2.1　试验仪器、装置和介质如下:

a) 压力范围为 0~2.0MPa, 采样频率大于 200Hz 的压力传感器, 传感器与智能坐便器进水口的距离为 (1000±50) mm。

b) 长 5000mm, 外径为 15mm, 壁厚为 1mm 的铜管。将铜管盘成直径为 270mm 的弹簧状 (图 4-22)。

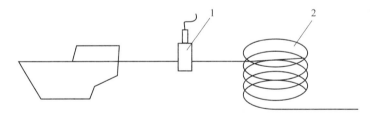

图 4-22　水击试验示意图
1—压力传感器；2—钢管

9.4.2.2　试验步骤

试验步骤如下:

a) 将智能坐便器清洗系统进水口处用软管与铜管相接并接入供水管路中。

b) 将静压力调整至 0.5MPa, 然后向清洗装置供水, 排空空气水流正常喷出后, 关闭清洗装置。

c) 在此校正静压力至 0.5MPa, 开启清洗系统, 喷头喷水。

d) 持续供水 30s 后, 快速关闭智能坐便器清洗装置, 记录压力传感器的压力最大值 (峰值)。

e）计算与压力峰值与铜管进水初始静压力之差。

f）连续测量 5 次，试验结果取最大值。

（6）防虹吸性能

在图 4-12 初始界面中点击"防虹吸性能"对系统防虹吸进行测试。如图 4-23 防虹吸性能所示，点击"打开真空泵"；当真空负压达到－90kPa，真空泵自动停止运行；试验样品接入防虹吸工位开始试验。

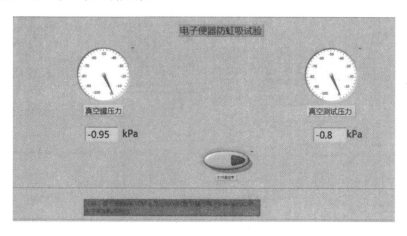

图 4-23　防虹吸性能

《卫生洁具　智能坐便器》（GB/T 34549—2017）中测试项目、内容原文以及相关图示如下所述：

9.4.3.2　清洗水路防虹吸试验

将智能坐便器安装成使用状态，用直径（0.8±0.05）mm 的金属丝将水路中的进水阀、单向阀、鸭嘴阀、流量调节阀等类似功能部件失效，无法失效的器件需要直接去除。如图 10 所示，将智能坐便器进水口与真空装置连接，坐便器盖的喷管组件前的出水口接内径为 19～25.4mm，长度超过 152mm 的透明管，透明管插入水槽中，按以下步骤进行试验，测试整机的 CL 线和透明管中的水位上升最大高度。试验样品中有多条独立工作水路的，需要在关闭其他水路的前提下，对每条水路单独进行防虹吸性能测试。

a）测试安装：

1）先将测试样品内的防逆流装置及管路浸泡在水中至少 5min，使其内外充分温润；

2）将测试样品按图 4-24 连接好；

3）将所有的单向阀或类似器件失效，打开进水阀。

b）测试步骤：

1）将测试水箱的水面降低到防逆流装置进气口以下 3mm；

2）逐渐降低测试的水位，同时在产品进水口施加恒定的 85kPa 负压；

3）当回流现象停止时，标记下此时的水位位置，此位置即为 BB 线；

4）逐渐升高测试的水位，同时在产品进水口施加恒定的 85kPa 负压；

5）当回流现象开始发生时，标记下此时的水位位置，此位置即为 AA 线；

6）AA 和 BB 两个位置较低的那个记录为 CL 线；

7）记录各次测试过程中（出现回流现象时不计）透明管中水位的最高上升高度。

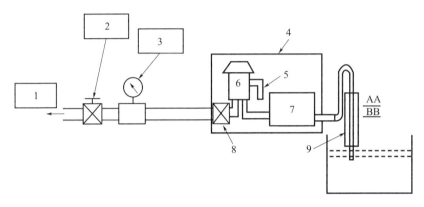

图 4-24　防虹吸试验装置示意图

1—真空罐；2—快速开关阀；3—压力表；4—智能坐便器；5—进气管；

6—真空破坏器；7—加热器、喷管；8—进水阀；9—透明观测管

（7）风速性能试验

在图 4-12 初始界面中点击"风速性能"对样品系统风量进行测试。如图 4-25 风速性能试验所示，固定好暖风性能夹具在标准规定的位置后，输入暖风出风口的长、宽，打开样品暖风，点击"试验开始"，当达到标准规定的情况后按"停止"按钮停止试验，点击"风速确认"；固定好暖风性能夹具在另外一个标准位置，打开样品暖风，点击"试验开始"，当达到标准规定的情况后按"停止"按钮停止试验，点击"风速确认"；测试三次后系统自动生成最终结果出风量。

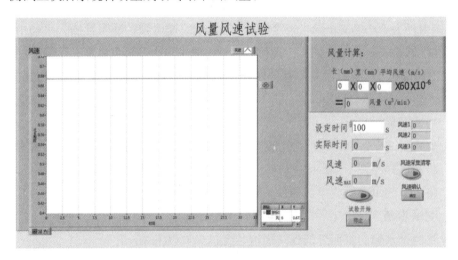

图 4-25　风速性能试验

《卫生洁具　智能坐便器》（GB/T 34549—2017）中测试项目、内容原文以及相关图示如下所述：

9.3.13.2　暖风出风量试验

暖风出风量试验步骤如下：

a）关断智能坐便器暖风温度调节装置，用毕托管和风速计按图 7 所示测定 3 个点的风速。

b）暖风出口如带有防止污水或杂物进入的挡板时，应去掉挡板进行试验。

c）吹风口的尺寸用 H 和 L 表示。

d）风速计与暖风吹出方向垂直。

e）测定如图 7 所示的 3 个点的风速。

f）出风量按式（4-1）进行计算。

$$Q = V_F \times H \times L \times 60 \times 10^{-6} \tag{4-1}$$

式中　Q——风量，单位为立方米每分（m³/min）；

V_F——暖风平均速度，单位为米每秒（m/s）；

H——出风口高度，单位为毫米（mm）；

L——出风口宽度，单位为毫米（mm）。

综上所述，可见国检集团开发的智能便器水效能效试验机是目前国内真正意义上针对智能坐便器水效能效进行测试的设备，完全符合《卫生洁具　智能坐便器》（GB/T 34549—2017）和《智能坐便器能效水效限定值及等级》（GB 38448—2019）的各项条款要求，吸取了国内同类测试设备中的优点完善了缺点，在测试性能以及测试方法上均处于行业内领先地位。同时，设备内部按照标准要求进行计算，免去了人工计算的步骤，极大地提升了检测效率和检测的准确性。该测试设备目前在国外同类检测设备中具有领先优势地位，同时该设备所涉及的测试方法均为目前最科学最先进的测试方法，为我国智能坐便器检测行业发展做出了历史性的巨大贡献。

4.3　智能坐便器温升综合试验机

1. 概述

现在市面上的智能坐便器普遍都应用适合人体工程学设计的技术将电热装置安装在坐圈内，温度也可控制在人体感觉舒适的范围之间。水流冲洗是智能坐便器的另一个优势，除了更加健康之外，水流的温度也符合人体温度需要，使健康与温馨兼得。可见，坐便器温度已然是智能坐便器不可缺少且非常重要的部分。

2. 标准应用

智能坐便器需要测温部分，涉及的测温标准主要有：

《智能坐便器》（CBMF 15—2019）、《卫生洁具　智能坐便器》（GB/T 34549—

2017)、《家用和类似用途电坐便器便座》（GB/T 23131—2019）、《智能坐便器能效水效限定值及等级》（GB 38448—2019）、《坐便洁身器》（JG/T 285—2010）、《温水洗净便座》（JISA 4422—2011）等。

在上述标准中，温度测量的标准主要有以下性能：升温性能、水温稳定性、暖风温度、坐圈加热功能（坐圈温度、坐圈温度均匀性）等。

每个标准对于测试性能的名词定义、试验方法、试验结果判定等稍有差异，但是对于测量目的是一致的，现以《卫生洁具　智能坐便器》（GB/T 34549—2017）为主，对其中测试项目、内容原文以及相关图示进行如下叙述。

（1）升温性能

《卫生洁具　智能坐便器》（GB/T 34549—2017）中测试项目、内容原文以及相关图示如下所述：

6.2.2　升温性能

输出最高挡时，水接触人体时的温度不应低于30℃，水接触人体后3s内，水温度不应低于35℃。

9.3.6　升温性能

将智能坐便器的温度调节装置设定为最高挡，流量设定为最大挡，通电30min后，保持进水温度为（5±1）℃，使用多点温度测量记录仪，测量并记录坐便器上平面位置的清洗水温度-时间曲线图（图4-26），计算清洗水到达温度测定装置时为开始点（初始温度）至结束点（水温到35℃）的时间。

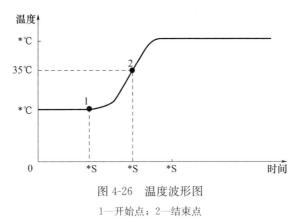

图4-26　温度波形图

1—开始点；2—结束点

协会标准《智能坐便器》（CBMF 15—2019）中测试项目、内容原文以及相关图示如下所述：

6.2.2　水温响应特性

按本文件9.3.4进行试验，清洗水温度到达35℃的时间应不大于1s。

9.3.4　水温响应特性试验

将智能坐便器的温度调节装置设定为最高挡，流量设定为最大挡，通电30min后，保持进水温度为15±1℃，选择臀部清洗模式，使用多点温度测量记录仪，测量并记录坐便器上平面位置的清洗水温度-时间曲线图（图4-27），计算清洗水到达温度测定装置时为开始点（初始温度）至结束点（水温到达35℃）的时间。测3次，取3次的平均值。

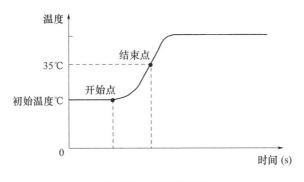

图4-27　温度波形图

标准分析：升温试验主要是指清洗水温从接触人体开始，到水温到达35℃的时间不得低于标准值，《卫生洁具　智能坐便器》（GB/T 34549—2017）与《智能坐便器》（CBMF 15—2019）在以下两点有不同之处：

a. 试验方法中，试验进水温度不同：《卫生洁具　智能坐便器》（GB/T 34549—2017）要求进水温度为（5±1）℃；《智能坐便器》（CBMF 15—2019）要求进水温度为（15±1）℃。

b. 清洗水温到达35℃的时间要求不同，《卫生洁具　智能坐便器》（GB/T 34549—2017）要求水接触人体后3s内，水温度不应低于35℃；《智能坐便器》（CBMF 15—2019）要求清洗水温度到达35℃的时间应不大于1s。

（2）水温稳定性

1）《卫生洁具　智能坐便器》（GB/T 34549—2017）中测试项目、内容原文以及相关图示如下所述：

6.2.3　水温稳定性

清洗用水最高挡的温度应控制在35～42℃。

即热式智能坐便器：在30s内偏差±2℃。储热式智能坐便器：30s内水温下降幅度不应大于5℃。

9.3.7　水温稳定性试验

9.3.7.1　将智能坐便器的水温度调节装置设定为最高挡，通电30min后开始测试。

9.3.7.2　储热式产品保持进水温度为（5±1）℃，流量设定为最大挡，使用多点温度测量记录仪，测量并记录到达坐便器上平面位置的清洗水温度-时间曲线。

9.3.7.3　即热式产品，分别在以下条件下，使用多点温度测量记录仪，从开始吐水的3s后测量并记录到达坐便器上平面位置的清洗水温度-时间曲线：

a）流量设定为最大挡，进水温度为（5±1）℃；

b）流量设定为最大挡，进水温度为（25±1）℃；

c）流量设定为最小挡，进水温度为（5±1）℃；

d）流量设定为最小挡，进水温度为（25±1）℃。

2）协会标准《智能坐便器》（CBMF 15—2019）中测试项目、内容原文以及相关图示如下所述：

6.2.3 水温稳定性

按本文件9.3.5进行试验，清洗水的温度应控制在35～42℃，且储热式智能坐便器，从达到最高温度起至35s内，水温下降幅度应符合以下要求：

a）一级：不大于1.5℃；

b）二级：不大于2.5℃；

c）三级：不大于3.5℃。

即热式智能坐便器，60s内清洗水的温度极差应符合以下要求：

一级：不大于3.0℃，二级：不大于4.0℃，三级：不大于5.0℃。

9.3.5 水温稳定性试验

9.3.5.1 选择臀部清洗模式，将智能坐便器的水温度调节装置设定为最高挡，通电30min后开始测试。

9.3.5.2 储热式产品保持进水温度为（15±1）℃，流量设定为最大挡，使用多点温度测量记录仪，测量并记录到达坐便器上平面位置的清洗水温度-时间曲线。计算从达到最高温度开始一直到35s内，最高温度与最低温度的差值为水温下降幅度，测试3次，取3次的平均值。

9.3.5.3 即热式产品，分别在以下条件，进入落座状态90s后，使冲洗管路充满试验进水温度的水，使用多点温度测量记录仪，从开始吐水的3s后测量并记录到达坐便器上平面位置的清洗水温度-时间曲线：

a）流量设定为最大挡，进水温度为（5±1）℃；

b）流量设定为最大挡，进水温度为（25±1）℃；

c）流量设定为最小挡，进水温度为（5±1）℃；

d）流量设定为最小挡，进水温度为（35±1）℃。

测试3次，测试取3次的平均值。

标准分析：水温稳定性指从清洗水接触人体3s后开始检测，在一定时间内对清洗温度范围及温度变化幅度的要求。

《卫生洁具 智能坐便器》（GB/T 34549—2017）、《智能坐便器》（CBMF 15—2019）中要求温度应该控制在35～42℃；此外，在《智能坐便器能效水效限定值及等级》（GB 38448—2019）和《坐便洁身器》（JG/T 285—2010）中，要求温度应该控制在30～45℃；在《温水洗净式便座》（JISA 4422—2011）中，要求温度应该控制在35～45℃。具体测试方法详见相应标准的试验方法。

（3）暖风温度

《卫生洁具 智能坐便器》（GB/T 34549—2017）中测试项目、内容原文以及相关图示如下所述：

6.4.1　暖风温度

经暖风试验，试验点周围的温度上升 15～40℃，且测试期间出风最高温度不大于 65℃。

9.3.13.1　暖风温度试验

暖风温度试验步骤如下：

a）将暖风设置在最高温度模式，吹风 3min 开始测定。试验点在图 4-28 所示的离外罩前端的 50mm 处，用热电温度计试验 30s。

b）热电温度计安装在直径为 15mm，厚度为 1mm 的用铜或黄铜制成的被涂成黑色的圆板上。

c）热点温度计圆板平面与暖风吹出方向垂直。

d）暖风出口如带有防止污水或杂物进入的挡板时，应带有挡板进行试验。

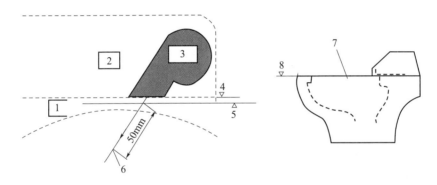

图 4-28　暖风温度试验示意图

1—便器；2—外罩；3—暖风装置；4—暖风出风口；

5—外罩前端；6—测定点；7—测定点；8—便器上面

标准分析：暖风温度指从坐便器出风最高温度的要求，在众多标准中，这个值的要求都为最高温度不高于 65℃。测试装置也都一致：热电温度计安装在直径为 15mm，厚度为 1mm 的用铜或黄铜制成的被涂成黑色的圆板上，热点温度计圆板平面与暖风吹出方向垂直，在出风口垂直方向 50mm 处测量。

（4）坐圈加热功能

1）《卫生洁具　智能坐便器》（GB/T 34549—2017）中测试项目、内容原文以及相关图示如下所述：

6.5　坐圈加热功能

所有坐圈测试点的温度不应小于 35℃且不应大于 42℃。

9.3.14　坐圈加热功能试验

将智能坐便器坐圈加热置于温度最高模式，接通电源 15min 后用热电温度计按图 4-29 所示的温度测定点（不包含电容接触感应区域）测定坐圈温度。每个点隔 2min 测量 1 次，共测量 5 次，取 5 次算术平均值。

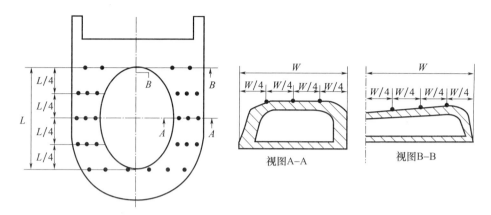

图 4-29　坐圈温度测定点

L—坐圈内空部的长度；W—坐圈中心线自外框缘部的宽度

2)《家用和类似用途电坐便器便座》（GB/T 23131—2019）中测试项目、内容原文以及相关图示如下所述：

5.4.1　坐圈表面温度

电坐便器坐圈最高温度模式下，所有测试点的温度均应不超过 45℃。

5.4.2　坐圈表面温度均匀性

电坐便座坐圈各点的测量值与平均温度值之差应不超过 5℃。

6.4.1　坐圈表面温度

在环境温度（23±2）℃下进行下述试验。测试座温时，着座感应装置不能导通。试验步骤如下：

a）在与人体接触的坐圈区域内，使用热电偶测试坐圈区域表面的 10 个测点，如图 6 所示；

b）打开便盖，将电便座坐圈加热挡位置于温度最高模式，启动坐圈加热功能，放置 30min 后，每隔 2min 测一次，共测 5 次，测量 10 个测点的温度。

注：用尺寸为 10mm×10mm 的高温胶带覆盖热电偶，紧贴测量表面。

6.4.2　坐圈表面温度均匀性

测试布点与测试方法同 6.4.1，如图 4-30 所示。按式（4-2）计算坐圈表面温度均匀性。

$$\Delta t = t_i - \frac{1}{50}\sum_{i=1}^{50} t_i \tag{4-2}$$

式中　Δt——温差，单位为摄氏度（℃）；

　　　t_i——从第 1 个测点测得的温度，单位为摄氏度（℃）。

标准分析：坐圈加热功能主要测试坐圈表面温度，电便器坐圈最高温度模式下，对所有测试点的温度要求。

对于温度要求，在《卫生洁具　智能坐便器》（GB/T 34549—2017）中，所有坐圈测试点的温度不应小于 35℃且不应大于 42℃；《家用和类似用途电坐便器便座》（GB/

T 23131—2019）中，所有测试点的温度均应不超过 45℃；《智能坐便器》（CBMF 15—2019）中，所有坐圈温度测试点的各自温度平均值应不小于 30℃，且最大值不大于 41℃；《坐便洁身器》（JG/T 285—2010）中，坐圈温度应在 30～45℃，并且各测试点的温度之差应不大于 5℃。

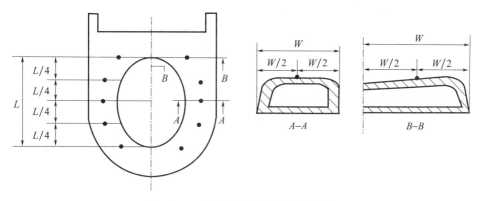

图 4-30　坐圈温度测量点分布示意图

对于测试点要求，在《卫生洁具　智能坐便器》（GB/T 34549—2017）中，坐圈温度试验测定点共计 30 个点；《家用和类似用途电坐便器便座》（GB/T 23131—2019）中，坐圈温度试验测定点共计 10 个点；《智能坐便器》（CBMF 15—2019）中，坐圈温度试验测定点共计 26 个点；而在《坐便洁身器》（JG/T 285—2010）中，要求坐圈温度试验测定点为 6 个点。

此外，有些标准对于坐圈温度提出了均匀度的要求，《智能坐便器》（CBMF 15—2019）中，坐圈各测试点最大温差有等级划分，一级：不大于 5℃；二级：不大于 7℃；三级：不大于 9℃；《坐便洁身器》（JG/T 285—2010）中也规定各测试点的温度之差不大于 5℃。而在《家用和类似用途电坐便器便座》（GB/T 23131—2019）中，均匀度的定义不再是坐圈各测试点温度值之差，而是电坐便器坐圈各点测量值与平均值之差，要求电便座坐圈各点的测量值与平均温度值之差应不超过 5K。

国检集团陕西公司针对如上情况开发的智能温升综合试验机对于坐圈温度测试点的测试是按照最多的 30 个温度点进行测试布置的，可以满足不同标准以及不同厂家的特殊测试要求。

3. 智能温升试验设备的发展历程

早期在没有智能便器温升综合测试机之前，各个企业对产品的检测相当简易，按照智能坐便器的检测标准，最初的测试员采用一根热电偶，找到相应的测试点，每次只能检测一个点，并通过手工进行记录，最后计算平均值。这种测试方法工作效率低下，测试误差大，占用测试员大量时间。另外对于智能坐便器的电源供电的稳定性也没有要求，在检测智能坐便器温升等相关试验的过程中没有配备标准要求的稳压电源，测试中电压波动较大，对测试结果产生较大影响。另外就是试验过程中供水情况也不理想，国内大多都是简易供水，直接使用自来水进行供水试验，没有进行标准水温供水，试验要求正常情况下供水温度为（15±2）℃，环境温度（23±2）℃，这些条件均未很好地实现，导致测试结果可信度较低，仅供厂家自行参考使用，导致国内智能坐便器试验数据的积累起步较晚。

因此国检集团陕西公司全力研发，在2015年研发出第一台智能坐便器温升综合试验机，填补了国内在智能坐便器温升检测上的空缺，此检测设备主要依据《坐便洁身器》（JG/T 285—2010）、《家用和类似用途电坐便器便座》（GB/T 23131—2008）等国家标准要求。在国内首次实现了温升试验项目在标准供水以及标准供电电压要求下实现了智能坐便器各项温升试验的检测项目。该设备同时能够按照标准要求提供（5±2）℃、（15±2）℃、（25±2）℃、（35±2）℃四种不同的测试问题，该检测设备前期坐圈温度测试也仅仅是对于坐圈温度测试参考《坐便洁身器》（JG/T 285—2010）按照6个测试点进行提供的，同时进行测温和数据采集记录。这样解决了人工单个点进行检测的麻烦，节约了时间，也减少了人工的出错率，同时为国内的温升试验数据积累奠定了基础。该在后期发展完善中逐步增加了坐圈温度测试点，今天已经能够满足30个坐圈温度测试点，满足不同标准测试要求。

国检集团陕西公司早在2014年研发出的第一台智能便器试验机是，上面已经集成了智能坐便器的部分温升试验，随着智能坐便器试验机的完善，检测项目的增加，温升试验在智能综合试验机上实现会显得累赘，并且为了更好地控制温度以及提高试验效率，于2015年智能温升试验机单独作为一台试验机问世了，专门测试智能坐便器温度测试项目，可测试项目有：升温性能、水温稳定性、暖风温度、坐圈加热功能（坐圈温度、坐圈温度均匀性）等。而且几乎满足智能温升的所有标准，设备硬件及软件方面进行了大幅度的优化，从而达到更加准确的检测。作为国内第三代温升检测试验机，也正是在此时国检集团将坐圈温度测试点增加到30个，30个点同时测量，同时读取，与此同时，对于坐圈一些测量点有疑问，可单独选择测量点，进行检测，并且可任意选择点进行测量点的分布，大大提高了使用效率与人性化，如图4-31所示。

图4-31　国检集团陕西公司第四代智能坐便器温度试验机设备图

直到2018年，智能温升试验机使用率的提高，对设备的自动化程度要求也越来越高，结合客户给我们的一些建议和我们自己对设备的一些新的思路，对设备又一次进行了优化与整改，选用测温探头为美国进口的快速热电偶，测量精度 A 级，测量数据切合 NTC 特性曲线，测量数据精准，配套美国 NI 原装进口的温度采集卡，结合美国 NI 公司 Labview 软件，经过二次开发，达到使用方便，测量精确，高速采集的效果。新一代智能温升试验机可自动读取数据、自动计算试验结果，大大降低了人员工作量及出错率，提升设备智能化。且根据不同的标准，系统均可按照标准要求计算试验结果，同时由智能盖板测试升级为智能坐便器整机测试。国检集团陕西公司主导的智能坐便器温升试验机发展至今也已经历了整整四代的升级换代，在这里不做过多阐述（第一代集成在大综合上面，第二代产品单独分离出来，第三代产品增加坐圈温度测试点，第四代在之前的基础上升级为整机测试设备）。

4. 智能温升试验机系统操作实例

目前国内对于智能坐便器温升的测试主要参考《卫生洁具　智能坐便器》（GB/T 34549—2017）、《家用和类似用途电坐便器便座》（GB/T 23131—2019），此外还有《智能坐便器》（CBMF 15—2019），《智能坐便器能效水效限定值及等级》（GB 38448—2019），以及《坐便洁身器》（JG/T 285—2010）、《温水洗净便座》（JISA 4422—2011）等。

目前国内特别是各质检院对于测试设备的关键性元器件都是需要进行第三方校准计量的，以保证测试数据的真实可靠性。国检集团陕西公司开发的智能坐便器温升试验机设备在元器件选型上均满足标准要求，且高于标准，如表 4-4 所示。

表 4-4　智能坐便器温升试验机设备在元器件选型上均满足标准要求

项目名称	测量范围		测量精度	
元器件名称	《卫生洁具　智能坐便器》（GB/T 34549—2017）	实际采用元器件	《卫生洁具　智能坐便器》（GB/T 34549—2017）	实际采用元器件
压力传感器	—	0～1.0MPa	不低于 0.02MPa	全量程的 0.2%
温度传感器	—	−50～150℃	不低于 0.5℃	±0.3（±0.1%MS）
测量时间仪表	—	—	不低于 0.5%	1ms

测量坐圈温度器件选用测温探头为美国进口的快速热电偶，测量精度 A 级，测量数据切合 NTC 特性曲线，配套美国 NI 原装进口的温度采集卡，温度采集卡具体参数如下所示：

1）16 通道热电偶输入，高速模式下每通道采样率 75S/s；

2）50/60Hz 工频干扰抑制；

3）温度测量精度：高分辨率模式 j.k.T，E 和 N 型：＜0.02℃；

高速模式 j.k.T 和 E 型：＜0.25℃；

4）支持 j.k.T，e.N，b.R 和 S 型热电偶；

5）250Vrms CAT Ⅱ通道间隔离；

6）−40～70℃ 工作温度范围，5g 抗振动，50g 抗冲击；

7）支持热插拔。

国检集团陕西公司做的新一代智能温升试验机可满足所有智能坐便器的温度试验部分，满足的标准有《卫生洁具　智能坐便器》（GB/T 34549—2017）、《家用和类似用途电坐便器便座》（GB/T 23131—2019）、《智能坐便器》（CBMF 15—2019）、《智能坐便器能效水效限定值及等级》（GB 38448—2019）、《坐便洁身器》（JG/T 285—2010）、《温水洗净便座》（JISA 4422—2011）等。

根据试验要求，智能坐便器温升试验机设备可完成的相应实验项目为：升温性能、水温稳定性、暖风温度、坐圈加热功能（坐圈温度、坐圈温度均匀性）等。

根据以上试验项目，试验设备测试功能分为以下 3 项：

1）温度控制系统以及可调节水温的保温水箱；

2）恒压供水系统；

3）坐便器温度测量及数据采集系统；

根据测试项目，标准要求对供水水源温度要求有（5±1）℃、（15±1）℃、（25±2）℃、（35±2）℃等需求。

此设备共设三个水箱：

1）冷水箱水温：5℃～室温，±1℃可调，水箱内部配有制冷系统，具有自循环及排水功能，用来提供（5±1）℃水温要求。

2）热水箱水温：室温～70℃，±1℃可调，水箱内部安装有加热装置，具有自循环及排水功能，用来提供（35±2）℃水温要求。

3）常温水箱水温：室温；采用 304 不锈钢加工而成，具有自循环及排水功能，可从热水箱抽水进来，用来提供（15±2）℃及（25±2）℃水温要求。

热水箱加热系统、冷水箱制冷系统均为智能控温系统，开启自动控温后，系统会根据设置的温度参数对水箱中的水温进行自动调节。加热系统：当温度超过设定温度，智能系统会自动关闭加热，当水温低于设定温度时，加热装置会自动启动加热，当温度达到设定水温后，系统会一直保持水温，温控精度为±1℃；制冷系统：当温度低于设定温度，智能系统会自动关闭制冷，当水温高于设定温度时，制冷装置会自动启动制冷，当温度达到设定水温后，系统会一直保持水温，温控精度为±1℃。水箱内部均安装有高精度温度传感器，测量精度为±0.3℃，温度传感器实时采集水温，并将采集的水温传给设备的"控制中心"（PLC），设备的控制系统会对反馈温度进行实时调整，以达到精确控温效果，满足实验过程中的水温要求。常温水箱和热水箱之间设有循环泵，常温水箱需要混水至所需温度，点击对应阀门打开即可。

（1）恒压供水系统

根据测试项目，标准要求对供水压力有（0.2±0.05）MPa 的要求。

设备通过 PLC—水泵—压力传感器组成的闭环控制系统，运用 PID 调节，使水泵输出压力控制在需要的范围内，水压波动不超过 0.02MPa。

设备操作界面如图 4-32 温升操作界面所示，首先对三个水箱进行温度设定，点击开启自动控温；启动水泵前，先选择所需温度水源的电磁阀，设定压力后即可打开水泵。

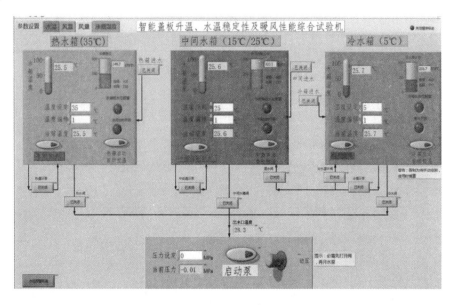

图 4-32 温升操作界面

（2）坐便器温度测量及数据采集系统

整个数据采集系统以高速采集模块为基础，能够有效整合各个数据源的数据，实时进行采集存储、分析，并且进一步以曲线显示，直观、高效地进行查看。

采用 32 根快速插拔式热电偶，一根用于升温性能、水温稳定性试验，一根用于暖风温度试验，30 根用于坐圈加热功能试验。

1）升温性能、水温稳定性试验

测试升温性能、水温稳定性的热电偶为固定的一根，热电偶安装在测温夹具上，漏出测温头在测温锥孔内。根据试验样品调整好水温夹具的位置，使喷嘴喷出的水柱刚好能喷进夹具的测温锥孔内。然后调整测温夹具的方向，使水柱直射到测温线上。水温夹具放置在坐便器上，如图 4-33 所示。

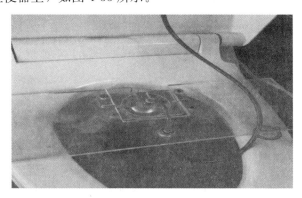

图 4-33 水温夹具

夹具安装好之后，打开需要的温度供水阀，打开水泵，在界面上设置温度设定上限、温度设定下限，点击开始试验即可，水温稳定性试验开始需要在坐便器吐水 3s 后打开，测试结束后，手动拖动游标"温升起点""温升终点"至曲线上对应的位置后，点击"停止"按钮，测试系统会自动计算出升温时间。设备操作界面如图 4-34 水温稳定性界面所示。

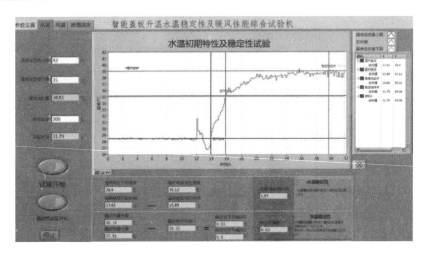

图 4-34　水温稳定性界面

注：图片上曲线非正常测试，仅供参考。

2）暖风温度试验

测试暖风温度的热电偶为固定的一根，热电偶安装在暖风温度铜片上，暖风温度夹具按照标准要求，为直径 15mm，厚度 1mm 的铜圆板（被涂成黑色）。

试验开始前将夹具先安放在智能坐便器坐圈上，将测量铜片置于出风口，原板平面与暖风出风口垂直，对正坐便器左右中心，夹具已经有 50mm 距离的定位架，暖风温度夹具如图 4-35 所示。

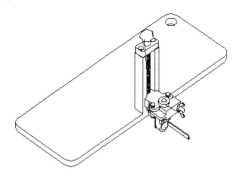

图 4-35　暖风夹具

安装好夹具后，将暖风设置为最高温度模式，在暖风温度界面中设定风温参考值 65℃，设定时间 30s，吹风 3min 后，点击"风温实验开始"。设备操作界面如图 4-36 所示。

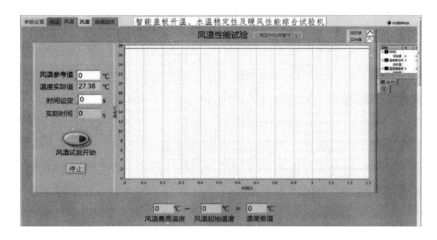

图 4-36　暖风性能试验界面

3）坐圈加热功能试验

坐圈加热功能试验，设备中配 30 根热电偶来进行实时温度的采集，30 个热电偶均有编号。可以根据标准要求的温度点位测量数，选择测量点数。之前对针对不同标准的不同测量点数，做了 30 个点、10 个点或者 6 个点的自动采集计算，用户只需要输入采样时间及次数，点击开始采集，系统就会自动计算出最大值、最小值及均匀度等。

当需要测试 30 个点时，将测温卡上的 2～3 位置上的测温线全部按要求布置在坐圈上。当测 10 个点时，将测温卡上的 22～31 位置上的测温线按要求布置在坐圈上。当测 6 个点时将测温卡上的 2～7 位置上的测温线按要求布置在坐圈上。

测试前，将智能坐便器坐圈加热置于温度最高模式，接通电源 15min，测温线粘好后，根据标准要求输入单次采样时间，采样次数默认为 5 次，依次点击清零—开始清零—清零，系统自动采集、计算。计算结果显示在蓝色显示框中。设备操作界面如图 4-37 坐圈温度试验界面所示。

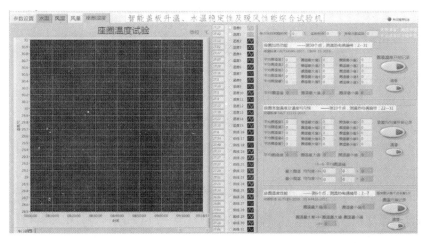

图 4-37　坐圈温度试验界面

4.4 智能坐便器耐久性试验机

1. 概述

智能坐便器起初用于医疗和老年保健领域，智能坐便器多数都加入了抗菌设计，即坐圈采用纳米银抗菌材料，细菌无法存活，避免交叉感染。目前，一些特殊的医疗中心以及老年保健中心对智能坐便器的应用较为普遍。另外，智能坐便器除了在功能上的创新和智能便利能够彰显高贵气质之外，在外观设计上往往也比较上档次。因此，少数的高档酒店、饭店以及其他娱乐休闲场所的卫生间也会选择安装智能坐便器。

而随着人们的生活水平和消费能力的提升，以及智能技术在家居生活中的应用普及，智能坐便器的应用也逐渐扩展到普通家庭。并且，近些年智能坐便器生产商在技术上有了突破在产品需求设计上逐渐将重心转向普通家庭用户，市场推广重点领域也转向个体消费者，使得智能坐便器在普通家庭中的应用更为普遍。随着中国老龄化加深及消费观念转变，预计 2023 年中国智能坐便器市场规模将超千亿。

加热、温水清洗、暖风烘干，坐在这样的坐便器上，不再仅仅只是如厕，还可以"享受"，这样的智能坐便器最受中国人喜爱。智能坐便器兼具医疗属性和环保属性，目前国内受限于渠道与技术的发展，但市场潜力巨大。根据中国家用电器协会数据，2015 年中国智能坐便器市场规模突破百亿，预计 2023 年中国智能坐便器市场规模将超千亿元，如图 4-38 所示。

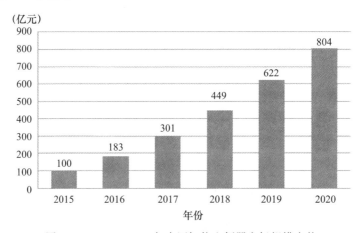

图 4-38　2015—2020 年中国智能坐便器市场规模走势

智能坐便器已越来越多地被人们所关注和普遍使用，但国内外相关标准中的智能坐便器耐久性试验方法存在与消费者实际使用不符合、结果判定不科学等问题，不能检测出产品真正的质量水平。本节基于智能坐便器耐久性评价方法的基础和耐久性试验系统平台，对智能坐便器机械强度、整机寿命（可靠性）等检测项目进行说明及讨论。

2. 标准的发展应用

目前，我国电子坐便器行业已进入高速发展期，行业从仿制、引进技术，进入了自主创新的阶段，国家相继出台了相关标准，对于智能坐便器机械强度、整机寿命（可靠性）等都有了相关的规定。相关标准如下：

《坐便洁身器》（JG/T 285—2010）机械强度。

《家用和类似用途电坐便器便座》（GB/T 23131—2019）机械强度、耐久性。

《智能坐便器》（CBMF 15—2019）机械强度、整机寿命。

《卫生洁具　智能坐便器》（GB/T 34549—2017）机械强度、整机寿命。

主要依据标准为《卫生洁具　智能坐便器》（GB/T 34549—2017），当其他标准不能兼容时以《卫生洁具　智能坐便器》（GB/T 34549—2017）为准。

其中《家用和类似用途电坐便器便座》（GB/T 23131—2019）的"耐久性"由《家用和类似用途电坐便器便座》（GB/T 23131—2008）整机寿命发展而来，试验方法也进行相应的改进，使标准衡量的实测实操更容易实现。

标准的发展也带来了试验平台的更新换代，科技发展使设备的选型更具有灵活性及精密性。

3. 智能坐便器耐久性试验设备的发展历程

第一代智能坐便器耐久性试验平台主要侧重于功能上的实现，当时主要依据的标准是《坐便洁身器》（JG/T 285—2010）、《家用和类似用途电坐便器便座》（GB/T 23131—2008），同时兼顾国际国内耐久性标准。第一代基本符合标准要求，利用气缸实现机械强度试验要求，利用大型气缸、小型气缸伸缩来按动控制面板，第一代产品是将机械强度和按键的按压寿命分开做试验的，其中机械强度静压负载的实现笨重不堪，控制误差大，试验数据不稳定，而按压次数需要 20000 个循环周期，由于气缸对于各式各样的控制面板，调整不精确后仍存在误差，导致按压过程中面板出现错位、按压不上或者按错键等问题。因此这种方式下市场对于各式各样的智能坐便器的适用性要求并不是很高，每次更换检测样品时，都需要单独调整气缸的位置和程序的改变，调整过程对检测人员增加了一些不必要的工作量与时间上的浪费，这种方式存在一定的局限性，做不到通配，如图 4-39 所示。

图 4-39　第一代智能坐便器耐久性测试机（机械性能测试部分）

第二代智能坐便器耐久性测试平台，依据早期标准《家用和类似用途电坐便器便座》（GB/T 23131—2008）使用了 90kg 拟负责块装置，模拟人体负载进行负载试验，并且将按键寿命试验有机地融合在一台设备上面，使整个机械性能试验机以及耐久性和寿命试验集成在一台设备上完成，如图 4-40 所示。

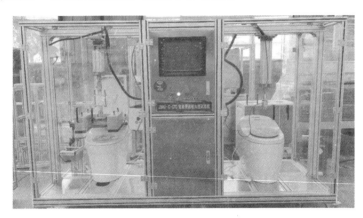

图 4-40　第二代智能坐便器耐久性测试机

第三代智能坐便器耐久性测试机，近些年标准更新后，依据最新标准《坐便洁身器》（JG/T 285—2010）、《家用和类似用途电坐便器便座》（GB/T 23131—2019）、《智能坐便器》（CBMF 15—2019）、《卫生洁具　智能坐便器》（GB/T 34549—2017）对系统试验平台进行了升级。同时结构部分安装最新的《卫生洁具　智能坐便器》（GB/T 23131—2019）去掉了 90kg 模拟负载块的结构设计，使试验更加安全及实现方法更便捷；其次优化的一个重点是利用智能机械手系统完成对智能坐便器动作的控制，可通过编程来完成各种预期的作业任务，它能不断重复工作和劳动，不知疲劳，不怕危险，在构造和性能上兼有人和机器各自的优点，尤其体现了人的智能和适应性，同时设备还提供了恒温恒压供水装置，保证了寿命试验的稳定性，使得试验数据准确性大大提高，设备简图如图 4-41 所示。

图 4-41　第三代智能坐便器耐久性测试机

它实现了针对市面上不同品牌各式各样的智能坐便器的检测,同时也有很强的灵活性,提高了试验效率,同时检测样品与测试平台可有机契合,节省人工,提高效率,降低成本,提高产品检验品质,安全性好,提升国内检测形象。

4. 智能坐便器耐久性试验系统操作实例

目前,智能坐便器耐久性试验机机械强度、整机寿命(可靠性)等相关标准如下:

《坐便洁身器》(JG/T 285—2010)机械强度。

《家用和类似用途电坐便器便座》(GB/T 23131—2019)机械强度,耐久性。

《智能坐便器》(CBMF 15—2019)机械强度、整机寿命。

《卫生洁具　智能坐便器》(GB/T 34549—2017)机械强度、整机寿命。

主要依据标准为《卫生洁具　智能坐便器》(GB/T 34549—2017),当其他标准不能兼容时以《卫生洁具　智能坐便器》(GB/T 34549—2017)为准。

其中《家用和类似用途电坐便器便座》(GB/T 23131—2019)的"耐久性"由《家用和类似用途电坐便器便座》(GB/T 23131—2008)整机寿命发展而来,试验方法也进行相应的改进,使标准衡量的实测实操更容易实现。

(1)耐久性试验系统平台必须具备以下部分(图4-42整体结构图):

1)温度控制系统;

2)恒压供水系统;

3)机械强度载荷力控制系统;

4)整机寿命机器人控制系统。

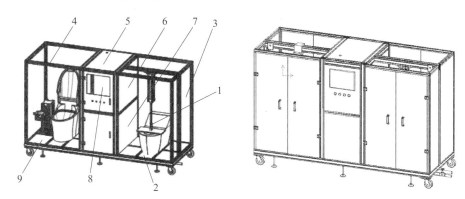

图 4-42　整体结构图

1—机械强度工位;2—封板组件;3—有机玻璃盖板;4—整机寿命(可靠性)工位;

5—电气控制系统;6—电柜;7—水路系统;8—工控一体机;9—底板

(a)温度控制系统

满足标准对水源温度的要求,例如《家用和类似用途电坐便器便座》(GB/T 23131—2019)规定水源温度为 15±2℃,系统平台可以根据实际标准要求进行温度调节。为此设备配有智能保温水箱,水箱内部配有制冷系统,只需要在设备面板上面设置好温度参数,系统会根据设置的温度参数对水箱中的水温进行自动调节,当温度超过设定温度，智能系统会启动制冷，当温度达到设定水温后，系统会一直保持水温，温控精度为±1℃。水箱内部安装有高精度温度传感器，测量精度为±0.3℃，会实时采集水温，并将采集的水温传给设备的"控制中心"（PLC），然后设备的控制系统会对反馈温度进行实时调整，以达到精确控温效果，满足实验过程中的水温要求。

（b）恒压供水系统

根据测试项目，标准要求对供水压力有（0.2±0.05）MPa的要求。

系统平台通过PLC—水泵—压力传感器组成的闭环控制系统，运用PID调节，使水泵输出压力控制在需要的范围内。

（c）机械强度载荷力控制系统

根据测试项目，平台系统通过PLC—电气精密比例阀—力值传感器组成的闭环控制系统，运用PID调节，精确控制载荷力大小，满足标准要求。

（d）整机寿命机器人控制系统

平台系统通过机器人模拟人体使用操作，根据标准要求对臀洗、妇洗、吹风、冲洗水温进行周期性操作，完成周期次数功能。

（2）本系统实操界面

本试验机控制系统采用西门子PLC研华工业平板电脑，控制界面如图4-43所示。

1）点击运行Labview快捷键（智能坐便器耐久性试验机）进入图4-43初始界面。

图4-43 初始界面

2）在初始界面中点击"整机寿命试验"，进入整机寿命试验界面，如图4-44整机寿命试验所示。设置水箱温度，点击"自动控温"按钮，保证水温达到试验要求的温度；点击"启动冷泵"开启水泵，设定压力在水泵上设定，通过"▲""▼"调节（水泵为恒压变频水泵）。

3）在初始界面中点击"强度及荷重性"，进入强度试验界面，如图4-45强度试验界面所示。手动模式下，点击"手动按下气缸"，调整气缸调速阀为合适的速度，切换到自动模式下，设定载荷、设定时间后，按下"开始试验"（每次试验前，先进行传感器校准）。

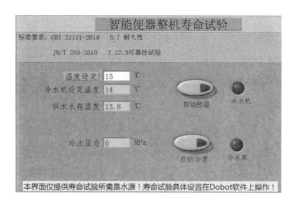

图 4-44　整机寿命试验界面

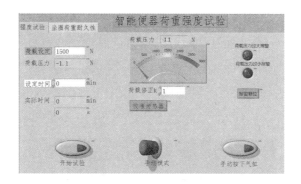

图 4-45　强度试验界面

4）寿命试验在 Dobot 软件上操作，试验前，先打开机械手，用手将 Dobot Magician 大小臂摆放至成约 45°的位置，然后按下电源开关（图 4-46），此时所有电机会锁定。等待约 7s 后听到一声短响，且机械臂的右下方的状态指示灯由黄色变为绿色，说明正常开机。

（如果开机后状态指示灯为红色，说明机械臂处于限位状态，请按住机械臂上的圆形解锁按钮🔘 不放，同时拖动机械臂至正常的工作范围内。）

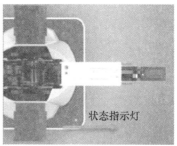

图 4-46　机械手电源意图

5）Dobot Magician 开机后，在桌面上双击 DobotStudio 打开软件，弹出界面，按提示框操作，界面如图 4-47 机械手软件打开界面所示，点击左上角"连接"，连接成功后，点击"示教 & 再现"。

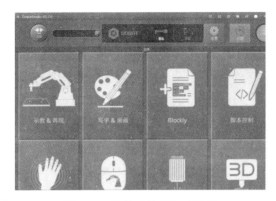

图 4-47　机械手软件打开界面

6）如图 4-48 机械手操作界面所示，在界面右边"点到点"选择"JUMP"，然后按住机械手 ⊙ 按钮不放拖动机械手移动，移动到合适的点后，松开按钮，界面中会出现一个点的坐标，则一个点的示教成功，所有按压点设置完成后，按照标准要求设置每个点的时间，设置循环次数，设置成功后，点击"保存"，按下"开始"，则机械手按照示教的点开始循环操作。

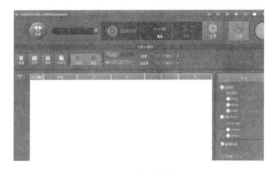

图 4-48　机械手操作界面

7）如果传感器测量精度偏差不满足计量范围，在初始界面中点击"传感器校准"，如图 4-49 传感器校准界面，需要校准传感器时，进入此界面进行校准，系统默认 $k=1$，$b=0$。

图 4-49　传感器校准界面

随着工业 4.0 的到来，智能卫浴测试平台的发展必然也朝着人工智能方向发展，高效率及安全和节能，低人力成本，人力的解放，这些将成为当代科技深入及开发的方向。试验大数据平台和智能化检测，必然是各大实验室建设及智能卫浴厂商谋求发展及走向国际先进化行业的必然需求。

4.5　智能坐便器水效能效综合试验机

1. 概述

国内的智能坐便器产业发展一路艰辛，从 2014 年国人到日本抢购智能盖板发展到今天国内自产智能坐便器，这一路走来中间曲曲折折实为不容易。随着国内行业以及经济的快速发展，智能坐便器在国内逐渐普及，具体数据见表 4-5。

表 4-5　国内行业以及经济的快速发展使智能坐便器在国内逐渐普及

年份	销量（万台）	市场容量（万台）
2012	10.2	—
2013	12.5	—
2014	108	—
2015	195	400
2016	310	813
2017	800	1400
2018	—	2190
2019	—	3110
2020	—	4020

目前，我国电子坐便器行业发展已进入高速发展期，行业从仿制、引进技术，进入了自主创新的阶段，国家相继出台了相关标准《卫生洁具　智能坐便器》（GB/T 34549—2017）以及《智能坐便器能效水效限定值及等级》（GB 38448—2019），恰好为企业创造了展示自己产品设计与制造能力的平台。此外，随着消费升级的推进，消费者对智能坐便器产品的需求与日俱增，对产品的功能要求和体验等也提升了档次。新国标的实施将提高企业的门槛，提高产品整体质量水平，符合消费者对品质生活的新需求。国家倡导绿水青山、节能环保，智能坐便器在满足人们使用功能的同时更要关注产品的节能节水等环保性能。

目前随着社会发展和国家政策要求，对陶瓷坐便器的节水性能要求越来越高，节水节能型产品才是行业发展方向，市场需求决定了走向，国家正在逐步淘汰非节水型坐便器。国家标委会出台的标准《智能坐便器能效水效限定值及等级》（GB 38448—2019）主要规定了智能坐便器的能效水效等级、技术要求和试验方法，对于不合格产品，国家直接进行强制淘汰。

2. 标准应用

《智能坐便器能效水效限定值及等级》（GB 38448—2019）中规定智能坐便器产品

水效能效等级分为 3 级，其中三级能效水效最低；各等级智能坐便器的单位周期能耗、清洗平均用水量和冲洗平均用水量应符合表 4-6 的规定。

表 4-6　各等级智能坐便器的单位周期能耗、清洗平均用水量和冲洗平均用水量

智能坐便器能效水效等级		一级	二级	三级
能效等级指标	单位周期能耗（kW·h） 带坐圈加热功能	≤0.03	≤0.04	≤0.06
	不带坐圈加热功能	≤0.01	≤0.02	≤0.03
水效等级指标	智能坐便器清洗平均用水量（L）	≤0.3	≤0.5	≤0.7
	智能坐便器冲洗平均用水量（L）*	符合《坐便器水效限定值及水效等级》（GB 25502—2017）中 1 级指标要求	符合《坐便器水效限定值及水效等级》（GB 25502—2017）中 2 级指标要求	符合《坐便器水效限定值及水效等级》（GB 25502—2017）中 3 级指标要求
	双冲智能坐便器冲洗全冲用水量（L）*			

注：1. "＊" 适用于一体式智能坐便器。

　　2. 每个水效等级中双冲智能坐便器的半冲平均用水量不大于其全冲用水量最大限定值的 70%。

（1）智能坐便器能效水效等级判定

智能坐便器能效水效等级分为 3 级，各等级需同时满足能效等级、水效等级指标，方能进行判定。

示例：

A 智能坐便器：单位周期能耗为 0.030kW·h，能耗等级为一级；

清洗用水量为 0.30L，水效等级为一级；

冲洗用水量为 4.0L，水效等级为一级；

则 A 智能坐便器能效水效等级为一级。

B 智能坐便器：单位周期能耗为 0.030kW·h，能耗等级为一级；

清洗用水量为 0.30L，水效等级为一级；

冲洗用水量为 5.0L，水效等级为二级；

则 B 智能坐便器能效水效等级为二级。

（2）具体测试方法

1）水效测试：智能坐便器水效分为冲洗量的水效等级测试以及清洗水量的水效等级测试。根据标准规定，水效的测定是在常温下进行的，坐便器供水为常温即可。国标《智能坐便器能效水效限定值及等级》（GB 38448—2019）中附录 A.1 对水效测定的供水管路以及标准化调试程序进行了规定，要求如下：

A.1　试验装置

A1.1　智能坐便器冲洗用水量及冲洗功能试验应采用符合附录 B 中 B.1 的标准化供水系统。

A1.2　智能坐便器清洗用水量及清洗功能试验应采用符合 B.2 的标准化供水系统。

A1.3　智能坐便器冲洗用水量及冲洗功能试验用供水系统应在试验前进行标准化

调试，具体程序如下：

a）将供水水源 1 调节至静压为（0.24±0.007）MPa；

b）打开阀门 6，调整阀门 4，流量计 3 所测的水流量为（35.0±0.2）L/min；

c）保持阀门 6 试验时为全开状态，调试完成后，关闭阀门 6；

d）调试完成，安装样品。

A1.4 用于单位周期能耗试验的电工仪表精确度等级为 0.5 级，测量时间仪表精确度等级不低于 0.5%，测量温度的仪器仪表精确度等级不低于 0.5℃。

2）冲洗水量测定：

B.1 智能坐便器冲洗用水量及冲洗功能标准化试验系统

智能坐便器冲洗用水量及冲洗功能标准化试验系统示意图见图 4-50。

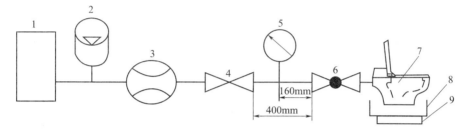

图 4-50 智能坐便器冲洗用水量及冲洗功能标准化试验系统示意图

1—供水水源。试验应为生活饮用水，应能提供 0.6MPa 的静压。调压范围应不小于 0～0.6MPa，在 0.55MPa 动压下，流量不小于 38L/min；

2—气囊稳压罐。要求耐压值大于或等于 1MPa；

3—流量计。流量计的使用范围应不小于 1.5～38L/min，精度为全量程的 1%；

4—阀门。控制调节阀是市场上可买到的 DN32 对应的调节阀或类似便利阀；

5—压力计。压力计的使用范围不小于 0～1MPa，分度值为 10kPa 或更优，精度不低于全量程的 1%；

6—球阀或闸阀。用于控制通断的人工控制阀，阀门选择球阀或闸阀，与 DN20 对应的球阀或闸阀；

7—测试样品。智能坐便器；

8—集水槽。用于收集盛放待测水量的水槽，容积大于 20L；

9—电子秤。测量范围 0～30kg，分辨率为 0.01kg。

注：1. 整个供水系统的供水管，使用不小于 DN20 的刚性供水管。
　　2. 与智能坐便器连接的软管使用厂家提供配套的软管进行试验，若未提供，则选用内径不小于 10mm，长度 500mm 的软管进行试验。

智能便器能效水效试验机按需要按照《智能坐便器能效水效限定值及等级》（GB 38448—2019）附录 B1 要求的标准化供水系统提供测试用的供水管路，并按照附录 A1 中要求的标准化调试方法进行冲洗水路的标准化调试，保证供水管路在规定压力下流量能够保证标准中规定的流量要求。然后再将需要测试的坐便器样品放置在工作台面上，将坐便器的插头插入设备面板的电源插座上，将坐便器的进水软管与设备的冲洗水路供水口进行连接。按照标准要求在控制面板上面进行压力设定，试验压力设定按照标准中 A4.1 规定进行操作，具体如下：

A4.1 试验压力

智能坐便器冲洗用水量的试验压力应符合表 4-7 的规定。

表 4-7　智能坐便器冲洗用水量试验压力　　　　　　　　单位：MPa

冲水装置	水箱式（重力式）	压力式
试验压力（静压）	0.14	0.24
	0.35	
	0.55	

试验步骤：冲洗用水量按照如下步骤测试：

a. 将测试智能坐便器安装在配备标准测试管路以及完成标准化调试程序的设备台面上面，并完成管路连接，确保连接后各接口无渗漏，清洁清洗面和存水弯，并冲水使便器水封冲水至正常水位；

b. 按照标准 A4.1 中规定的试验压力，按照产品说明调节冲水装置至规定用水量，其中水箱（重力式）冲水装置应调至水箱工作水位线标识；

c. 按照正常方式（一般不超过 1s）启动冲水装置，记录一个冲水周期的用水量；保持装置此时的安装状态，按照 A4.1 规定调节试验压力，分别在各规定压力下连续测定 3 次，双冲式智能坐便器应同时在规定压力下测定 3 次的半冲用水量，记录每次冲水的静压力、总用水量。智能坐便器冲洗平均用水量方法依据《坐便器水效限定值及水效等级》（GB 25502—2017）。

3. 智能坐便器水效试验机系统操作实例

在智能坐便器的水效能效标准出台前，企业以及各个质检院对智能坐便器的节水量以及能耗的测试从未停止过，从 2000 年开始国内首先开展了对智能坐便器清洗用水量的测试，用的方法简单直接，直接将一个清洗周期内的喷头水量进行收集，然后使用量杯进行量取统计。对于智能坐便器的冲洗水量的测试在国标《智能坐便器能效水效限定值及等级》（GB 38448—2019）出台以前都是按照《卫生陶瓷》（GB 6952—2015）进行冲洗水量的测试的。这样的测试仅仅只能作为一个参考值，而对于智能坐便器能耗的测试则是使用功率计对智能坐便器进行直接测量，这点可参看国标《卫生洁具　智能坐便器》（GB 34549—2017），但是能耗测试中没有对环境温度以及环境风速的要求，而国标《智能坐便器能效水效限定值及等级》（GB 38448—2019）则是在智能坐便器能耗测试中对环境温度以及环境风速做出了明确的规定，这样测试结果将会更加准确可信。

上文也提到了在国标《智能坐便器能效水效限定值及等级》（GB 38448—2019）出台之前国内人员对智能便器用水量的测试是没有专门针对性标准的，都是参考或者沿用《卫生陶瓷》（GB 6952—2015）中对普通坐便器用水量方法进行测试的，严格意义上来说是不符合标准要求的。另外对于智能坐便器能耗的测试则是参考国标《卫生洁具　智能坐便器》（GB 34549—2017）以及行业标准《智能坐便器》（CBMF 15—2019）这两个标准进行测试的，主要是针对智能坐便器的坐圈温度能耗以及清洗烘干能耗的测试，对测试环境没有详细要求，但是相对来说能耗的测试比用水量能好点，起码有了相关的依据标准。而此次新标准中则是对智能坐便器的测试用的供水管路以及能耗测试的测试环境均做出了详细明确的规定，这在我国的智能坐便器水效能效发展道路上起到了至关重要的作用，使得我国智能坐便器测试的发展向前迈出了一大步，与国际领先行业的差距进一步减小甚至是超越，同时也走出了我国自己的发展道路。

目前国内特别是各个质检院对于测试设备的关键性元器件都是需要进行第三方校准计量的，以保证测试数据的真实可靠性，而国检集团陕西公司针对《智能坐便器能效水效限定值及等级》（GB 38448—2019）研发的智能坐便器水效能效综合试验机则是真正意义上智能坐便器水效能效测试设备，填补了国内对智能坐便器能效水效测试的空白。国检集团陕西公司此次研发的这台设备元器件选型上则是针对标准要求对关键测试元件流量计、压力传感器、功率计以及温度传感器的选型均是做到了极致，满足标准要求。表4-8以流量计以及压力传感器两个元器件参数进行举例比较。

表4-8 以流量计以及压力传感器两个元器件参数进行举例比较

项目名称	测量范围		测量精度		分辨率	
元器件名称	《智能坐便器能效水效限定值及等级》（GB 38448—2019）	设备采用元器件	《智能坐便器能效水效限定值及等级》（GB 38448—2019）	设备采用元器件	《智能坐便器能效水效限定值及等级》（GB 38448—2019）	设备采用元器件
流量计	1.5~38L/min	0.2~50L/min	全量程的1%	全量程的0.8%	—	0.1L/min
压力传感器	0~1MPa	0~1.6MPa	全量程的1%	全量程的0.2%	0.01MPa	0.005MPa

另外测量坐圈温度器件选用测温探头为美国进口的快速热电偶，测量精度A级，测量数据切合NTC特性曲线，配套美国NI原装进口的温度采集卡，温度采集卡具体参数如下：

1）16通道热电偶输入，高速模式下每通道采样率75S/s；

2）50/60Hz工频干扰抑制；

3）温度测量精度：高分辨率模式j.k.T，E和N型：<0.02℃；

高速模式j.k.T和E型：<0.25℃；

4）支持j.k.T，e.N，b.R和S型热电偶；

5）250Vrms CAT Ⅱ通道间隔离；

6）—40~70℃工作温度范围，5g抗振动，50g抗冲击；

7）支持热插拔。

从以上参数明显可看出来设备选用的温度测量元件具有明显的行业优势，满足检测行业对标准检测的高标准高要求。

概述：国检集团陕西公司针对《智能坐便器能效水效限定值及等级》（GB 38448—2019）开发的水效能效综合测试机配有冲洗水路以及清洗水路，分别对应标准附录中B1和B2管路要求，满足标准供水要求。供水水箱配带加热智能功能，让设备在国内南方的热带地区以及北方寒带地区均能够满足标准中对能效测试要求的15℃供水要求。测试面板上面配有测温线32个，可以满足环境温度、智能坐便器的风温水温以及标准中要求的坐圈温度的 23 个测试点的测试要求。

根据试验要求，国检集团开发的智能坐便器水效能效测定设备可完成的相应试验项目为智能坐便器水效等级测试：清洗功能（水温特性、喷头自洁）、冲洗功能（洗净功能、水封回复、污水置换、排放功能、卫生纸排放）、坐圈加热功能及功率测定等试验项目。

根据以上试验项目，试验设备测试功能分为以下 6 项：

1）温度控制系统以及可调节水温的保温水箱。

2）按照标准中要求的附录 B1 和 B2 提供的两个不同的测试管路及恒压供水系统。

3）测试智能坐便器用的测试台。

4）冲洗水量的测量系统。

5）能效测定系统。

6）试验用水循环系统。

各个功能板块具体如下：

1）温度控制系统以及可调节水温的保温水箱。

标准中规定智能坐便器能耗测试进水温度为（15±1）℃，为此设备配有智能保温水箱，水箱内部安装有加热装置，同时水箱内部配有制冷系统，我们只需要在设备面板上面设置好温度参数，系统会根据设置的温度参数对水箱中的水温进行自动调节，当温度超过设定温度时，智能系统会启动（加热自动关闭），当水温低于设定温度时，加热装置会自动启动（制冷自动关闭），当温度达到设定水温后，系统会一直保持水温，温控精度为±1℃。水箱内部安装有高精度温度传感器，测量精度为±0.3℃，会实时采集水温，并将采集的水温传给设备的"控制中心"（PLC），然后设备的控制系统会对反馈温度进行实时调整，以达到精确控温效果，满足试验过程中的水温要求。

2）按照标准中要求的附录 B1 和 B2 提供的两个不同的测试管路及恒压供水系统。

本设备按照标准中附录 B1 和 B2 管路要求提供标准管路，分别为冲洗水路测试管路和清洗水路测试管路。

设备供水系统通过 PLC—水泵—压力传感器组成的闭环控制系统，运用 PID 调节，使水泵输出压力控制在需要的范围内，水压波动不超过 0.02MPa，保证供水压力稳定准确，满足实验要求。

3）测试智能坐便器用的测试台。

测试台上面开有排水口，侧面配有防水插座以及操作面板和温度测量装置以及功率测量装置，有机地将人机结合起来。将被测样品放置于工作台面上面，将样品排污口与台面排污口对准放置，在操作界面上面选择试验项目并进行参数设置等操作。试验项目均在平台完成。

在工作台面下方的污水抽屉及过滤抽屉分别并排平行安装在两个抽屉移动底座上，这两个抽屉移动底座前端与滚轮结构连接，后端与底座移动导轨结构连接；抽屉移动底座可随着前端的滚轮结构和后端的底座移动导轨结构左右水平移动；而污水抽屉、过滤抽屉则随着抽屉移动底座进行左右移动，并且可在抽屉移动底座与工作台面上的条形孔对中的时候顺着试验装置的前后位置进行拉动或者直接拉出来。

4）冲洗水量的测量系统。

冲洗水量的测量系统包含称重水箱、过滤抽屉、高精度电子秤等结构。试验过程中试验用水从排污口流入过滤抽屉，试验用的小颗粒等试验用品在这里被过滤出来并进行集中收集，以达到再次试验使用。被过滤后的试验用水流入称重水箱中，在称重水箱中被集中收集，称重水箱中配有二次过滤网，防止漏掉的试验试体进入系统管路中对阀门以及泵造成影响。称重水箱直接放置在电子秤上面，电子秤对水路进行称重将结果反馈给设备控制中心 PLC 进行计算处理，直接在控制面板上显示出智能坐便器的平均冲洗用水量。系统称重完成后，称重水箱上面的电控阀自动打开，将称重水箱中的水自动排空，等待下一次试验。

在这个过程中称重水箱完全设备独立，没有直接接触，在整个称重过程中没有干扰，称量准确且整个过程完全自动化，直接给出试验结果，相关操作页面如图 4-51 所示。

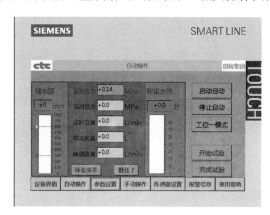

图 4-51　水效测试系统界面

5）能效测定系统。

采用国内知名品牌变频电源作为样品的供电设施，其供电范围为 1～300V，极大地满足了各种电压需求，精度为全量程的 0.1%，同时配备国内知名品牌的功率计，其最高采样率高达 5000ks/s，测量带宽 300kHz，其最小测量电流低至 50μA，能够测量低至 0.01W 的功耗，符合国际标准《家用电器待机功耗的测量》（IEC 62301—2016）的测试。

能效测定系统主要是以功率计为主及智能坐便器坐圈温度测量装置组成。功率计是直接与面板上面的给智能坐便器供电的防水插座相连接，坐便器一旦进行通电工作，功率计将直接测得坐便器的功耗。坐圈温度测量装置在设备面板上面装有温度测量装置，上面配有 32 个 NI 的测温线，可同时对标准中要求的 23 个坐圈温度测试点进行测试，并将测试结果直接显示在设备控制屏上面。相关操作页面如图 4-52 所示。

6）试验用水循环系统。

试验用水循环系统主要由管路、主水箱、回水槽等组成。试验用水通过标准管路供给被测样品，完成试验后，从称重水箱流经回水槽，到达指定液位后，与回水槽连接的回水泵将自动开启将试验收集水重新打回主水箱，已到达再试验使用，整个设备实现循环用水的目的。

综上所述，国检集团开发的智能坐便器水效能效试验机是目前国内真正意义上针对智能坐便器水效能效进行测试的设备，完全符合《智能坐便器能效水效限定值及等级》（GB 38448—2019）的各项条款要求，吸取了国内同类测试设备中的优点，完善了缺点，在测试性能以及测试方法上均处于行业内领先位置。

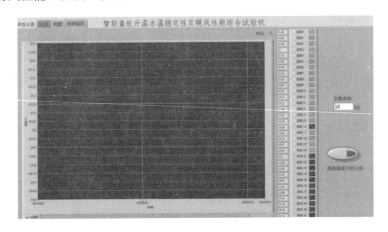

图 4-52　坐圈温度测量界面

4.6　智能坐便器声学实验室

4.6.1　建材行业声学试验室的介绍和设计

1. 消声室的基本概念

消声室不仅是声学测试的一个特殊试验室，而且是测试系统的重要组成部分，实际上它也是声学测试设备之一，其声学性能指标直接影响测试的精度。消声室分全消声室和半消声室。房间的六个面全铺设吸声层的称为全消声室，一般简称消声室。房间的六个面中只在五个面或者四个面铺吸声层的，称为半消声室。消声室的主要功能是为声学测试提供一个自由声场空间或半自由声场空间。其吸声处理是保证消声室建成后取得良好的自由声场性能的关键，大多采用具有强吸声能力的吸声尖劈或平板式薄板共振吸声结构。

消声室的关键性能参数：

1）截止频率：100Hz（50Hz，63Hz，80Hz）；

2）自由场范围（自由场精度）——两个相互关联的参数；

3）本底噪声。

2. 消声室声学设计的发展

由于实际需要，自 20 世纪 70 年代起发展了一种称为半消声室的声学实验室。此半消声室除要求地面为硬质刚性反射面外，其余与消声室相同。当声源或接收器置于地面上时，声源和接收器之间只有直达声而没有反射声，故在地面上的半空间中有同消声室中那样的自由场。半消声室的优点是由于地面是硬的，能承受较大的重量，适宜测量如车辆、大型机器、设备等的噪声功率且使用方便，造价比消声室低廉；缺点是当声源的等效声中心或接收器高出地面较多时，声反射的影响使声场严重偏离自由场，这种现象在频率高时更为显著，因此半消声室存在有高频限。

卦限消声室是一个相邻的三个面为硬反射面，另三个面上装有吸声尖劈的实验室。三个反射面形成三面镜子，如声源或接收器置于此三反射面的交点上，则声源和接收器之间和半消声室相同，只有直达声而没有反射声，使在其中形成自由场。由于声源或接收器只能置于交点上，在实际使用中将受到很大限制。

消声室吸声结构发展的 3 个阶段：20 世纪 40 年代发展起来的尖劈结构消声室；20 世纪 80 年代的平板吸声结构消声室；21 世纪初开始的宽频复合共振吸声结构 BCA 消声室。

贝尔实验室消声室（图 4-53）。1940 年在默里山（Murray Hill）建成尖劈消声室，尖劈长度 4.5ft（137cm）曾进入吉尼斯最安静房间记录。1938 年柏林工业大学经过相应研究后建立了消声室。

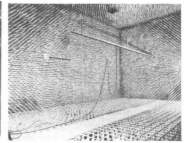

图 4-53　早期尖劈材料（左）与贝尔实验室消声室（右）

哈佛大学消声室（图 4-54）。1943 年哈佛大学建立了尖劈长度 145cm，材质为玻璃棉的消声室，1946 年白瑞纳克（Beranek）比较了 5 种不同的吸声结构建立了哈佛大学新消声室，同时认为尖劈结构是最有效的消声室内部吸声结构，奠定了尖劈结构消声室的基础。

图 4-54　哈佛大学新消声室

20 世纪 80 年代随着科技的进步和声学研究的发展，衍生出了平板吸声结构消声室，该类消声室相较于尖劈在性能和效果方面有了显著的提升，例如：400mm 厚的平板吸声结构即能达到 100Hz 截止频率要求而尖劈则需要 700~850mm 才能达到相应效果，而且平板吸声结构消声室适用于 1/3 倍频程窄带噪声测量（图 4-55）。

1993 年德国斯图加特大学建成了第一间无纤维材料的 FKFS 声学风洞，其平面型吸声构造总厚度 45cm（膜吸声器 10cm）。能够达到技术参数：截止频率：50Hz，自由声场：7.5m（图 4-56）。

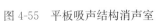

图 4-55　平板吸声结构消声室　　　图 4-56　德国斯图加特大学 FKFS 声学风洞

21 世纪初开始，宽频复合共振吸声结构 BCA 消声室问世，标志着声学试验室的进一步发展。1997 年宝马（BMW）建立了发动机测试全消声室，使用的技术就是宽频复合共振吸声结构消声室，其更大程度上提高了房间的利用率（空间利用率：$V_0=339m^3$，$V_i=276m^3$，$V_i/V_0=81\%$），其吸声结构采用的是 25cm 厚宽频带复合吸声构造，自由声场达到的技术参数为 $R_{80}=1.06m$，$R_{\geqslant125}=1.45m$，奔驰在 2000 年建立了梅赛德斯测试中心，足有 6 间宽频复合共振吸声结构消声室，且该试验室受到奔驰的一致认可和好评。

大众声学测试中心在 2001 年使用了声场高精度要求下的非对称吸声构造 ASA 来建立声学实验室，其主要特点是：其一，高于《声学　用声压法测定噪声源声功率级消声室和半消声室精密法》（ISO 3745—2012）的标准的精度，即 100Hz 以上，半消达到全消的精度要求；其二是开发新型非对称吸声结构 ASA。其三是同时使用了 3 种替代型吸声构造建设的先进消声室。

图 4-57　奔驰梅赛德斯测试中心　　　图 4-58　消声室

声学实验室的发展大致经历了三个重要的时间节点，每个阶段的发展都伴随着社会的进步和科技的发展，也都反映着人们对于声学的不断研究和理解，以后或许会有更加新颖效果更好的材料。

4.6.2 建材行业声学实验室的要求和智能坐便器声学实验室建设

1. 建材行业声学实验室要求

建材行业目前涉及声学测试的产品有坐便器、智能坐便器、坐便器用重力式冲水装置、机械式坐便器冲洗阀、水嘴等，主要依据标准《卫生陶瓷》（GB/T 6952—2015）、《声学 声压法测定噪声源声功率级和声能量级 采用反射面上方包络测量面的简易法》（GB/T 3768—1996）、《卫生洁具 便器用重力式冲水装置及洁具机架》（GB/T 26730—2011）、《机械式便器冲洗阀》（JC/T 931—2003）、《供水系统中用水器具的噪声分级和测试方法》（JC/T 2193—2013）、《声学——供水设施的装置和设备发射的噪声的实验室测定 第 1 部分：测量方法》（BS EN ISO 3822-1：1999＋A1：2008）、《声学——供水设施的装置和设备发射的噪声的实验室测定 第 2 部分：放水龙头和混合阀的安装和工作条件》（BS EN ISO 3822-2-1995）、《声学——供水设施的装置和设备发射的噪声的实验室测定 第 3 部分：管理阀和器具的安装和操作条件》（BS EN ISO 3822-3-1997）、《声学——供水设施的装置和设备发射的噪声的实验室测定 第 4 部分：专用装置的安装和工作条件》（BS EN ISO 3822-4-1997）等。

表 4-9 各类产品噪声汇总

产品名称	产品标准	技术要求	方法标准	方法要求
坐便器、智能坐便器	《卫生陶瓷》（GB/T 6952—2015）	L50≤55dB（A）L10≤65dB（A）	《声学 声压法测定噪声源声功率级和声能量级 采用反射面上方包络测量面的简易法》（GB/T 3768—2017）	按《声学 声压法测定噪声源声功率级和声能量级 采用反射面上方包络测量面的简易法》（GB/T 3768—2017）的规定测定坐便器完整冲水周期中的冲水噪声。记录累计百分数声级 L50 和 L10 测定 3 次，报告 3 次算术平均值
进水阀 冲洗水箱	《卫生洁具 便器用重力式冲水装置及洁具机架》（GB/T 26730—2011）	进水噪声≤55dB（A）	《声学 声压法测定噪声源声功率级和声能量级 采用反射面上方包络测量面的简易法》（GB/T 3768—2017）	(1) 将进水阀安装在测试室中的标准水箱上，标准水箱距地面高度为 400mm，不加水箱盖。安置声级计，使其探测头距水箱前表面 1m，高于地面 1m。(2) 将进水动压力调整到（0.3±0.02）MPa，打开进水阀，10s 后开始测量，记录进水全过程中的最高噪声值
冲洗阀	《机械式便器冲洗阀》（JC/T 931—2003）	冲洗阀噪声≤60dB（A）	规定了试验方法未引用方法标准	在环境噪声声压级大于 25dB（A）的室内测量，将冲洗阀安装在给水管路上，出水口连接与冲洗阀出水口直径一致的胶管，胶管的另一端引出实验室外，在进水压力为 0.6MPa 时，距冲洗阀 1m 并且高于地面 1m 处测量噪声

续表

产品名称	产品标准	试验要求	方法要求
水嘴	《供水系统中用水器具的噪声分级和测试方法》（JC/T 2193—2013）	测试应在动态水压（0.3±0.02）MPa和（0.5±0.05）MPa下进行，测试时进水口水温不应超过25℃，带有一个以上的出水口的水嘴（例如浴缸龙头）应对每个出水口单独测试。对可互换出水口配件（例如流量调节器、淋浴软管、淋浴喷头等）应使用适配器连接一个低噪声流阻替换测试，需要时也应提供该配件的单独测试结果。对既不是可互换也不是可拆卸的出水口配件，应带有该配件进行测试。将被测器具用符合《可锻铸铁管路连接件》（GB/T 3287—2011）的DN25长月弯或内外丝长月弯及异径外接头连接到测试管路末端的活接头，方向的变化只能用DN25的长月弯完成，尺寸的变化只能在器具或连接管路的入口连接处完成，并且保持其正常使用位置	单柄单控水嘴按下列步骤操作： 1）完全打开器具，测量测试室声压级，并记录其流量； 2）缓慢关闭器具到完全关闭位置。测量在此关闭过程中测试室的最大声压级，并记录最大声压级时的流量 双柄双控水嘴按下列步骤操作： 1）对每个控制开关单独进行单柄单控水嘴中规定的方法； 2）把两个控制开关都开到最大，缓慢关闭热水位置控制开关，测量此过程中的最大声压级。在此最大声压级位置时，再缓慢关闭冷水位置控制开关，测量此过程中的最大声压级，并记录其流量； 3）重复上述过程，先缓慢关闭冷水 单柄双控水嘴按下列步骤操作： 1）将温度调节开关设定在全冷位置，进行单柄单控水嘴中规定的方法； 2）将温度调节开关设定在全热位置，进行单柄单控水嘴中规定的方法； 3）将水流设定在最大位置，在全部范围内变化温度控制，测量此过程的最大声压级，并记录其流量； 如过程3）中测得最大声压级大于过程1）和2）再次在此最大声压级位置，进行单柄单控水嘴中规定的方法 带有流量和温度单独控制的水嘴： 进行单柄单控水嘴中规定的方法
花洒、流量调节器	《供水系统中用水器具的噪声分级和测试方法》（JC/T 2193—2013）	1）测试应在动态水压（0.3±0.02）MPa和（0.5±0.05）MPa下进行，当多个出水口配件共同组成一个出水口单元时，应对该出水口单元进行测试。 2）出水口配件的安装同水嘴的安装。参照图1。 3）手持花洒应使用一根符合图2～图4和表2的连接软管，一端连接手持花洒，另一端连接测试管路。固定花洒应使用与其相同公称尺寸长度为300mm的直管连接到测试管路。其他出水口配件（如流量调节器）应使用适配器直接连接到测试管路。螺纹应符合《55°非密封管螺纹》（GB/T 307—2001）的要求	测量出水口配件在使用状态——F的声压级并记录其流量。有必要时应测量不同位置（例如，花洒的每一个挡位）的最大声压级并记录其流量

产品名称	产品标准	试验要求	方法要求
进水阀	《供水系统中用水器具的噪声分级和测试方法》（JC/T 2193—2013）	1）测试应在动态水压 0.3MPa 和 0.5MPa 下进行，测试时进水口水温不应超过 25℃。进水阀应在标准水箱（参见表 3）中进行测试，如进水阀与其配套水箱和截止阀等共同组成一个冲洗单元，则应与其配套水箱和截止阀一起测试。 2）安装同水嘴的安装，连接管路应使用长度至少为公称尺寸的 10 倍并且不超过 300mm 的铜管，或尽可能长的其他类型连接管路。标准水箱应独立固定在测试墙上	测量进水阀在稳定进水状态和关闭过程中的声压级，并记录最高声压级和流量

2. 智能坐便器声学实验室建设

智能坐便器声学实验室按照声学专业领域的划分应该属于静音室，一般是根据已有的场地进行改建。房间的墙体采用现有的砖墙结构，内部采用安全环保的吸声结构进行布置，房间顶部采用隔声钢板吊顶。相比采用尖劈吸声材料可节省建筑面 30% 以上，同时提高房间体积利用率 40% 以上。考虑到外界振动对实验室的影响，为避免振动传递，实验室铺设隔振系统，隔振系统上铺设钢模板，浇筑混凝土，保证隔声性能及地面承载。

结合客户的实际实验室设计输入信息，首先采用声场模拟设计软件进行房间尺寸的优化设计、声源最佳布置位置，计算出实验室建设完成后所能达到的声学指标，通过几百间实验室的实际测量结果与软件计算结构比对验证，实际测量结构往往能达到计算的最佳数值。

室内房间尺寸计算采用镜像法，该方法早在 2009 年 11 期的《电声》杂志中有专门的文章《自由声场特性的模拟计算与测量》发表。镜像声源计算公式如下：

$$p = \frac{A_0}{s}\exp(-jks) + \sum_{i=1}^{N} r_i^n \frac{A_0}{s_i}\exp(-jks_i)$$

$$r = \sqrt{1-\alpha}$$

图 4-59 为采用该软件计算的声场，可以直接优化出房间尺寸，我们所做的实验室全部为该软件计算，最后的第三方进行的实验室鉴定结果与软件计算相同。

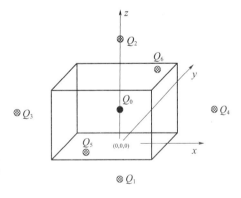

图 4-59 声场

更为重要的是，环保的吸声结构的设计出发点是根据房间固有频率的特性，合理分布吸声特性，从而提高了吸声材料的效率。因此，采用平面复合型吸声材料进行实验室建设时，必须考虑房间声学的特性，结合房间特性进行室内声学设计，其中主要需考虑低频的模式波。图 4-61 为一个典型的 3m×4m×5m 的房间的模式声场。

表4-10 第三方进行实验室鉴定结果与软件计算

允许偏差(dB)	1/3oct 中心频率(Hz)	偏差计算值 (dB)														
		1.00m	1.25m	1.50m	1.75m	2.00m	2.25m	2.50m	2.75m	3.00m	3.25m	3.50m	3.75m	4.00m	4.25m	4.50m
1.5	20.0	−1.1	−1.0	−0.9	−0.7	−0.6	−0.4	−0.2	−0	0.2	0.4	0.5	0.7	0.8	1.0	1.1
	25.0	−1.0	−1.0	−1.0	−0.9	−0.7	−0.6	−0.4	−0.2	0.1	0.3	0.5	0.6	0.8	0.9	1.0
	31.5	−0.8	−1.0	−1.0	−1.0	−0.9	−0.8	−0.6	−0.3	−0.1	0.14	0.4	0.6	0.8	0.9	1.0
	40.0	−0.6	−0.8	−1.0	−1.1	−1.1	−1.0	−0.9	−0.6	−0.3	−0	0.2	0.5	0.8	1.0	1.1
	50.0	−0.4	−0.6	−0.9	−1.1	−1.2	−1.3	−1.2	−1.0	−0.7	−0.3	0.1	0.4	0.8	1.0	1.3
	63.0	−0.5	−0.5	−0.7	−1.0	−1.2	−1.4	−1.5	−1.4	−1.1	−0.6	−0.1	0.4	0.8	1.2	1.5
	80.0	0.2	0.3	0.3	0.1	−0.2	−0.7	−1.1	−1.3	−1.2	−0.7	−0.1	0.7	1.3	1.9	2.4
	100.0	0.3	0.5	0.8	1.0	0.9	0.5	−0.3	−1.2	−2.2	−2.6	−2.2	−1.3	−0.3	−0.6	1.3
	125.0	−0.1	−0.3	−0.1	0.5	1.1	1.5	1.5	1.1	0.3	−0.8	−1.5	−1.6	−0.9	−0.6	0.9
	160.0	0.9	0.9	0.3	−0.7	−1.1	0.4	0.8	1.4	1.3	0.4	−1.0	−2.0	−1.5	0	1.5
	200.0	−1.4	−1.4	−0.5	0.2	0	−1.0	−1.4	−0.3	1.0	1.4	0.8	−0.6	−2.1	−2.2	−0.9
	250.0	0.4	1.1	0.7	−0.2	0.5	1.5	1.0	−0.8	−1.5	0.2	1.3	0.7	−1.5	−4.1	−3.1
	315.0	0.5	0.5	−0.2	1.0	1.2	−0.6	−0.1	1.3	0.1	−2.6	1.3	0.7	0.3	−2.6	−4.4
	400.0	−0.6	−0.5	−1.4	0.4	−0.9	0.2	1.4	−0.7	0.8	1.9	−0.6	−1.2	1.4	0.8	−2.9
	500.0	−0.3	1.0	−0.1	1.3	−0.8	0.8	−1.4	−0.4	−0.3	−2.2	1.4	−0.7	−0.3	2.7	1.1
	630.0	0	−0.3	1.2	0.3	0.3	0.6	−1.9	0.6	−2.6	1.5	−1.5	2.2	0.7	0.7	2.9

续表

允许偏差 (dB)	1/3cot中心频率 (Hz)	偏差计算值 (dB)														
		1.00m	1.25m	1.50m	1.75m	2.00m	2.25m	2.50m	2.75m	3.00m	3.25m	3.50m	3.75m	4.00m	4.25m	4.50m
1.0	800.0	0.4	0.6	1.0	0.9	−0.1	−1.0	1.4	2.3	−0.2	2.1	0.1	−0.7	0.7	−1.8	1.5
	1000.0	−0.3	0.4	0.8	0.4	−0.2	−0.2	−0.1	−0.7	−0.8	0.7	0.4	−3.1	−1.8	1.6	−2.0
	1250.0	−0.4	0.9	0.9	−0.8	−1.0	0.9	2.1	1.9	1.2	1.0	1.7	1.7	−0.1	−0.8	1.5
	1600.0	0.5	0.4	−1.0	1.0	−0.3	0.6	−1.4	0.9	2.0	−0.8	−3.1	−0.8	0.4	−0.5	−2.7
	2000.0	−0.1	−0.2	0.6	−0.3	0.6	−0.8	−2.8	0.8	0.3	−2.7	0.8	0.7	−2.7	−0.2	1.3
	2500.0	0.9	0.8	0.5	1.0	1.0	−1.0	2.1	1.5	2.2	2.8	0.4	−0.8	2.2	0.8	−0.8
	3150.0	0.2	1.0	−0.2	−1.0	0	−1.1	1.8	−0.1	0.2	0	2.1	−1.7	−2.3	−1.1	−2.2
	4000.0	−0.9	−0.2	0.4	0.7	−0.7	−2.2	1.0	−1.0	−2.9	0.3	−2.2	−1.5	−0.5	0.2	0.4
	5000.0	−0.4	0.2	0.3	0.1	−0.9	0.4	−0.3	0.7	0.1	0.9	−0.9	−0.1	−1.9	−1.7	3.0
1.5	6300.0	−0.5	0.6	−1.1	0.4	1.1	−0.1	1.0	−0.8	0.4	−0.1	0.4	0.2	0.9	2.1	0.6
	8000.0	−0.1	0.1	0.7	1.1	−1.2	1.2	0.9	−1.0	1.2	−0.2	0.3	3.0	0.5	−0.2	2.3
	10000.0	0.1	−0.3	−0.2	−1.1	−0.4	−0.9	−0.2	−0.3	2.0	−0.6	0.6	0.9	1.1	−1.1	−0.5
	12500.0	0.3	0.1	−0.5	0.4	−1.5	1.1	1.5	1.4	1.8	−0.6	2.1	2.1	0.7	2.8	−2.2
	16000.0	−0.6	−0.9	−0.8	−0.9	0.4	−1.2	−1.4	−0.6	−2.8	1.4	0.3	1.8	−0.2	1.4	−1.8
	20000.0	0.1	−0.7	0.4	0	−1.0	0.9	−0.4	0.7	2.6	−0.4	−2.6	−1.3	−1.3	−0.8	1.0

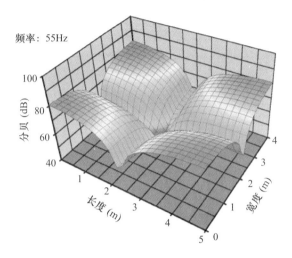

图 4-60　一个典型的模式声场

实验室的建设主要有声学材料、房间隔声隔振、实验室门系统、实验室内灯光系统、数据传输系统处理等部分组成，下面就每个方面进行简单的介绍：

（1）声学材料

噪声实验室声学材料现大多采用环保复合型材料构成。内部采用环保的无玻璃纤维材料，对人体无任何损伤。材料表面为双面喷涂的镀锌钢板，抗撞击防锈蚀，在盐碱或潮湿环境中，使用寿命长达 20 年以上。且厚度为 100mm，更加节省实验室的占地空间，从而节省了成本的投入。

环保复合型吸声材料介绍：吸声材料厚度 100mm；模块式吸声钢板厚度 100mm，外层 1.5mm 双面镀锌穿孔钢板，穿孔率约 45%；100mm 高密度聚酯纤维，外层带矿物纤维布，防火等级 B_1 级（图 4-61）。

图 4-61　环保复合型吸声材料

环保复合型吸声材料优势：吸声装修的厚度不因低频截止频率的降低而加厚；节省体积，也就是节省土建、空调、隔声、隔振、吸声装修的投资；无矿物性纤维，工作环境中没有纤维飞扬；有利于工作人员的健康；有利于机器设备的清洁；吸声结构金属护板表面须用干粉喷涂工艺，保证耐腐蚀度达到 ISO 规定的 C4 级标准，并提供相应能力和质量检测报告；声学材料在系统验收后 20 年内不发生脱落、变形、内部微粒外逸；组件式构造，间距内可安装管线，再次节省体积；易与风口的声学处理结合；光线反射好，改善工作环境；表面耐机械撞击；其表面极易清洁和护理。耐油污，容易保持表面清洁等。类似项目照片如图 4-62 所示。

图 4-62　环保复合型吸声材料室

（2）房间隔声隔振的基本方案

利用目前现有的墙体作为隔声结构。房间顶部用隔声钢板做吊顶。静音室地面铺设隔振垫块，避免外部的振动传递。隔振垫块上铺设钢模板，再浇筑混凝土层，保证隔振隔声及地面承载。实验室地面做环氧地坪处理（图 4-63）。

图 4-63　环氧地坪

（3）实验室门系统

静音室门的隔声构造由两部分组成：外层的隔声门和内层的吸声层。门附带把手，门下有闭锁轨道，开关方便，并保证隔声性能优异。在同类项目的使用中已得多次证明。详细设计与依据如下：

门的隔声量取决于门体的质量（材料）、门缝隙的处理方式，以及双道隔声门之间（声闸）的处理。

双层门之间的声闸可按以下公式计算：

$$N=10\lg\frac{1}{S\left(\dfrac{\cos\varphi}{2\pi d^2}+\dfrac{1-\bar{\alpha}}{A}\right)}$$

式中：　A——声闸内表面总吸声量；

　　　　S——门扇面积。

综合以上采用的方法，其双道门（加声闸）的总隔声量为 51+4（双道门按质量定律）+15（声闸）=70dB。

在现场测量带声闸的双道门，若试验室为半消声室，其综合隔声量还可降低 8～10dB（图 4-64）。

图 4-64　消声室门系统

（4）门槛的设计

本次项目的门槛采用无门槛结构形式，其中无门槛隔声门采用与门相配套的角钢（如果地面平整度足够，也可以不安装），预埋在地面上。关门时，门下的双层密封胶条将下降并与此角钢紧密压合，达到密闭、隔声、防火、防烟的效果。具体详见图 4-65。

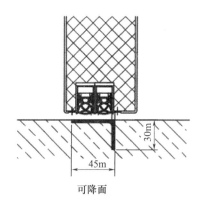

可降面

F型下落密封

图 4-65　门槛的设计

采用无门槛设计,因此完全不影响物料的进出。下部密封结构如果不被人为损坏,则其使用年限超过 5 年,而且下压机构容易更换,只需拧下固定在两侧的 4 个螺栓就可以直接操作,无须拆卸门板,简单易行。

无障碍门槛结构采用与门相配套的斜坡型预制钢板,预埋在地面上。关门时,门下的双层密封胶条将与此斜坡紧密压合,达到密闭、隔声、防火、防烟的效果。具体详见图 4-66。

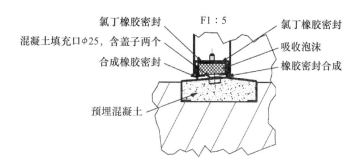

图 4-66　无障碍门槛结构采用与门相配套的斜坡型预制钢板

(5) 门框的密封

双层胶条密封,具体如图 4-67 所示。

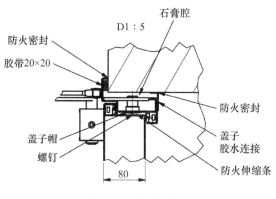

图 4-67　门框的密封

(6) 专用铰链和工业用门把手、门锁

具体见图 4-69。

(7) 实验室内灯光系统

灯后为吸声材料。

230VA.C. 电气部分固定于吸声材料之后。

保证室内中心 500lx 集成于吸声材料上的透声灯。

保证室内中心 500lx 的照度。供电和保护由用户提供。

图 4-70 为实验室灯光系统设计及照度计算。

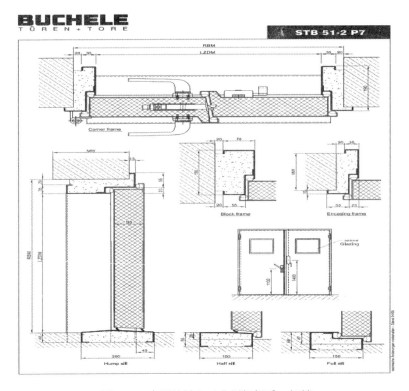

图 4-68　专用铰链和工业用门把手、门锁

(a) 消声室灯具公布　　　　　　　　　　(b) 消声室照度计算

图 4-69　消声室灯具分布及照度计算

（8）数据传输系统处理

将根据实验室实际情况，确定提供用于试验信号传输的低噪声电缆接线盒位置大小及形式信息，同时提供强电接口，如图 4-70 所示。

图 4-70 电接口

（9）上下水消声处理

消声室的上下水管道将做消声处理，保证管路的噪声不会影响试验。

（10）空调系统

静音室内部安装一套壁挂式空调。同时对空调室内机做消声处理。

（11）监控系统（图 4-71）

实验室内部安装一套监控系统，像素大于 100 万，自动存储时间大于 1 个月。

图 4-71 监控摄像头

（12）数据处理系统

建议配备一套四通道数据处理系统，系统含采硬件、后处理软件及测试电脑一台。

（13）供排水部分

1）实验室供水的处理

预留供水管为2根：DN20及DN40，且室内及室外均有可供连接其他管路的连接口。

2）排水处理

排水按照预埋排水管道与外部排水连接的方式处理，这样保证噪声反射面为一个完整的平面，确保测量数据的准确性。

3）地面处理

做试验时样品直接摆放在地面上，因为要预埋供水管路以及排水管路，所以会导致实验室内的地面整体要高于实验室外的地面，门口以缓坡的形式处理高度差，以便样品能够顺利进入实验室。

以上就是一个典型的智能坐便器声学实验室建设的大致情况，不同与其他声学实验室的主要方面就是供排水的特殊性，大多数产品的声学测试是没有供排水要求的，智能坐便器及其他卫浴类产品比较特殊。

4.7 智能坐便器安规检测设备应用简述

1. 智能坐便器安规检测设备应用简述

安规系列测试仪主要是用来检测电器产品是否漏电、是否接地良好、会不会伤害人身安全的专用测量仪器，主要检测项目有耐电压、泄漏电流、绝缘电阻和接地电阻。

2. 耐压测试仪的原理和使用

耐压测试又称作高压测试或介电强度测试，是在产品流程安全测试中用的最多的。它实际上在每一个安全标准中都被引用，这一点表明了它的重要性。

耐压测试是一种无破坏性的测试，它用来检测经常发生的瞬态高压下产品的绝缘能力是否合格。它在一定时间内施加高压到被测试设备以确保设备的绝缘性能足够强。进行这项测试的另一个原因是它也可以检测出仪器的一些缺陷，例如制造过程中出现的爬电距离不足和电气间隙不够等问题。

最初的耐压测试仪仅仅是一个简单的变压器和调压器，它把市电变为所需要的测试电压，施加到被测试样品上。由于市电的波动性，人们有时不得不把输出电压调节到大于实际需要值的20％，以防止输入电压可能出现的波动。同时，在很多安全标准中都特别要求所使用的耐压测试仪有500VA以上的容量，这是为了保证在样品有较大的漏电流时，耐压测试仪仍然有足够大的输出电压。新型的耐压测试仪都具有足够的源电压调整率和负载调整率，只有一些旧的安全标准仍然有这方面的要求。实际上很多的新标准已经不再将500VA容量列入对耐压测试仪的要求。从使用人员的角度来看，耐压测试仪 500VA 的容量反而是一种对操作员的威胁。

由于各种测试标准不同、流水线大批量测试及人们对电器安全性能的认识不断提高，要求耐压测试装置的功能相应提高，调压器式的耐压测试仪器的功能有限，采用全电子程控技术和功率电子技术的新型耐压测试仪正在普及。目前，这类耐压测试仪器主要分为两种：一种采用单片机作为监控中心，数字波形合成技术和线性功率放大器作为测试源；另一种采用单片机作为监控中心，SPWM（正弦脉宽调制）脉冲发生器和 IGBT（绝缘栅双极晶体管）脉冲功率放大器作为测试源。

这种耐压测试仪的结构较复杂，抗干扰能力和可靠性取决于整机的设计和电子元件的质量，输出波形失真小，输出频率可变（50Hz/60Hz），输出电压调整范围宽、控制精度高，在功率范围内的输出电压稳定，不受负载变化的影响，测试源输出功率一般可达到 500W，超功率输出时仪器能自动保护，输出电压设置在无电压输出的情况下进行，安全性好，对被试品有电弧、爬电、闪络等绝缘性能方面的潜在隐患的检测容易实现，电压输出方式可通过软件满足多种标准要求，如分段升压、定时升压、定速升压等，能进行击穿点分析，击穿保护速度快，漏电流显示分辨率可达纳安级，非常适用于高标准的电器或元器件测试。工作时对电网干扰小，仪器的校准通过按键或通信接口进行，便于和计算机联网完成测试统计、分选工作，可对被试品连续进行测试。

耐压测试仪主要是由交（直）流高压电源、定时控制器、检测电路、指示电路和报警电路组成，基本工作原理：将被测仪器在耐压测试仪输出的试验高电压下产生的漏电流与预置的判定电流比较，若检出的漏电流小于预设定值，则仪器通过测试，当检出的漏电流大于判定电流时，试验电压瞬时切断并发出声光报警，从而确定被测件的耐压强度。耐压测试仪的技术指标主要包括其输出交直流电压和预设定切断电流。模拟指示型的耐压测试仪通常采用引用误差的形式表征其电压最大允许误差，比如 3 级的电压表，表示电压表的指示值误差应小于其满量程值的 3%。对于数字式的耐压测试仪则采用不同的方式进行确定。

（1）基本方法

测试的连线方法，一般情况下高电压将施加在被测绝缘体之间，例如加在电源初级回路和被测仪器的金属外壳之间。如果其间的绝缘性足够好，加在上面的电压差就只会产生很小的漏电流。另一个情况是测试电源初级和次级回路之间的绝缘性。在这种情况下，将所有的输出端都短接，并与耐压测试仪的低端线路连接，然后将被测仪器电源初级端的 L 线和 N 线短接，并与耐压测试仪的高压输出端连接。在测试时一定要记住，被测仪器并不接工作电源，处于不工作状态，但必须将其电源开关打开。实践表明，在不打开电源开关的情况下，耐压测试非常容易通过测试，但仪器本身可能是不合格的。测试电压的确定应参考不同的安全标准。如果测试电压太低，绝缘材料就会因为没有施加足够的电压而导致不合格的绝缘通过测试；如果电压过高，测试时会对绝缘材料造成永久性的损害。但是，有一个通用的规则，就是采用经验公式：试验电压＝电源电压×2＋1000V。例如，试验产品的电源电压为120V，则试验电压＝120V×2＋1000V＝1240V。实践中这种方法也正是大多数安全标准采用的方法。

用1000V作为基础公式一部分的原因就在于任何产品的绝缘性能每天都在受到瞬态高压的冲击，实验室研究表明，这一高压最高可以达到1000V。通常耐压测试时间为1min。由于在生产线上要进行大量的产品耐电测试，测试时间通常降低到几秒钟。有一个典型实用的原则，在测试时间降到只有1～2s的情况下，测试电压必须增加10%～20%，以保证短时间测试时绝缘的可靠性。

报警电流的设定应当根据不同的产品来确定。最好的方法是预先对一批样品做漏电流试验，得到一个平均值，然后确定一个略高于此平均数的值为设定电流。由于被测试仪器不可避免存在着一定的泄漏电流，因此应该保证所设定的报警电流足够大，以免被泄漏电流误触发，同时应足够小以避免放过不合格的样品。在某些情况下，还可以通过设定所谓的下限报警电流来判断样品是否与耐压测试仪的输出端有接触。

（2）交直流测试的选择

测试电压，大部分的安全标准允许在耐压测试中使用交流或直流电压。若使用交流测试电压，当达到电压峰值时，无论是正极性还是负极性峰值，待测绝缘体都承受最大压力。因此，如果决定选择使用直流电压测试，就必须确保直流测试电压是交流测试电压的$\sqrt{2}$倍，这样直流电压才可以与交流电压峰值等值。例如，1500V交流电压，对于直流电压若要产生相同数量的电应力必须为1500V×1.414，即2121V直流电压。

使用直流测试电压的其中一个好处在于在直流模式下，流过耐压测试仪报警电流测量装置的是真正的流过样品的电流。采用直流测试的另一个好处在于可以逐渐施加电压。在电压增加时通过监视流过样品的电流，操作者可以在击穿发生前察觉到。需要注意的是，当使用直流耐压测试仪时，由于电路中的电容充电，必须在测试完成后对样品进行放电。事实上，无论测试电压是多少，其产品特点如何，在操作产品前对其放电都是有好处的（图4-72）。

图4-72　交直流耐压绝缘测试仪

直流耐压测试的不足在于它只能在一个方向施加测试电压，不能像交流测试那样可以在两个极性上施加电应力，而多数电子产品正是在交流电源下进行工作的。另外，由于直流测试电压较难产生，直流测试比交流测试成本要高。

交流耐压测试的优点在于，它可以检测所有的电压极性，这更接近实际的使用情况。另外，由于交流电压不会对电容充电，大多数情况下，无须逐渐升压，直接输出相应的电压就可以得到稳定的电流值。并且，交流测试完成后，无须进行样品放电。

交流耐压测试的不足在于，如果测试的线路中有大的 Y 电容，在某些情况下，交流测试将会误判。大部分安全标准允许使用者在测试前不连接 Y 电容，或者改为使用直流测试。直流耐压测试在加高电压于 Y 电容时，不会误判，因为此时电容不会允许任何电流通过。

（3）耐压仪最大允许误差的考虑

由于耐压测试仪的输出电压不会 100％准确，在确定测试电压的同时，应考虑仪器输出电压的误差，可以采用耐压仪本身的技术指标或上级机构的校准证书。例如，在交流 3000V 下进行耐压测试，耐压测试仪在此时的最大允许误差为 3％，即 90V，那么为了保证足够的测试电压，应将输出测试电压调节到 3090V 才足够。当然，如果耐压测试仪本身输出偏高，则这样做存在电压偏高的风险，测试者应充分考虑。

（4）交流小电流测试

有些仪器生产商宣称它们的耐压测试仪可以达到纳安级别的漏电流分辨率。然而，实际的交流测量使得人们很难真正进行这样小电流的测试。在任何电路中都有一定量的电容存在，即使是一个简单的变压器，在其绕线和铁芯间也有电容。电容不但会因为有一定的电阻而产生漏电流，在交流电压下电容本身也是一个阻抗器件。这些电流是独立于用户所希望测试的电流之外的，其大小取决于电容值、频率和施加电压。

大多数的耐压测试仪往往在电压回路端接地，有时被测试的样品也会在低端接地，因此在这种情况下，耐压测试仪所测量到的漏电流必然是通过被测样品的漏电流和耐压测试仪本身漏电流的总和。耐压测试仪本身漏电流通常是小的，然而在测量纳安级的漏电流时，它将是一个主要的问题。

（5）泄漏电流测试

绝缘体不导电只是相对的。随着外围环境条件的变化，实际上没有一种绝缘材料是绝对不导电的。任何一种绝缘材料，在其两端施加电压，总会有一定电流通过，这种电流的有功分量叫作泄漏电流，而这种现象也叫作绝缘体的泄漏。

泄漏电流实际上就是电气线路或设备在没有故障和施加电压的作用下，流经绝缘部分的电流。因此，它是衡量电器绝缘性好坏的重要标志之一，是产品安全性能的主要指标。将泄漏电流限制在一个很小值，这对提高产品安全性能具有重要作用。

对于电器的测试，泄漏电流是指在没有故障施加电压的情况下，电气中相互绝缘的金属器件之间，或带电器件与接地器件之间，通过其周围介质或绝缘表面所形成的电流称为泄漏电流。泄漏电流包括两部分：一部分是通过绝缘电阻的传导电流；另一部分是通过分布电容的位移电流，其容抗为 $XC=1/2pfc$，与电源频率成反比，分布电容电流随频率升高而增加，所以泄漏电流随电源频率升高而增加。若考核的是一个电路或一个系统的绝缘性能，则这个电流除了包括所有通过绝缘物质而流入大地（或电路外可导电部分）的电流外，还应包括通过电路或系统中的电容性器件而流入大地的电流。较长布线会形成较大的分布容量，增大泄漏电流，这一点在不接地的系统中应特别引起注意。

图 4-73　泄漏电流测试仪

泄漏电流测试仪主要由阻抗变换、量程转换、交直流变换、放大、指示装置等组成。有的还具有过流保护、声光报警电路和试验电压调节装置，其指示装置分模拟式和数字式两种。

测量泄漏电流的原理与绝缘电阻基本相同，测量绝缘电阻实际上也是一种泄漏电流，只不过是以电阻形式表示出来的。不过正规测量泄漏电流施加的是交流电压，因而，在泄漏电流的成分中包含了容性分量的电流。泄漏电流测试仪用于测量电器的工作电源（或其他电源）通过绝缘或分布参数阻抗产生的与工作无关的泄漏电流，其输入阻抗模拟人体的阻抗。

（6）绝缘电阻测试试验的类型和特点

绝缘电阻测试是为了了解、评估电气设备的绝缘性能而经常使用的一种比较常规的试验类型。通常技术人员通过对导体、电气零件、电路和器件进行绝缘电阻测试来达到以下目的：

1）验证生产的电气设备的质量；

2）确保电气设备满足规程和标准（安全符合性）；

3）确定电气设备性能随时间的变化（预防性维护）；

4）确定故障原因（排障）。

一般而言，绝缘测试有以下类型：设计测试、生产测试、交接验收测试、预防性维护测试以及故障定位测试。不同的测试类型取决于不同的测试目的和应用领域，并且不同绝缘的测试过程也具有不同的特点（图 4-74）。

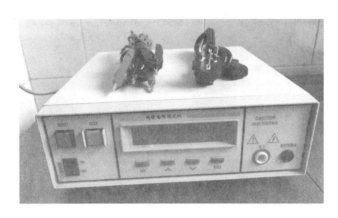

图 4-74　绝缘电阻测试仪

（7）设计测试

设计测试一般用于实验室中确定电气器件的性能。设计测试通常是由制造商对新设计的器件或从其他公司外购的用于产品设计的器件进行测试。设计测试检查的是器件是否有故障。在制造任何产品之前都要进行绝缘电阻测试。

在测试绝缘时，对每一器件施加高压，直到器件的绝缘发生故障，产生的泄漏电流高于可接受的电流。不仅在第一次设计产品时要进行设计测试，而且只要对产品进行修改，就要进行测试。对于不同的器件，根据其不同的工作电压、工作状况以及性能要求，需要对其进行不同电压的测试，这就需要测试仪器应该具有不同的测试电压。

（8）生产测试

为了确保在实验室工作正常的产品在生产之后仍然工作正常，就必须对每个产品进行生产测试。生产测试由制造商进行，以满足规范和标准的要求，并保证对质量的控制。在新产品和设备投入使用之前，对其进行绝缘电阻测试。在生产测试中，产品缺陷一般就会显露出来。由于必须对生产线上准备安装的元器件的性能进行是否满足绝缘要求的试验，生产测试通常是非破坏性的。

由于这种测试的目的只是验证元器件是否有足够的绝缘强度，而不是整体设备的出厂验收试验，不需要具体的参数，只是需要验证合格与否。事先选定比较值，在进行绝缘电阻测试时，如果测量值超过比较值，那么"通过"的指示灯会被点亮，表明元器件合格，反之则出现失败显示，不必对具体检测的数值进行判断。

（9）交接验收测试

验收测试由安装者在完成安装之后、系统投入使用之前进行。验收测试包括绝缘电阻测试，以检查是否有设备损坏、电缆损伤，电气器件之间的间距是否合适和牢固性，以及储存、运输和安装是否导致产品损坏。那么在现场的安装验收试验当中，需要进行绝缘电阻、吸收比（DAR）或吸收比（PI）的测量。

（10）预防性测试

许多工厂都把对设备进行绝缘电阻和导线测试作为其整体预防性维护程序的一部

分。导线绝缘层的状况是设备和电气系统总体状况的一个很好的指示。一般而言，所有的系统在长时间工作后，其导线的绝缘层质量都会以可预测的速率退化。通过定期进行绝缘电阻测量，即可避免导线绝缘层故障（或预期寿命）。

（11）排除故障时进行的绝缘测试

即使制造的设备是高指标的、安装合适、规格正确，并进行预防性维护测试，但仍然需要故障定位测试，因为设备依然会发生故障。故障通常是由某个故障电路中脆弱或损坏的零件引起的。当一个器件、设备、电路或系统发生故障时，就会利用绝缘电阻测试来定位故障。

（12）日常的维护

通常所有的电气设备都是需要日常维护的，日常性的维护试验的要求和交接验收试验的要求非常接近。维护的目的是发现可能存在的故障隐患或微小的故障。早一点发现这些隐患或微小的故障，可以在没有形成损失（停工，设备损伤或人身伤害）或损失非常小的事后消除这些隐患或故障。日常维护通常可以分为定期维护和不定期维护，或根据维护测试的目的分为预防性维护和预测性维护等。

（13）接地电阻测试

所谓接地电阻是指接地装置对地电压和流入地中电流的比值。接地电阻包括接地线电阻、接地体电阻、接地体与土壤间的接触电阻，以及土壤中的散流电阻。由于其中接地线电阻、接地体电阻、接触电阻相对较小，通常近似以散流电阻作为接地电阻。设备的良好接地是设备正常运行的重要保证。

设备使用地线通常分为工作地（电源地）、保护地、防雷地，有些设备还有单独的信号地，以将强弱电地隔离，保证数字弱信号免受强电地线浪涌的冲击，这些地线的主要作用是：提供电源回路，保护人体免受电击，此处，还可屏蔽设备内部电路免受外界电磁干扰或防止干扰其他设备（图 4-75）。

图 4-75　接地电阻

设备接地的方式通常是埋设金属地桩、金属网等导体，导体再通过电缆线与设备内的地线排或机壳相连，当多个设备连接于同一接地导体时，通常需安装接地排，接地排的位置应尽可能靠近接地桩，不同设备的地线分开接在地线排上，以减少相互影响。

随着科技的发展而出现的钳形地阻表是一种新颖的测量工具，它方便、快捷，外形酷似钳形电流表，测试时不需要辅助测试桩，只需往被测地线上一夹，几秒即可获得测量结果，极大地方便了地阻测量工作，钳形地阻表的另一优点是可以对在用设备的地阻进行在线测量，而不需要切断设备电源或断开地线。影响接地电阻的因素很多，如接地桩的大小（长度、粗细）、形状、数量、埋设深度、周围地理环境（如平地、沟渠、坡地）、土壤湿度、质地等，为了保证设备的良好接地，利用仪表对地电阻进行测量是必不可少的。

4.8 智能坐便器电磁兼容性能检测设备应用简述

1. IEC 与电磁兼容

电磁兼容（EMC）的目的是确保所有类型的系统的可靠性和安全性，无论它们暴露于和使用于什么样的电磁环境。因此 EMC 的开发与整个电气和电子工程领域紧密相关，包括这些系统的设计和测试。

EMC 成为几十年来业界一直深入研究的热点，涉及开发、测试和制造设备的行业，以及无处不在的电子元件的行业，包括智能卫浴领域。

谈到电磁兼容，就不能不提国际电工委员会（IEC），一个成立于1906年，致力于电气工程和电子工程相关领域的国际标准化工作的国际标准化组织。该组织底下有两个平行组织 CISPR（国际无线电干扰特别委员会）和 TC77（第 77 技术委员会）。制定了电磁兼容的基础、通用和产品系列标准。CISPR 制定的标准编号为：CISPR Pub.××，TC77 制定的标准编号为 IEC ×××××。

基础标准：描述了 EMC 现象，规定了 EMC 测试方法、设备，定义了等级和性能判据。基础标准不涉及具体产品。

产品类标准：针对某种产品系列的 EMC 测试标准，往往引用基础标准，但根据产品的特殊性提出更详细的规定。

通用标准：依据设备使用环境进行划分，当产品没有特定的产品类标准可以遵循时，可参考通用标准来进行 EMC 测试。

为了规范电子产品的电磁兼容性，全球范围内的发达国家和发展中国家大多在参考 IEC 所制定的标准基础上，制定了自己国家的电磁兼容标准。

如欧盟的 EN 标准也是基于 CISPR 和 IEC 标准，其对应关系如下：

EN55×××＝CISPR 标准（如 EN55011＝CISPR Pub. 11）；

EN6××××＝IEC 标准（如 EN61000−4−3＝IEC61000−4−3 Pub. 11）；

EN50×××＝自定标准（如 EN50801）。

2. 电磁兼容定义

电磁兼容，依据《电磁兼容性　电磁兼容性出版物编写指南》（IEC GUIDE 107—

2014），是指某一设备或系统能在其所处的电磁环境中符合要求地运行，而不会给其中的任何设备带来无法接受的电磁干扰的能力。简单地说，EMC描述的是电子和电气系统或组件在相互靠近时是否还能正常工作的能力。实际上，这意味着来源于每个设备的电磁干扰必须是有限度的，而且每个设备必须对其环境中的干扰具有足够的免疫力。一般认为设备有骚扰源。如果这些骚扰对周边设备产生不利影响，则表明这些骚扰造成的干扰影响了设备的性能。

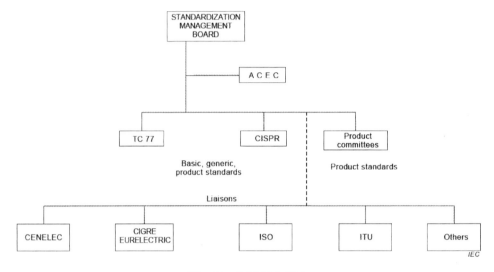

图 4-76 检测行业标准

电磁干扰（Electromagnetic Interference，EMI），是指任何在传导或电磁场伴随着电压、电流的作用而产生会降低某个装置、设备或系统的性能，或可能对生物或物质产生不良影响的电磁现象。

电磁抗扰度（Electromagnetic Susceptibility，EMS），是指处在一定环境中的设备或系统，在正常运行时，承受相应标准、相应规定范围内的电磁能量干扰的能力。

要产生电磁兼容的问题，必须同时具备三个条件：

1）骚扰源，产生干扰的电路或设备；

2）敏感源，受这种干扰影响的电路和设备；

3）耦合路径，能够将干扰源产生的干扰能量传递至敏感源的路径。

以上为电磁兼容的三要素，只要消除其中一个，即可解决EMC干扰问题，这个解决问题的思路可以用于工程实践。

3. 智能坐便器的产品特征

（1）智能坐便器电路特点

目前，常见智能坐便器的主要工作特点是通过加热器导热给水、空气、非金属材料等介质，通过控温和配套装置实现温水清洁、烘干、恒温坐垫等舒适的功能体验。其水温加热模组有即热式和储热式两种加热方式。即热式相对储热式，加热功率更高。

如图 4-77 所示，通常智能坐便器通过 AC 电源端口连接市电，输入电压在 90～240V，确保产品可以正常工作。此外，通过 DC 电源端口外接快拆坐圈组件、传感器或其他低压功能组件。信号和控制端口提供外设组件的控制或数据传输模块的连接。射频模块用于无线连接，如 Wi-Fi 或蓝牙，目前大多用于遥控器或手机 App 的交互通信。随着物联网的发展，将会有更多的技术和功能会被应用在智能坐便器上，端口的开发应用可能会更多。

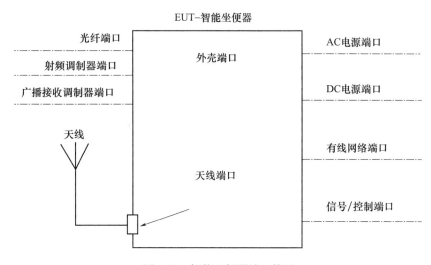

图 4-77　智能坐便器端口简图

（2）智能坐便器与其他家电的区别

智能坐便器比其他家电功能集成度更高。在加热和电动模组均集成了多种技术，如加热部分应用液体加热、空气加热、固体表面加热技术。而在电动部分也应用有风机、步进电机等不同电机，同时应用多普勒雷达等多种感应技术。与单一功能的电吹风、热水器、按摩器等家电不同的是，它是多功能组合型器具。

电子坐便器作为电热电动混合器具，其电磁干扰源主要是在器具内的电动机运转时产生的火花及机械开关、各种控制器、保护器的动作形成。例如，除臭风机、烘干风机等由带有某项功能的电动机在运转过程中，电刷与换向器接触形成火花而产生电磁干扰；加热控制模组等由于频繁的开关动作而产生电磁干扰；水加热启动时所需的大电流会使电网电压暂时下降，带有可控硅器件，产生高次谐波骚扰；电动机等感性负载启动时会导致电源功率因数下降；带遥控的产品，所采用的二电平数字信号会引起电磁骚扰，而且随着时钟频率的不断提高，其骚扰频率可高达数百兆赫。

4. 电子坐便器国际市场准入要求

（1）中国大陆

2001 年 12 月，国家质检总局发布了《强制性产品认证管理规定》，以强制性产品认证制度替代原来的进口商品安全质量许可制度和电工产品安全认证制度。国家强制性产品认证标志名称为"中国强制认证"（China Compulsory Certification，CCC），也可简称 3C 认证，是一种法定的强制性安全认证制度，也是国际上广泛采用的保护消费者权益、维护消费者人身财产安全的基本做法。

列入《实施强制性产品认证的产品目录》中的产品包括家用电器、汽车、安全玻璃、电线电缆、玩具等产品。

电子坐便器并非中国强制性认证目录范围内的产品，可以自愿申请 CQC 认证。申请 CQC 认证，需遵循《坐便器安全与电磁兼容认证规则》（CQC12-448142-2009），电磁兼容部分直接与参考《家用和类似用途电器安全与电磁兼容认证通则》（CQC12-448100-2009）。

依据标准：

1)《家用电器、电动工具和类似器具的电磁兼容要求 第 1 部分：发射》（GB 4343.1—2009）；

2)《家用电器、电动工具和类似器具的电磁兼容要求 第 2 部分：抗扰度》（GB/T 4343.2—2009）；

3)《电磁兼容 限值 谐波电流发射限值（设备每相输入电流≤16A）》（GB 17625.1—2012）；

4)《电磁兼容 限值 对额定电流≤16A 且无条件接入的设备在公共低压供电系统中产生的电压变化、电压波动和闪烁的限制》（GB/T 17625.2—2007）。

（2）欧洲

欧洲要求投放市场的电工电子产品均要求符合电磁兼容指令要求，电子坐便器出口欧洲需符合 EMC《电磁兼容指令》（Directive 2014/30/EU），确保电气和电子设备不产生或不受电磁干扰的影响。EMC 指令限制了设备的电磁辐射，以确保这些设备在正常使用时不会干扰无线电和电信以及其他设备。EMCD 指令也管治该等设备的抗干扰性，旨在确保该等设备在正常使用时，不会受到无线电辐射的干扰。

指令的主要目的就是 EMC 对设备的兼容性进行规范，设备（仪器和固定装置）在投放市场和/或投入使用时，需要符合 EMC 要求。不含电气和电子部件的设备不会产生电磁干扰，其正常运行不受电磁干扰的影响。因此，没有电气和电子部件的设备不在 EMCD 的范围内。

EMC《电磁兼容指令》（Directive 2014/30/EU）指令于 2014 年 3 月 29 日发布于欧盟官方公告 L 96/79，并于 2016 年 4 月 20 日废止了 2004/108/EC 指令。

该指令与新的立法框架政策保持一致，并与 2004/108/EC 指令的范围相同。

此外，RED 覆盖了大多数无线电设备，这些设备有意发出和/或接收用于无线电通信目的的无线电波，并包括与 EMCD 相同的 EMC 基本要求。这意味着对于无线电设备，也应符合电磁兼容强制要求指令（EMCD）的基本要求。

欧洲家电适用标准：欧盟地区对应的家电电器电磁兼容标准为 EN 55014-1 和 EN 55014-2（表 4-11）。

表 4-11 欧盟地区家电电器电磁兼容标准与 IEC 标准对照表

适用标准	测试项目
CISPR 14-1/EN 55014-1	家用电器和电动工具的发射
CISPR 14-2/EN 55014-2	家用电器和电动工具的抗扰度
EN61000-3-2	谐波电流
EN61000-3-3	电压波动和闪烁限值
IEC/EN61000-4-2	静电放电
IEC/EN61000-4-3	射频辐射电磁场
IEC/EN61000-4-4	电快速瞬变脉冲群
IEC/EN61000-4-5	浪涌
IEC/EN61000-4-6	射频场感应引起的传导骚扰
IEC/EN61000-4-11	电压暂降、短时中断

（3）美国

美国联邦通信委员会（FCC）对电子电气产品中包含的能够通过辐射、传导或其他方式发射射频能量的射频（RF）设备进行监管。这些产品有可能对频率在 9kHz～3000GHz 范围内运行的无线电服务造成干扰。

几乎所有的电子电气产品（装置）都能发射射频能量。这些产品中的大多数（但不是全部）必须经过测试，以证明产品中包含的每种类型的电气功能符合 FCC 规则。一般来说，通过设计包含在无线电频谱中运行的电路的产品，需要使用适用的 FCC 设备认证程序（即根据设备类型的不同，FCC 规则中规定的供应商合格声明（SDoC）或认证。一个产品可能包含一个或多个设备，其中一个或两个设备授权程序都适用。RF 设备在美国上市、进口或使用之前，必须使用合适的认证程序进行批准。

今天，大多数电子电气产品使用数字逻辑，运行在 9kHz～3000GHz 范围内，并受 47 CFR 第 15 部分 B 部分的管制。

例如，咖啡壶、手表、收银机、个人电脑、打印机、电话、车库门接收器、无线温度探测器接收器、RF 通用遥控器和成千上万其他类型的依赖数字技术的常见电子电气设备。这也包括许多曾经被归类为附带辐射器的传统产品——比如现在使用数字逻辑的电动机和基本电动工具。

仅包含数字逻辑的产品也可以根据第 15.103 条特别免除设备授权。

电子坐便器出口美国，在电磁兼容方面，应符合 FCC 的要求。与欧洲不同的是，美国 FCC 不带有射频的产品一般只要求辐射和传导两个项目，针对带有无线电装置的（如 2.4G 蓝牙和 Wi-Fi 设备）的产品，需要增加射频方面测试，如基频辐射场强和谐波辐射场强等。

在美国市场，普通家用电器属于 FCC Part15 规定的无意发射设备（Unintentional RF Equipments），认证模式则需选择供应商合格声明（SDoC）或者认证。正常情况下，电子坐便器带有蓝牙或 Wi-Fi 2.4G 无线模块，需申请 Part 15 的认证。

针对 2.4GHz 无线产品在北美市场上销售时有 FCC 认证要求，按产品分类和应用技术等因素影响，所做认证测试也不尽相同，本部分将简要概述 FCC 认证针对此种产品的认证要求和测试标准分析。

1）适用标准

FCC Part 15.207 Conducted limits FCC Part 15.207 传导限值；

FCC Part 15.209 Radiated emission limits FCC Part 15.209 辐射骚扰限值；

FCC Part 15.215 Additional provisions to the general radiated emission limitations FCC Part 15.215 通用辐射骚扰限制的附加规定；

FCC Part 15.247 Operation within the bands 902～928MHz，2400～2483.5MHz，and 5725～5850MHz；

FCC Part 15.247 工作在 902～928MHz、2400～2483.5MHz、5725～5850MHz 频段内；

FCC Part 15.249 Operation within the bands 902～928MHz，2400～2483.5MHz，5725～5875MHz，and 24.0～24.25GHz；

FCC Part 15.249 工作在 902～928MHz、2400～2483.5MHz、5725～5875MHz、24.0～24.25GHz 频段内。

2）测试方法标准

ANSI C63.4—2014：ANSI 于 2014 年 6 月 13 日批准了"美国国家标准 9kHz～40GHz 范围内的低压电气和电子设备的无线电噪声排放测量方法"。

ANSI C63.10—2013：ANSI 于 2013 年 6 月 27 日批准了"美国未经授权的无线设备合规测试程序国家标准"。

3）FCC 常规 EMC 检测要求

传导骚扰主要是用接收机通过 $50\mu H/50\Omega$ 测量线路阻抗稳定网络（LISN），在 150kHz～30MHz 的频段内的测试传回交流电力线的射频电压。若有部分产品只使用电池供电，不从交流电源线供电，不需要进行测量以证明其符合传导限值。而使用电池充电器，并在充电时允许操作的，使用 AC 适配器或电池代用器或间接连接到交流电源线路，则需要进行传导骚扰的符合性测试（表 4-12）。

表 4-12　FCC Part 15 传导骚扰限值

发射频率（MHz）	传导限值（dBμV）	
	准峰	平均
0.15～0.5	66～56*	56～46*
0.5～5	56	46
5～30	60	50

表 4-13　FCC Part 15 辐射骚扰限值

频率（MHz）	场强（mV/m）	测量距离（m）
0.009～0.490	2400/F（kHz）	300
0.490～1.705	24000/F（kHz）	30
1.705～30.0	30	30
30～88	100**	3
88～216	150**	3
216～960	200**	3
>960	500	3

4）FCC 带有无线功能产品的测试要求

2.4GHz 无线产品在进入美国市场时，像无线鼠标、蓝牙产品等都必须以 FCC ID 方式申请 FCC 认证，相关测试报告也必须公示在 FCC 的官方网站上以备查询。在 FCC Part 15 规范中有规定说明工作频率在 2.4～2.4835GHz 的频率范围内的产品的测试要求；主要引用标准是 15.247 和 15.249（两者是并列关系，对于功率很小的设备可采用 15.249），在美国的 2.4GHz Wi-Fi 用户设备（属于 15.247 章节）如果可以工作在第 12 信道和第 13 信道，那么必须保证设备的输出功率能够符合 15.247 中带外杂散的要求，即不属于限制带内的辐射和传导杂散都必须低于主波功率 20dBc，在限制带内的杂散要满足 15.209 的限值。详见表 4-14。

表 4-14　标准依据表

测试标准依据	测试项目	判定标准	调制方式	备注
FCC Part15.247（a）（1）	跳频间隔	25kHz 或 2/3 跳频的 20dB 带宽	跳频系统	两个限值标准选择较大频率者
FCC Part 15.247（a）（1）（iii）	跳频道数	至少 15 个通道	跳频系统/数字调制	
	驻留时间	每一载波频率在周期（跳频频道数乘以 0.4s）内，任一频率每次出现占用之平均时间不得超过 0.4s		
FCC Part15.247（b）（1）	最大传导输出功率	0.125W	跳频系统	也可参考测试最大传导输出功率
FCC Part15.247（b）（3）		1W	数字调制	
FCC Part15.247（a）（2）	最小 6dB 带宽	至少 500kHz	数字调制	
FCC Part15.215（c）	20dB 带宽	无限值要求	跳频系统	
FCC Part15.247（d）	边沿带宽	至少 20dB 以下	展频/数字调制	
		小于 54dBuV（AV）， 小于 74dBuV（PEAK）		

测试标准依据	测试项目	判定标准		调制方式	备注
FCC Part15.247（e）	功率谱密度	≤8dBm@3kHz		数字调制系统	
FCC Part15.247（f）	平均占用时间	跳频工作的组合系统，在直序或数字调制工作关闭下在以秒计算的周期（等于跳频频道数乘以0.4s）内不能超过0.4s		跳频和数字调制技术组合的混合系统	
		数字调制工作的混合系统在跳频关闭下，应满足 FCC Part15.247（d）要求的功率密度			
FCC Part15.249（a）	辐射场强	基波场强 mV/m	谐波场强 mV/m	ALL	此限值是 AV 值限值，PK 值在此基础上加 20dB 可参考 FCC Part15.35
		50 毫伏/米	500 毫伏/米		

5. 智能坐便器常见 EMC 测试方法

本部分主要介绍连续骚扰的方法、要求以及注意事项。连续骚扰主要是由机械开关、换向器和半导体调节器等开关装置引起的宽带骚扰，也可能是由微电子处理器等电子控制装置引起的窄带骚扰。如频率范围为 150kHz～30MHz 的传导骚扰、频率范围在 30～300MHz 的骚扰功率以及频率范围在 300～1000MHz 的辐射骚扰。

依据 EN 55014-1 标准和《家用电器、电动工具和类似器具的电磁兼容要求　第 1 部分：发射》（GB 4343.1—2018）对辐射的豁免要求，通常智能坐便器若其产品的时钟频率高于 30MHz，则要求测试辐射骚扰，不能用骚扰功率替代辐射骚扰。

由于接收机与频谱仪相比具有敏感度高，精度高，过载能力强，特别是按照 CISPR 标准要求进行设计，满足带宽、检波器等要求，因此，通常采用接收机来作为测试连续骚扰的射频测试仪器。接收机通常使用三种类型的检波器，分别是峰值检波器、准峰值检波器和平均值检波器。检波器功能与信号的调制特性相关。对于调制信号，占用空比越低，准峰值和平均值都会比较低，而峰值可能还是保持不变（图 4-78）。

因此，峰值检波器主要用于快速诊断性测试，准峰值检波器用于辐射骚扰、传导骚扰和功率骚扰，而 CISPR 要求平均值检波器用于传导发射的检测。

（1）传导骚扰（端子电压）

传导骚扰是为了衡量电子电气产品或系统，从电源端口、信号端口发出通过电缆向电网或信号网络传输的骚扰。

传导骚扰覆盖频率范围一般在 150kHz～30MHz，与辐射骚扰 30MHz 以上对比，其频率较低，受到寄生效应的影响较小。且传导骚扰的发生主要源自开关电源，通常解决方法是在电源的输入端增加合适的滤波器。

连续骚扰适用标准为《家用电器、电动工具和类似器具的电磁兼容要求　第 1 部分：发射》（GB 4343.1—2018）；CISPR14-1；EN55014-1；J55014-1。

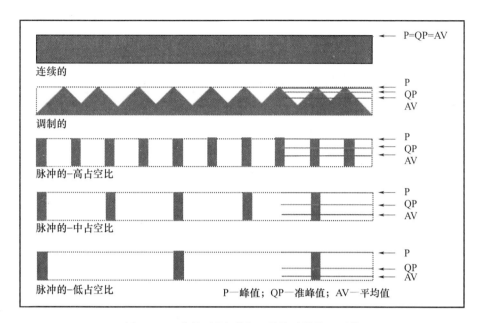

图 4-78 不同调制波形在三种检波器的显示值

1）测量环境和设备

传导骚扰通常在屏蔽室里面完成测试，检测系统一般由 EMI 测量接收机、人工电源网络、限幅器、射频线缆、屏蔽室组成。

实验室的检测仪器设备和辅助设备的测量准确度或测量不确定度应满足《无线电骚扰和抗扰度测量设备和测量方法规范 第 1-1 部分至第 1-4 部分》（GB/T 6113.101～104）系列标准（等同采用 CISPR16-1-1～CISPR16-1-4）、《电磁兼容 试验和测量技术 供电系统及所连设备谐波、间谐波的测量和测量仪器导则》（GB/T 17626—2017）系列标准等所申请认可的业务范围及相应标准的技术能力（和参数）要求。设备校准周期应为 1～2 年。

屏蔽室是 EMC 检测的重要场地之一，对于传导骚扰的检测，屏蔽室应满足一定要求，其屏蔽效能应能达到一定要求，见表 4-15。

表 4-15 屏蔽要求表

频率范围	屏蔽效能
0.014～1MHz	>60dB
1～1000MHz	>90dB

屏蔽室的屏蔽效能至少每 3～5 年进行测量验证。此外，应该定期核查确保电源进线对屏蔽室金属壁的绝缘电阻及导线与导线之间的绝缘电阻应大于 2MΩ，屏蔽室的接地电阻应小于 4Ω。

2）设备技术要求

① 满足《无线电骚扰度和抗扰度测量设备和测量方法规范 第 1-1 部分：无线电

骚扰和抗扰度测量设备 测量设备》（GB/T 6113.101—2016）第 4 章～第 6 章要求；

② 测试频率范围覆盖 0.15～30MHz；

③ 具有 Pk.QP、AV 检波器；

④ 电压驻波比≤2.0（RF 衰减为 0dB）；电压驻波比≤1.2（RF 衰减为 10dB）；

⑤ 具有 9kHz 的 6dB 分辨率带宽；

⑥ 正弦波信号准确度：优于±2dB；

⑦ 脉冲响应。

3）环境场地要求

① 背景噪声满足标准要求；

② 如果在屏蔽室内进行测量，应符合 CNAS-CL016 的要求；

③ 参考接地平板，尺寸不小于 2m×2m，应多出 EUT 边缘至少 0.5m；

④ 落地式设备放置在距离接地平板 0.1m 的绝缘垫上（如木头）与其他接地平面的距离至少 0.8m；

⑤ 非落地式设备放置在距离接地平板 0.4m 的绝缘桌面上与其他接地平面的距离至少 0.8m；

⑥ 提供必要的通风及温湿度控制；

⑦ 给排水措施（对智能坐便器等产品特殊要求）。

4）测试布局图（图 4-79）

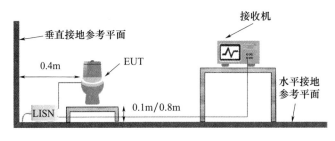

图 4-79　布局图

5）测试布局说明

设置 EUT 达到最大发射电平状态。在屏蔽室对 EUT 进行电源端骚扰电压测量。EUT 通过提供 50Ω线性阻抗的人工电源网络连接到交流电源。必要时，将使用人工模拟手进行测试（手持式设备）。使用有源电压探头进行负载端，控制端骚扰电压测试。

EUT 放置在距离水平参考接地平面 0.8m 高的非金属桌子上，或以屏蔽室墙壁为接地参考平面，距离墙壁 0.4m。落地式设备放置在距离水平参考接地平面 0.1m 高的非金属桌子上。保持 EUT 距离其他金属表面至少 0.8m 以上。人工电源网络放置在距离 EUT0.8m 处。

测试中，EUT 电源线超出 0.8m 部分应来回平行折叠以形成 0.3～0.4m 的水平线束。

在150kHz～30MHz频率范围内设置为9kHz。

6）EUT工作模式

主要测试电源端子，负载端和控制端子不适用。

测试工作模式主要如下：

① 工作模式1：妇洗＋最高水温＋最大流量＋最高座温；

② 工作模式2：臀洗＋最高水温＋最大流量＋最高座温；

③ 工作模式3：烘干＋最高风温。

测试电压：标称电压和频率，如AC 220V/50Hz。

测试线：火线（L）和零线（N）均需单独测试。

检波器：QP和AVG检波（表4-16）。

表4-16 检波表

序号	频率（MHz）	显示值（dBuV）	修正系数（dB）	测量值（dBuV）	限值（dBuV）	终值（dB）	检波器
1*	0.1536	37.21	9.62	46.83	65.80	−18.97	QP
2	0.1536	17.11	9.62	26.73	58.74	−32.01	AVG
3	0.2243	28.96	9.62	38.58	62.66	−24.08	QP
4	0.2243	10.72	9.62	20.34	54.66	−34.32	AVG
5	2.5097	19.59	9.67	29.26	56.00	−26.74	QP
6	2.5097	7.84	9.67	17.51	46.00	−28.49	AVG
7	4.0903	19.17	9.70	28.87	56.00	−27.13	QP
8	4.0903	9.34	9.70	19.04	46.00	−26.96	AVG
9	14.4310	25.29	9.98	35.27	60.00	−24.73	QP
10	14.4310	14.59	9.98	24.57	50.00	−25.43	AVG
11	19.0634	18.63	9.97	28.60	60.00	−31.40	QP
12	19.0634	11.09	9.97	21.06	50.00	−28.94	AVG

7）测试曲线（图4-80）

测试电压：AC 220V/50Hz。

工作模式：妇洗＋最高水温＋最大流量＋最高座温。

测试线：火线。

8）注意事项

传导辐射测试，其EMI接收机到阻抗稳定网络（LISN）之间最好有电源瞬态抑制器，防止开关瞬态进入接收机或频谱仪。

此外，为了使LISN正确工作，必须端接50Ω阻抗，若没有端接，那么LISN在大约300kHz以下具有低阻抗，过了此频率其将具有非常高的阻抗，仅当端接50Ω时，LISN才能发挥其效用。

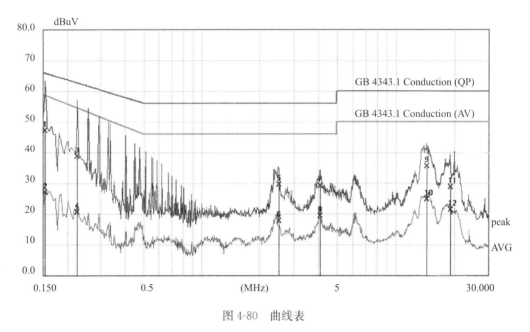

图 4-80　曲线表

（2）骚扰功率（30～300MHz）

骚扰功率辐射发射测量方法的替代法，用吸收钳确定骚扰功率，其优点是缩短了测试时间和不需要更高成本的电波暗室进行测试（可以在屏蔽室内进行）。

吸收钳测量法（ACMM）的原理是对于小型 EUT，引线上由共模电流引起的辐射发射，远远大于受试物表面向外的辐射。可以把 EUT 的电源线看作一个辐射天线，此时骚扰功率近似等于吸收钳处于共模电流为最大值的位置是测量的 EUT 提供给受试线（LUT）的功率。为了找到"共模电流最大值"，需要吸收钳能移动，因此在测试系统中需要有一个长度为 6m 的吸收钳滑轨。

骚扰功率的测试设备主要有 EMI 接收机、吸收钳、6m 滑轨以及 EMI 屏蔽室。

适用标准：《无线电骚扰度和抗扰度测量设备和测量方法规范　第 1-1 部分：无线电骚扰和抗扰度测量设备　测量设备》（GB 4343.1—2016）；CISPR14-1；EN55014-1；J55014-1。

1）测量环境和设备

骚扰功率检测应具备屏蔽室。

2）设备技术要求

测试频率覆盖 30～300MHz；

具备 Pk. QP、AV 值检波器，6dB 带宽为 120kHz；

正弦波电压精确度应优于±2dB；

符合《无线电骚扰度和抗扰度测量设备和测量方法规范　第 1-1 部分：无线电骚扰和抗扰度测量设备　测量设备》（GB/T 6113.101—2016）标准的要求的 QP、Pk. AV 值检波器。

3）测量环境要求

① 在屏蔽室内进行测量；

② 屏蔽室至少能容下 6m 长，0.8m 以上高的绝缘长槽，长槽距其他金属物距离至少为 0.5m；

③ 受试设备应放置应保证和其他金属障碍物的距离大于 0.4m；

④ 落地式设备放置在距离地面 0.1m 的绝缘垫上。

4）测试设置方框图（图 4-81）

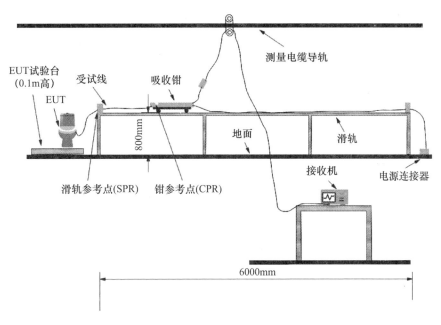

图 4-81　测试设置方框图

5）测试设置和程序

骚扰功率测量应在屏蔽室内进行。对于落地式器具应该放置在高度为（0.1±0.025）m 高的桌子上；对于其他器具应放在（0.8±0.05）m 高的桌子上。受试设备距离其他金属表面的最短距离是 0.8m，并且受试设备的电源线应延长至大约 6m。长于 0.25m 并且小于 2 倍吸收钳长度的辅助连线应被延长至 2 倍吸收钳长度，同时长于 2 倍长度的应被延长至 6m。吸收钳应沿着线以读取最大骚扰值，并且对于要读取的每个点采取同样的办法来获取最大骚扰值。对于频率范围 30～300MHz 的测量，接收机的带宽应设置为 120kHz。

在测试过程中，受试器具应按照标准规定的运行状态来进行测试，如在最高功率等。

6）测试条件

测试电压：AC 220V/50Hz

工作状态：

① 妇洗＋最大水温＋最大流量＋最大座温；

② 臀洗＋最大水温＋最大流量＋最大座温；

③ 烘干＋最大风温。

测试线：AC线；

检波方式：QP/AVG；

如下例子：

测试电压：AC 220V/50Hz；

工作状态：妇洗＋最大水温＋最大流量＋最大座温；

测试线：AC线。

表 4-17　检测参数

序号	频率（MHz）	显示值（dBpW）	修正系数（dB）	测量值（dBpW）	限值（dBpW）	终值（dB）	检波器
1	38.6400	5.08	25.37	30.45	45.32	−14.87	QP
2*	38.6400	0.61	25.37	25.98	35.32	−9.34	AVG
3	52.6000	6.40	24.85	31.25	45.84	−14.59	QP
4	52.6000	−8.87	24.85	15.98	35.84	−19.86	AVG
5	75.6400	4.81	24.17	28.98	46.69	−17.71	QP
6	75.6400	−5.48	24.17	18.69	36.69	−18.00	AVG
7	86.6400	11.00	24.02	35.02	47.10	−12.08	QP
8	86.6400	−2.04	24.02	21.98	37.10	−15.12	AVG
9	92.7200	4.42	24.14	28.56	47.32	−18.76	QP
10	92.7200	−2.36	24.14	21.78	37.32	−15.54	AVG
11	126.5600	1.76	24.02	25.78	48.58	−22.80	QP
12	126.5600	−9.00	24.02	15.02	38.58	−23.56	AVG

7）测试曲线（图 4-82）

测试电压：AC 220V/50Hz；

工作状态：妇洗＋最大水温＋最高流量＋最大座温；

测试线：AC线。

（3）连续骚扰——辐射骚扰

辐射骚扰测试的目的是测试电子、电气和机电产品及其部件所产生的辐射骚扰，包括来自机箱、所有部件、电缆及连接线上的辐射骚扰。试验主要判定其辐射是否符合标准的要求，以致在正常使用过程中不对在同一环境中的其他设备或系统造成影响。

辐射骚扰可能是由非常小的电流或电压形成的高频能量。产品的任何金属物体均有可能成为天线，特别是产品的线缆。200MHz 以下的辐射骚扰能量，由于其波长较长，很可能通过电缆当作天线辐射出去。导线和电缆就是很好的天线。此外，200MHz 以上的辐射能量有可能是通过壳体或电路板产生的。因此，EUT 的摆放以及线缆的处理很关键。

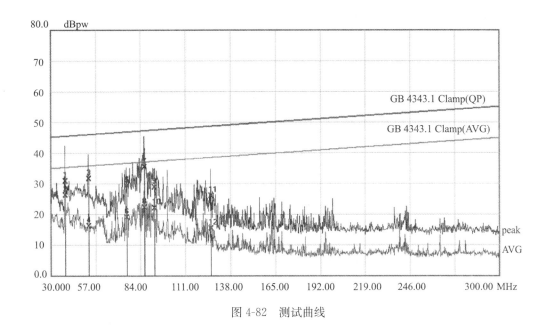

图 4-82　测试曲线

智能坐便器如有使用 Wi-Fi、蓝牙、ZigBee 等无线信号，则表明产品的最大时钟频率〔指装置中使用的任何信号的基波频率，集成电路（IC）内单独使用的信号除外〕超过 30MHz，按《家用电器、电动工具和类似器具的电磁兼容要求　第 1 部分：发射》（GB 4343.1—2018）标准要求，EMC 测试频率范围必须上升至 1GHz，必须用暗室法测试，这与旧标准可以使用吸收钳法测骚扰功率（30～300MHz 频段）有较大不同，要特别注意。

1）测量设备

辐射骚扰主要设备有 EMI 测量接收机、宽频带测试天线（如 Schwarzbeck. VULB 9163）、放大器（如 Schwarzbeck BBV9743）、电波暗室。

2）设备技术要求

辐射骚扰测试要求的测量接收机和宽带天线应能满足如下基本要求：

① 测试频率覆盖 30MHz～1GHz；

② 具备 Pk. QP 值检波器，6dB 带宽为 120kHz；

③ 正弦波电压精确：度应优于±2dB；

④ QP、PK 检波器完全符合《无线电骚扰和抗扰度测量设备和测量规范　第 1-1 部分：无线电骚扰和抗扰度测量设备　测量设备》（GB/T 6113.101—2016）标准的要求；

⑤ 宽带天线有效工作范围覆盖 30MHz～1GHz，并能完全符合《无线电骚扰和抗扰度测量设备和测量规范　第 1-4 部分：无线电骚扰和抗扰度测量设备　辐射骚扰测量用天线和试验场地》（GB/T 6113.104—2016）第 4.5.2 条的要求。

3）测试场地环境要求

1. 3m 或 10m 法或更大半电波暗室（或开阔试验室场），背景噪声满足标准要求；

2. 暗室 NSA≤4.0dB，静区满足被测设备尺寸要求；

3. EUT 放置转台 0～360°可转;

4. 天线塔 1～4m 高度可调,可变换天线垂直水平方向。

4) 测试设置方框图(图 4-83)

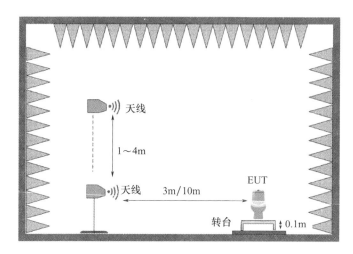

图 4-83 测试设置方框图

5) 测试设置和布局

测试在半电波暗室里进行。EUT 和附属设备放置在距离水平金属接地平板 0.8m 高的木桌子上。360°转动转台用来找出最大发射值位置。EUT 距离安装在天线架上的接收天线 3m。天线在 1～4m 升降以找出最大的发射值。

使用宽频带接收作为接收天线。天线在垂直极性和水平极性下测试。为了找出最大的发射值,辐射测试中,所有的连接线缆都按照《测量、控制和实验室用的电设备电磁兼容性要求 第 1 部分:通用要求》(GB/T 18268.1—2010)摆放。测量接收机中频带宽设置为 120kHz。

测试频率范围为 30～1000MHz。

6) 测试数据

水平测试数据见表 4-18。

表 4-18 水平测试数据

序号	频率 (MHz)	显示值 (dBuV)	修正系数 (dB)	测量值 (dBuV/m)	限值 (dBuV/m)	终值 (dB)	检波器
1	52.2030	25.70	−14.68	11.02	40.00	−28.98	QP
2	101.6443	23.26	−15.28	7.98	40.00	−32.02	QP
3	162.6106	28.16	−17.38	10.78	40.00	−29.22	QP
4	250.3011	25.21	−12.85	12.36	47.00	−34.64	QP
5	785.0934	24.42	−1.30	23.12	47.00	−23.88	QP
6*	948.7609	27.94	1.02	28.96	47.00	−18.04	QP

垂直测试数据见表 4-19。

表 4-19 垂直测试数据

序号	频率 (MHz)	显示值 (dBuV)	修正系数 (dB)	测量值 (dBuV/m)	限值 (dBuV/m)	终值 (dB)	检波器
1	43. 3534	23. 14	−13. 36	9. 78	40. 00	−30. 22	QP
2	96. 0986	23. 18	−15. 82	7. 36	40. 00	−32. 64	QP
3	212. 2693	23. 13	−13. 81	9. 32	40. 00	−30. 68	QP
4	385. 2805	23. 93	−9. 57	14. 36	47. 00	−32. 64	QP
5	588. 9049	24. 00	−4. 25	19. 75	47. 00	−27. 25	QP
6*	948. 7608	26. 49	1. 02	27. 51	47. 00	−19. 49	QP

7）测试注意事项

电磁波传播时，由电场和磁场构成，这两种场相互垂直。由于大多数 EMI 天线用来测量电场，根据电场的方向，通常称电磁波为垂直极化和水平极化。为了测量到最大信号，电场天线应与电场的传播方向平行。由于 EUT 产生的电场的极化方向未知，实验室在测试 RE 时，需要根据标准要求在水平和垂直平面进行测量。

RE 测试时，常见的天线为带对数周期振子的双锥偶极子天线，其频率检测频段在 30～1000MHz，而喇叭天线一般用来检测 1GHz 以上频率的骚扰信号，正常在 1～18GHz。

通常情况下，对数周期天线的频率检测能力范围在 100～1000MHz，而若在对数周期天线后端再增加一副双偶极子，可以检测到更低的谐振频率 20MHz 或 30MHz，使用此类型的天线，其检测能力范围从 100～1000MHz，扩充为 30～1000MHz，而我们常见的就是此类天线。

8）测试曲线

水平测试曲线见图 4-84。

垂直测试曲线见图 4-85。

6. 电子坐便器常见的 EMC 测试项目及对应的 IEC 标准

静电放电抗扰度，依据 IEC 61000-4-2，静电室，有接地要求。

射频电磁场辐射抗扰度，依据 IEC 61000-4-3，电波暗室。

电快速瞬变脉冲群抗扰度，依据 IEC 61000-4-4。

雷击浪涌（冲击）抗扰度，依据 IEC 61000-4-5。

射频场感应的传导骚扰抗扰度，依据 IEC 61000-4-6。

电压暂降、短时中断和电压变化的抗扰度，依据 IEC 61000-4-11。

交流电源端口谐波、谐间波及电网信号的低频抗扰度，依据 IEC 61000-4-13。

（连续）骚扰电压-电源端子，150kHz～30MHz，QP/AV，屏蔽室。

（连续）骚扰电压-负载端子和附加端子，150kHz～30MHz，QP/AV，屏蔽室。

骚扰功率（RFP），频率范围 30～300MHz，QP/AV，屏蔽室。

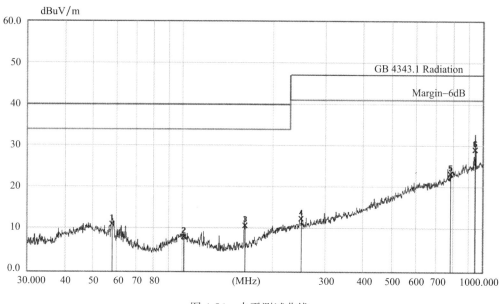

图 4-84　水平测试曲线

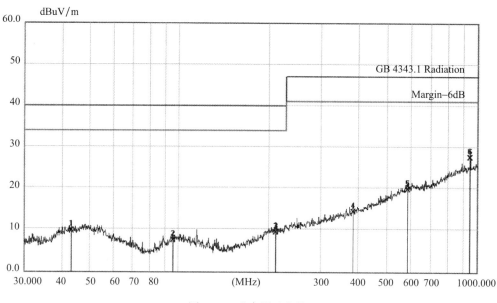

图 4-85　垂直测试曲线

喀呖声（CLICK），频率范围 150kHz～30MHz，QP，电控加热产品，屏蔽室。

辐射骚扰，频率范围 30MHz～1GHz，QP，电波暗室。

谐波电流发射测试，依据 IEC 61000-3-2。

电压波动及闪烁测试：依据 IEC 61000-3-3。

（1）测试条件和工作

电子坐便器，测试时要注意进水温度、水流量和压力条件，以及选择正确的工作模式，否则，测试结果会产生较大偏差，如谐波、闪烁、辐射和传导等。

（2）测试场地要求

智能坐便器的电磁兼容试验场所，辐射骚扰检测一般在开阔试验场和电波暗室完成，大部分实验室一般会建设 3m 法或 10m 法电波暗室，辐射和辐射抗扰度可以在电波暗室完成试验，由于辐射抗扰度在试验时会产生较强的辐射，功放室应有单独屏蔽室，与控制室应做好隔离。传导辐射、骚扰功率检测应具备屏蔽室，传导抗扰度检测应具备屏蔽室或保证环境引入的传导干扰满足相应标准的要求。

（3）测量不确定度要求

测量不确定度按照 CISPR 16-4-2：2018 进行计算。测量不确定度在 95％的置信度，$K=2$ 下给出。

（4）注入电流（传导抗扰度）

注入电流测试过程中传感器异常问题高发，特别是坐圈着座传感器，在传导抗扰度测试时，在试验频率 70～150MHz 区间某个频率，常会有传感器短暂异常现象。

（5）断续骚扰［或称喀呖声（CLICK）］

由于大多数电热产品带有温控器，需要满足喀呖声（CLICK）的测试要求。

4.9　智能坐便器生产线简述

智能坐便器起源于美国，用于医疗和老年保健，最初设置有温水洗净功能。后经韩国、日本的卫浴公司逐渐引进技术开始制造，加入了座便盖加热、温水洗净、暖风干燥、杀菌等多种功能。根据智能坐便器的种类，可以将智能坐便器分为两类，一类为智能坐便器盖板，另一类为智能坐便器整机。智能坐便器生产线也根据产品应运而生。结合坐便器结构种类特性，智能坐便器整机的生产线依据硬件和工艺特性的角度，智能坐便器盖板的生产线也已被包含在内。本部分内容以描述智能坐便器整机为主。

1. 国内外智能坐便器生产线现状简述及对比

智能坐便器整机生产线从工艺流程上可以分为三个部分，第一部分为智能坐便器陶瓷本体生产线，第二部分为智能坐便器圈盖生产线，第三部分为整机组装生产线。

陶瓷本体生产线成型较早，自 20 世纪 60 年代开始就已经有了批量生产工艺，那时候采用的是地摊大桶注浆方式。这种方式生产效率很低，占地面积大，工人劳动强度极大，作业环境差。它靠人工端大桶逐个灌浆，采用普通的石膏模型，在大气压力下靠模型自然吸浆。回浆也是采用人工端桶的方式，每天成型注浆一次。当天不取坯，放完浆后坯体苫上绒布或塑料布在模型内放置一夜，在模型内巩固坯体，第二天再取出，然后进行打孔和粘接操作。由于粘接产品多，故产量低、合格率低，产品的规整度也较差。20 世纪 60 年代末 70 年代初，在地摊端大桶注浆成型工艺的基础上，产生了架子化管道注浆工艺（又称作台架式浇注），带来了卫生陶瓷注浆成型工艺的革命。采用了在长条架子上摆放模型的方式。每套石膏模型摆放在架子或案子上，人工配以简单机械来完成开合模及部分翻转工作,大大改善了工人的操作环境,劳动强度降低,占地面积减少,生产现场整齐井然有序。采用管道压力注浆、真空回浆,仍采用普通的石膏模型,靠模型自然吸浆,在模型内巩固坯体,自然干燥。坐便器分体成型、粘接组合,每天成型一次。它的特点是模型基本固定不动,防止了磕碰掉块,使模型的寿命得到延长。

20 世纪 80 年代中期,我国引进了德国的立式浇注线技术设备,从此开始采用组合浇注成型工艺方法。因模型一个接一个地连接在一起,故成为"组合浇注"。也有说法将这种工艺称为"立式浇注",是由于模型由原来的平放改为立放。从那以后,通过消化吸收,我国一些陶瓷设备制造厂可以制造成型线设备。这种成型新工艺在我国各地区得到迅速发展,成为目前主要的工艺成型方式(图 4-86)。此工艺主要具有四大特点:

一是几十套模具为一组,装设在一个台架(一般有一定角度)的轨道上形成一个完整的成型作业线。模具结构有较大的改变,在模型的四周做出台阶,以便于生产线和模型连接;为了适应一次成型的需要,模型内部不易脱模的部位做成模型活块。模型的开合、翻转靠机械或人工完成。

二是仍采用由管道输送泥浆和回浆。利用高位浆槽产生的静压(一般为 0.01MPa)供浆,当模型吸浆到一定时间(一般 2.0~2.5h)后,模内加微压空浆,管道真空回浆,坯体在模型内微压(0.01~0.02MPa)巩固 20~40min。采用高强度石膏模型,注浆效率 1~2 次/天。坐便器一般一次成型,每天成型 1 次。

三是根据产品种类不同,组合浇注线的开模方式分为两种:水平方向移动开模,主要用于生产洗面器、坐便器、台盆、立柱等品种;上下移动开模,主要用于生产水箱类、水槽等品种。

四是与台架式注浆相比,组合式注浆占地面积小、生产效率高、劳动强度低,但对泥浆和模型的性能要求较高,结构很复杂的产品不适用,变产也较困难。而台架式注浆投资少,模型外部结构简单,模型可以任意翻转,能生产结构复杂的产品,同时能适应市场灵活变化。

图 4-86　立式浇注车间现场

从 20 世纪 80 年代以来，台架式浇注和组合式浇注较长时间在我国卫生陶瓷企业并存发展。但是这种生产方式的现场操作环境比较恶劣，具有空气潮湿、现场温度高、粉尘量大等特点。因为这种主副线并排的工作模式导致模具无法直接移动，所以干燥模具用的加热管道和供风系统便装在了整条主线上部和下部，导致工作区域温度过高。存储在副线上的青坯，在这种温度下容易产生裂纹，所以保证工作空间内的空气湿度也是必不可少的。在这种集成式生产操作空间内，员工对产品进行的修补等工作也只能在里完成，各个操作过程中掉下的泥坯和产生的碎渣以及注浆和放浆过程泥浆滴落所产生的固体在这种高温环境下逐渐脱水，最终变为易碎的固体，从而导致工作环境中含有大量粉尘。这种方式对员工的劳动力消耗也是极大的。主要是在合模和开模两个过程，因为这两个过程都要通过员工纯手工完成。随着行业的前进和科学发展，逐渐地产生了整体起吊设备。通过将整条线的底模连接起来，形成一个大的整体。然后将整条线的底模通过电机和链条驱动，达到同时升降的效果。这种方式大大减轻了员工的劳动力，并且能在注浆的过程中保证整条产线底模的压紧状态，更好地改善了漏浆效果，对生产环境和产品质量都是一种极大的改善（图 4-87）。

图 4-87　坐便器底模整体起吊线

此时智能坐便器陶瓷本体成型生产线已经基本成型，但是自动化程度低、工人劳动强度还是过于偏大，基本达到了工业 1.0 的水平。与此同时，德国道尔斯特（DORST）公司与瑞士劳芬（LAUFEN）公司合作首次研究成功高压注浆技术，给陶瓷注浆成型带来了革命性的变化。我国也已在 20 世纪 90 年代开始研究应用高压注浆成型技术装备，并取得了显著的效果。高压注浆的主要优点是：占地空间比传统注浆小；成型车间的温度和湿度可以相对较低，故工人操作环境好、劳动强度低；高压注浆坯体以"压滤"方式成型，模具无须干燥，可连续循环使用；坯体变形小，坯体强度高，产品规整度好。但是高压注浆也存在一些缺点：智能坐便器陶瓷本体无法一次成型；成型后的坯体被分为2～3个单元模块，之后需要对每个单元模块进行粘接；粘接时坯体强度低，极易在粘接过程中造成坯体损伤和粘接后坯体强度过低；采用的树脂模具成本高等。所以通过其优点可以看出高压注浆工艺已经达到了工业2.0的水平，但是也正因为这些缺点，高压注浆工艺在国内无法大面积普及，从而与国外拉开了较大差距[1]（图4-88）。

图4-88　高压注浆成型设备

目前大部分的卫生陶瓷高压成型设备，采用的主要为圈、体独立成型技术，结合全自动坯体输送系统，实现坯体成型无人化、后期加工标准化。其中圈、体成型机采用上下复式结构，达到了减小占地面积，缩短系统运转时间等目的，注浆周期能够缩短到20～25min/回。应用机器人和先进的视觉定位扫描系统进行圈体粘接，使粘接精度更加精准。基于现场总线FCS控制系统，通过开放的具有互操作性的网络将现场各个控制器和仪表及仪表设备互联，构成现场总线控制系统，同时控制功能彻底下放到现场，降低了安装成本和维修费用。这样的高压注浆设备能够达到日产460件（图4-89）。

在注浆工艺发展过程中，其余工艺也在逐步进行演化发展。其中以坯体的搬运方式、改洗、施釉最为突出。早期坯体搬运均为人工搬运，工人将脱模后的坯体依靠人力搬到手推架车上，然后用架车将坯体送到下一个工位上（图4-90）。

早期的这种手推架车上料、拖运、下料，均为人工操作。虽然有着自由度高、方便和青坯干燥房对接的优点，但是人工劳动力消耗还是过大。随着物流行业发展，大量的自动化控制和流水生产线技术涌入陶瓷行业。国内现在已经开始采用倍速链或者辊筒对坯体进行传输，但是在国外更多的工厂则是采用自动导引运输车（AGV）。

AGV属于机器人的一个分支，其主要特点有四个。第一是自动引导，也称无人驾驶。装备有电磁或光学等自动引导装置，按预先设定的引导路径、储运规则、避让规则行驶。同时还具有安全保护功能，能够避让行人及其他障碍物。第二是运输车辆，准确地说是货物运输车辆。用于搬运生产和储存过程中的原料、半成品和成品，能够

① 　王同言．卫生陶瓷成型工艺及其影响因素［J］．陶瓷，2016（004）：45-49.

图 4-89　早期高压注浆人工粘接现场

图 4-90　早期搬运坐便器的架车

实现货物分类和码垛功能。第三是轮式移动，靠与地面接触的转动车轮行驶。区别于其他的移动方式，如流水线（也有轮子，但是轮子不动），这种方式的优点是结构简单，易于控制，运行平稳，能量效率高。缺点是一般轮子的直径比较小，对地面要求比较高，轮子寿命比较短。第四是一般以电池为动力。大吨位 AGV 一般以铅酸蓄电池为主，成本低，功率密度大，技术成熟，但是需要加水，充电时间长，也有一些免维护的蓄电池，但寿命要短一些。目前最新的是锂电池，免维护，可以快速充电，但是价格较高。

　　目前通常是多个 AGV 一起协同工作，它们要执行的任务多为穿插进行，有时还要相互帮助，所以它们需要一套指挥中心，这就是中央指挥调度系统。这套系统包括指挥系统、呼叫和通信系统以及库房管理系统。指挥系统是 AGV 系统的核心，其主要功能是对 AGV 系统中的多台 AGV 单机进行任务分配、车辆管理、交通管理、通信管理等。任务管理类似计算机操作系统的进程管理，它提供对 AGV 地面控制程序的解释执行环境，提供根据任务优先级和启动时间的调度运行，提供对任务的各种操作（如启动停止等）。车辆管理是 AGV 管理的核心模块，它根据物料搬运任务的请求，分配调度 AGV 执行任务，根据 AGV 行走时间最短原则，计算 AGV 的最短行走路径，并控制指挥 AGV 的行走过程，及时下达装卸货和充电命令。交通管理是根据 AGV 的物理尺寸大小、运行状态和路径状况，提供 AGV 互相自动避让的措施，同时避免车辆互相等待而死锁，提供万一出现死锁时的接触方法，并且具有系统运行日志记录功能。呼叫和通信系统是 AGV 与上下工序衔接的关键纽带。在对接过程中需要相应的对接信号，这些信号就是 AGV 的呼叫信号。呼叫信号首先传递到指挥系统，指挥系统选择最优方式，指挥 AGV 到呼叫位置。呼叫过程靠通信系统传递信息，通信管理提供指挥系统与 AGV 单机、呼叫系统、车辆仿真系统和云存储管理的通信功能。使用无线通信方式，建立一套无线局域网络，指挥系统为中心，AGV、呼叫、云存储、移动终端与指挥中心进行双向通信，各终端不进行横向通信。指挥系统采用轮询方式与各 AGV 和其他终端通信；通信协议使用 TCP/IP，安全可靠。库房管理系统为 AGV 智能储运解决了企业信息化的断链问题。使用 AGV 后可以进行数据自动对接，通过扫码→AGV→指挥中心→企业资源配置→库房，实现真正的无人管理。

我国已经是世界上最大的陶瓷生产国，产能、产量都已遥遥领先。但是产业的整体工业技术仍停留在较低的水平。近年来，虽然有一定规模的陶瓷企业不断加大陶瓷装备自动化的投入，国内陶瓷行业整体自动化水平有了较大幅度的提升，但与意大利、西班牙等国的企业相比，自动化、智能化水平差距依然较大。以陶瓷生产线为例，国外只需配置 50 人左右，而国内同样的产能水平则基本需要配置 200 人左右。总的来说，国内自动化的整体水平偏低。就 AGV 而言，国外陶瓷厂 30 年以前就比较普遍，而国内目前只有少数几个大厂引进[①]。

在国内，很多厂房改造均采用这种方法。这种方式可以直接采用原有的搬运架车，并且不需要对车间内部进行过多的改造。只需保证运输路线上的通畅、平整，即可完成产品的搬运。与上述的生产线搬运方式相比，从老厂房改造的角度来看更加便捷快速，投资成本也更小，员工的操作熟练度也能有所保证（图 4-91）。

图 4-91　AGV 驱动手推架车

① 霍丰源，胡丛林 . AGV 自动储运系统在陶瓷行业的应用及前景 [J] . 佛山陶瓷，2018，28（11）：1-5.

但是在新厂房建设的时候，已经逐步引入生产线的概念。通过建立生产转运线，在整个转运区域以及各个工位间进行连接。产品在注浆成型后通过助力机构，将产品放到生产线的托板上。这种线体传输方式普遍采用倍速链方式，因为倍速链具有积放功能，可以保证后端工位的工作时间，并且与各种专机如顶升平移机、顶升转位机等配套构成水平或垂直的循环系统。这样可以保证线体布局紧凑，大大地增大了空间使用效率。之后待产品烧成后，产品整体硬度提高，可以脱离托板。此时线体便可采用皮带线或滚筒线等方式（图 4-92）。

图 4-92　倍速链线排布图

AGV 小车和产品输送线解决了陶瓷行业产品的转运与搬卸问题，而工业机器人则解决了行业内取代人力的问题。尤其是在改洗和施釉工位，工业机器人的应用更为普遍和广泛。早期喷釉方式都是人工手工喷釉，由于是人工操作，工作环境多为半开放式，并且在这种操作方式下整个工作环境充满大量粉尘，对员工身体伤害是极大的，并且在这个环节，所有的上下坯动作全都由员工手工搬运操作（图 4-93）。

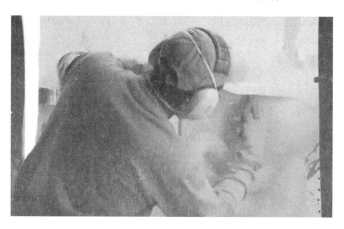

图 4-93　早期人工手动单一喷釉

随着机械技术不断提高，为了提高整个施釉环节的工作效率，施釉环节逐渐引入生产线概念，整个施釉工作区以产线循环的方式串联起来。单独设立上坯工位和下坯工位，所有产品都由一个位置上坯或者下坯，并将整个施釉区域进行单独的小间隔断，每一个小间内都有一名员工对坯体进行施釉。这种方式的优点是将整个施釉步骤细化为搬运、施釉、管道釉施釉、擦底四大步骤。这样员工可以各司其职，降低了施釉工的技术壁垒，使技术工种更能够保证其技术含量。但是这种方式仅仅提高了工作效率，整个施釉环境还是半开放式的，大量的粉尘仍充斥着这个区域，对员工的健康伤害还是极大的（图4-94）。

图4-94　循环施釉线

随着机器人技术的不断发展，人工一线操作也逐渐地被机器人所取代，从而产生了一种新的施釉方式，那就是机器人施釉。这种方式主要依靠搬运机械手和施釉机械手协同工作。通过搬运机械手将坯体从生产线上搬运到施釉转台上，施釉转台旋转将坯体转进封闭的施釉房内。然后施釉机械手和坯体底部的小转盘联动，完成整个施釉过程。然后大转台再将坯体转出施釉房，搬运机械手再将坯体由转台搬运到生产线上。此时一个工作循环完成。这种方式直接解放人工，并且整个工作空间为封闭空间。在施釉房内有除尘和吹尘系统，能够迅速收集区域内漂浮的粉尘，保证区域内的清洁度。施釉机械手内部带有自清系统，可以自动清理施釉管内和喷枪头部凝固的釉料，并且保证了机械手的使用寿命。这种工作方式的施釉机械手一般称为施釉工作站（图4-95）。

图4-95　施釉工作站

国外智能机器人的主要生产厂家有瑞典的ABB，日本的FANUC，Yaskawa，德国的KUKA等公司，其智能化水平在不断提升，在陶瓷行业主要体现在：为适应各种操作任务系统集成的智能化，如受限于单个机器人本体的运动空间，可以方便增加辅助轴的自适应扩展，机器人与辅助轴的同步协调运动；为提高驱动性能及使用连接方便的智能化，如前馈控制、电机参数的自适应运算、自动识别负载自动选定模型、自整定控制等；简化编程、简化操作方面的智能化，如智能化的自动编程、自学习示教、无动力臂示教等；还有智能诊断、智能监控方面的内容、方便系统的诊断及维修等。

这种工业机器人根据示教方式可以分为在线示教和离线示教两种。国内普遍采用的是在线示教。而在线示教又分为手把手示教和示教盒示教。手把手示教是最早出现的一种示教方式。通常采用人工牵引示教，由熟练的操作工人，直接牵引机器人的手臂沿作业路径运行。示教时，通过电机后端的脉冲编码器进行数据采集，获取示教轨迹数据。由于电机安装在各个关节处，数据来源主要是关节处的参数，所以，手把手示教又称为关节示教。手把手示教虽然控制方式简单，但需要很高的操作技巧和劳动强度，而且示教轨迹的精度难以保证。对于一些大中功率的液压类机器人，直接牵引的阻力太大，该方式不适合。若由于某种因素造成示教工程出现失误，则修正示教路径的唯一方法就是重新牵引示教。对于不同的熟练工人，牵引机器人手臂示教得到的运动路径不同，甚至同一个工人牵引示教得到的运动轨迹也不相同，这样就造成了机器人完成任务的质量不一样。手把手示教直接牵引机器人手臂不方便，借助示教盒控制机器人的手臂运动就容易多了。示教盒示教是操作员根据观察机器人和工件卡具相对于工件的位姿，通过示教盒控制机器人手臂的运动来不断调整机器人位姿，并把符合要求的数据记录下来作为示教轨迹，然后进行下一点示教。待示教完成以后，对记录的数据进行各种插补运算，形成机器人的运动轨迹，使机器人位姿再现。在线示教系统的形式多种多样，但都具有以下特点：示教简单，容易掌握；对于复杂的机器人运动轨迹，很难用此示教方式实现；要求操作员有一定专业知识和熟练的操作技能，而且示教人员处于机器人的工作空间或靠近工作空间，近距离操作，存在危险性；示教过程繁琐、费时，占用机器人的工作时间，需要根据作业任务反复调整机器人的动作姿态，时效性差；示教系统作为独立的加工系统，难以与其他 CAD 系统进行集成。

而离线示教就要比在线示教在信息化和智能化上更胜一筹。离线编程系统是对机器人示教编程语言的拓广，在一些 CAD/CAM/Robotics 一体化系统中，它充分利用了计算机图形学的成果，建立起机器人和其工作环境的几何模型，然后利用一些规划算法，通过对图形的控制和操作，在机器人离线的状态下对其进行轨迹规划。目前，在增加安全性、减少机器人不工作时间和降低成本等方面，机器人离线示教编程是一个非常有力的工具。国外对离线编程系统的研究始于 20 世纪 70 年代，经过近几十年的发展，目前已经开发出一些比较成熟的离线编程软件用于离线示教。其中，早期的离线编程示教系统有 API 程序、SAMMIE 软件包和 Stephen Derby 等人在 1983 年开发的GRASP 系统。但这些离线编程系统的功能都不是那么完善，应用受到限制。以色列的一家公司在 1986 年开发的机器人 CAD 计算机仿真系统软件较为成功。它具有通用化、完整化、交互式、计算机图形化、智能化和商品化的特点，并在短短的几年内，广泛应用于工业机器人系统中。离线编程存在如下几个特征：离线示教的进行不占用机器人工作的时间，提高了工厂的劳动生产率。编程人员也脱离了生产现场，改善了编程人员的编程环境；离线编程可以对任何机器人系统进行示教模拟，而且示教轨迹便于修改；由于离线编程主要在计算机上完成，可以极为方便地做到与 CAD/CAM 的集成；离线编程需要专业的编程能力和机器人知识，对设计人员要求较高；目前，用户接口的交互形式不够直观，使用起来不大方便。

直到 1994 年，日本的 NTT9（Nippon Telegraph Telephone Co.）人机界面实验室开发了一种在图形工作站建立的示教环境中进行机器人装配的示教系统。德国多特蒙德大学机器人研究所于 1997 年基于"透射式虚拟现实"的方法成功地以工业生产中的喷漆为例，对机器人进行了虚拟示教，将实际的机器人与虚拟环境中的操纵设备连接。通过操纵设备（数据手套或力传感装置等）在虚拟环境中进行模拟，引导实际机器人进行作业。计算机会自动记录虚拟环境中产生的这些示教轨迹，完成后，将生成的轨迹程序应用到实际的机器人系统中，这便是虚拟现实（VR）示教方式。虚拟现实技术为用户提供了一种崭新和谐的人机交互操作环境，它的产生和发展对机械行业及其自动化行业产生了重要影响。虚拟现实技术以声音、图像和图形等形式通过高端的人机接口与所建立的虚拟环境进行实时交互，并根据操作者的意图，对机器人示教，进行各种工业生产任务。一个完整的机器人虚拟示教编程系统主要包括五大模块，机器人系统及其工作环境的几何建模、虚拟示教输入装置（即人机接口）、机器人运动学计算、机器人轨迹规划、三维动画仿真和机器人加工程序的自动生成。虚拟示教主要体现在以下几点：虚拟现实技术为机器人的编程方式提供了一种全新的人机交互编程方式，使得编程不再局限于用编程语言去驱动图形的模拟，它更多的是采用人工交互，在虚拟环境中对机器人进行轨迹示教，生成加工程序；由于机器人或工件的物理性能对它们的加工或运动特性会产生一定的影响，虚拟环境的建立越来越多地考虑原模型的物理特性，以使虚拟环境中的模型更趋于一种真实的模拟；虚拟示教的研究还体现在对真实工作外部环境的仿真，如工作空间的空气湿度、工作空间的温度以及工作空间的空气流速等，以便生成的加工程序无须经过参数调整，直接用于实际的加工[①]。

但是改洗机器人系统与施釉机器人有所不同。因为改洗机器人需要对产品进行精准的定位，定位之后再对产品进行打孔、修改洗等工作。但是此时产品质地过软，整个搬运过程都是依靠人工将产品搬运到托板上。所以产品和托板的相对位置是无法精准定位的。此时在机器人上需要加一套工业视觉系统，来帮助机械手完成产品定位（图 4-96）。

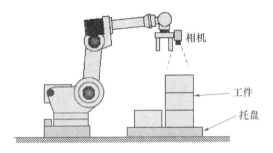

图 4-96　视觉机器人工作概念效果图

① 李振臣. 施釉机器人离线示教仿真技术 [D]. 唐山：华北理工大学，2019.

工业视觉系统是用于自动检验、工件加工和装配自动化以及生产过程的控制和监视的图像识别机器。工业视觉系统的图像识别过程是按任务需要从原始图像数据中提取有关信息、高度概括地描述图像内容，以便对图像的某些内容加以解释和判断。工业视觉系统可看作是针对任务做了简化的初级机器视觉系统。几乎所有的工业生产领域都需要应用机器视觉代替人的视觉，特别是那些对速度、精度或可靠性要求高的视觉任务更需要采用工业视觉系统。用工业视觉系统实现的自动检验可以衔接计算机辅助设计和计算机辅助制造，是实现计算机集成设计和制造中心（CIDMAC）的必要手段。而 CIDMAC 能显著提高小批量加工生产的效率和产品质量。

按照现有技术水平，实用工业视觉系统的性能远未达到实验室中的机器视觉系统。对工业视觉系统的要求是成本低、可靠性高和速度快。因此通常针对已知现场条件对系统进行简化，例如安排摄像机和照明之间的一定布局、对视觉对象的数目和特性加以限制等。图像预处理的作用是增强图像和降低噪声。由于需要对出现的图像进行快速的解释，通常在前级设置数据压缩装置。

在现代技术条件下照明部分是视觉系统的关键。为了使系统能有效地工作，人们力图在目标和背景之间产生清晰的对比。有人甚至把工业视觉系统称为"受控照明计算机视觉"。照明的布局大致可分为 4 种：①背光，可产生强反差，常用于二值图像识别技术。例如，用于对传送带上的部件进行分类。②漫射顶光，适用于识别分离的部件或表面方向未知的部件，例如混装于箱中的扁平物件。③直射顶光，它能在目标表面稳定时产生可靠的高反差图像，适用于二值图像识别。对表面略为粗糙的扁平部件能产生光亮稳定的图像区域。对弯曲表面或平面抛光表面可设置强光。④结构光，即用激光点、束或网照明景物，用于景物三维信息的三角测量。例如，用激光束照明焊槽以测量关于焊槽位置和形状的三维信息。

摄像常采用阴极射线管式或固体式摄像机获取图像数据。对于高精度测量可采用线扫描摄像机。固体摄像机用于工业视觉系统有很大优越性，它的优点是可靠性高、寿命长和成像较稳定等。固体摄像机在价格方面已能与真空管摄像机相匹敌。

图像预处理作用是改进图像质量，以便进行图像识别。典型的图像预处理有 4 个步骤：①阴影校正，即对景物上不均匀的照明进行平滑补偿。②灰度校正，即将输入的灰度值进行线性或非线性的变换以求改进图像质量。③噪声过滤，通常采用低（频）通（过）运算器抑制噪声。④图像增强，即图像轮廓增强，采用高（频）通（过）运算器。

最简单的数据压缩技术是取图像灰度的阈值，产生二值图像。二值图像还可进一步压缩。按区域压缩和按轮廓压缩是两种基本的数据压缩方法，它们既可用于二值图像也可用于灰度图像。但在工业视觉系统中，按区域压缩的方法常用于二值图像，按轮廓压缩的方法则常用于灰度图像。这是因为早期的工业视觉系统多采用二值图像，所处理的部件可用整体区域特征加以识别，而从灰度图像获取可靠的区域特征则比较困难。二值图像按区域的压缩是将图像分为若干连通区域。通过连通程序来完成这项工作，同时为每个区域编号。对每个区域计算面积、重心、惯量矩、空洞数目、轮廓线长度、最小外切矩形等典型特征参数。这些特征参数就作为下一步图像解释的输入。灰度图像按轮廓的压缩是从经过增强处理的图像上抽取直线、拐角、圆弧等轮廓特征或求出代表轮廓线方向斜率的一组线段。后一种方法常出现线段丢失、破碎以及重合等误差，需要用关于景物的先验知识加以判断。数据压缩有时被当作图像分割（见模式识别），但实际上比把图像分为有意义单元的图像分割简单。

图像解释即按照任务对图像内容进行高度概括的描述。它基于图像的模型匹配。模型是对所要识别的理想模式外形的描述，包括所有可能的部分畸变、平移或旋转的模式的集合。将其中一个模式当作原型，那么解释就是寻找与经压缩后的数据匹配得最好的原型，并用描述模型的参数给出解释。最简单的模型匹配方法是样板匹配，它仅适用于原型很少的场合，而且计算量也很大。在一般情况下需要考虑大量原型，此时可采用搜索法、松弛法和聚类法，但对于工业视觉系统都不太理想。已经用这些方法初步解决重叠工件的识别问题。虽然松弛法和聚类法已经是实验室中用于图像解释的极普通的方法，但由于成本昂贵尚未被普遍采用到工业视觉系统的设计中。

建模设计工业视觉系统的首要指标是灵活性，而在技术水平下设计通用工业视觉系统的成本又过于昂贵。所以实现软件和硬件的模块化是解决这个问题的可能途径，其关键是规定一类问题，针对它建立硬件和软件结构，在该类问题中可直接改变模型参数使系统适应所处理的问题。采用人机交互的方式来找出系统的参照景物和从该景物导出的可供选择的参数。这种做法实际上是在识别程序中隐含了人的经验，即人关于什么是图像的可靠和有意义特征的看法。完全自动化的"示教式"方法尚待进一步发展。

自动检验是工业视觉系统最重要的应用领域，它的优点是可提供快速无接触测量，对部件的检验成功率几乎可达100%，而且视觉检验机器装入现有生产系统比机器人视觉系统方便。在很多工业生产领域中，自动检验是实现生产自动化的必要条件。在自动输送部件的系统中，甚至像螺钉这样简单的零件也必须100%地加以检验，否则会降低机器的效率，甚至引起严重事故。自动检验的任务主要包括完备性检验、形状检验和表面检验。

但是这种方式在卫浴行业还不太成熟，在汽车行业却已经进行应用。坐便器种类的多样化和外形尺寸的多样化导致其研发成本和硬件成本较高，也正是因为这个原因，大量企业和设备供应商尚未对这种方式进行开发。但是这种方式在行业内是一条必经之路，相信在后期技术成熟后，这种方式会在各个卫浴企业得到普及和发展。

早期并没有智能坐便器圈盖生产线和整机组装生产线的概念，而是几张工作台排成一排，加上几把螺丝刀、工装夹具及简单的测试设备，就组成了一条生产线。安装过程中为了保证质量，每道工序会把关键零部件的编号手动记录下来，将来有故障投诉时，可以达到追溯的目的。现在这种模式在国内已经淘汰，取而代之的是流水线和自动化生产线模式。这种模式是一个连续的生产过程，按照生产一定的工序流程，人与机械设备相结合连续生产来增加产出的速度。随着技术的发展，有的流水线生产是以设备为主，以人为辅的生产。在规模较小、资金实力不太雄厚的企业则是以人操作为主，设备为辅的生产模式。但是这种流水线生产模式还是能够增加产出速度和生产效率（图4-97）。

图 4-97　工作台式智能圈盖组装台

在国外组装也采用的是流水装配这种模式，但是它们能够将生产工艺信息达到另一个高度。因为每一个智能坐便器生产厂家并不对产品内部的每一个零件进行生产，而是通过购买散件，之后进行组装。在这样庞大的产品信息流中，它们能够把控产品质量，并且能够精准地捕捉产品信息，靠的就是 MES 系统＋SCADA 系统＋ERP 系统的生产管理模式（图4-98）。

图 4-98　流水线式智能圈盖组装线

MES 系统是一套面向制造企业车间执行层的生产信息化管理系统。MES 可以为企业提供包括制造数据管理、计划排程管理、生产调度管理、库存管理、质量管理、人力资源管理、工作中心/设备管理、工具工装管理、采购管理、成本管理、项目看板管理、生产过程控制、底层数据集成分析、上层数据集成分解等管理模块，为企业打造一个扎实、可靠、全面、可行的制造协同管理平台。MES 系统具备以下特点：采用强大数据采集引擎、整合数据采集渠道（RFId. 条码设备、PLc. Sensor、IPc. PC 等）覆盖整个工厂制造现场，保证海量现场数据的实时、准确、全面的采集；打造工厂生产管理系统数据采集基础平台，具备良好的扩展性；采用先进的 RFId. 条码与移动计算技术，打造从原材料供应、生产、销售物流闭环的条码系统；全面完整的产品追踪追溯功能；生产 WIP 状况监视；实时（Just-In-Time）库存管理与看板管理；实时、全面、准确的性能与品质分析 SPC；基于 Microsoft. NET 平台开发，支持 Oracle/SQL Sever 等主流数据库。系统是 C/S 结构和 B/S 结构结合，安装简便，升级容易；个性化的工厂信息门户（Portal），通过 Web 浏览器，随时随地都能掌握生产现场实时信息；强大的 MES 技术队伍，保证快速实施，降低项目风险。

SCADA 系统是以计算机为基础的生产过程控制与调度自动化系统。它可以对现场的运行设备进行监视和控制。

ERP 系统是企业资源计划（Enterprise Resource Planning）系统的简称，是指建立在信息技术基础上，集信息技术与先进管理思想于一体以系统化的管理思想，为企业员工及决策层提供决策手段的管理平台。ERP 是从物料需求计划（MRP）发展而来的新一代集成化管理信息系统，它扩展了 MRP 的功能，其核心思想是供应链管理。它跳出了传统企业边界，从供应链范围去优化企业的资源，优化了现代企业的运行模式，反映了市场对企业合理调配资源的要求。它对于改善企业业务流程、提高企业核心竞争力具有显著作用。而 ERP 系统便是整条生产线的核心，主要包含以下几个模块：

1）会计核算

会计核算主要是实现收银软件记录、核算、反映和分析资产管理等功能。ERP 开发会计审核模块由总账模块、应收账模块、应付账模块、现金管理模块、固定资产核算模块、多币制模块、工资核算模块、成本模块等构成。

2）财务管理

财务管理主要是实现会计核算功能，以实现对财务数据的分析、预测、管理和控制。ERP 选型基于财务管理需求，侧重于财务计划中对进销存的控制、分析和预测。ERP 开发的财务管理模块包含：财务计划、财务分析、财务决策等。

3）生产控制管理

生产控制管理模块是收银软件系统的核心所在，它将企业的整个生产过程有机地结合，使企业有效地降低库存，提高效率。企业针对自身发展需要，完成 ERP 选型，连接进销存程，使得生产流程连贯。企业在 ERP 选型时，应注意到 ERP 系统生产控制管理模块包含主生产计划、物料需求计划、能力需求计划、车间控制、制造标准等。

4）物流管理

物流管理模块主要对物流成本进行把握，它利用物流要素之间的效益关系，科学、合理组织物流活动，通过有效的 ERP 选型，可控制物流活动费用支出，降低物流总成本，提高企业和社会经济效益。ERP 系统物流管理模块包含物流构成、物流活动的具体过程等。

5）采购管理

采购管理模块可确定定货量，甄别供应商和产品的安全。可随时提供定购、验收信息，跟踪、催促外购或外包加工物料，保证货物及时到达。ERP 系统可建立供应商档案，可通过最新成本信息调整库存超市管理成本。ERP 系统采购管理模块具体有供应商信息查询、催货、采购与委外加工超市管理统计、价格分析等功能。

a. 分销管理

分销管理模块主要对产品、地区、客户等信息管理、统计，并分析销售数量、金额、利润、绩效、客户服务等方面。分销管理模块包含管理客户信息、销售订单、分析销售结果等。

b. 库存控制

库存控制模块是用来控制管理存储物资，它是动态、真实的库存控制系统。库存控制模块能结合部门需求、随时调整库存，并精确地反映库存现状。库存控制模块包含为所有的物料建立库存，管理检验入库、收发料等日常业务等。

c. 人力资源管理

以往的 ERP 系统基本是以生产制造及销售过程为中心。随着企业人力资源的发展，人力资源管理成为独立的模块，被加入 ERP 系统中，和财务、生产系统组成了高效、高度集成的企业资源系统。ERP 系统人力资源管理模块包含人力资源规划的辅助决策体系、招聘管理、工资核算、工时管理、差旅核算等。

所以在智能坐便器圈盖生产线和整机组装生产线硬件方面，国内外差距不算太大。但是对于产线控制、流程把控以及生产管理，国内和国外还存在着很大的差距。

2. 国内智能坐便器生产线发展方向

未来行业发展已经不能采用现在这种小规模、小厂房的模式，必须要将产品、产品生产以及厂房，有机地结合在一起。所以未来智能坐便器生产线必将以整厂承建的方式出现在行业内。那么 BIM 技术就是承载这些因素不可缺少的桥梁。

BIM（Building Information Modeling）技术是 Autodesk 公司在 2002 年率先提出，已经在全球范围内得到业界的广泛认可，它可以帮助实现建筑信息的集成，从建筑的设计、施工、运行直至建筑全寿命周期的终结，各种信息始终整合于一个三维模型信息数据库中，设计团队、施工单位、设施运营部门和业主等各方人员可以基于 BIM 进行协同工作，有效提高工作效率、节省资源、降低成本，以实现可持续发展（图 4-99）。

BIM 的核心是通过建立虚拟的建筑工程三维模型，利用数字化技术，为这个模型提供完整、与实际情况一致的建筑工程信息库。该信息库不仅包含描述建筑物构件的几何信息、专业属性及状态信息，还包含了非构件对象（如空间、运动行为）的状态信息。借助这个包含建筑工程信息的三维模型，大大提高了建筑工程的信息集成化程度，从而为建筑工程项目的相关利益方提供了一个工程信息交换和共享的平台。

图 4-99   通过 BIM 手段建设的工厂效果图

BIM 有如下特征：它不仅可以在设计中应用，还可应用于建设工程项目的全寿命周期；用 BIM 进行设计属于数字化设计；BIM 的数据库是动态变化的，在应用过程中不断更新、丰富和充实；为项目参与各方提供了协同工作的平台。我国 BIM 标准正在研究制定中，研究小组已取得阶段性成果。

BIM 技术是一种应用于工程设计、建造、管理的数据化工具，通过对建筑的数据化、信息化模型的整合，在项目策划、运行和维护的全寿命周期过程中进行共享和传递，使工程技术人员对各种建筑信息做出正确理解和高效应对，为设计团队以及包括建筑、运营单位在内的各方建设主体提供协同工作的基础，在提高生产效率、节约成本和缩短工期方面发挥重要作用。BIM 具有以下五个特点：

（1）可视化

可视化即"所见所得"的形式，对于建筑行业来说，可视化的真正运用在建筑业的作用是非常大的，例如经常拿到的施工图纸，只是各个构件的信息在图纸上采用线条绘制表达的，但是其真正的构造形式就需要建筑业从业人员去自行想象了。BIM 提供了可视化的思路，让人们将以往的线条式构件形成一种三维的立体实物图形展示在人们的面前；建筑业也有设计方面的效果图，但是这种效果图不含有除构件的大小、位置和颜色以外的其他信息，缺少不同构件之间的互动性和反馈性。而 BIM 提到的可视化是一种能够同构件之间形成互动性和反馈性的可视化，由于整个过程都是可视化的，可视化的结果不仅可以用效果图展示及报表生成，更重要的是，项目设计、建造、运营过程中的沟通、讨论、决策都在可视化的状态下进行的。

（2）协调性

协调是建筑业中的重点内容，不管是施工单位，还是业主及设计单位，都在做着协调及相配合的工作。一旦项目在实施过程中遇到了问题，就要将各有关人士组织起来开协调会，找出各个施工问题发生的原因及解决办法．然后做出变更，做出相应补救措施等来解决问题。在设计时，往往由于各专业设计师之间的沟通不到位，出现各种专业之间的碰撞问题。例如暖通等专业中的管道在进行布置时，由于施工图纸是各自绘制在各自的施工图纸上的，在真正施工过程中，可能在布置管线时正好在此处有结构设计的梁等构件阻碍管线的布置，像这样的碰撞问题的协调解决就只能在问题出现之后再进行。BIM 的协调性服务就可以帮助处理这种问题，也就是说 BIM 建筑信息模型可在建筑物建造前期对各专业的碰撞问题进行协调，生成协调数据，并显示出来。当然，BIM 的协调作用也并不是只能解决各专业间的碰撞问题，它还可以解决如电梯井布置与其他设计布置及净空要求的协调、防火分区与其他设计布置的协调、地下排水布置与其他设计布置的协调等。

（3）模拟性

模拟性并不是只能模拟设计出的建筑物模型，还可以模拟不能够在真实世界中进行操作的事物。在设计阶段，BIM 可以对设计上需要进行模拟的一些东西进行模拟试验。例如：节能模拟、紧急疏散模拟、日照模拟、热能传导模拟等；在招投标和施工阶段可以进行 4D 模拟（三维模型加项目的发展时间），也就是根据施工的组织设计模拟实际施工，从而确定合理的施工方案来指导施工。同时还可以进行 5D 模拟（基于 4D 模型加造价控制），从而实现成本控制；后期运营阶段可以模拟日常紧急情况的处理方式，例如地震人员逃生模拟及消防人员疏散模拟等。

（4）优化性

事实上整个设计、施工、运营的过程就是一个不断优化的过程。当然优化和 BIM 也不存在实质性的必然联系，但在 BIM 的基础上可以做更好的优化。优化受三种因素的制约：信息、复杂程度和时间。没有准确的信息，做不出合理的优化结果，BIM 模型提供了建筑物的实际存在的信息，包括几何信息、物理信息、规则信息，还提供了建筑物变化以后的实际存在信息。复杂程度较高时，参与人员本身的能力无法掌握所有的信息，必须借助一定的科学技术和设备的帮助。现代建筑物的复杂程度大多超过参与人员本身的能力极限，BIM 及与其配套的各种优化工具提供了对复杂项目进行优化的可能。

（5）可出图性

BIM 模型不仅能绘制常规的建筑设计图纸及构件加工的图纸，还能通过对建筑物进行可视化展示、协调、模拟、优化，并出具各专业图纸及深化图纸，使工程表达更加详细。

所以说未来智能坐便器生产线必将是制造业、IT 业、建筑业三者的结合体。制造业和 IT 业相结合能够保证智能坐便器在生产中信息的数字化。制造业和建筑业相结合则产出了能够满足智能坐便器生产需求的装配式建筑。而 IT 业和建筑业相结合则形成了整厂可视化信息。最后将这个三个新兴产物相结合则是我国未来智能坐便器生产线的大方向，即建筑产业化。

BIM 可以将设计、加工、建造、项目管理等所有工程信息整合在统一的数据库中。BIM 提供了一个平台，保证从设计、施工到运营的协调工作，使基于三维平台的精细化管理成为可能。人与人之间、人与技术之间、人与流程之间的关系纽带发生了根本的变化。直线的思维方式也逐渐被发散的思维方式所取代。BIM 能够把传统产业链中的每股力量，合理、有机地重新整合在一起。所以 BIM 将会是未来智能坐便器生产线发展的主方向。

5 智能坐便器的质量控制

随着消费水平的提高，追求品质生活已成为一种流行趋势，人们对卫浴产品卫生性能、舒适度的要求越来越高，智能坐便器也由此应运而生。智能坐便器具有卫生、舒适、环保的优点，使其逐渐成为卫生间的一员，并逐年普及。在市场需求的驱动下，各相关企业纷纷发力，希望能去抢占更多的市场份额，绝大多数大型卫生陶瓷企业、部分小型卫生陶瓷企业都有推出智能坐便器产品。但是相比目前广泛应用于卫生间的传统陶瓷坐便器产品而言，智能坐便器产品具有更高的科技含量，从而导致相当多的产品质量极其不稳定，市场上的智能坐便器产品鱼龙混杂，产品质量参差不齐。

得益于 2015 年国人赴日抢购智能坐便器潮的影响，近些年智能坐便器行业得到了巨大的发展和进步。但智能坐便器产品质量方面的纠纷依然时有发生，并伴随有相当多的质量安全事故，特别是"国人赴日抢购智能坐便器"事件发生的一到两年时间内，各种有关智能坐便器的质量纠纷和质量安全事故经常见诸各大报纸、网站等新闻媒体，有些事故甚至已严重到威胁人身安全的地步，导致互联网上对智能坐便器产品的质疑、抱怨甚至抨击的声音不断，也提示着该产品的质量问题、安全风险可能已经超出消费者的接受水平。这给智能坐便器这个极速火热的新兴行业带来了较大的影响。

2015 年以来，国家及各级地方政府产品质量监管部门陆续加大对智能坐便器行业的监管，使得整个行业的质量水平有了不小的进步。但依然存在一些质量问题。本章从智能坐便器的质量着手，重点介绍其质量要素、质量现状，并提出编者个人的浅薄意见。

5.1 智能坐便器的质量要素

质量是经济发展的战略问题，质量水平的高低反映了一个企业、一个地区乃至一个国家一个民族的素质及能力。对于一个具体产品而言，质量包含多个方面，既包括产品生产过程的质量控制，又包括产品性能的质量检测，同时还受限于整个行业技术水平的限制。本节着重从智能坐便器产品性能的质量检测方面，分析智能坐便器的质量要素。生产过程的质量控制和行业的技术水平，在本书的其他章节已有详细说明。

智能坐便器的质量要素在其产品性能的质量检测方面主要体现在现有标准体系及标准指标。智能坐便器产品的标准体系包括国际通用标准体系、各大经济体内部标准体系等，本书第 3 章已对此做了详细的介绍。本节内容简要介绍目前我国智能坐便器标准体系及标准指标。

5.1.1 标准体系

我国智能坐便器产品可执行的标准主要分以下三大类：

第一类，电气安全标准。主要包括《家用和类似用途电器的安全 第1部分：通用要求》（GB 4706.1—2005）和《家用和类似用途电器的安全 坐便器的特殊要求》（GB 4706.53—2008）。智能坐便器作为家电的一类产品，应满足的家用电器安全性能通用要求和特殊要求。

第二类，坐便器部分的冲洗性能标准。包括有《卫生陶瓷》（GB 6952—2015）或《非陶瓷类卫生洁具》（JC/T 2116—2012）、《坐便器水效限定值及水效等级》（GB 25502—2017）、《智能坐便器能效水效限定值及等级》（GB 38448—2019）。智能坐便器作为坐便器的一类产品，应满足坐便器的尺寸变形、冲洗用水量、冲洗性能及水效相关的要求。

第三类，智能坐便器专属的使用性能标准。包括《家用和类似用途电坐便器便座》（GB/T 23131—2019）、《坐便洁身器》（JG/T 285—2010）、《卫生洁具 智能坐便器》（GB/T 34549—2017）以及其他团体标准等。这几份标准的适用范围仅针对分体式智能坐便器，对于一体式智能坐便器并没有详细的技术要求，冲水性能、冲水装置安全性能等均未纳入技术要求。

5.1.2 标准指标

5.1.2.1 标准指标分类

智能坐便器是一种跨界型产品，其适用的标准也跨越建筑及装饰装修材料和家用电器两大行业，因此其主要性能涉及电气安全性能、清洗性能和冲洗性能三个方面。

1. 电器安全性能

主要涉及《家用和类似用途电器的安全 第1部分：通用要求》（GB 4706.1—2005）和《家用和类似用途电器的安全 坐便器的特殊要求》（GB 4706.53—2008）两个标准，包括对触及带电部件的防护、输入功率和电流等15项以上的指标要求。电气安全性能主要涉及人身安全方面，该类性能不合格极易导致使用者触电、烫伤、火灾等危险的发生。

2. 智能坐便器专属的使用性能

主要涉及《电子坐便器》（GB/T 23131—2008）、《坐便洁身器》（JG/T 285—2010）及《卫生洁具 智能坐便器》（GB/T 34549—2017）等标准，包括对暖风温度、清洗水量、清洗水温等近10项指标要求。清洗性能主要针对智能坐便器妇洗和臀洗功能方面的要求。该类性能既涉及使用者的体验，也涉及使用者的安全。该类性能不合格一方面可能会出现清洗不干净、清洗位置不正确等现象，影响使用者的体验，另一方面还可能会导致发生臀部等私密部位烫伤的事故发生。

3. 坐便器部分的冲洗性能

主要涉及《卫生陶瓷》（GB 6952—2015）或《非陶瓷类卫生洁具》（JC/T 2116—2012）、《坐便器水效限定值及水效等级》（GB 25502—2017）、《智能坐便器能效水效限定值及等级》（GB 38448—2019）等标准，包括对冲洗功能、用水量等近 30 项指标要求。冲洗性能主要针对智能坐便器冲洗功能方面的要求，这一部分与传统普通坐便器的要求一致。该类性能既涉及用户的经济利益，也涉及用户的卫生安全。该类性能不合格一方面可能会出现耗水量过多，损害用户的经济利益，同时也与国家推行的节水、节能、环保政策相违背，另一方面还可能会导致发生冲洗不干净、臭味扩散、滋生细菌等卫生安全问题。

5.1.2.2　重要的标准指标

1. 电器安全性能

电器安全性能指标是指产品直接涉及人身和财产安全的指标，《家用和类似用途电器的安全　坐便器的特殊要求》（GB 4706.53—2008）规定了智能坐便器的电器安全性能需要符合以下指标要求：对触及带电部件的防护、输入功率和电流、发热、工作温度下的泄漏电流和电气强度、耐潮湿、泄漏电流和电气强度、非正常工作、机械强度、结构、内部布线、电源连接和外部软线、外部导线用接线端子、接地措施、螺钉和连接、爬电距离、电器间隙和固体绝缘、耐热和耐燃。电器安全性能常见的不合格项目包括耐热和耐燃、接地措施、输入功率、结构、电源连接和外部软线、螺钉和连接等指标。在这里，选取如下九个重要指标做重点阐述。

指标一：喷洗性能

指标含义：考核喷洗性能主要有喷洗水温、水温变化值、喷洗水量、清洁率 4 个项目。

指标意义：喷洗水温的设定过高会对人体敏感部位造成烫伤，温度过低，则会产生不舒适感；水温变化值是衡量喷洗模块水温控制性能的重要指标，一定时间内，如果喷洗水忽冷忽热，则会造成明显的不舒适感；喷洗水量过低，无法达到足够良好的清洁效果；清洁率越高，说明产品清洗能力越强。

指标二：坐圈加热性能

指标含义：考核坐圈加热性能主要有坐圈温度、温度均匀性两个项目。

指标意义：坐圈温度过高会对人体大腿肌肤、臀部造成烫伤，温度过低会感觉冰凉不舒适。坐圈表面的温度分布也要均匀，否则会造成人的大腿或臀部受热不均产生不舒适感，对于敏感人群甚至会造成低温烫伤。

指标三：暖风性能

指标含义：考核暖风性能的指标主要是暖风温度、风速两个项目。

指标意义：暖风模块出风口的位置与结构直接关系烘干过程的舒适性。目前很多使用者会在清洗过后直接使用暖风功能，这种做法并不恰当，会由于水分太大造成烘干时间过长，清洗过后，应该先用少量卫生纸吸取被清洗部位的大量水珠，然后再使用暖风功能烘干残留在被清洗部位的少量水分。

指标四：耐热和耐燃

指标含义：耐热和耐燃是家用及类似用途电器的安全标准强制性要求，若不符合要求，当产品出现故障或者过载时，可能会发生冒烟、起火等事故，直接危害使用者人身安全。

指标意义：耐热和耐燃指标考察的是坐垫材料是否添加了足量阻燃剂。由于阻燃剂会影响产品成型后的外观颜色，同时提高制造成本，有些企业会添加不足量的阻燃剂，甚至不添加，造成严重的安全隐患。

指标五：接地措施

指标含义：家用和类似用途电器的安全标准所指的接地主要是指保护接地，保护接地属于防止间接触电的安全技术措施。

指标意义：接地措施的主要保护原理是当电器产品万一绝缘失效引起易触及金属部件带电时，通过将出现对地电压的易触及金属部件同大地紧密连接在一起的方法，使电器上的故障电压限制在安全范围以内。

指标六：输入功率

指标含义：家用和类似用途电器的安全标准要求，产品标定的额定输入功率与实测输入功率的偏差不能太大。

指标意义：考核这一指标，可以避免使用者在按照额定值选择的供电电源与器具实际输入差距较大而发生危险。造成该项不合格的原因主要是，企业对产品输入功率测试方法理解不正确，并且测试设备不能满足标准要求，导致企业测试功率不准确。

指标七：结构

指标含义：家用和类似用途电器的安全标准归纳了典型的安全和不安全结构，目的是让企业在设计产品时就能避免不安全因素的存在。

指标意义：电器结构对器具是否符合安全要求关系重大，而且在产品的设计阶段已经决定电气结构是否存在安全隐患。

指标八：电源连接和外部软线

指标含义：电源线和外部软线是器具接通电源和工作的重要部件，器具使用周期内，由于器具的搬动、老化或者不当使用，电源线和外部软线容易出现松动、损坏。

指标意义：如何固定电源线和外部软线，更换时如何选择电源线规格大小，对于器具连接电源是否安全至关重要。

指标九：螺钉和连接

指标含义：家用电器中存在着各种连接，如果连接发生松动、脱落都可能导致带电部件之间的绝缘性能降低，甚至导致易触及部件带电造成触电事故。

指标意义：该项不合格可能会导致接地连接脱落，产品无效接地，发生漏电时会引发触电事故，对人身安全造成伤害。不合格原因是企业不熟悉螺钉和连接的标准要求，产品在设计和制造过程没有注意螺钉和连接的安全性。

2. 坐便器部分的冲洗性能

坐便器部分的冲洗性能指标是指产品承担传统陶瓷坐便器功能的指标，与传统坐便器一致。包括有《卫生陶瓷》（GB 6952—2015）或《非陶瓷类卫生洁具》（JC/T 2116—2012）、《坐便器水效限定值及水效等级》（GB 25502—2017）、《智能坐便器能效水效限定值及等级》（GB 38448—2019）等标准规定的水封深度、水封表面尺寸、便器用水量、用水效率等级、用水效率限定值、洗净功能、排放功能、排水管道输送特性、水封回复功能、污水置换功能、卫生纸试验等几十个项目。这些检验项目体现了坐便器产品的冲水特性，是衡量坐便器是否能满足冲水排污功能的关键指标。在这里，选取如下两个方面的指标做重点阐述。

指标一：节水性能

指标含义：节水性能包括坐便器用水量、坐便器水效等级、坐便器水效限定值，该指标主要考核坐便器产品完成一次完整的冲洗过程所消耗的水量，是重要的节水指标。

指标意义：通俗来讲，坐便器用水量越低越好，但坐便器用水量太低会影响到坐便器的冲洗效果，极有可能出现冲洗不干净的情况，而坐便器用水量过高会严重浪费水资源，与建设节水型社会相违背。

指标二：冲洗功能

指标含义：冲洗功能是一类考核坐便器冲洗效果的指标，包括有：洗净功能、固体排放功能、污水置换功能、水封回复功能、卫生纸试验、排水管道输送特性等。

指标意义：该类指标全面考核了坐便器冲洗污物的效果，涉及污物的排放、便器的洗刷、水封的复原等方面，是坐便器最基本的功能指标，也是最能直接体现坐便器好坏的指标。该项指标不合格，意味着坐便器无法实现其基本排污功能。

5.2 智能坐便器产品质量监督抽查情况

智能坐便器产品起源较早，即使在国内，在 20 世纪 90 年代就已"现身"。特别是进入 21 世纪以来，我国智能坐便器市场也有了一定的发展，到 2014 年年销售量已达到 10 万余台。但此时的智能坐便器产品毕竟还是"稀有物品"，各级政府监管部门也从未对其开展过任何形式的监督抽查或质量监管。2015 年初，中国游客赴日本抢购智能马桶盖的消息曾在社会上引起广泛关注。对此，国家质量监督检验检疫总局于 2015 年首次组织开展了智能坐便器产品质量国家监督专项抽查和行业调查，各地产品、商品质量监督管理部门自 2015 年开始陆续开展对智能坐便器产品质量的监督抽查工作。

在随后的时间里，国家及相当部分地方产品、商品质量监督管理部门每年度都开展对智能坐便器产品质量的监督抽查工作。

本节主要介绍 2015 年以来国家及各级地方政府对智能坐便器开展的产品质量监督抽查情况。本节有关智能坐便器产品的监督抽查数据均来自于国家及各地产品、商品质量监督管理部门向社会公示公开的公告文件，并基于公告文件中的数据进行了必要的归类分析。同时在本节正文中不再标注数据来源。

2015 年以来，原国家质量监督检验检疫总局首次在生产领域开展智能坐便器产品质量国家监督抽查。2018 年，十三届全国人大一次会议通过了《国务院机构改革方案》，决定将工商总局、质检总局、食药监总局等部门的职责整合，组建国家市场监督管理总局，2018 年 4 月 10 日，国家市场监督管理总局正式挂牌。新成立的国家市场监督管理总局同时承担着原质检总局在生产领域的产品质量监管职责和原工商总局在流通领域的商品质量监管职责。2018 年开始，国家市场监督管理总局开始同时在生产领域和流通领域分别对智能坐便器产品质量开展监督抽查工作，其中在流通领域的监督抽查主要是以在各大电商平台上，以神秘买家的身份购买样品的方式开展监督抽查工作。

5.2.1 生产领域智能坐便器产品质量国家监督抽查情况

5.2.1.1 总体统计情况

国家市场监督管理总局（包括原国家质量监督检验检疫总局）从 2015 年开始，连续六年在生产领域对智能坐便器产品质量开展国家监督抽查。

2015 年共抽查上海市、江苏省、浙江省、安徽省、福建省、广东省、陕西省 7 个省市的 45 家内销生产企业的 45 批智能坐便器产品，其中 27 批产品合格，抽查产品合格率为 60%。

2016 年共抽查河北省、上海市、江苏省、浙江省、安徽省、福建省、山东省、广东省、四川省、陕西省 10 个省市的 58 家内销生产企业的 68 批样品，其中整体式智能坐便器 32 批次、智能马桶盖 36 批次，56 种产品检验合格，产品合格率为 82.4%。

2017 年共抽查河北省、上海市、江苏省、浙江省、安徽省、福建省、广东省、四川省、陕西省 9 个省市的 62 家生产企业的 91 批次智能坐便器产品，83 批次产品检验合格，抽查产品合格率为 91.2%。

2018 年共抽查河北省、上海市、江苏省、浙江省、安徽省、福建省、广东省、四川省 8 个省市的 65 家生产企业的 70 批次智能坐便器产品，66 批次产品检验合格，抽查产品合格率为 94.3%。

2019 年共抽查河北省、上海市、江苏省、浙江省、安徽省、福建省、广东省、重庆市、陕西省等 9 个省市的 69 家生产企业的 75 批次智能坐便器产品，72 批次产品合格，抽查产品合格率为 96%。总体情况见表 5-1、图 5-1。

表 5-1 历年智能坐便器产品抽查统计表

序号	年份	抽查样品数	检验合格数	合格率（%）
1	2015	45	27	60
2	2016	68	56	82.4
3	2017	91	83	91.2
4	2018	70	66	94.3
5	2019	75	72	96

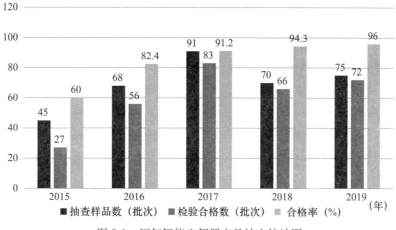

图 5-1 历年智能坐便器产品抽查统计图

5.2.1.2 分年度详细统计情况

（1）2015 年智能坐便器产品质量国家监督抽查情况

1）总体情况

2015 年共抽查安徽省、福建省、广东省、江苏省、陕西省、上海市、浙江省 7 个省市的 45 家内销生产企业的 45 批次智能坐便器产品，27 批次产品合格，抽查产品合格率为 60%。

2）详细情况

a）生产单位企业所在地

该次抽查工作涉及 7 个省市的 45 家企业，生产企业主要集中于广东省、浙江省，浙江省、广东省两大主产区均有发现不合格产品，其他地区的福建省发现 2 批次不合格产品，浙江省产品合格率为 18.2%，广东省产品合格率为 70.8%，福建省合格率为 33.3%，其余地区合格率均为 100%。按企业所在地统计情况详见表 5-2、图 5-2。

表 5-2 按企业所在地统计质量情况

生产企业 所在地	抽查企业数 （家）	合格企业数 （家）	企业合格率 （%）	抽查产品数 （批次）	合格产品数 （批次）	产品合格率 （%）
安徽省	2	2	100	2	2	100
福建省	3	1	33.3	3	1	33.3

续表

生产企业 所在地	抽查企业数 （家）	合格企业数 （家）	企业合格率 （%）	抽查产品数 （批次）	合格产品数 （批次）	产品合格率 （%）
广东省	24	17	70.8	24	17	70.8
江苏省	1	1	100	1	1	100
陕西省	1	1	100	1	1	100
上海市	3	3	100	3	3	100
浙江省	11	2	18.2	11	2	18.2
合计	45	27	60	45	27	60

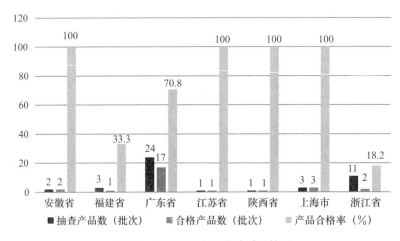

图 5-2　按企业所在地统计质量情况

b）检测项目

该次抽查发现的不合格项目有耐热和耐燃、输入功率和电流、发热、接地措施、暖风温度、安全水位技术要求、水箱安全水位、固体排放功能。这 8 个单项不合格批次数统计情况详见表 5-3。

表 5-3　按检验项目统计质量情况

序号	检验项目名称	不合格批次数
1	耐热和耐燃	17
2	输入功率和电流	3
3	发热	1
4	接地措施	3
5	暖风温度	1
6	安全水位技术要求	6
7	水箱安全水位	4
8	固体排放功能	1

（2）2016 年智能坐便器产品质量国家监督抽查情况

1）总体情况

2016 年共抽查河北省、上海市、江苏省、浙江省、安徽省、福建省、山东省、广东省、四川省、陕西省 10 个省市的 58 家内销生产企业的 68 批次产品，其中整体式智能坐便器 32 批次、智能马桶盖 36 批次，56 批次产品检验合格，产品合格率为 82.4%。

2）详细情况

a）按企业所在地统计分析，详见表 5-4、图 5-3。

表 5-4　按生产企业所在地整体质量统计表

生产企业所在地	抽查企业数（家）	合格企业数（家）	企业合格率（%）	抽查产品数（批次）	合格产品数（批次）	产品合格率（%）
河北省	1	1	100	1	1	100
上海市	6	5	83.3	8	7	87.5
江苏省	2	1	50.0	4	2	50.0
浙江省	19	13	68.4	20	14	70.0
安徽省	2	0	0	2	0	0.0
福建省	5	5	100	5	5	100
山东省	1	1	100	1	1	100
广东省	20	19	95.0	24	23	95.8
四川省	1	1	100	2	2	100
陕西省	1	1	100	1	1	100
合计	58	47	81.0	68	56	82.4

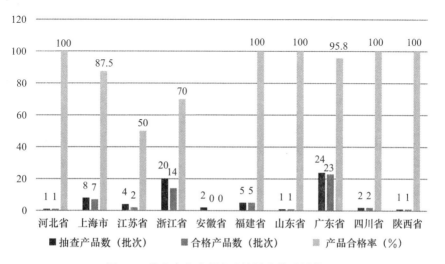

图 5-3　按生产企业所在地统计整体质量情况

b）按测试项目统计分析，详见表5-5。

表5-5　按检验项目质量统计

序号	检验项目名称	不合格批次数
1	安全水位技术要求	1
2	水箱安全水位	1
3	输入功率和电流	2
4	结构	4
5	电源连接和外部软线	3
6	接地措施	5
7	螺钉和连接	1
8	耐热和耐燃	5

（3）2017年智能坐便器产品质量国家监督抽查情况

1）总体情况

2017年共抽查河北省、上海市、江苏省、浙江省、安徽省、福建省、广东省、四川省、陕西省9个省的62家生产企业的91批次智能坐便器产品，83批次产品检验合格，抽查产品合格率为91.2%。

2）详细情况

a）按企业所在地统计分析

该次抽查工作涉及9个省的62家企业，生产企业主要集中于广东省、浙江省，浙江省、广东省两大主产区均有发现不合格产品，其他地区未发现不合格产品，其中浙江省产品合格率较低，为83.3%，其次为广东省，产品合格率为92.1%。

台州市、佛山市分别是浙江省、广东省产区的产业集中地，两个集中地的情况：该次抽查，抽查了台州市13家企业的17批次产品，经检验，10家企业的14批次产品合格，企业合格率为76.9%，产品合格率为82.4%，产品合格率较2016年提高了15.7个百分点；抽查了佛山市12家企业的21批次产品，经检验，全部产品合格，产品合格率为100%，产品合格率较2016年提高了6.2个百分点。按企业所在地统计情况详见表5-6、图5-4。

表5-6　按企业所在地统计质量情况

生产企业 所在地	抽查企业数 （家）	合格企业数 （家）	企业合格率 （%）	抽查产品数 （批次）	合格产品数 （批次）	产品合格率 （%）
河北省	1	1	100	2	2	100
上海市	5	5	100	6	6	100
江苏省	1	1	100	2	2	100
浙江省	22	17	77.3	30	25	83.3
安徽省	2	2	100	2	2	100

续表

生产企业 所在地	抽查企业数 （家）	合格企业数 （家）	企业合格率 （%）	抽查产品数 （批次）	合格产品数 （批次）	产品合格率 （%）
福建省	6	6	100	9	9	100
广东省	23	21	91.3	38	35	92.1
四川省	1	1	100	1	1	100
陕西省	1	1	100	1	1	100
合计	62	55	88.7	91	83	91.2

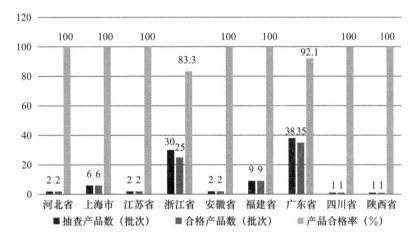

图 5-4 按企业所在地统计质量情况

b）按测试项目统计分析

该次抽查发现的不合格项目有对触及带电部件的防护、输入功率和电流、发热、稳定性和机械危险、接地措施、螺钉和连接等 6 项。按检验项目统计质量情况详见表 5-7。

表 5-7 按检验项目统计质量情况

序号	检验项目名称	不合格批次数
1	对触及带电部件的防护	1
2	输入功率和电流	3
3	发热	3
4	稳定性和机械危险	1
5	接地措施	5
6	螺钉和连接	1

（4）2018 年智能坐便器产品质量国家监督抽查情况

1）总体情况

2018 年共抽查河北省、上海市、江苏省、浙江省、安徽省、福建省、广东省、四川省 8 个省市的 65 家生产企业的 70 批次智能坐便器产品，66 批次产品检验合格，抽查产品合格率为 94.3%。

2）详细情况

a）生产企业所在地

该次抽查工作涉及 8 个省、直辖市的 65 家企业，生产企业主要集中于广东省、浙江省，浙江省、广东省两大主产区均有发现不合格产品，其他地区的福建省发现 1 批次不合格产品，浙江省产品合格率为 96.2%，广东省产品合格率为 91.3%，福建省合格率为 87.5%，其余地区合格率均为 100%。按企业所在地统计情况详见表 5-8、图 5-5。

表 5-8　按企业所在地统计质量情况

生产企业所在地	抽查企业数（家）	合格企业数（家）	企业合格率（%）	抽查产品数（批次）	合格产品数（批次）	产品合格率（%）
安徽省	1	1	100	1	1	100
福建省	8	7	87.5	8	7	87.5
广东省	23	21	91.3	23	21	91.3
河北省	1	1	100	1	1	100
江苏省	5	5	100	5	5	100
上海市	5	5	100	5	5	100
四川省	1	1	100	1	1	100
浙江省	21	20	95.2	26	25	96.2
合计	65	61	93.8	70	66	94.3

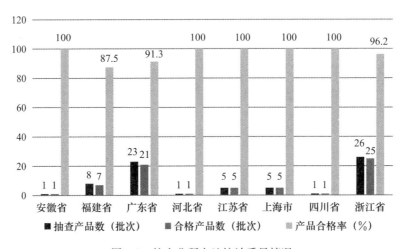

图 5-5　按企业所在地统计质量情况

b）检测项目

该次抽查发现的不合格项目有电源连接和外部软线、结构、输入功率和电流、对触及带电部件的防护 4 项。按检验项目统计情况详见表 5-9。

表 5-9　按检验项目统计质量情况

序号	检验项目名称	不合格批次数
1	对触及带电部件的防护	1
2	输入功率和电流	1
3	结构（不含 22.46 条款）	1
4	电源连接和外部软线	1

（5）2019 年智能坐便器产品质量国家监督抽查情况

1）总体情况

2019 年共抽查河北省、上海市、江苏省、浙江省、安徽省、福建省、广东省、重庆市、陕西省等 9 个省市的 69 家生产企业的 75 批次智能坐便器产品，72 批次产品合格，抽查产品合格率为 96%。

2）详细情况

a）生产企业所在地

该次抽查工作涉及 9 个省（市）的 69 家企业，生产企业主要集中于广东省、浙江省。其中广东省 23 家生产企业、福建省 10 家生产企业、上海市 6 家生产企业、安徽省 1 家生产企业、重庆市 1 家生产企业、陕西省 1 家生产企业，河北省 1 家生产企业，全部检验合格，合格率为 100%；浙江地区 22 家生产企业有 20 家合格，合格率为 90.9%；江苏地区 4 家生产企业有 3 家合格，合格率为 75%。本次抽查有 3 家生产企业的 3 批次产品不合格，其中江苏省苏州市有 1 家不合格，浙江省温州市有 2 家不合格。

按企业所在地统计情况详见表 5-10、图 5-6。

表 5-10　按企业所在地统计质量情况

生产企业所在地	抽查企业数（家）	合格企业数（家）	企业合格率（%）	抽查产品数（批次）	合格产品数（批次）	产品合格率（%）
河北省	1	1	100	1	1	100
上海市	6	6	100	6	6	100
江苏省	4	3	75	5	4	80
浙江省	22	20	90.9	23	21	91.3
安徽省	1	1	100	1	1	100
福建省	10	10	100	13	13	100
广东省	23	23	100	24	24	100
重庆市	1	1	100	1	1	100
陕西省	1	1	100	1	1	100
合计	69	66	95.7	75	72	96

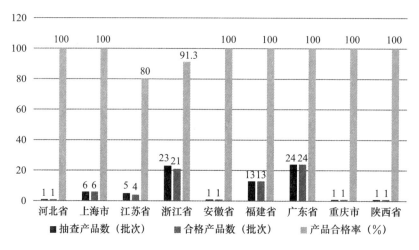

图 5-6　按企业所在地统计质量情况

b）检测项目

该次抽查发现的不合格项目有输入功率和电流、便器用水量、坐便器水效等级、坐便器水效限定值 4 项。按检验项目统计情况详见表 5-11。

表 5-11　按检验项目统计质量情况

序号	检验项目名称	不合格批次数
1	便器用水量	42
2	坐便器水效等级	42
3	坐便器水效限定值	43
4	输入功率和电流	74

5.2.2　流通领域智能坐便器产品质量国家监督抽查情况

5.2.2.1　总体统计情况

国家市场监督管理总局从 2016 年开始在流通领域对智能坐便器产品质量开展国家监督抽查，其中 2018 年、2020 年未在流通领域对智能坐便器产品质量开展国家监督抽查。

2016 年，在天猫、京东商城、苏宁易购、亚马逊、当当网等 5 家电商平台企业销售的 30 批次智能坐便器，涉及 29 家生产企业，抽查产品合格率为 50％。

2017 年，在天猫、京东商城、亚马逊、苏宁易购等 4 家电子商务平台企业销售的 40 批次智能坐便器，涉及 39 家生产企业，抽查产品合格率为 72.5％。

2019 年，在京东、天猫、拼多多等多家电商平台，共抽查涉及 41 家生产企业的 50 种智能坐便器产品，抽查产品合格率为 92％。

2021 年，9 个省市的实体店内共抽查涉及 68 家生产企业的 106 种批次智能坐便器产品，97 批产品检验合格，抽查产品合格率为 91.5％。

总体情况见表 5-12、图 5-7。

表 5-12　流通领域历年智能坐便器产品抽查统计表

序号	年份	抽查样品数（种）	检验合格数（种）	合格率（%）
1	2016	30	15	50
2	2017	40	29	72.5
3	2019	50	46	92
4	2021	106	97	91.5

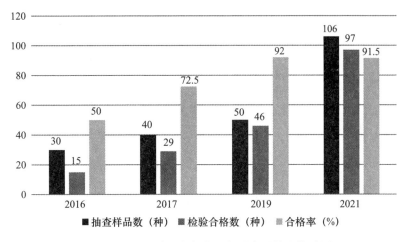

图 5-7　流通领域历年智能坐便器产品抽查统计图

5.2.2.2　分年度统计情况

（1）2016 年流通领域智能坐便器产品质量国家监督抽查情况

1）总体情况

2016 年，在天猫、京东商城、苏宁易购、亚马逊、当当网等 5 家电商平台企业销售的 30 批次智能坐便器，涉及 29 家生产企业，15 批次产品检验合格，抽查产品合格率为 50%。

2）详细情况

a）按电子商务平台统计分析

该次抽查中，共涉及天猫、京东商城、苏宁易购、亚马逊、当当网等 5 个电商平台，具体情况详见表 5-13、图 5-8。

表 5-13　按电子商务平台统计质量情况

电子商务平台	抽查产品数（种）	合格产品数（种）	产品合格率（%）
天猫	18	6	33.3
京东商城	8	6	75
亚马逊	2	2	100

续表

电子商务平台	抽查产品数（种）	合格产品数（种）	产品合格率（%）
苏宁易购	1	0	0
当当网	1	1	100
合计	30	15	50

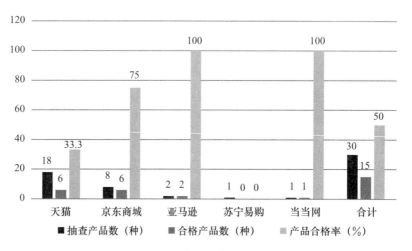

图 5-8　按电子商务平台统计质量情况

b）按生产企业所在地统计

该次抽查中，抽查产品标称生产企业共涉及北京市、上海市、江苏省、浙江省、安徽省、福建省、广东省、陕西省、河北省 9 个省市，具体情况详见表 5-14、图 5-9。

表 5-14　按企业所在地统计质量情况

生产企业所在地	抽查企业数（家）	合格企业数（家）	企业合格率（%）	抽查产品数（种）	合格产品数（种）	产品合格率（%）
北京市	2	0	0	2	0	0
上海市	7	4	57.1	7	4	57.1
江苏省	3	2	66.7	3	2	66.7
浙江省	8	3	37.5	9	3	33.3
安徽省	1	1	100	1	1	100
福建省	3	3	100	3	3	100
广东省	3	1	33.3	3	1	33.3
陕西省	1	0	0	1	0	0
河北省	1	1	100	1	1	100
合计	29	15	51.7	30	15	50

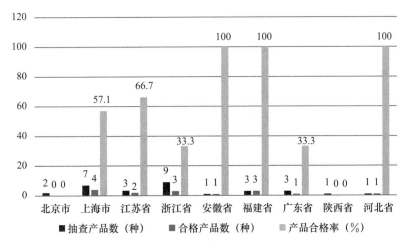

图 5-9　按生产企业所在地统计质量情况

c）按检测项目统计分析

该次抽查发现的不合格项目有输入功率和电流、接地措施、螺钉和连接、耐热和耐燃 4 项。按检验项目统计情况详见表 5-15。

表 5-15　按检验项目统计质量情况

序号	检验项目名称	不合格批次数
1	输入功率和电流	2
2	接地措施	6
3	螺钉和连接	1
4	耐热和耐燃	3

（2）2017 年流通领域智能坐便器产品质量国家监督抽查情况

1）总体情况

2017 年，在天猫、京东商城、亚马逊、苏宁易购等 4 个电子商务平台，共抽查到涉及北京市、上海市、江苏省、浙江省、安徽省、福建省、广东省、陕西省等 8 个省市的 39 家企业的 40 批次智能坐便器产品，29 批次产品检验合格，抽查产品合格率为 72.5%。

2）详细情况

a）按电子商务平台统计分析

该次抽查中，共涉及天猫、京东商城、亚马逊、苏宁易购等 4 个电商平台，具体情况详见表 5-16、图 5-10。

表 5-16　按电子商务平台统计质量情况

电子商务平台	抽查产品数（种）	合格产品数（种）	产品合格率（%）
天猫	26	16	61.5
京东商城	9	8	88.9

续表

电子商务平台	抽查产品数（种）	合格产品数（种）	产品合格率（%）
亚马逊	2	2	100
苏宁易购	3	3	100
合计	40	29	72.5

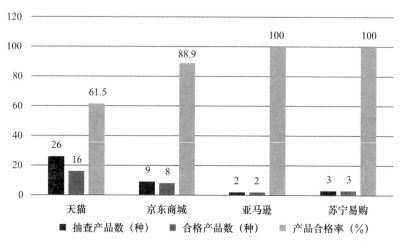

图 5-10　按电子商务平台统计质量情况

b）按企业所在地统计分析

该次抽查中，共涉及北京市、上海市、江苏省、浙江省、安徽省、福建省、广东省、陕西省等 8 个省市的 39 家企业，详见表 5-17、图 5-11。

表 5-17　按企业所在地统计质量情况

生产企业所在地	抽查企业数（家）	合格企业数（家）	企业合格率（%）	抽查产品数（种）	合格产品数（种）	产品合格率（%）
北京市	1	1	100	1	1	100
上海市	6	4	66.7	6	4	66.7
江苏省	3	2	66.7	4	2	50
浙江省	11	7	63.6	11	7	63.6
安徽省	2	2	100	2	2	100
福建省	4	2	50	4	2	50
广东省	11	10	90.9	11	10	90.9
陕西省	1	1	100	1	1	100
合计	39	29	74.4	40	29	72.5

c）按测试项目统计分析

该次抽查发现的不合格项目有输入功率和电流、电源连接和外部软线、接地措施、螺钉和连接、耐热和耐燃 5 项。按检验项目统计情况详见表 5-18。

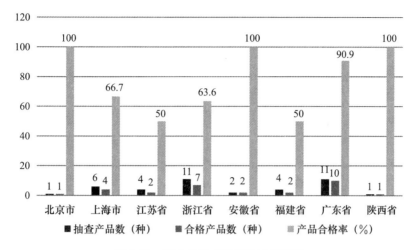

图 5-11　按企业所在地统计质量情况

表 5-18　按检验项目统计质量情况

序号	检验项目名称	不合格批次数
1	输入功率和电流	5
2	电源连接和外部软线	1
3	接地措施	9
4	螺钉和连接	2
5	耐热和耐燃	4

（3）2019 年流通领域智能坐便器产品质量国家监督抽查情况

1）总体情况

2019 年，在京东、天猫、拼多多等多家电商平台，共抽查到涉及北京市、上海市、江苏省、浙江省、福建省、山东省、湖南省、广东省共 8 个地区的 41 家生产企业的 50 种智能坐便器产品，抽查产品合格率为 92%。

2）详细情况

a）按电子商务平台统计分析

该次抽查中，共涉及天猫、京东商城、拼多多、唯品会、苏宁易购、国美电器等 6 个电商平台，具体情况详见表 5-19、图 5-12。

表 5-19　按电子商务平台统计质量情况

电子商务平台	抽查产品数（种）	合格产品数（种）	产品合格率（%）
天猫	20	18	90.0
京东商城	20	19	95.0
拼多多	4	3	75.0
唯品会	3	3	100

续表

电子商务平台	抽查产品数（种）	合格产品数（种）	产品合格率（%）
苏宁易购	2	2	100
国美电器	1	1	100
合计	50	46	92.0

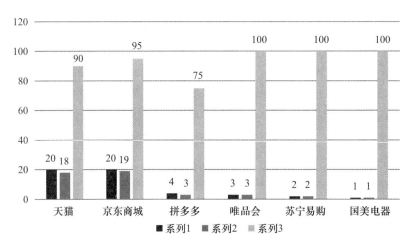

图 5-12　按电子商务平台统计质量情况

b）按企业所在地统计分析

本次抽查共抽查到涉及北京市、上海市、江苏省、浙江省、福建省、山东省、湖南省、广东省共 8 个地区的 41 家生产企业，详见表 5-20、图 5-13 所示。

表 5-20　按生产企业所在地统计企业和产品合格率

所在地	抽查企业数（家）	合格企业数（家）	企业合格率（%）	抽查产品数（种）	合格产品数（种）	产品合格率（%）
北京市	2	2	100	3	3	100
上海市	6	5	83.3	6	5	83.3
江苏省	1	1	100	2	2	100
浙江省	16	15	93.8	21	20	95.2
福建省	1	1	100	2	2	100
山东省	1	1	100	1	1	100
湖南省	1	1	100	1	1	100
广东省	13	11	84.6	14	12	85.7
合　计	41	37	90.2	50	46	92.0

c）按检测项目统计分析

该次抽查发现的不合格项目有便器用水量、坐便器水效等级、坐便器水效限定值、输入功率和电流、发热、接地措施 6 项。按检验项目统计情况详见表 5-21。

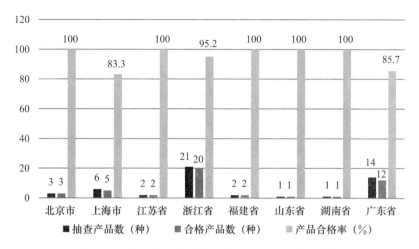

图 5-13 按生产企业所在地统计企业和产品合格率

表 5-21 按检测项目统计合格率

序号	检验项目	不合格批次数
1	坐便器用水量	2
2	坐便器水效等级	2
3	坐便器水效限定值	1
4	输入功率和电流	1
5	发热	1
6	接地措施	1

（4）2021年流通领域智能坐便器产品质量国家监督抽查情况

1）总体情况

2019年，在流通领域（实体店）共抽查到涉及北京市、上海市、重庆市、河北省、山东省、江苏省、浙江省、福建省、四川省、广东省10省市的68家生产企业的101批次智能坐便器产品，97批次产品检验合格，抽查产品合格率为92％。

2）详细情况

a）按实体店所在省统计分析

该次抽查中，共涉及北京市、上海市、天津市、山东省、江苏省、浙江省、贵州省、福建省、广东省9个省市的实体店，具体情况详见表5-22、图5-14。

表 5-22 按电子商务平台统计质量情况

所在地	抽查企业数（家）	合格企业数（家）	企业合格率（％）	抽查产品数（种）	合格产品数（种）	产品合格率（％）
北京市	21	17	81.0	23	19	82.6
福建省	6	6	100	7	7	100
广东省	19	18	94.7	26	25	96.2

续表

所在地	抽查企业数 （家）	合格企业数 （家）	企业合格率 （%）	抽查产品数 （种）	合格产品数 （种）	产品合格率 （%）
贵州省	3	2	66.7	5	4	80.0
江苏省	3	2	66.7	3	2	66.7
山东省	15	13	86.7	17	15	88.2
上海市	17	17	100	17	17	100
天津市	1	1	100	1	1	100
浙江省	5	5	100	7	7	100
合计	90	81	90	106	97	91.5

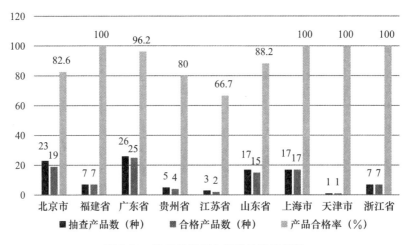

图 5-14　按实体店所在省统计质量情况

b）按生产企业所在地统计分析

本次抽查共抽查到涉及北京市、上海市、重庆市、河北省、山东省、江苏省、浙江省、福建省、四川省、广东省 10 省市的 41 家生产企业，详见表 5-23、图 5-15 所示。

表 5-23　按生产企业所在地统计企业和产品合格率

生产企业 所在地	抽查企业数 （家）	合格企业数 （家）	企业合格率 （%）	抽查产品数 （种）	合格产品数 （种）	产品合格率 （%）
北京市	1	1	100	2	2	100
河北省	2	2	100	3	3	100
上海市	8	8	100	13	13	100
江苏省	2	2	100	2	2	100
浙江省	16	15	93.7	21	20	95.2
福建省	10	7	70	14	11	78.6
山东省	1	1	100	2	2	100

续表

生产企业 所在地	抽查企业数 （家）	合格企业数 （家）	企业合格率 （%）	抽查产品数 （种）	合格产品数 （种）	产品合格率 （%）
广东省	26	22	84.6	46	41	89.1
重庆市	1	1	100	1	1	100
四川省	1	1	100	2	2	100
合计	69	59	85.5	106	97	91.5

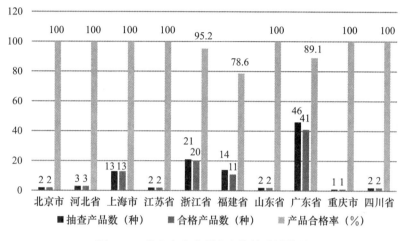

图 5-15　按生产企业所在省统计质量情况

c）按检测项目统计分析

该次抽查发现的不合格项目有对触及带电部件的防护、输入功率和电流、结构、接地措施 4 项。按检验项目统计情况详见表 5-24。

表 5-24　按检测项目统计合格率

序号	检验项目	不合格批次数
1	对触及带电部件的防护	2
2	输入功率和电流	1
3	结构	6
4	接地措施	1

5.3　智能坐便器产品质量问题研究及建议

纵观第二节着重介绍的自 2015 年以来国家及各级地方政府产品质量监管部门组织的各类监督抽查来看，虽然智能坐便器产品质量水平在逐步平稳提升，但依然存在不可忽视的问题。

5.3.1 存在的主要问题

5.3.1.1 重点产区质量情况

浙江省、广东佛山是我国智能坐便器的产业集中地，而其中的台州市、佛山市则分别是浙江省、广东省的主要产区。

5.3.1.2 检验数据和不合格项目分析

历次智能坐便器产品质量监督抽查中发现的不合格项目有输入功率和电流、便器用水量、坐便器水效等级、坐便器水效限定值。

1. 质量问题原因分析

（1）内部因素

仅有几条生产线、年产量较小的小型企业在行业中占有相当大的比例。这些企业设备条件普遍简陋，工艺参数控制不准且在生产运行中波动较大；检验手段匮乏，个别企业的检测设备甚至为空白；技术力量奇缺，现有人员素质低、专业差，对产品的基本性能、工艺特点、标准理解、检验要求等都缺乏了解；资金短缺，没有足够的流动资金维持常规的生产。这些企业本身生产能力不足，又不能得到技术上的支持，更缺少必要的产品监控，再加上疏于管理和错误的市场观念，其产品质量无法得到保证。

（2）外部因素

受 2015 年赴日购买马桶盖事件的影响，行业内诸多企业受利益驱使，跟风生产，在本身技术实力不足的情况下，盲目跟风，且不注重自身的管理和监督，导致产品质量问题严重。

2. 常见不合格项目分析

（1）暖风温度

暖风温度不合格的原因有两种可能性：一是企业并没有在暖风模块设置温控元件，产品启动后，暖风温度不受控制地升高，远高于标准限定值；二是暖风模块的温控元件故障或者失效，导致暖风温度不能得到有效控制。

（2）安全水位技术要求及水箱安全水位

安全水位技术要求及水箱安全水位是指水箱配件在水箱内安装好后的有效工作水位、溢流水位、临界水位、盈溢水位、非密封口最低水位这五个水位之间的安全空间，这两个项目不合格可能会导致坐便器在使用时水箱中的水与供水管道中的水产生交叉污染或者导致水从坐便器水箱中流出。主要原因是生产企业未按照标准要求对产品进行质量控制和检验。

（3）输入功率和电流

家用和类似用途电器的安全标准要求产品标定的额定输入功率与实测输入功率的偏差不能太大，避免使用者在按照额定值选择的供电电源与器具实际输入差距较大而发生危险。国家强制性标准《家用和类似用途电器的安全 第 1 部分：通用要求》（GB

4706.1—2005）规定：组合型器具输入功率偏差应限制在−10％和＋5％之间。

输入功率不合格产品都是输入功率负偏差太大，负偏差均超过−25％，远远超出标准下限−10％的要求。造成该项不合格的原因主要是企业对产品输入功率测试不准确，标称值远高于实际值。由于智能坐便器的输入功率是变化的，现行国家标准对变化的输入功率测试方法并没有很详细的规定，导致企业甚至质检机构之间对输入功率的测试方法不统一，对测定产品输入功率的准确性有一定影响。输入功率过小会造成使用者在使用产品的某些功能（如清洗、按摩、加热、烘干等）时，无法达到应有的效果。

（4）接地措施

家用和类似用途电器的安全标准所指的接地主要是指保护接地，保护接地属于防止间接触电的安全技术措施，其主要保护原理是当电器产品万一绝缘失效引起易触及金属部件带电时，通过将出现对地电压的易触及金属部件同大地紧密连接在一起的方法，使电器上的故障电压限制在安全范围以内。

国家强制性标准《家用和类似用途电器的安全　第1部分：通用要求》（GB 4706.1—2005）27.1条款规定：万一绝缘失效可能带电的0Ⅰ类和Ⅰ类器具的易触及金属部件，应永久并可靠地连接到器具内的一个接地端子，或器具输入插口的接地触点。该项不合格，会使得易触及金属在绝缘失效的情况下带电，有可能造成触电事故。造成该类不合格的原因是企业使用的温控器金属片属于万一绝缘失效可能带电的可触及金属部件，而该部件没有可靠接地，不符合标准要求。

同时，国家强制性标准《家用和类似用途电器的安全 第1部分：通用要求》（GB 4706.1—2005）27.2条款规定：接地端子的夹紧装置应充分牢固，以防止意外松动。该项不合格，会使得接地端子有可能意外松动，使得接地失效，如果产品漏电，会造成触电事故。造成该类不合格的原因是企业在安装接地端子的时候没有添加防松垫圈，或没有使用有防松功能的螺帽。

（5）耐热和耐燃

耐热和耐燃是家用及类似用途电器的安全标准强制性要求，若电器产品中的非金属材料耐热和耐燃性能不符合要求，当产品出现故障或者过载时，可能会发生冒烟、起火等事故，直接危害使用者人身安全。国家强制性标准《家用和类似用途电器的安全　坐便器的特殊要求》（GB 4706.53—2008）规定：坐垫不应使用易燃材料，经受针焰试验，非金属材料燃烧持续时间不应超过30s。造成耐燃试验不合格的主要原因是智能坐便器坐圈材料没有添加阻燃剂或者没有添加足够的阻燃剂。一方面，阻燃剂的添加会影响产品成型后的外观颜色，企业为产品美观，能够生产出洁白无瑕的产品，生产过程中不添加阻燃剂；另一方面，添加阻燃剂会增加制造成本，企业为了降低成本往往会不添加或者不足量添加阻燃剂；第三方面，选择PP材料生产的盖板，阻燃性往往比用ABS材料生产的盖板好，但是两种材料在生产盖板过程收缩率不一样，用的模具不一样，模具更换会提高生产成本，所以企业铤而走险只用ABS材料生产盖板。

（6）结构

家用电器的结构对器具是否符合安全要求关系重大，而且在产品的设计阶段已经决定电气结构是否存在安全隐患。家用和类似用途电器的安全标准归纳了典型的安全和不安全结构，目的是让企业在设计产品时就能避免不安全的因素的存在。主要考虑的方面包括：与水源连接或者承受水压的规定、防止有害水影响绝缘的规定、选用材料的限制、与电源连接方式的规定等。结构不合格有两种情况：一是电气绝缘受到在冷表面上可能凝结的水或从容器、软管、接头和器具的类似部分可能泄漏出的液体的影响，二是其结构不能防止倒虹吸现象导致非饮用水进入水源。

（7）电源连接和外部软线不合格

电源线和外部软线是器具接通电源和工作的重要部件，器具使用周期内，由于器具的搬动、老化或者不当使用，电源线和外部软线容易出现松动、损坏。因此，如何固定电源线和外部软线，更换时如何选择电源线规格大小，对于器具连接电源是否安全至关重要。电源连接和外部软线不合格有两类：一是软线固定装置不能胜任其功能，二是电源软线导线的标称横截面积低于标准要求。

软线固定装置不能胜任其功能而导致的不合格产品在电源软线受到意外绷紧时，由于软线固定装置不能有效固定软线，接线端子受到明显的张力甚至蹦脱，带电导线有可能蹦脱到人体接触的地方甚至脱落到带水地面，极易发生触电事故，对人身安全构成极大威胁。该类不合格的原因主要是企业没有准确全面理解标准要求，没有严格按照标准要求进行生产，没有设置软线固定装置或者设置的软线固定装置不能满足要求。

由于电源软线导线的标称横截面积低于标准要求，导致不合格的产品的电源软线与器具的额定电流不相适应，输入电流过大，导线截面积过小，电流过载容易造成导线发热，加速电源线老化，长期使用会降低绝缘性能甚至有可能发生起火事故。造成该类不合格主要是企业不熟悉标准对电源线截面积的要求，没有选用足够截面积的电源线。

（8）螺钉和连接

家用电器中，不可避免存在着各种连接，如电气连接、接地连接、机械连接等，这些连接是通过螺钉、接插件、焊接等方式实现的，如果连接发生松动、脱落都可能导致带电部件之间的绝缘性能降低，甚至导致易触及部件带电造成触电事故。因此，对于紧固连接的螺钉等需要严格控制，确保连接安全可靠。

该项目一般不合格表现在用于提供接地连续性连接的螺钉旋入塑料中，接触压力通过易于变形的绝缘材料来传递。该项不合格可能会由于塑料受热膨胀或老化导致接地连接脱落，产品无效接地，发生漏电时会引发触电事故，对人身安全造成伤害。该项不合格原因是企业不熟悉螺钉和连接的标准要求，产品在设计和制造过程充分考虑螺钉和连接的安全性。

5.3.2 建议

（1）建议标准管理相关部门尽快完成智能坐便器相关国家标准的修订工作，使该产品有更符合实际、更科学、更可靠的生产、检测依据，使监督抽查有更合理的依据。

（2）生产企业要严格控制生产产品的质量安全，完善产品生产检验手段，确保智能坐便器产品在出厂入户前的质量安全，特别是电器安全性能更应严格把关，并且着重考虑该产品的防水防潮性能及阻燃性。

（3）对产品质量监管部门，加强质监与工商部门的合作，实现产品监督抽查信息共享，对智能坐便器在市场上的销售严格把关，严厉查处缺陷产品生产企业。

（4）对消费者在选购智能坐便器时需要查看该产品是否有符合国家安全标准的第三方实验室测试合格报告，购买前能够测试其功能，确保自身生命财产安全。使用环境尽量在干湿分离的卫生环境中，并且能够定期预热，驱散内部水汽，切勿长期断电。

5.3.3 消费指南

在众多的卫浴产品中，与我们关系最亲密的便是坐便器。现在，伴随科技发展，坐便器也开始走智能化道路，功能越来越强大。而在 2015 年春节期间，中国游客在日本掀起抢购热潮，外加社会各界人士的大力宣传，更加捧红了智能坐便器，让我们每个人都有一种将智能坐便器抱回家的冲动！在如今产品众多、外形各异的电子坐便器市场，为避免消费者产生不必要的损害，消费者在选购过程中可以从以下几个方面进行斟酌。

第一，安全系数越高越好。

在购买智能坐便器时一定要看相关的合格证书，看其是否通过国家安全标准检验，因为智能坐便器还是属于高科技产品，智能坐便器有坐圈加热、暖风烘干、自动冲洗等功能，这些都需要供电供水，一定也存在着安全方便的问题。因此，我们在选购智能坐便器时，首要一点就是注重其安全系数，防止安全事故发生，并且，在智能坐便器的配件以及各个环节的功能上我们也要加以考虑。只有符合国家安全检验标准，安全系数高的智能坐便器才是一款合格的坐便器。

第二，智能坐便器并不是功能越多越好。

相较于普通坐便器而言，智能坐便器的功能更加强大，抗菌除臭、自动冲洗、坐圈加热等，让人感到新奇。但是在这里要提醒大家的是，智能坐便器并不是功能越多就越好。一款智能坐便器必须要根据坐便器自身的需求点来提供适合的功能，一般来说它只需具备如坐圈人体感应、坐圈加热、温水洗净、移动洗净、暖风烘干、自动除臭、一键节能技术，就能基本上满足一般消费者的需求，消费者再根据自身的其他需求选择适合自己的功能体验，这样才能选择一款高性价比的智能坐便器。

第三，坐便器外观以及是否容易清洗。

智能坐便器虽然以智能为主，但是坐便器的清洁度一般来说也是人们最关注的地方，好品牌的智能坐便器必然容易清洗，在检验其清洗功能时我们可以仔细观察坐便器的表面，看是否泛光，然后用手触摸，检查它的表面以及排污管处是否光滑，有没有明显的裂缝或者缺釉现象，由于瓷质的好坏和坐便器的寿命有直接的关系，所以，一般来说，光泽度越高，致密性越好，则越容易清洁卫生，而且一款好的智能坐便器用手敲击的话会发出清脆悦耳的声音。

第四，坐便器是否真正节水。

节水的智能坐便器才是好坐便器，看智能坐便器是否真节水，除了看用水量之外，对冲净率、冲刷距离、水封是否有效防臭等也不能忽略。比如，单次用水量少的智能坐便器，如果其冲净率不足，一次冲不干净，需要反复冲洗两三遍，"节水"就变成了费水。大家在选购的时候一定要注意。

第五，智能坐便器配件不容忽视。

智能坐便器与普通坐便器相比更加高科技化，复杂程度也更高，因此，在智能坐便器的选购中，我们对其配件尤其是坐便器的水箱处也不可忽视，好的配件可以很大程度地降低使用过程中的维修度。所以在购买时要注意选择配件质量好，注水噪声低，坚固耐用气密性好，经得起水的长期浸泡而不腐蚀、不起水垢的水箱。

第六，关注售后服务。

智能坐便器虽然采用高科技制作，但还是会出现使用过程中堵塞需要维修的问题，加之其智能性与电子性，使得它的维修方法比传统坐便器更加复杂，因此我们在购买智能坐便器时一定要关注售后服务，看好保修期限和详细条款。

6 国内外行业发展情况

6.1 国外行业发展状况

智能坐便器最早出现在美国，主要具备温水净化功能，多用于医疗及老年保健行业，主要解决病患或孕产妇行动不便、不能弯腰动手、不宜冷水清洗私处等问题，后来经过日本人的改良，增加了坐圈加热、烘干等功能后，逐渐出现在家庭中。随着韩国、日本等国卫浴产业的不断发展和技术的持续创新，智能坐便器不仅拥有温水洗净功能，同时具备杀菌、暖风干燥、无线遥控等功能。

6.1.1 国外产业现状

智能坐便器最早起源于美国，由于种种原因未能被美国民众所接受，一直未能普遍推广。20 世纪 60 年代，日本的经济到了高速发展的时代。但一般住宅还都使用蹲便器，卫生间就是昏暗、不洁净场所的代名词。国家开始对下水管道、住宅设施进行改造，推进从蹲便器向坐便器的厕所变革，以满足人们对更舒适生活品质的追求。1964 年东京举行奥运会，所有运动员宿舍都使用了坐便器。同年，日本伊奈制陶（现 LIXIL 株式会社）开始从瑞士进口一体化温水洗净便座在国内销售，这款便座可以在排便后用温水冲洗臀部并有暖风可以用于干燥，而且无须手动操作，即便操作不便的人员也可以使用。同时东洋陶瓷（现 TOTO 株式会社）也从美国进口了分体式温水洗净便座在国内销售，这款需要手动操作冲洗，可以用作痔疮治疗等。当初的进口产品在日本可是家庭的高级物件，一台售价高达 48 万日元（这在当时是可以买入一辆新车的价格）。虽然，进口的温水洗净便座并不非常适合日本人的体型，但使用过的人都给予了很好的评价。然而，产品故障多，修理所需配件的订购时间长等诸多问题也慢慢显现出来。如何能有适合日本人体型，又能方便修理的产品提供给大家，为日本将智能温水洗净便器的国产化注入了推动力，也拉开了此后日本智能坐便器 50 多年持续发展历史的序幕。

1967 年 10 月，伊奈制陶（现 LIXIL 株式会社）率先推出了第一款国产温水洗净便座一体机（图 6-1）。这款日本国产"全自动式坐便器"，带有臀部温水冲洗和温风干燥功能，排便后通过脚踏板来操作冲洗和烘干。在坐便器的背后设置了马达和风扇，并运用泵通过水压使喷嘴可以在臀部下方伸缩。在坐便器冲洗水箱中还一并设置了储热式温水水箱。这款产品的设计开发异常艰辛。为了设计出符合日本人体型的产品，确定更为合理的臀洗的喷嘴位置，拥有丰富的卫生陶瓷生产经验的 INAX，先用黏土模拟臀部形状，再灌注石膏模型，以确定尾骨、肛门等的位置，并让不同的男女社员实际坐在黏土等模型上模拟使用的实际情况，给到相应的着座位置偏差。通过不断测试相关数据，才确定了相应的喷嘴位置、出水方向等重要参数。产品的便圈下方还配有着座感应，因此还能够防止未有人使用时的误操作。这第一款日本国产温水洗净坐便器——Sanitarina 61（图 6-2），现展示于伊奈制陶（现 LIXIL 株式会社）的产品展示厅内。国产化后，产品的价格从最初的 1 台 48 万日元能降到 1 台 28 万日元，产品的零配件也能更容易买到，产品的使用舒适感也比进口产品有了很大的提升，多方面的优势，让更多的家庭、更多的人能够体验温水便座带来的舒适生活。

瑞士进口品　　　　　　　　　　　日本国产 Sanitarina 61

图 6-1　进口品和日本国产第一代产品图示

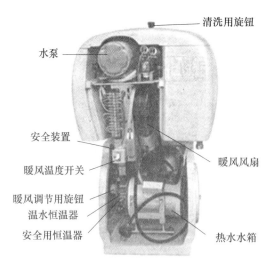
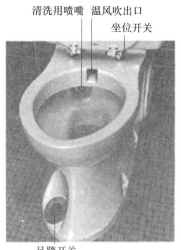

图 6-2　Sanitarina 61 的构造图

同时，东洋陶瓷（现 TOTO 株式会社）也从美国购入了温水便座的专利，1969 年推出附有暖气烘干功能的产品，开始推进了它的国产化。紧接着 20 世纪 80 年代推出全新产品，加入了便盖加热、温水洗净、暖风干燥、杀菌等多种功能。至此，日本智能坐便器的基本功能已经具备，往后的产品仅在此基础上增加了附属功能。随着智能坐便器的不断发展，加上市场的大力推广，2021 年底日本和韩国是智能坐便器普及率最高的国家，据日本内阁办公室数据显示，日本市场智能坐便器的普及率达到 80% 以上，年销售量为 300 万～400 万台。这一数据可以和其他家庭设备看齐。举例来说，在日本，个人电脑普及率为 75%，数码相机普及率为 72%，洗碗机的普及率是 30%。可见，智能坐便器在日本是比较流行的，甚至比许多其他电器更常用。而在日本公共场所，智能坐便器的普及率高达 90%。韩国在 20 世纪 80 年代就开始举行厕所革命，国家投入大量的资金开发智能马桶盖，并通过租赁和与房地产开发商合作等方式，使智能坐便器市场取得了不错的成绩。2020 年在韩国的普及率接近 60%，家庭使用率为 20%。经过日本和韩国的大力推广，欧美国家也逐渐开始大力发展智能坐便器产品，主要集中在美国、德国等国家，普及率也在不断增长，美国普及率为 50%，欧洲普及率为 40% 左右。

然而，任何市场在成熟前总需经历阵痛，国外的智能坐便器市场发展也不是一帆风顺的，以日本的智能坐便器行业为例，智研咨询发布的《2019—2025 年中国智能马桶盖行业市场调研分析与投资战略咨询报告》显示，智能坐便器在日本的普及道路并非一帆风顺。这种新型坐便器登陆日本之初，曾出现因水温调节技术不过关而导致用户烫伤的事故，使民众对电子卫浴产品抱持质疑，同时，智能坐便器高昂的价格也阻碍了其初期的发展。因此直到 20 世纪 70 年代末，传统的日式蹲便器仍然是厕所里的主流。20 世纪 80 年代，东洋陶瓷（现 TOTO 株式会社）通过自行研究，进行大幅改良，1982 年推出了名为 "Washlet"（卫洗丽）的智能坐便器，此新产品加入人体感应、坐圈加热、女性清洗等功能，受益于日本国民卫生意识的提高以及 TOTO 积极的广告宣传，让日本人更多、更深刻地认识了温水冲洗便座，使得智能坐便器开始走上快速普及的轨道，引起了购入风潮。20 世纪 80 年代中叶，伊奈制陶（现 LIXIL 株式会社）在推进一体式温水冲洗便器的同时，于 1976 年推出了分体式的温水冲洗便座——"sanitary F1"，实现了温水便座替代普通便座的简便操作，推动了温水便座的普及化。1987 年，松下电工株式会社也加入了销售温水冲洗便座的行业，从此越来越多的企业加入了温水冲洗便座的生产和销售行列，为行业注入了更多的活力。从 20 世纪 90 年代开始，日本的智能坐便器开始大规模普及。在此之前，相关产品的发行渠道只有电器商店等零售市场，产品必须直接面对买家。进入 20 世纪 90 年代，厂家找到了全新的铺货渠道——新楼盘，当时的新建住宅大多使用智能坐便器。同时，在办公楼、商业场所、酒店等场所也大量采用智能坐便器。2001 年，温水冲洗便座协会成立，主导推进了温水冲洗便座的节水、清扫性提升、抗菌、使用中搭配音乐播放等更舒适、便捷的功能体验，让日本人对智能坐便器产品的认知度越来越高。到2000年之后，不论公私场所，使用智能坐便器已成为一种"共识"，甚至在火车站、列车车厢等特殊场所，也能见其身影。2013年，和歌山县正式宣布，全县的公厕将会使用智能坐便器，以代替传统的蹲便器。终于在2017年日本温水冲洗便座国产化50周年之际，产品的普及率达到了80%。这在目前的中国是难以想象的，但在日本人看来显得极其自然。

在日本，20世纪60年代便开始推广使用智能坐便器，据内阁府的统计，现在日本的智能坐便器的一般家庭普及率已经达到约80%，每100户家庭的保有量突破了100台，1992—2019年日本智能坐便器的普及情况见图6-4。智能坐便器能在日本大规模普及的原因，可归结为以下几点：

（1）日本人卫生意识高，智能坐便器的功能和民众需求吻合；

（2）企业宣传得力，有完善渠道，除了一般的零售渠道，还被使用在一般的公众场所，极大地增加了智能坐便器的体验点和曝光率，大大提高了消费者对智能坐便器的认知度；

（3）行业标准完善，产品质量有保证，安全性也得到消费者认可；

（4）日本智能坐便器产品的返修率很低，有的生产商制造的产品返修率不到0.3%。

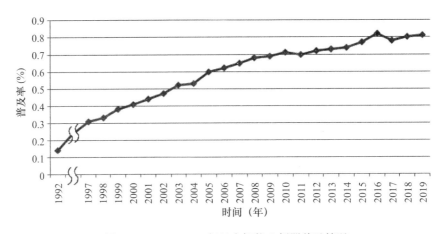

图6-4　1992—2019年日本智能坐便器普及情况

日本智能坐便器市场现状，可谓业态丰富，产品多元。日本智能坐便器市场的现状，可以归纳为四代进化、六大升级、即热趋势。四代进化是指智能坐便器技术已从第一代发展到第四代，从传统的储热式发展到更先进的即热式。六大升级是指目前最先进的第四代智能坐便器已实现健康、舒适、安全、冲力、智控、美感六大升级。今后，随着置换需求的增长，更节能、更节水的温水冲洗便座产品能满足人们的置换需求，也能为削减CO_2的排出贡献一份自己的环保力量。现在，温水冲洗便座已经不仅仅限于家庭使用，办公楼、机场、车站、酒店等商务、公共设施中也使用得越来越多，温水冲洗便座已经成为与日本人生活息息相关的产品。温水冲洗便座完全改变了人们的如厕习惯。由于它对国民生活所做出的重大贡献，2012年，温水冲洗便座被日本机械协会认定为"机械遗产"，温水冲洗便座的历史价值得到了最好的肯定。

6.1.2　国外知名品牌和企业

表 6-1　日本智能坐便器品牌分析

品牌	简　介
TOTO	TOTO 公司由日本人大仓和亲于 1917 年创立，是一个生产、销售民用及商业设施用卫浴、洁具及相关设备的厂家。最初名为东洋陶器株式会社，随后更名为 TOTO。TOTO 的产品以其卓越的功能和极高的可靠性而著称于世。并且 TOTO 以"水与电子相结合"为基础的产品系列在业界被公认为第一产家。与市面上多数企业不同，TOTO 的智能坐便器盖板有个特殊的名字——卫洗丽。在中国地标性建筑，中国国家游泳中心（水立方）、北京奥运会的主体育场（鸟巢）、上海环球金融中心中，均可见 TOTO 的身影。无论是尖端技术实力体现的诺锐斯特·间，还是带来水洗健康体验的卫洗丽。无论是带动行业节水风潮的 4.8L 节水坐便器，还是水力发电龙头海洁特瓷砖。无论是智洁技术、超漩式冲洗，还是 SMA 恒温、EcoMAX 技术，TOTO 的产品和技术给用户带来智能卫浴体验的同时，更将环保与节能融入生活之中，并获得了节水贡献奖、环保贡献奖等众多奖项
伊奈	伊奈（INAX），日本卫浴品牌，创始于 1924 年，在日本、亚洲乃至欧洲各国从事着卫生洁具及瓷砖的综合性生产。伊奈在日本国内的市场份额瓷砖占第一位，达到 60%，洁具是第二位，占40%，能够把瓷砖等建材产品和卫生洁具产品融合在一起为客户提供综合提案，这样的厂家在世界范围内是罕见的
东芝	东芝（Toshiba），是日本最大的半导体制造商，也是第二大综合电机制造商，隶属于三井集团。公司创立于 1875 年 7 月，原名为东京芝浦电气株式会社，1939 年由东京电气株式会社和芝浦制作所合并而成。东芝业务领域包括数码产品、电子元器件、社会基础设备、家电等。20 世纪 80年代以来，东芝从一家以家用电器、重型电机为主体的企业，转变为包括通信、电子在内的综合电子电器企业。进入 20 世纪 90 年代，东芝在数字技术、移动通信技术和网络技术等领域取得了飞速发展，成功从家电行业的巨人转变为 IT 行业的先锋
津上	津上电器株式会社始于 1951 年，在日本拥有 60 多年的坐便器研发生产历史，是一家专业生产智能坐便器厂家，60 多年来倡导使用户享受卫生、健康、舒适的生活是津上电器一贯追求目标
洁乐	洁乐是松下电子坐便盖旗下品牌，于 1979 成立，至今已有 35 年历史，洁乐主要生产研制智能便座，"洁乐，让您的臀部如沐浴后一般舒适干净"，带来从未有过的美妙感受，成为不愿割舍的生活伴侣。洁乐松下电子坐便盖工厂坐落于杭州经济技术开发区，作为全球电子坐便盖生产中心，年产量达 100 万台，除了中国大陆市场以外，也向全球各地出口销售（中国台湾/中国香港/日本/韩国/俄罗斯等）
爱信	爱信（Aisin）创始于 1965 年，始终以"品质至上"为基本理念，不断致力于生产令客户满意、充满魅力的产品，产品领域主要有汽车零部件、家居生活、能源相关等。1976 年，首台智能坐便器诞生，开启了智能坐便器的创新之路

表 6-2　韩国智能坐便器品牌分析

品牌	简　介
爱真	爱真（iZEN）起源于 20 世纪 90 年代，该品牌创始人俞炳基先生根据自身肠道疾病的亲身经历，将灌肠功能与智能马桶盖相结合，与当时的智能马桶盖技术专家共同研发了第一款通便水疗智能马桶盖，并创建了韩国爱真品牌，于 2003 年正式在韩国建厂并投入生产。而该项自主研发的通便水疗技术也让爱真在世界市场中脱颖而出。爱珍技术开发从最基本的功能开始，不断探索，使得产品更舒适，个性化，安全和易于使用，再一次引领智能卫浴技术革新

品牌	简　介
福乐明	韩国福乐明品牌创立于 2002 年,立足韩国,覆盖全球。品牌以推广健康生活为奋斗目标,专注从事智能洁身器的研发生产、销售。福乐明代表和引领着韩国智能洁身器品牌不断提升,"我们要让全球每一个消费者在生活细节上得到健康感动"
熊津	熊津集团于 1980 年成立于韩国,旗下豪威品牌是集研发、生产和销售于一体的专业环境家电企业,自 1989 年成立以来,在韩国水质净化、空气净化和智能卫浴行业始终占据前沿,其中智能坐便器的品牌知名度在 85% 以上,2001 年 8 月在韩国证券交易所成功上市后,一直保持着约 15% 的年均复合增长率,现已在中国、美国、日本、泰国、马来西亚等地成立了海外分支机构
诺维达	诺维达于 1984 年作为三星电子子公司(株)韩一家电创立,一直与韩国生活风格的变迁史同步。作为健康生活的倡导者,诺维达于 1996 年开始自主研发智能坐便盖,展示韩国的活水速热技术、金属不锈钢喷管、离子净水滤芯等。2003 年开始出口业务,产品畅销日本、美国、加拿大、俄罗斯、台湾、欧洲等地。2011 年 12 月,诺维达加入全球厨卫集团科勒成为其亚太地区子公司,并成功登陆中国市场。诺维达在中国销售的智能座便盖均由韩国原装进口,并获得中国质量认证中心颁发的 CQC 认证证书,在诸多智能座便盖产品中脱颖而出,成为中国家庭舒适健康生活的优质之选
大元	韩国大元智能马桶盖经过近 30 年的精心打造,共形成八大系列 20 多个不同型号和款式的智能马桶盖产品。韩国大元成熟的科研团队是让企业以及智能马桶盖始终保持行业前沿的实力保证。智能马桶盖产品以无水箱即热式、增压泵通便、智能记忆化芯片以及老人孩子全适用的智能马桶盖产品卖点吸引着来自世界各地的顾客,韩国大元同样也得到了顾客的好评,韩国大元也已成为韩国当地的智能马桶盖的领军人

表 6-3　欧美国家智能坐便器品牌分析

品牌	简　介
科勒	创立于 1873 年的美国科勒(Kohler)公司是迄今美国最庞大的家族企业之一,2002 年,在上海成立了科勒(中国)投资有限公司,作为科勒亚太区总部。140 余年来,科勒秉承着恒久不变的企业精神,致力于使"每一件科勒产品都展现那个时代的最高水准"。厨卫集团是科勒公司的成员之一,在全球厨房和卫浴产品领域中担当着引领者的重要角色。其业务遍布世界各地,产品主要包括卫浴、龙头、家具和其他附件等,以及一系列知名品牌
乐家	乐家(ROCA)公司成立于 1917 年,总部设在西班牙的巴塞罗那,秉持"设计、创新、环保、舒适"的理念,为全球消费者提供全套卫浴空间解决方案
唯宝	德国唯宝(Villeroy&Boch),于 1987 年成立股份制。作为一家传统的陶瓷制造生产企业,在稳固并逐步扩大欧洲市场占有率的前提下,不断扩大集团全球化的进程,在新兴市场持续增长。其中亚洲市场拔得头筹,特别是中国、印度以及中东地区。在过去的 15 年,海外市场的销售额增长率从 46% 猛增至 74.9%
德立菲	德立菲(Duravit)成立于 1817 年,作为全球领军的卫浴产品制造商,提供全方面卫浴解决方案,包括卫生陶瓷、浴室家具、浴缸、养生 SPA 系统等。创新、环保、个性化、设计之美是德立菲始终如一的宗旨
凯撒	自 1985 年成立至今,历经 30 多个寒暑的淬炼,如今的凯撒卫浴(Caesar)在国外开设 100000m² 的工厂,年产超过 100 万件陶瓷产品,生产线扩充至瓷器、龙头、浴缸等厨卫全品类洗浴用品。凭借不断精进的技术创新与不凡的研发实力,凯撒在欧洲卫浴市场拔得头部品牌地位

续表

品牌	简　介
美标	作为历史悠久超过 140 年的国际知名卫浴品牌美标（American Standard），进驻中国 30 余年，以引领时尚的人性化设计理念，运用领先科技，将独特设计完美融合于身心和绿色环保的理念中，创造和谐完美。美标，全球领先的卫浴产品开发和生产商，以其优质的服务和产品质量在市场上树立了良好的产品形象和信誉。
杜拉维特	杜拉维特（Duravit）是一家有着 200 多年历史的企业，不论在德国本土还是中国市场，其智能坐便器产品都是当之无愧的朝阳产业。"从 1817 年正式成立开始，到 1990 年杜拉维特已实现销售额 5700 万欧元，2018 年已突破 7 亿欧元；2019 年，仅智能卫浴产品部分的销售额已达到 1.5 亿欧元。"由此可见，智能坐便器行业还有很大的市场亟待激活

6.2　国内行业发展状况

随着科技的迅猛发展，人们的生活越来越便利，家居的智能化水平也在不断提高。"智能卫浴"是指区别于传统的五金陶瓷洁具，将电控、数码、自动化等现代科技运用到卫浴产品中，实现卫浴产品功能的更加强大高效，提升卫浴体验的健康舒适性、便利性，并有利于节能环保事业建设，是构建智能家居的重要组成部分，其中以智能坐便器最为典型。因此可以说，智能坐便器的出现，是卫生陶瓷领域的一个重大突破和变革机遇。

智能坐便器在我国使用及推广的时间较晚，2005 年后逐渐进入国人视线，且伴随着 2015 年中国游客去日本购买马桶盖等事件成为社会热点话题后，智能坐便器引起了全社会、全行业的注意，我国智能家居行业迅速发展，智能坐便器等产品在我国的普及率持续提高。如今，智能坐便器的基础功能在不断丰富升级。为了克服储热式产品水箱循环加热易滋生细菌、费电等弊病，即热式产品问世；针对用户担忧喷嘴反复使用存在污染风险，紫外线杀菌、抗菌银离子材料、喷嘴自洁等方案纷纷面世；针对夜晚环境黑暗，产品增加夜灯照明；针对手柄控制需要低头操作、不够人性化，推出了遥控控制产品；为了能够更好地为不同人群服务，企业推出了妇洗、儿童洗、助便等定制功能；考虑到老人和小孩使用起来功能复杂，特别推出一键清洗功能等。总之，通过一系列功能的不断完善，受众群体不断扩大，产品销量也在稳步提升。

6.2.1　国内产业现状

我国智能坐便器产品的生产与应用始于 20 世纪 90 年代。1995 年中国研发生产出第一台智能坐便器，而在我国受到推广、形成初步规模则是开始于 2005 年之后。我国智能坐便器产业历经 20 多年的发展，特别近几年的高速发展，企业数量和产能均获得跨越式的提升。根据中国家用电器协会统计数据，从 20 世纪 90 年代就已"现身"中国市场的智能坐便器，2014 年之前在我国销量较小，销量年均仅为 10 万台左右，年营业额不到 20 亿元，市场普及率不到 0.1％。随着我们民众生活水平的提高，出国人口数量的增加，人们对智能坐便器的认知快速提升，特别是大量中国游客蜂拥到日本采购智能坐便器的新闻不断出现后，人们的消费热情高涨，其中 80 后、90 后年轻人成为其消费的主力军。在市场拉动情况下，我国智能坐便器也进入了飞速发展时期。

在国内供应方面，受到大规模赴日采购热潮的影响，国内厂商如雨后春笋般出现。在市场拉动情况下，行业内企业纷纷增开生产线、扩大产能。智能坐便器产业链上游主要为水路系统供应商、电路系统供应商与陶瓷供应商，中游为品牌生产商，下游渠道为建材市场、电商平台、家电经销商、家电连锁卖场与工程市场等（图 6-5）。据统计，2015 年 6 月我国有 68 家生产智能坐便器的制造商，而截至 2019 年，我国生产智能坐便器的厂商已增至 300 余家。国内品牌逐渐形成了以欧路莎、和成、九牧、恒洁、箭牌、便洁宝、东鹏、西马、安华、喜尔康等 10 余家知名企业为龙头的行业引领方阵，保持着较高的市场占有率。近两年，我国智能坐便器生产企业发展模式主要有3 种：

（1）外资或中外合资企业，直接引进生产线，在国内生产、销售及出口；

（2）国内电子企业通过引进生产技术，消化吸收后变成专业的智能坐便器盖板制造商，自产自销、出口、采用 OEM 和 ODM 的形式委托加工及配套定制；

（3）传统的陶瓷生产企业与专业生产智能马桶盖的企业合作，充分利用双方资源和渠道推广智能卫浴，实现电子与陶瓷跨界联合，高效生产出水电一体化的智能坐便器产品。主要采取与专业电子马桶盖企业联合研发生产的方式，生产的电子盖板绝大部分用来与本企业陶瓷马桶配套，整机出售，只有小部分电子盖板单独销售。

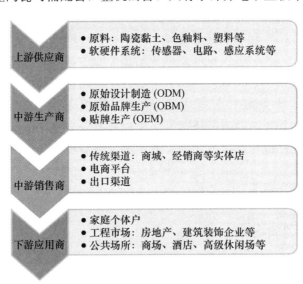

图 6-5　智能坐便器行业产业链示意图

虽然近年来我国智能坐便器销量得到大幅增长，但市场普及率仍处于较低的水平。图 6-6 是近几年来我国智能坐便器普及率走势图，2019，与我国生活习性相近的国家及地区的智能坐便器家庭普及率都已到达较高水平，其中日本 90% 以上，韩国接近 60%。相比之下，2019 年我国智能坐便器的普及率则约 2%，虽然我国台湾地区的智能坐便器普及率为 25％ 左右，上海市普及率达到 8％～10％，北京市达到 5％～6％，其他较发达城市：如广州市、天津市、杭州市、深圳市、青岛市等地普及率也达到了 3％～5％，但三四线城市和乡镇市场几乎处于空白，因此国内智能坐便器的平均普及率仅为 2％ 左右，我国仍处于从导入期过渡至成长期的阶段。造成这一现象的主要原因是：部分功能使用不当降低体验好感度，使用习惯未转变，市场价格超出预期、售后服务配套等因素（图 6-7），具体如下：

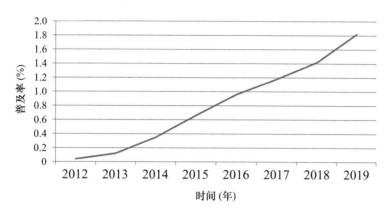

图 6-6 2012—2019 年我国智能坐便器普及率走势

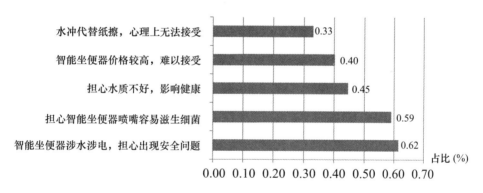

图 6-7 影响智能坐便器普及的因素情况

（1）消费者存在较大偏见

首先，用户缺少体验机会，很难实现体验性购买。在日本等国家，商场、车站等公共卫生间智能坐便器配套率较高，消费者更容易体验到产品。缺少体验机会，成为阻碍产品在中国市场快速普及的一个重要因素。由于普及度不高，当前中国消费者对过去不好的产品的体验直接影响了产品口碑。消费者对智能坐便器在认知上一直存在许多误区和偏见。中国大多数家庭的卫生间属于干湿两用，即淋浴间和马桶距离较近，智能坐便器需要通电工作，导致很多消费者担心潮湿环境下使用存下安全隐患问题。智能坐便器着火燃烧等新闻事件，也成为消费者购买前的顾虑。在产品体验方面，过去储热式智能坐便器为主流产品，因其产品结构问题，每次冲洗热水时间有限，产品舒适性不足，影响产品口碑，致使一些消费者不愿购买，甚至出现一些消费者已安装了该产品却不用的情况。通过调研部分消费者得到的反馈是，很多家庭虽然已购买智能坐便器，但一直没有使用智能功能的原因是消费者担心存在健康隐患，如冲洗的水不够干净，设备冲洗不卫生，喷嘴容易成为细菌温床等。

其次，目前国内智能坐便器返修率平均在 3% 以上，部分企业的返修率高达到 10%，这在很大程度上遏制了消费者的消费积极性，也打击了生产企业、经营企业的信心和决心。中国家用电器协会智能卫浴电器专委会 2019 年年会上的一组问卷调研数据，说明了消费者对安装和售后服务的担忧。数据显示，在参与问卷调研的人群中，30% 的人是因为没有装修计划，拆卸安装太麻烦而不购买智能坐便器。马桶产品具备建材属性，受到家装情况制约，大多数智能坐便器的需求人群的房屋是已经装修好的，如果不是新房装修或者对卫生间进行改造，客户很难更换马桶，这就意味着即便有需求，也很难实现升级换代。虽然智能马桶盖无需更换陶瓷主体，但安装问题仍在一定程度上影响着普及速度。因此，想要扭转消费者当下的顾虑，解决置换难题，需要国家和品牌方共同营造使用环境。例如，品牌方可以通过与精装修房地产商合作，让智能坐便器成为精装修的一部分，可以与大型商场、机场、高端办公场所实现配套，让越来越多的人接触使用产品，形成直接体验。其次，14% 的人担心售后服务不完善，出现问题难以修理。因质量不好、技术可靠性差、电压不稳定、使用者操作不当等造成很高的故障率和返修率；由于目前智能坐便器行业规模不大，不少企业的售后服务体系不够完善，更有许多中小企业依靠外包解决售后服务问题，这些导致一些企业的售后服务体验差。因此，产品技术升级与消费者认知的不对等导致偏见的长期存在。

（2）产品推广渠道窄

与其他家电相比，智能坐便器产品在推广方面实属不易。在许多中国消费者看来，智能坐便器的用途较为隐秘，购买智能坐便器的用户很少会主动在公共场合介绍产品的优势，无法通过口碑传播，提高产品认知度。此外，智能坐便器属于体验感极强的产品，当前，中国安装智能坐便器的家庭并不多，公共场所的安装率也非常低，而在专卖店中，也因智能坐便器的独特产品特性，导致无法直接体验。为此，过去 5 年，中国智能坐便器企业不断寻求新的推广方式，以期让更多消费者了解该产品的优势。例如，海尔卫玺、九牧、特洁尔等品牌都发起了"先用后买""30 天免费试用"等服务和活动，从线上到线下全渠道推广产品。然而，《电器》杂志记者了解到，各企业在产品推广方面，成效不佳。总结来看，主要是当前智能坐便器行业的推广方式缺乏创新点，"先试后买"，并不能真正打动消费者。由此可见，智能坐便器企业需要探索更多样化的推广形式，吸引消费者了解并购买产品。

（3）配套产业技术水平落后

整机产业发展过程中，配套产业的发展也是关键。智能坐便器的主要部件有电路控制板、微电机、水泵、加热部件、齿轮箱、风机、感应器（水温感应、人体感应等），所有零部件加起来超过 800 个。但是，台州坐便洁身器企业有关人士告诉记者，每家企业的零部件都是按照自己的设计生产，设计差异很大，主要零部件在行业内没有统一，甚至企业内部，不同产品系列的坐便洁身器配件标准也不统一。近两年，中国智能坐便器配套产业得到迅速发展，技术实力得到提升，但与国外先进水平相比仍存在差距，日本、韩国、德国、美国等国家的智能坐便器研发和生产系统比较完善，所以造成我国不少企业直接使用国外的智能芯片和控制技术。目前我国智能坐便器中的智能芯片大部分来自日本、韩国、德国等国家，有部分来自浙江台州、上海等地区，这就充分说明我国技术水平低且缺乏专业技术人才，核心研发能力薄弱，技术升级、核心部件研发进度迟缓，从而不得不依赖国外的智能芯片和控制技术。中国智能坐便器配套企业还需要对产品进行细节提升，例如即热式产品的冲洗模块，在电压和水量不变的情况下，提高冲洗压力。目前来看，政策推动力度不足，企业投入依然不高，关键零部件技术实力整体欠佳的局面依然未得到彻底改善。

（4）价格方面

由于智能坐便器技术含量高、产量低、指标要求高等因素，智能坐便器价格相对较高。据了解，目前市场上智能坐便器主流产品价格在3000～30000元不等，国外进口的价格更高，在5000～80000元，平均价格是普通坐便器的5倍以上，从目前国内的消费水平来看，智能坐便器的价格还是比较昂贵的，不少消费者仍把其视为奢侈品，智能坐便器的价格并不"亲民"。

不过，这样的普及率也从另一个方面体现出，智能坐便器拥有巨大的市场空间。当然，保证产品质量是智能坐便器进行广泛推广的首要和必要前提。经过近几年的发展，智能坐便器的质量抽查合格率已经从2015年60%连续五年持续上升，到2020年达到97.3%，创历史最高，但与发达国家相比，国内智能坐便器仍存在着产品质量参差不齐、研发创新不足、企业规模较小等问题。主要问题如下：

（1）市场品牌杂乱，质量难以保证

"国产品牌质量好，还是外资品牌质量好"是智能坐便器引起的最火爆话题之一。事实上，智能坐便器行业的企业类型较多，既包括良治电器（前身为西安西陶）这样的行业开拓者，也不乏九牧厨卫、惠达卫浴等传统卫浴企业，还包括上海复荣环境科技、深圳舒安科技等专注于电子坐便器研发生产的企业。此外，海尔、智米、松下、荣事达等家电企业在电子坐便器行业也占有举足轻重的地位。

虽然国内智能坐便器属于技术要求较高的行业，但国内并不存在技术壁垒，产品质量也完全能够达标，根据市场调查，凡是有卫浴产品的品牌或者企业几乎全部都有上线智能坐便器，导致近年来国内市场品牌杂乱，甚至很多小厂都在组装生产。其次，国外也有很多企业在中国代工生产，但是返修率比外资品牌高，并且售后服务也不够完善，无法建立良好的口碑，不仅消费者不买账，经销商也不愿代理。值得一提的是，国产品牌返修率高，最根本的原因不在于技术无法跟进，而在于管理、生产流程方面，市场监管都不够严格，有故障产品无法及时被发现，导致返修率高。

（2）技术趋势存争议

智能坐便器行业主流技术分为两类，储热式和即热式。储热式指产品内部有保温水箱，每次温水出水时间约为 1min，使用功率为 500～600W；即热式指产品内部设有快速式加热装置，不需保温，出水时间也没有限制，使用功率为 1500W 左右。虽然储热式产品的缺点是热水持续时间短，但完全可以满足消费者的需求。因此国内储热式产品比例高于即热式。而即热式产品可以在没有水箱的情况下达到水温恒定，既提高产品舒适性，又防止二次污染，但即热式产品不仅水量较小，而且功率大易损坏。

其次，国外品牌多以储热式为主，但是一些高端品牌更倾向于即热式。一方面是即热式产品水温恒定，另一方面则是因为储热式智能坐便器水箱保温效果不好，会导致储热式产品反复加热，增加产品耗电量，同时也容易出现二次污染。

（3）销售渠道狭窄

智能坐便器渠道布局的矛盾同样制约行业发展。目前，智能坐便器渠道布局以建材市场为主，但是建材市场的消费者一般都是新装修的家庭，也就是新增市场。针对中国市场的发展现状，存量市场远远大于新增市场。事实上，和热水器类似，智能坐便器是一款适用于卫生间的家电，所以渠道布局也应借鉴热水器的布局，主攻家电渠道，现在已经有很多企业认识到这一点。

（4）标准不协调、不统一

智能坐便器别名众多：洁身器、便洁宝、电子坐便器、智能马桶盖等，令许多消费者购买时感到迷茫。名称众多主要源自标准定义不统一。智能坐便器属于一个跨界型产品，既可以把它看作一个卫浴产品，又可以看作一个家电产品。目前，适用于智能坐便器的标准有归口于全国家用电器标准化技术委员会的《家用和类似用途电器的安全　坐便器的特殊要求》（GB 4706.53—2008）和《电子坐便器》（GB/T 23131—2008），也有归口于全国建筑卫生陶瓷标准化技术委员会的《非陶瓷类卫生洁具》（JC/T 2116—2012）和《坐便器坐圈和盖》（JC/T 764—2008）、住房和城乡建设部发布的《坐便洁身器》（JG/T 285—2010）等。各企业采用的生产标准不同以及各标准的出台单位互为掣肘，很大程度上造成电子坐便器市场混乱，因此急需一个统一且完善的标准。

总的来说，随着"厕所革命"和 2018 年"全国智能坐便器产品质量攻坚计划"的推出，中国智能坐便器市场需求必将在未来一段时间保持高速发展。智能坐便器作为智能化的典型代表，开始由卫洁功能为主向人工智能、环保节能、康复保健等多功能集成方向发展，相对于传统的陶瓷洁具来说，是一项彻底打破传统"冲水式坐便器"及"简易式便槽"不卫生、不环保的旧模式的环保型技术，特别是在国内市场的认可度和占有率都有非常大的提升空间。同时，随着我国迎来老龄化社会，智能坐便器无疑是很好的如厕选择，卫生洁具智能化必将成为我国卫生陶瓷行业的主流方向和总体趋势。

6.2.2　国内知名品牌和企业

浙江是智能坐便器产业起步较早的地区，目前，近 60% 的智能坐便器由浙江地区企业生产，特别是台州地区，基本已形成了产业集群，在技术、规模、质量、市场占有等方面都处于领先地位。根据中国建筑卫生陶瓷协会的统计，2018 年中国境内直接生产智能坐便器的企业有 80 多家，品牌数量 200 余个。全国智能坐便器产量约 650 万台，三年间增长近 130%；国内市场销售达到 470 万台，增幅超过 160%。事实上，智能坐便器涉及家电、卫浴、建筑等多个领域，生产企业主要包括卫浴企业、专业智能坐便器企业、家电企业。涉及行业多、领域广的复杂性，使得智能坐便器销售渠道呈现多样性。虽然目前智能坐便器的销售渠道仍以建材市场为主，但电商平台、家电代理商、家电连锁渠道的兴起，令智能坐便器的全渠道布局成为行业大势。

从整体上来看，越来越多的品牌涌入市场，目前国内智能坐便器的品牌厂家可分为五类：（1）传统建材卫浴品牌产品升级，主要分布在广东佛山、福建南安、河北唐山、江苏苏州以及重庆和成都等地，以九牧、箭牌、恒洁、惠达为主的整体卫浴品牌冲击智能市场；（2）专业智能卫浴阵营，尤其是坐标台州的智能坐便器专营电子厂家，以特洁尔、便洁宝、维卫、怡和、西马等专业智能坐便器品牌镇守区域市场；（3）借助智能坐便器的线上市场机遇打入卫浴市场的卫浴新品牌，如摩普、德希顿、希箭等；（4）传统家电品牌通过推出具有家电属性的智能马桶盖，进入卫浴市场，如海尔、苏泊尔；（5）海外品牌，包括吉博力、伊奈、松下、TOTO、科勒、美标和杜拉维特等在高端市场地位稳固。图 6-8 是我国智能坐便器的行业格局分布。

图 6-8　我国智能坐便器的行业格局分布

经过国际市场上接近 30 年的市场推广，特别近两年国内市场的爆炸式发展，智能坐便器已经从刚开始曲高和寡的奢侈品逐渐走向大众化消费商品、从概念化转向商品化。不难看出，现在的卫浴门店基本都有智能坐便器的展示位置，并且大多数店家都会将智能坐便器摆放在店面进门的位置或者店里最显眼的位置，例如洁具行业内 TOTO、伊奈、乐家这样的国际品牌一直不遗余力地推广智能坐便器，这是因为智能坐便器现在在国外已经成为非常普及的家用电器产品，同时也给我们国内企业市场推广带来很大的启发，也是这样的成功经验成为国内品牌一直坚持推广智能坐便器的动力。从国内坐便器的发展历史来讲，20世纪80年代家庭卫生间内基本上是蹲便器，但到了20世纪90年代坐便器进入卫浴市场后几乎短短5年时间，家庭装修就几乎看不到普通蹲便器了。国内市场从TOTO将智能坐便器引入中国市场也有10年的历史。欧美、日韩推广这个产品的时间周期基本就在10～15年，从而可以看出，智能坐便器在国内即将并且必将走向卫浴产品的主流行列。

6.2.3 国内销售市场情况

中国的智能坐便器最早出现在20世纪90年代的浙江台州，当时台州虽然有一批中小企业开始投入智能坐便器研发和生产，但都尚未形成规模。大约在2000年，国内开始陆续出现一批专业生产智能坐便器的企业，产区也由台州逐渐扩展到福建、广东、河北、江浙沪交界区域、重庆和成都等地区。最初进入智能坐便器行业的大部分企业为专业电子电器企业，以生产智能坐便器为主营业务，但是当时国内市场不成熟，消费者对产品缺乏了解，加上产品稳定性差等原因，一部分企业很快退出了智能坐便器市场。后来，一部分传统陶瓷卫浴企业也逐渐增加了智能坐便器产品，沿用陶瓷卫浴原有品牌，但是规模都较小。2013年以前的10年间，中国智能坐便器市场容量并不大，一直处于年均销售量在10万台左右的水平，包括返销产品在内，年营业总额不到20亿元。下面主要从近几年智能坐便器产品销售情况、价格变化、品牌竞争及用户群体等方面进行简要分析。

（1）产品销售情况

随着行业的发展，很多企业尤其是有一定积累的品牌企业更加重视产品研发，产品品质、稳定性、舒适性、外观设计和功能性等方面相对2015年之前都有很大的提升。尤其是质量提升特别突出，2019年智能坐便器的国抽合格率已经提升至96%。2015年—2021年国内智能坐便器市场销售量及销售额情况见图6-9。

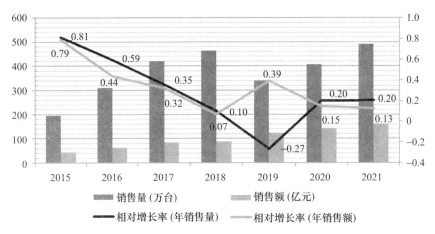

图6-9　2015—2019年国内智能坐便器市场销售量及销售额情况

（数据来源：中国家电协会）

按照产品类型不同，智能坐便器可分为智能坐便器盖板和智能坐便器一体机。智能坐便器盖板由于核心智能部件集中于盖板部分，需要与普通陶瓷马桶组合使用，生产成本相对要低于智能坐便器一体机，销售价格也低于一体机。由于即热式产品优势极为突出，近两年，即热式智能坐便器发展非常迅速，《电器杂志》显示，2015 年，中国智能坐便器市场储热式产品占比约为 70.3%，即热式产品占比约为 29.7%。5 年后，即热式产品成为智能坐便器行业的绝对主流产品，2019 年上半年即热式产品占比已提升至 76.5%，而储热式产品占比已降至 23.5%。截至 2019 年底，即热式智能坐便器一体机占比达 90.6%，同比增长 3.7%，预计储热式产品将逐渐被淘汰；在控制方式上，智能坐便器一体机遥控控制产品零售额占比达 96%，几乎成为标配；在翻盖方式上，智能坐便器一体机感应翻盖式产品的零售额占比为 21.3%，同比增长 4.1%。除此之外，感应冲水、感应翻圈等产品也在不断涌现。2015—2019 年的即热式和储热式产品市场销售占比情况见图 6-10，分体式和一体式市场销售占比情况见图 6-11。

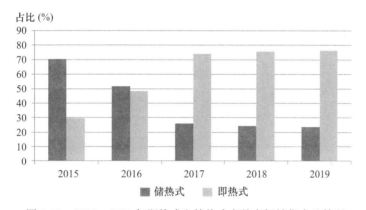

图 6-10　2015—2019 年即热式和储热式产品市场销售占比情况

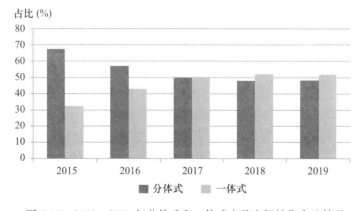

图 6-11　2015—2019 年分体式和一体式产品市场销售占比情况

此外，自 2011 年以来智能坐便器在线上渠道的销售也是节节攀升。2013 年行业中约有 90% 的卫浴企业已不同程度地尝试电子商务，而剩下 5% 左右的企业都在为实施电子商务而准备着。从近两年线上平台的销售额情况分析，可以看出智能坐便器和智能坐便器盖板的市场销售渠道存在差异，智能坐便器大部分以普通坐便器升级版的形式出现，归类于建材市场，淘宝的极有家和天猫的品牌旗舰店模式推动了建材品类在淘宝系平台的大力发展，也成为智能坐便器线上最主要的销售渠道。根据中国家电协会发展报告，2015 年，智能坐便器在京东、天猫、淘宝等各大电商平台的销量约为 14 万台，占市场销售总量的 7%～8%，同比上升超过 300%。到 2017 年，中国智能坐便器线上销售额超出普通坐便器线上销售额，占坐便器销售总额的 56.0%。在智能坐便器和普通坐便器中，智能坐便器销量占比 13.5%，智能坐便器盖板占比 19.7%。智能坐便器产品分析显示，其中天猫、淘宝渠道销售额已达到其线上线下全部销售额的74.9%。由于智能坐便器盖板对陶瓷等建材材质的依赖低，主要以家电形式出现，京东是最主要的线上销售渠道，占比 37.5%。中怡康统计数据显示，2015—2019 年智能坐便器盖板销售量年均增长 83%，销售额年均增长 83%，智能坐便器一体机销售量年均增长 123%，销售额年均增长 133%。从 2015 年至 2019 年短短四年时间就增长了 11倍，截至 2019 年底，线上零售量达到 136 万台。

　　2019 年智能坐便器（盖）行业在线上市场的发展速度要优于线下市场，目前线上市场更利于企业寻找销量增长的突破口。从 2019 年双十一期间的生活家电板块的销售情况来看，智能坐便器（盖）在零售额方面位列第五，占比 7.4%，但零售额占比仅为1.0%，甚至出现了销售量同期增长 8%，销售额同期下降 8% 的情况。其中，智能坐便器（盖）均价下滑，但销售额、销售量分别增长 20%、48%，成为智能坐便器（盖）市场中销量占比最高的产品类型。从零售量结构来看，房地产市场持续低迷的背景下，消费者更容易接触的产品类型是电坐便盖。智能坐便器市场依然保持着上升态势，随着产品的功能升级，安全、卫生健康逐渐成为智能坐便器（盖）的基础功能，强调舒适特点的即热恒温也逐渐成为产品的同质化卖点，未来智能属性可能会在智能坐便器（盖）产品上做进一步体现。同时，随着家电企业陆续进入市场，销售通道也逐渐拓宽，国美、苏宁等传统家电分销渠道也加大力度铺开智能坐便器销售面积。此外，房地产精装修渠道将会成为未来几年智能坐便器新的销售增长点。

　　（2）市场价格变化

　　随着智能坐便器和坐便器盖的产品结构在不断发生变化，同时受到用户结构的影响，产品的价格段在向两端延伸，2018 年国内外大品牌既推出了千元以下的爆款，也推出了更加高端的产品，都获得了市场的认可。智能马桶盖由于核心智能部件集中于盖板部分，需要与普通陶瓷坐便器组合使用，生产成本相对要低于一体式智能坐便器，销售价格也低于一体式智能坐便器。目前的主流品牌产品价格，从智能坐便器价格区间来看，一体式智能坐便器的价格相对较高，有超过 70% 的智能坐便器一体机的价格在 1900～4470 元，其中成交价格在 3310～4470 元的一体式智能坐便器占比最高，占比为 38%。分体式智能坐便器的价格相对亲民，超过 92% 的智能坐便器盖板的价格在2740 元以下，其中 1290～2170 元的产品占比最高，占比高达 37.0%。图 6-12 为一体式和分体式智能坐便器价格区间占比情况。奥维云网（AVC）线上监测数据显示，智能马桶盖线上市场均价为 1872 元，智能坐便器一体机均价为 3629 元，从两者的零售额占比来看，智能马桶盖零售额占比为 38.5%，低于智能坐便器一体机，但智能马桶盖的零售量占比为 54.8%，超过智能坐便器一体机。2019 年 1—11 月，智能坐便器市场零售额为 33.7 亿元，同比增长 6.4%；零售量为 126 万台，同比增长 19.1%。受大环境不佳影响，行业增速同期有所放缓，但相比传统大家电、厨卫电器、环境电器等品类，增速已十分可观。

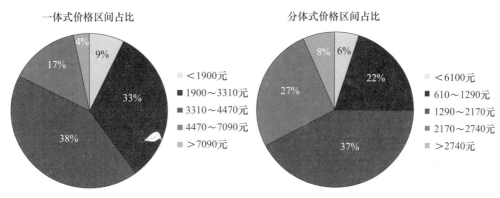

图 6-12　一体式和分体式智能坐便器价格区间占比

　　从近两年的产品价格变化趋势看，智能马桶盖 2000 元以下价格段产品市场份额普遍上涨，而 2000 元以上价格段产品市场份额在不断下降；3000 元以下价格段一体机产品市场份额提升，3000 元以上价格段产品市场份额也出现下降，2014—2019 年智能坐便器平均单价变化情况见图 6-13。一体机的竞争主要集中于九牧、箭牌、恒洁等传统卫浴行业品牌。同时，由于陶瓷卫浴技术门槛较低，加之中国盖板部件的代工厂较多，很多规模较小的传统卫浴品牌也趁机进入一体机市场，通过压缩生产成本，拉低了行业的平均价格。价格下降表面上给消费者带来了实惠，但长远来看，低价竞争只会导致企业盈利空间缩小，迫使研发投入降低，低端产品充斥市场，最终影响消费者的产品使用体验，影响行业健康持续发展。

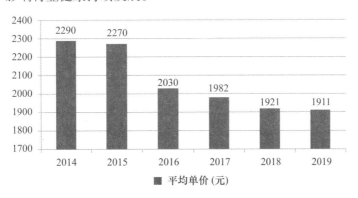

图 6-13　2014—2019 年智能坐便器平均单价变化情况

（3）品牌竞争

从市场品牌竞争情况分析，奥维云网线上监测数据显示，2019 年，智能马桶盖内资品牌零售额占比为 28.3%，同比增长 1.4%；智能坐便器一体机内资品牌零售额占比为 66.2%，同比增长 4.9%。从市场参与品牌数量来看，智能马桶盖线上市场品牌数量共计 188 个，相比 2018 年增加 5 个，其中内资品牌减少 2 个，外资品牌增加 7 个；智能坐便器一体机线上市场品牌共计 236 个，同比增长 27 个，其中内资品牌增加 21 个，外资品牌增加 6 个。内外资品牌在两类产品市场上各有优势，共同推动智能坐便器行业快速增长。

（4）用户群体

从用户群体变化来看，智能坐便器及盖板的用户群体正在趋向年轻化、全民化。京东大数据显示，2018 年 26～35 岁的消费者是智能坐便器及盖板最主要的消费者群体。从消费年龄看，智能坐便器市场增速最快的是 26～35 岁用户群体，增速超过 97%，智能马桶盖市场增速最快的是 95 后群体，增长接近 90%。同时，尽管目前购买智能坐便器及盖板的用户群体主要还是来自于一二线城市，但是三四线城市的销售占比已经超过了 30%，而且其增速远高于一二线城市。智能化产品已经从中产阶级飞入寻常百姓家。

2016 年 4 月中国家用电器协会秘书长朱军在接受《电器》记者采访时说道："就目前智能坐便器行业现状来看，让更多的消费者接触该产品、了解该产品，是市场导入期的首要任务。在站稳建材市场的同时，智能马桶盖行业更要拓宽视野，抓住所有机会，尝试各种渠道，包括家电渠道、线上渠道、电视购物、商超百货等，最大限度地接触终端消费者，发掘消费潜力，创造消费需求，扩大智能马桶盖市场规模，推动行业发展。"虽然通过社交平台营销推广，网红达人带货，名人效应等对智能坐便器产品的推广是一个很好的销售途径，但新品类的推广、普及都要经过时间的沉淀，产品本身的技术升级、功能完善、标准制定等，才能推动智能坐便器行业健康可持续发展，赢得消费者的最终信任。

6.2.4 行业发展趋势

短期来看，受新冠肺炎疫情影响，智能坐便器市场已经出现收缩下滑迹象，使得企业倍感艰难；即热式产品在国内市场的占比会继续提高；严峻的市场环境和严格的市场监管将会继续带动行业洗牌，一些品质难以保证的投机企业未来会逐渐退出；房地产市场持续低迷导致增量市场空间越来越小，在国家提倡消费升级的政策引导下，未来三年是撬动存量市场的最佳契机。

从长期来看，智能坐便器市场存量空间巨大，推广普及只是时间问题。回顾智能坐便器的发展历史，可以看出智能坐便器已经发展到了注重升级用户体验的阶段，未来智能坐便器产品将会向更加标准化、规范化、个性化等方向发展。随着大数据与科技技术的日益成熟，智能坐便器产品必将会通过人工智能技术实现智能化的个性化服务，提升使用者的体验感受，使我们的生活变得更加健康、舒适、便捷。例如，传感器可以抓取人体体温和室温，对坐圈系统自动进行温度调节，对冲洗的水温进行自动调节，而无须人工调节操作。随着人工智能技术的发展，人工智能与智能坐便器将会深度融合，目前已经有很多智能坐便器功能与人工智能技术相结合，将其应用到多个智能坐便器功能，如声控、体温、健康状况以及万物互联等，使智能坐便器成为智能家居的一部分。

但智能坐便器行业集中度依然很低，线上杂牌产品多，各企业在房地产等经济大环境的影响下表现参差不齐，企业也正在面临压力。但是行业协会联合企业也在积极探索推动行业发展的新模式，主要体现在以下几个方面：

(1) 实现智能家居的技术共享和标准统一。智能家居的行业标准不统一，使得不同品牌的产品之间无法互相兼容。除红外技术、蓝牙技术外，目前行业内也没有其他的兼容协议。各个品牌的智能家居之间相互保密，由此导致智能家居产品需要不同的遥控器或者不同的 App 来控制，给消费者带来麻烦和困扰，因此实现智能家居的技术共享和标准统一能间接推动智能坐便器的推广应用。

(2) 攻克技术难题。智能坐便器产业整体上技术力量薄弱，要想获得更大发展，应促成企业相互抱团现象，并借助高校和研究机构的力量，共同攻克共性技术难题。着眼当前，研制并改良智能坐便器四大关键零部件，提升质量，并逐步实现高品质零部件本土化生产，降低成本；注重生产制造流程的数字化和网络化，加强生产过程监控，提升产品质量；开发关键零部件自动检测技术，提升检测效率。布局未来，通过政策扶持、项目扶持和资金扶持等方式，鼓励企业及相关机构开展集成电路、新材料、人工智能与物联网等前沿技术的基础研究，特别是智能坐便器专用控制芯片与总控系统硬件平台；鼓励开展智能坐便器健康功能与应用的基础研究。

(3) 培养智能坐便器领域人才。发挥技工院校在技能型人才培养方面的优势，开设智能卫浴专业，编制符合广东省智能坐便器产业现状的人才培养方案，从产品造型、模具设计制造、电气安全、电子控制、质量检验和售后服务等方面开展理论与实操教学，为产业可持续发展培养一批后备人才，做好后备人才的储备工作。

相信随着智能坐便器行业的技术不断发展，智能坐便器将会持续保持向上发展趋势，同时，基于国家相关产品标准的陆续出台以及主流品牌在产品研发投入的不断增长，智能坐便器也会因能提升人们生活品质的功能性成为生活的必需品，未来必将会成为国内家电和卫浴市场的新宠。

7 终端消费市场情况分析

7.1 智能坐便器在房地产行业的应用情况和前景分析

如今越来越多的智能家居产品慢慢走进人们的生活，而智能坐便器就是其中一种，智能坐便器起源于美国，用于医疗和老年保健，最初设置有温水洗净功能，后经韩国以及日本的卫浴公司逐渐引进技术并于国内开始制造生产，加入了坐便盖加热、温水洗净、暖风干燥、杀菌等多种功能。目前市场上的智能坐便器大体上分为三种，一种为带清洗、加热、杀菌等功能的智能坐便器，一种为可自动换套的智能坐便器，另外一种是具有自动换套加清洗功能的智能坐便器。智能坐便器在目前卫浴行业是比较热的话题，水洗代替了卫生纸，应用了高科技，更加方便卫生，引发了一场卫浴革命，从而也成为今后卫浴发展的一个趋势。智能坐便器属于更新换代的革命性产品，它是以"微电脑数字处理系统、纳米材料、激光或热合"等成熟的高科技含量为技术手段，解决了传统的冲水式坐便器、简易式便槽根本无法解决的污染与环保相矛盾的问题，不仅在技术和方式上有了新突破，甚至在材料上也都是新的变革。对于广大消费者来说，一般新的产品都有一个从认知到接受再到追捧的过程，在 2013—2017 年，随着卫浴节能减排国家标准深化执行，我国智能坐便器产品受到了越来越多消费者的关注和认可，尤其是 80 后，他们追求品质生活，也进一步刺激了智能坐便器的市场需求。2013—2017 年智能坐便器市场规模更是达到了 1500 亿元，2015—2019 年，智能坐便器智能便盖销售量年均增长 83%，销售额年均增长 83%，智能坐便器一体机销售量年均增长 123%，销售额年均增长 133%。市场的快速发展吸引了众多陶瓷品牌、家电品牌、互联网品牌甚至个人资本纷纷入局，仅 2018 上半年线上智能坐便器市场新进品牌数量便达到 43 个，其中不乏小米、华为、TCL 等知名企业。

随着人们生活水平的提高以及健康理念的不断深入，消费者对智能坐便器的接受程度在不断提高，加之房地产、家装、智能家居等行业需求的释放，智能坐便器这一高端卫浴产品开始被越来越多的人们接受和使用。特别是随着近年来房地产行业的不断发展，还有全精装时代的到来，智能坐便器在房地产行业的应用率也逐年上涨。针对房地产行业，智能坐便器应用现在主要包括两方面，一方面是业主自行购买，另一方面是房地产自身精装所带。根据不完全统计，2019 年智能坐便器在房地产行业的应用数量大概达到了 300 万台，相比 2019 年的应用数量 40 万台左右有大幅上涨。其中包括自行购买和地产精装两方面的数据，对比图见图 7-1、图 7-2。

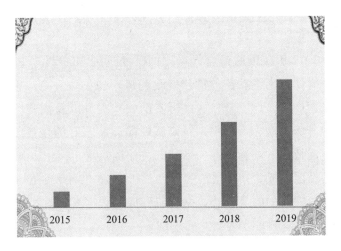

图 7-1   2015—2019 年业主自行购买智能坐便器数量对比

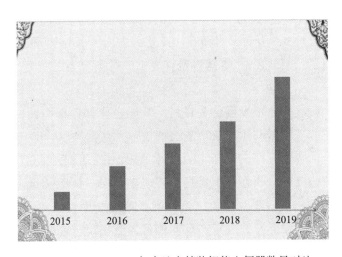

图 7-2   2015—2019 年房地产精装智能坐便器数量对比

根据调查可以看出，目前在地产行业虽然智能坐便器还未完全普及，但是近年来使用率一直呈现上涨趋势，可见未来还是有很大的前景和发展趋势。但也由于智能坐便器在我国起步较晚，市场不成熟以及消费者对产品缺乏了解，再加上初期产品质量稳定性比较差，没有完善的售后体系，因此没有形成规模化生产。但近年来随着生产技术的成熟和专业生产企业的不断增加，基本已经形成了产业集群，在技术、规模、质量、市场等方面都处于比较领先的地位。随着我国迎来老龄化社会，智能坐便器无疑是未来如厕的最佳选择，所以智能坐便器行业的发展根本上还是要始终以客户需求为导向，为用户提供高性价比的产品与服务，重点关注并解决用户的核心痛点，逐步优化产品与服务的用户体验，相信在不久的将来智能坐便器必将是发展的主流方向和总体趋势。

7.2　智能坐便器的线下以及线上销售情况分析

大数据显示，2017 年我国城镇化人口比例已经达到 58.52％，2020 年突破 60％。消费能力提升，同时体现出消费主体的年轻化趋势，购买力升级，主力消费群体转变拉动市场需求。城镇居民人口上升、居民可支配收入提升以及消费群体主力年轻化等多种因素成为消费升级源动力，也带来对高新产品前所未有的传播度和认可度。智能坐便器作为智能卫浴行业的高新产品，受到的关注度只增不减。2018 年，智能卫浴在行业整体不景气的情况下成为一个增长的亮点，从 2018 年各大展位来看，卫浴产品智能升级已经成为行业发展的明显趋势。据智研咨询的数据显示，2017 年中国智能坐便器（包括分体式和一体式智能坐便器）产量约 500 万个，比 2016 年的 460 万个增长了8.7％。2017 年中国智能坐便器市场销量 345 万个，比 2016 年的 300 万个增长了 15％。虽然根据统计数据显示，目前国内智能坐便器主力厂商的返修率平均在 1％～3％，部分厂家的返修率高达 10％，但是 2017 年根据行业信息统计了解到 2017 年销售量（线上、线下）为 200 万～300 万台，规模在 100 亿元左右，2018 年根据厨卫资讯从相关企业了解到的信息的统计，2018 年销售量（线上、线下）为 700 万～800 万台，规模在 400 亿元左右。

近年来智能坐便器一体机发展势头良好，智能坐便器盖板中低价位更受青睐。智能卫浴产品包含智能坐便器一体机及智能马桶盖，大数据显示，2018 年智能坐便器一体机逐步成为线上消费主流，2018 年 1—5 月销售额占比达到 43.38％，同时销量上也实现对智能马桶盖的反超。而在线下卖场，智能坐便器一体机销量占比则更高。一方面，智能坐便器一体机在设备可靠性、适用性、功能全面性上更具优势；另一方面，结合 2017 年及 2018 年线上智能卫浴产品均价可以看出，智能坐便器一体机价格略有下调，而智能马桶盖单价则略有上升。长期来看智能卫浴市场集中度将上升，由于智能卫浴市场前景向好，传统卫浴、家电、电商企业等纷纷涌入分流，造成市面产品鱼龙混杂，质量参差不齐。2015 年底，智能坐便器行业有近 200 家生产企业，卫浴市场集中度较低。相较之下，日本智能卫浴市场更为成熟稳定，产品集中度也更高，TO-TO、伊奈、松下三家厂商占据 88％的市场份额。随着质量监管逐步到位，2016—2017 年，智能卫浴产品合格率显著上升。质量监管趋严加速优胜劣汰及市场规范化进程，掌握核心技术同时产品质量领先的企业将从中受益，电控作为智能卫浴产品最核心的零部件，决定了智能卫浴的功能及品质。

7.3　消费者的购买行为分析

随着生活质量的提高及国民消费观念的转变，智能坐便器由于其便捷、卫生、舒适等特点，越来越多地受到社会各界的关注，而且自其上市以来给消费者也带来了全新的体验，因此越来越受到市场的青睐和广大消费者的关注，但由于目前智能坐便器尚处于发展期，部分生产企业的规模和产品质量参差不齐，价格也是高低不等，给消费者的选购和使用造成了一些困惑，消费者也基本只能通过互联网渠道了解智能坐便器，考虑到这些因素，各地消费者协会、消保委等机构也联合相关检测单位通过线上或者线下调查、检测来获取相关数据，为广大消费者购买智能坐便器提供多方面的参考。

2018 年北京市消费者协会委托北京金鼎影响力市场调查中心开展了关于智能坐便器消费趋势问卷调查，该次调查采取网络问卷调查方式，通过北京市消费者协会网、消费者网以及"北京消协"等渠道，共计收回有效问卷 3108 份。调查结果显示，85.78% 的被调查者能接受使用智能坐便器产品，52.28% 的被调查者使用过智能坐便器。关于使用智能坐便器的原因，67.57% 的被调查者认为是温暖坐圈不冰冷，64.83% 的被调查者认为是水洗更卫生，60.84% 的被调查者认为是有益身体健康，56.76% 的被调查者认为是具有自洁、除臭功能。而关于智能坐便器的价格，35.30% 的被调查者能接受 1000～2000 元，32.59% 的被调查者能接受 2000～3000 元，17.57% 的被调查者能接受 3000～4000 元，8.46% 的被调查者能接受 4000 元以上，6.08% 的被调查者能接受 1000 元以下。调查还显示，选购智能坐便器时，87.90% 的被调查者考虑品质因素，75.06% 的被调查者考虑功能因素，67.73% 的被调查者考虑价格因素，64.90% 的被调查者考虑品牌因素，34.46% 的被调查者考虑外观因素。至于使用智能坐便器时最担心的问题，78.38% 的被调查者担心安全问题，46.94% 的被调查者担心出水忽大忽小忽冷忽热，42.73% 的被调查者担心操作复杂，33.11% 的被调查者担心除臭效果差，25.68% 的被调查者担心坐圈温度不均匀，25.68% 的被调查者担心出热水速度慢，19.79% 的被调查者担心风温稳定性差，3.31% 的被调查者担心使用寿命短。在 10 个被调查者选择最多的电子坐便器品牌中，国产品牌占到 5 个，刚好占一半。其中选择东陶的被调查者最多，松下和九牧的分别排在第二、第三，然后依次是科勒、箭牌、海尔、东芝、四季沐歌、法恩莎、恒洁卫浴等 7 个品牌。关于电子坐便器的购买渠道，47.30% 的被调查者选择实体店，36.62% 的被调查者选择电商平台，9.46% 的被调查者选择厂家官网，另有6.62% 的被调查者选择其他渠道。关于选购电子坐便器的参考依据，84.46% 的被调查者选择专业评测结果，46.94% 的被调查者选择亲朋好友推荐，15.03% 的被调查者选择宣传广告，12% 的被调查者选择销售员推荐，10.49% 的被调查者选择其他。此次调查中近八成被调查者认为电子坐便器足够安全，品质和功能是选择智能坐便器的主要考虑因素，消费者能够接受电子坐便器的价格主要在 1000～3000 元，东陶、松下、九牧成为该次调查中消费者选择最多的智能坐便器品牌。综合调查结果说明，消费者对智能坐便器认知度较高，并且愿意为智能坐便器改善生活质量买单，新兴的智能坐便器消费模式正在悄然开启。

2018 年浙江省消保委和台州市消保委联合对 18 款智能坐便器进行检测评估，同时创新性地引入了消费者盲评测价、深度体验两个环节，将检测数据和消费者感受充分结合。此次智能坐便器消费评测工作由浙江省消费者权益保护委员会主办，台州市消保委联合椒江区消保委承办，自 2018 年 5 月开始，历时 8 个月完成全部工作。此次检测项目涵盖智能坐便器所有关键性能指标，部分关键指标比对在国内鲜有进行，例如 2.5 万次不间断耐久性试验，并在耐久试验后再进行 4 项关键指标检测，比对产品的稳定性；在质量比对检测的基础上，创新性地引入了消费者盲评测价、深度体验两个环节，将检测数据和消费者感受充分结合。此次消费评测共涉及国内外品牌 18 个样品，价格在 4000 元至 20000 元不等，为各品牌中上档次产品。除问卷调查外，此次消费测评还主要包含了比对检测、盲测体验和深度体验三部分内容。首先比对检测委托国家智能坐便器产品质量监督检验中心进行，比对检测项目分为五大类，分别是节能性能、冲洗性能、洁身舒适性能、安全性能和耐久性能，共包括 28 项。比对检测结果显示，18 款智能坐便器在洗净功能、水封回复功能、污水置换功能、喷头自洁性能、暖风温度、耐水压、防水击、逆流防止、负压作用、坐圈强度、盖板强度、安装强度、整机寿命、清洗水流量变化率等 14 个项目的表现处于同一水平，差异不大。细微差别的项目有水效等级、清洗水流量、整机能耗、排放功能、排水管道输送特性、清洗力、暖风装置出风量、清洗力变化率 8 个项目。具有显著差别的项目有水温初期特性、水温稳定性、坐圈加热和输入功率。在体验过程中，所有产品均隐去厂名、型号、商标等信息，20 名体验者通过观察和体验对 18 台样品的产品外观、排水功能、洗净功能等 10 个项目打分，最终结果分性能和外观两部分取所有体验者的平均分。深度体验结果显示，体验者整体上对智能坐便器接受度较高，认为其体感舒适，其中坐圈加温和洗净功能得到了体验者的高度认可。此次评测发现，浙江省内样品在水温相关性能上表现突出。浙江制造的团体标准在水温初期特性、水温稳定性这两项指标对标日本等国际先进标准，浙江省内智能坐便器企业普遍采用浙江制造标准。

从检测结果看，浙江产品水温性能表现突出，如反映水温稳定性的平均温度偏差指标，省内产品平均偏差幅度 1.16℃，优于非省内产品的平均值 3.16℃，也优于 TOTO 的 1.7℃；水温初期特性，省内产品平均 0.72s，非省内产品平均 4.93s。样品整体耐久性能表现良好。智能坐便器作为耐用品，经久耐用是消费者考量的重要指标，"产品质量不成熟、容易坏"等心理预期是导致普及率低的重要因素。此次比对耗时近 3 个月测试耐久性能，国内类似比对鲜有进行。试验参照《卫生洁具　智能坐便器》（GB/T 34549—2017）的方法进行 2.5 万次测试，高于日本两万次标准，每台比对产品在实验室 24h 连续不间断使用一个月，相当于一般家庭 7 年的使用频次。在耐久性测试后，再参照浙江制造团体标准的方法检测 4 个水温、冲洗关键指标，模拟使用一段时间后的性能变化情况。比对显示 18 个样品耐久性能表现良好，在 2.5 万次测试后，均未出现裂纹、破裂等异常，4 项指标变化率不大，仍能保持测试前的性能状态。耐久比对一定程度上显示，国内智能坐便器产品技术已比较成熟，具备大规模普及的技术条件。从比对检测结果和盲测结果看，国内智能坐便器在此次测试中表现优越，特别是水温稳定性、水温初期特性等部分关键性能上已接近甚至超越国际知名品牌，性价比优势较为明显。

品牌	星级
澳帝	★★★★
便洁宝	★★★★
洁妮斯	★★★★
欧路莎	★★★★
TOTO	★★★★
特洁尔	★★★★
维卫	★★★★
西马	★★★★
怡和	★★★★
箭牌	★★★
九牧	★★★
水立方	★★★
VOGO	★★★
艺马	★★★
悠尚	★★★
恒洁	★★
科勒	★★
杜马	★

注：同一星级按品牌首字母拼音排序。

图 7-3　比对检测结果一览表

广东省消费者委员会于 2016 年 8—12 月，从国内外市场上购买 16 个批次的智能马桶盖产品，委托第三方检测机构开展了比较试验。此次比较试验创新性地引入消费者体验评价和问卷调查等环节，将理论数据与消费感知充分结合，剖析行业企业发展现状和问题，提出一些针对性建议。此次比较试验样品由广东省消费者委员会工作人员以普通消费者的身份，从国内电商平台、国内实体商铺及日本电商平台进行购买，涉及 10 个品牌，16 个型号。购样价格从 1099 元/台到 4550 元/台不等，涵盖中、高档中日品牌智能马桶盖产品。样品明细如表 7-1 所示。

表7-1　比较试验购样明细表

序号	品牌	型号	购样价格	购样地点/平台	价格档位
1	九牧	D102AS	1899元	京东商城	
2	法恩莎	FGB003	1899元	苏宁易购	
3	伊奈（国内）	CW-KB22ACN	2299元	京东商城	
4	箭牌	AK1006	2400元	百安居（广州天河店）	国内中档产品
5	科勒	K-4737T	2499元	科勒广州设计中心（特大旗舰展厅）	
6	惠达	HD1160H	2500元	百安居（广州天河店）	
7	欧路莎	EB-600	2580元	京东商城	
8	松下（国内）	DL-EH30CWS	2742元	天河城百货（永旺松下专卖）	
9	箭牌	AK1000-A	2900元	百安居（广州天河店）	
10	TOTO（国内）	TCF6531CS♯WC	4399元	百安居（广州天河店）	国内高档产品
11	科勒诺维达	BD-RA790ST	4479元	京东商城	
12	松下（国内）	DL-RG30CWS	4550元	天河城百货（永旺松下专卖）	
13	松下（日本）	DL-RJ20-CP	23355日元（约合1535元）	日本亚马逊官网	日本中档产品
14	松下（日本）	DL-EJX10-CP	16734日元（约合1099元）	日本亚马逊官网	
15	伊奈（日本）	CW-RT2/BN8	27068日元（约合1778元）	日本亚马逊官网	日本高档产品
16	TOTO（日本）	TCF6521♯NW1	46130日元（约合3029元）	日本亚马逊官网	

　　为了对比海淘产品与国内购买产品的性能区别，针对在日本电商平台采购的4个型号样品，特别采购了对应品牌在国内市场上功能最为接近的型号，对照关系如表7-2所示。

表7-2　中日型号对照表

品牌	销售地	型号	购样价格	加热类型
TOTO	中国	TCF6531CS♯WC	4399元	储热
	日本	TCF6521♯NW1	46130日元（约合3029元）	储热
松下	中国	DL-RG30CWS	4550元	即热
	日本	DL-RJ20-CP	23355日元（约合1535元）	即热
松下	中国	DL-EH30CWS	2742元	储热
	日本	DL-EJX10-CP	16734日元（约合1099元）	储热
伊奈	中国	CW-KB22ACN	2299元	储热
	日本	CW-RT2/BN8	27068日元（约合1778元）	储热

此次选取了强制性安全测试项目中风险较高的 11 个测试项目进行对比，同时还选择了与消费者使用密切相关的主要功能、性能进行对比，测试项目及依据分别如表 7-3 和表 7-4 所示。

表 7-3　强制性安全测试比较试验测试项目及依据

序号	测试项目	测试依据
1	对触及带电部件的防护	《家用和类似用途电器的安全　第 1 部分：通用要求》（GB 4706.1—2005）《家用和类似用途电器的安全　坐便器的特殊要求》（GB 4706.53—2008）
2	输入功率和电流	
3	发热	
4	工作温度下的泄漏电流和电气强度	
5	耐潮湿	
6	泄漏电流和电气强度	
7	非正常工作	
8	机械强度	
9	结构	
10	接地措施	
11	爬电距离和电气间隙、固体绝缘	

表 7-4　推荐性性能比较试验测试项目及依据

序号	测试项目	测试依据
1	整机耗电量	《智能马桶盖》（GB/T 23131—2008）
2	喷嘴动作时间特性	
3	待机功耗	《家用电器-待机能耗的测试方法》（IEC 62301—2011）
4	外观及做工	按照检验方案中的方法进行检验
5	水温稳定性	
6	坐圈温度	
7	清洁率	
8	喷杆自洁	
9	清洁面积	
10	烘干	
11	清洗力	
12	有效清洗水量	
13	用户体验	

　　强制性安全测试是对产品最基本的使用安全进行的一种检验，检验目的是保障消费者的人身财产安全及消费者的合法权益。由于中日标准差异，强制性安全测试仅针对国内的 12 个型号进行。其中对触及带电部件的防护、输入功率和电流、发热、工作温度下的泄漏电流和电气强度、耐潮湿、泄漏电流和电气强度、非正常工作、机械强

度等 8 个项目所检样品均符合标准要求。结构、接地措施、爬电距离和电气间隙、固体绝缘等 3 个项目有部分测试样品不符合标准要求。具体符合情况如表 7-5 所示。

表 7-5　强制性安全项目测试结果汇总

序号	品牌	型号	强制性安全项目符合情况
1	九牧	D102AS	符合所检项目的要求
2	法恩莎	FGB003	符合所检项目的要求
3	伊奈（国内）	CW-KB22ACN	符合所检项目的要求
4	箭牌	AK1006	符合所检项目的要求
5	科勒	K-4737T	不符合结构、爬电距离和电气间隙、固体绝缘的要求
6	惠达	HD1160H	不符合结构、爬电距离和电气间隙、固体绝缘的要求
7	欧路莎	EB-600	不符合接地措施、爬电距离和电气间隙、固体绝缘的要求
8	松下（国内）	DL-EH30CWS	符合所检项目的要求
9	箭牌	AK1000-A	符合所检项目的要求
10	TOTO（国内）	TCF6531CS♯WC	符合所检项目的要求
11	科勒诺维达	BD-RA790ST	符合所检项目的要求
12	松下（国内）	DL-RG30CWS	符合所检项目的要求

　　为了更直观地反映出 16 个试样型号的用户体验情况，特组织了 25 名消费者对 16 个试样型号的外观、臀部清洗、坐圈加温、水温调节、女性洗净、暖风烘干、脉冲水流、水压调节、喷嘴调动、坐圈舒适性、控制面板字体清晰度、说明书易读性、易操作性、遥控感应、夜灯感应的 15 个功能参数进行实际使用及评分。进行用户体验时，样机的型号信息、品牌信息均采取了遮盖处理，消费者是在不了解产品相关信息情况下进行评价的。用户体验的排名及得分如图 7-4 所示。TOTO（国内）TCF6531CS♯WC、法恩莎 FGB003、松下（日本）DL-RJ20-CP 名列前茅。中日对比的 4 组 8 个型号，两两比较互有领先。

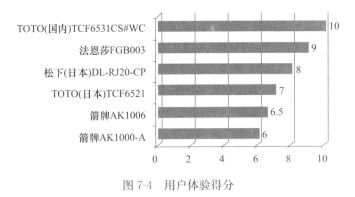

图 7-4　用户体验得分

　　在此次 12 个批次国内销售智能马桶盖样品中，有 9 个批次全部符合 11 项强制性安全测试项目的标准要求，符合产品占比 75%。3 个不符合国家强制性标准要求的产品主要在结构、接地措施及电气间隙、爬电距离和固体绝缘 3 个项目出现问题，其主要原因是生产企业未能全面把握国家强制安全标准要求。此次进行性能推荐性项目的 16 批次样品中，所包含功能基本一致，仅在烘干功能上存在差异。12 批次在国内销售的型号均带有烘干功能，而 4 批次在日本销售的型号不带烘干功能。为了更加客观地对 16 个试样的性能进行比较，我们把总得分及排名分为包含烘干及剔除烘干两种。依据比较试验方案，分别计算出 16 批次试样的推荐性能项目总得分，并按照总得分进行排名，结果分别如图 7-5、图 7-6 所示。在包含烘干性能得分的推荐性项目总平均得分及排名中，科勒诺维达、TOTO（国内）、松下（国内）DL-RG30CWS 在总体性能上名列前茅，总体表现较为优秀。在不考虑烘干性能的情况下，日本销售的型号排名略有上升，排名前三的型号分别是松下（日本）DL-EJX10-CP、松下（日本）DL-RJ20-CP、科勒诺维达 BD-RA790ST。在中日对比的 4 组 8 个型号中，中国及日本销售各有两组占优。因此可以看出，同一品牌，在日本及中国销售的性能差别不大。并且值得一提的是，日本销售的两个松下型号均为中国制造。

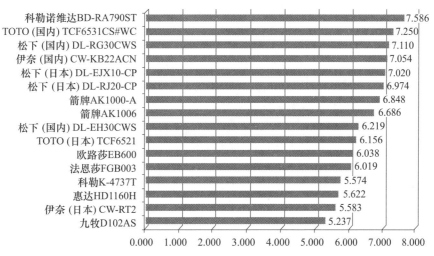

图 7-5　推荐性性能项目排名及总平均得分（含烘干性能评分）

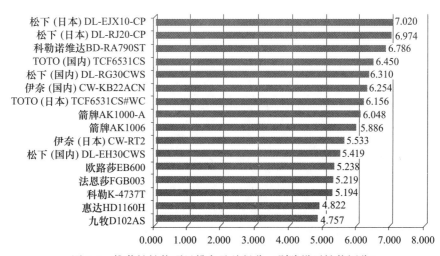

图 7-6　推荐性性能项目排名及总得分（剔除烘干性能评分）

为了更全面考虑消费者的购买因素，我们把参评的 16 批次样机的推荐性性能项目总得分（含烘干性能评分）除以购买价格（单位：万元），得出性价比。经测算，在性价比方面，排名前三的样品分别是松下（日本）DL-EJX10-CP-CP、松下（日本）DL-RJ20-CP-CP 和法恩莎 FGB003。而对中日对应的 4 组 8 个型号中产品进行比较，日本销售产品性价比排名较靠前。仅从价格来说，日本销售产品价格较低，性价比较高，可能在销售环节对消费者更具吸引力。但从购买成本来看，其价格优势并不十分明显。因为在功能弱于国内产品（缺少烘干功能）的前提下，消费者赴日购买还须加上交通费、旅途费等费用，另外还有环境不适应、售后服务不保证、维权难度大等风险成本，总费用可能不比在国内购买的便宜。检测专家还指出，目前智能马桶盖在安全、EMC 方面的标准体系较为完善，国内外都已经有相应的标准。但是，智能马桶盖国内适用的安全标准《家用和类似用途电器的安全　坐便器的特殊要求》（GB 4706.53—2008）对应的 IEC 标准版本是 IEC 60335-2-84：2005，而 IEC 标准的最新有效版本是 IEC 60335-2-84：2019，这就说明我国的智能马桶盖国家强制性安全标准的版本还是相对比较旧的。这样一些新 IEC 标准中考虑比较周全的新修订条款就无法应用到内销的产品上，而这些新条款一定程度上会提高智能马桶盖的安全性及可靠性。检测专家认为，智能马桶盖在性能考核方面的标准正处于相对缺失状态。现行的国标《电子坐便器》（GB/T 23131—2008）性能标准在制修订时由于受到时代的局限（如当时智能马桶盖产品的受关注程度不高、行业发展水平发展不如现在及参与制修订的人员不够广泛等原因），标准所考核的内容不够全面，测试方法也不尽合理，从而无法满足现今新产品日新月异、大量应用新技术、增加新功能的智能马桶盖行业的需求。因此在性能要求方面，国内智能坐便器生产企业暂时处于缺乏全面、权威的标准做指导的状态，导致消费者的利益无法完全有效得到保护，同时，政府及消费者都十分关注的节能环保方面无法真实进行区分。检测专家建议，尽快按照最新的 IEC 标准进行采标，对现行国家强制性安全标准进行制修订及换版工作。根据现有产品的实际特性、功能合理完善性能标准。只有标准的完善才能使得产品的各项指标有据可依，从而倒推智能马桶盖产业向着优品优质方向发展。

根据调查，2017—2019 年美凯龙线下卖场关于智能坐便器的客诉数据显示，消费者投诉的主要原因包括安装问题、送货售后问题、质量类问题几个大类，而在消费者真正使用过程中最重要的还是质量类问题，调查显示质量类问题客诉反馈比较多的有以下几大类：（1）智能坐便器冲水出现故障，出现无法正常冲水、冲不干净、反味以及阀门漏水现象；（2）智能坐便器马桶盖出现裂缝或者损坏；（3）智能坐便器遥控器无法正常使用；（4）智能坐便器烘干功能无法正常使用；（5）智能坐便器马桶圈制热出现故障；（6）智能坐便器电路板出现故障；（7）智能坐便器不能自动上水，侧面按钮失灵等问题。通过此次调查发现，消费者在购买智能坐便器后出现的问题还是比较多的，但是消费者大多又没有太多渠道充分了解智能坐便器，因此综合各个机构的调查结果和评测结果，各个地方消保委和消协给消费者提出了很多购买智能坐便器时的参考建议。

为了满足广大消费者对美好生活的需求，促进智能坐便器行业规范健康发展，综合各地消费者协会和消保委以及相关机构根据一些调查结果提出以下几点建议：

（1）在正规渠道购买，切勿片面追求低价。

为确保消费者的合法权益，建议消费者不要片面追求价格低廉的智能坐便器产品，购买前应针对自身需求，提前了解好该产品的特性、行业中各品牌的声誉等。同时需要通过正规渠道购买，以免危及人身财产安全。但也不要盲目追求名牌，不要盲目选择最贵或功能最多的产品，选购正规厂家产品，先查看产品是否明示执行国家标准、行业标准，是否标注了企业名称，厂名厂址、服务电话，产品是否附带合格证、保修卡、"三包"承诺等；注意用电安全，安装时不要私接线路或使用不合格插线板；电路需要改装时，务必请专业电工进行操作；智能坐便器功能较多，不同的品牌功能设置不同，初次使用不同品牌的智能坐便器时，应仔细阅读产品说明书，熟知各项功能使用要求和方法；定期售后维护，按照说明书要求定期对智能坐便器进行清洁保养，产品出现故障时，不要私自拆卸产品部件，要及时向厂家报修或联系专业的维修人员。

（2）优先选购有自愿认证标志的产品。

智能马桶盖产品在我国属于自愿认证产品，因此在市面上销售的产品中，就存在已获认证及未获认证两种产品。由于已获认证的产品是经过国家强制性安全标准的检测后才上市销售的，产品质量更有保障。消费者可在产品的铭牌、包装或电商平台的产品信息上查询该产品是否已获认证。

（3）监管部门加强监督管理。

相应监管部门应继续对智能坐便器市场加强监督管理，加大企业违法成本，强化落实智能坐便器产品质量终身负责制，将生产或销售劣质智能坐便器产品的商家纳入失信名单，实行联合惩戒，督促企业守法诚信经营，为消费者提供更多参考。

（4）关注和了解行业发展和产品质量状况。

智能坐便器属于品质消费产品，也是新消费产品。消费者应多关注该行业的发展和产品质量状况。随着普及率和社会关注度提高，有关部门针对智能坐便器的监督抽查将会常态化。消费者可通过质监、工商、消委会等部门公布的检测结果，了解该类产品，避免因信息不对称而购买到有质量问题的产品，影响消费体验。

（5）理性看待海淘购买行为。

随着我国制造业技术的发展，我国自行生产的产品已经追赶上国际水平甚至超越国际水平。从前文对比的一些数据来看，如不考虑价格因素，在两国分别购买的产品仅性能上的差异不大。

参考文献

[1] 吴晓东，我国低温低质陶瓷原料的开发和利用 [J]．中国陶瓷，1985，21 (5)：15-26．

[2] 中国硅酸盐学会陶瓷分会建筑卫生陶瓷专业委员会．现代建筑卫生陶瓷工程师手册 [M]．北京：中国建材工业出版社，1998．

[3] 中国硅酸盐学会陶瓷分会建筑卫生陶瓷专业委员会．现代建筑卫生陶瓷技术 [M]．北京：中国建材工业出版社，2010．

[4] 国家建材局．振兴建材工业文献资料选编（内都资料），1985．

[5] 赵彦钊，刘爱平，杜夏芳．中国现代卫生陶瓷工业历史回顾与若干思考 [J]．陶瓷 2003 (5)：9-12．

[6] 周雅兰．卫生陶瓷与配套件 [J]．陶瓷，1993 (6)：53-54．

[7] 唐山陶瓷厂技术科．坐 15# （直）便器成型工艺简化 [J]．陶瓷，1979 (4)：31-32．

[8] 刘喜令．实现坐便器一次成型新工艺的体会 [J]．陶瓷，1980 (1)：16-18．

[9] 朱彦．利用近地原料与工业废渣生产建筑墙地砖试验总结 [J]．陶瓷，1980 (4)：1-5．

[10] 谷树堂．B803 型坐便器的设计特点．陶瓷，1981 (4)：22-25＋43．

[11] 刘喜令．在节水前提下提高坐便器冲刷功能 [J]．陶瓷，1982 (6)：23-25．

[12] 赵胜，夏妍娜．工业 4.0：正在发生的未来 [M]．北京：机械工业出版社，2015．

[13] 刘金涛，翟昱尧．机电一体化技术在智能制造中的发展与应用 [J]．科技创新与应用，2020 (18)：147＋157-158．

[14] 杜旭升．试论智能制造中机电一体化技术的应用 [J]．科技创新与应用，2017 (06)：229．

[15] 杰瑞德·迪安．大数据挖掘与机器学习 [M]．林清怡，译．北京：人民邮电出版社，2015．

[16] 王辉．智能制造时代机械设计技术研究 [J]．湖北农机化，2019 (24)：162．

[17] 杰瑞·卡普兰．人工智能时代 [M]．李盼，译．杭州：浙江人民出版社，2016．

[18] 黄惠宁，钟保民，等．陶瓷干法制粉工艺与设备 [M]．广州：华南理工大学出版社，2020．

[19] 苏方宁，赵营刚，吴崇隽．MCH 与 PTC 陶瓷电热元件节能对比及原理探究 [J]．新材料产业，2010 (11)：65-72．

[20] Deng T F, Hong J J, Liu B, et al. High heat conductivity of porous ceramics as oil carrier for novel designed smoke atomizer [J]. Journal of the Ceramic Society of Japan, 2018, 126 (8)：647-654．

[21] Nozaki S, Suzuki Y, Tatematsu K, et al. Ceramic heater. US, 5264681 [P]. 1993-11-23.

[22] Mizuno T, Kimata H. Ceramic heater for a glow plug having tungsten electrode wires with metal coating. US, 6013898 [P]. 2000-1-11.

[23] Sakurai K, Kuwayama T. Ceramic junction member, ceramic heater and gas sensor. US, 8362400 [P]. 2013-1-29.

［24］ Kang-Myung Y I，Lee K W，Chung K W，et al. Conductive powder preparation and electrical properties of RuO₂ thick film resistors ［J］. Materials in Electronics，1997，8（4）：247-251.

［25］ Zhu F，Liu H，Yan B，et al. Enhancement of bonding strength between lead wires and ceramic matrix of metal ceramic heater ［J］. International Journal of Applied Ceramic Technology，2019，16，2245-2253.

［26］ VDEH. Atlas Slag ［M］. Düsseldorf：Verlag Stahleisen GmbH，1995.

［27］ 刘玉春. 利用地方原料与废料生产卫生陶瓷 ［J］. 陶瓷，1985（02）.

［28］ 尹宜民. 建筑陶瓷工业近年来的发展状况 ［J］. 陶瓷，1985（4）：10-11.

［29］ 付守政. 关于研制节水型中档卫生洁具的体会 ［J］. 陶瓷，1986（01）.

［30］ Ministry of Water Resources of the People's Republic of China. 2018 China Water Resources Bulletin ［Z］. 2019-07-12.

［31］ Zhang Yubo，Bai Xue，Hu Mengting. Study on the Evaluation Index System for Implementation Effect of Minimum Allowable Value of Water Efficiency and Water Efficiency Grades Standards ［J］. Standard Science，2020，（1），11-14.

［32］ State Administration for Market Regulation. Administrative Measures for Mandatory National Standards ［Z］. 2020-01-06.

［33］ State Administration for Market Regulation. Interim Measures for Product Quality Supervision and Spot Check Management ［Z］. 2019-11-21.

［34］ State Administration for Market Regulation. Quality Supervision and Inspection Guideline on Ceramic Toilets （CCGF 401. 1-2015）［Z］. 2015-04-29.

［35］ Duan Xianhu. Analysis Report on the Results of the National Supervision and Spot Check on the Quality of Ceramic Toilet Products in 2012 ［J］. Ceramics，2013（06）：40-41.

［36］ General Administration of Quality Supervision，Inspection and Quarantine of the People's Republic of China. Circular of the General Administration of Quality Supervision，Inspection and Quarantine on the Special Spot Inspection of the National Supervision of Water Purifier Product Quality in 2017 ［Z］. 2017-09-12.

［37］ State Administration for Market Regulation. The national supervision and random inspection of the quality of 38 kinds of products such as the restraint system for children of motor vehicles in 2019 ［Z］. 2020-01-22.

［38］ State Administration for Market Regulation. The second batch of 2019 special inspections on the quality of 16 kinds of online-sold products such as toys ［Z］. 2020-03-20.

［39］ National Development and Reform Commission，Ministry of Water Resources of the People's Republic of China，General Administration of Quality Supervision，Inspection and Quarantine of the People's Republic of China. Measures for the management of water efficiency labels ［Z］. 2017-09-13.

［40］ State Administration for Market Regulation，National Development and Reform Commission，Ministry of Water Resources of the People's Republic of China. Notice on strengthening supervision and inspection of energy efficiency and water efficiency labels ［Z］. 2019-06-06.

［41］ State Administration for Market Regulation. 2020 National Product Quality Supervision and Spot

Check Plan [Z]. 2020-05-07.

[42] Dong Chonglie. Analysis on Energy Conservation Transformation of Circulating Water System in Thermal Power Plant [J]. Information Recording Materials, 2018, 19 (09): 29-31.

[43] Xiang Haoxian. Problems and Technical Measures for Electrical Energy Saving and Consumption Reduction in Fossil fired power production Plants [J]. The Farmers Consultant, 2019 (20): 188.

[44] Dai Min. Analysis of circulating water system in thermal power plant and energy saving technology of pump frequency conversion [J]. Engineering Technology: 00092-00093.

[45] Norm of Water Intake-Part 1: Fossil Fired Power Production: GB/T 18916. 1—2012 [S].

[46] Hu Mengting, Bai Xue, Cai Rong, el al. A Study of the "Dual Control" Standard System for Total Water Consumption and Intensity [J]. Standard Science, 2019 (08): 69-74.

[47] Beuth Verlag. Economic Benefits of Standardization: Summary of Results [R]. DIN German Institute for Standardization, 2006: 20-23.

[48] Temple P, et al. The Empirical Economics of Standards. The Department of Trade and Industry (DTI), Economics Paper NO. 12, 2005.

[49] Wang Zhongmin. The Return of Britain-on the Empirical Economics of Standards [J]. Standard Science, 2005 (12): 25-28.

[50] Blind K and E Jungmittag A. The Impact of Patents and Standards on Macroeconomic Growth: a Panel Approach Covering Four countries and 12 Sectors [J]. Journal of Productivity Analysis, 2008 (29): 51-60.

[51] Blind K, et al, The Economic Benefits of Standardization. An update of the study carried out by German Institute for Standardization (DIN) in 2000, 2011.

[52] Li Jun, Wu Jie, Liu Yu. Literature Review and Analysis of the Domestic Research on Standard Implementation Effect Evaluation [J]. Standard Science, 2018 (08): 97-101.

[53] Zhang Yubo, Bai Xue, Hu Mengting. Study on the Evaluation Index System for the Implementation Effect of Minimum Allowable Value of Water Efficiency and Water Efficiency Grades Standards [J]. Standard Science, 2020 (01): 10-13.

[54] Gong Xianzheng, Zhou Liwei, Li Chengyang. Study on the evaluation of the implementation effect of energy consumption quota standard of cement unit product [J]. China Cement, 2019 (08): 116-121.

[55] Ren Guanhua, Wei Hong, Liu Bisong, Zhan Junfeng. Study on the Applicability Evaluation System [J]. World Standardization and quality management, 2005 (03): 15-18.

[56] Hu Mengting, Bai Xue, Zhu Chunyan. A Study of the Methods to Evaluate the Implementation Effect of the Standard for the Norm of Water Intake [J]. China Standardization, 2018 (17): 52-56.

[57] Li Yongzhi, Zhou Cheng, et al. Study on Nation Standard of "Norm of Water Intake: Leather" [J]. Beijing Leather, 2020 (06): 21-25.

[58] Ted L Napier. Soil and water conservation policy approaches in North America, Europe, and Aus-

tralia [J]. Water Policy，2000，1（6）.

[59] Sun Lian，Li Chunhui. Water Resource Management System of the World's Leading Country and Enlightenment to China [J]. Land and Resources Information/Land Resource Information，2014（09）：14-22.

[60] Jiang Zisheng，Han Mailiang. Water Resources Utilization Situation and Countermeasures of Fossil fired power production Unit [J]. Huadian Technology，2008（06）：1-5.

[61] Sang Lianhai，Zeng Xiang，Zhang Jin，et al. Analysis of Water Intake Quantity and Quota of Fossil fired power production Industry in Yangtze River Basin [J]. Journal of Yangtze River Scientific Research Institute，2014，31（12）：17-20.

[62] He Shide，Zhang Zhanmei，Zhou Yu. Progress in the Water Saving Technology in Fossil fired power production Plants [J]. Sichuan Electric Power Technology，2008，31（06）：16-18＋22.

[63] Water Saving Enterprises—Fossil Fired Plant：GB/T 26925—2011 [S].

[64] Water Saving Guideline for Fossil fired power production Plant：DL/T 783—2018 [S].

[65] Pan Li，Liu Zhiqiang，Zhang Bo. Analysis and suggestions of water saving situation of thermal power in China [J]. China Power，2017，50（11）：158-163.

[66] Guide for Energy Balance of Fossil fired power production Plant-Part 5：Water Balance Test：DL/T 606.5-2009 [S].

[67] Lu Qilun. Examples of Water Balance Testing and Water Saving Potential of Fossil fired power production Plants [J]. Modern Business Trade Industry，2011，23（14）：295-296.

[68] Sun Ting，Zhang Yu，Shao Fang，et al. Theory and Application on Quota of Industrial Water Use in China [J]. China Water Resources，2015（23）：46-48.

[69] Standardization benefit evaluation—Part 1：General principles of economic benefit evaluation：GB/T 3533.1—2017 [S].

[70] Standardization benefit evaluation—Part 2：General principles of social benefit evaluation：GB/T 3533.2—2017 [S].

[71] Jiao Jun. Application Research on Reasonable Assessment of the Fossil fired power production Industry Water Quota on Yellow River Basin [J]. Hefei University of Technology，2015.

[72] Annual Report on the Development of China's Power Industry [M]. China Market Press，2018.
中国电力企业联合发布《中国电力行业年度发展报告 2018》[M]，中国电力企业管理.2018，（16）